U0192691

互链网

未来世界的连接方式

蔡维德 著

人民东方出版传媒
People's Oriental Publishing & Media
東方出版社
The Oriental Press

图书在版编目（CIP）数据

互链网：未来世界的连接方式 / ［美］蔡维德著．—北京：东方出版社，2021.01

ISBN 978-7-5207-1647-5

Ⅰ．①互… Ⅱ．①蔡… Ⅲ．①互联网络 Ⅳ．① TP393.4

中国版本图书馆 CIP 数据核字（2020）第 154420 号

互链网：未来世界的连接方式

（HULIANWANG: WEILAI SHIJIE DE LIANJIE FANGSHI）

著　　者：蔡维德
策 划 人：许剑秋
责任编辑：陈丽娜　吴　俊
出　　版：东方出版社
发　　行：人民东方出版传媒有限公司
地　　址：北京市西城区北三环中路 6 号
邮　　编：100028
印　　刷：北京文昌阁彩色印刷有限责任公司
版　　次：2021 年 1 月第 1 版
印　　次：2021 年 1 月第 1 次印刷
开　　本：710 毫米 ×1000 毫米　1/16
印　　张：43.25
字　　数：528 千字
书　　号：ISBN 978-7-5207-1647-5
定　　价：89.80 元
发行电话：（010）85924663　85924644　85924641

目录

CONTENTS

第三部分 区块链产业布局

第四部分 沙盒

第五部分 互链网构筑未来蓝图

本书创新之处

- 传统上可信系统采取“软件硬化”处理方式，即代码直接由硬件直接执行，本书提出新概念“系统链化”，即密中密、片分片、管中管、库中库等技术，而且链化可以运用在网络、操作系统、数据库和应用上。“链化”还可以和“硬化”一同使用，增加系统可靠性、安全性。这样互联网就成为互链网，物联网成为物链网，数据中心成为数链中心，现在的计算机和网络结构以及产业结构都将随之而发生变化。
- 使用博弈论理论分析区块链应用原则，提出区块链产业应用 3 部曲。
- 深度解析数字货币起源和发展历史，包括央行数字货币（CBDC）和全球稳定币（GSC）带来的新经济体系、新型金融系统以及新型货币战争。

推荐语

区块链属典型的跨领域、多学科交叉的新兴技术。区块链系统由数据层、网络层、共识层、合约层、应用层及激励机制组成，涉及复杂网络、分布式数据管理、高性能计算、密码算法、共识机制、智能合约等众多自然科学技术领域及经济学、管理学、社会学、法学等众多社会科学领域的集成创新。蔡维德教授以区块链为核心技术创新链接方式的新书，对链接泛在性、数据复杂性、规律普适性的认识和思考将大有裨益。

——中国工程院　柴洪峰院士

佩服蔡维德教授的雄心，试图对如此快速变化甚至混乱躁动的区块链给出清晰的记述，这是巨大的挑战。人类文明的发展一直让智者烦恼，如此纷繁复杂的现实世界如何用清晰一致的文字表达，如此变幻多端的现实世界如何用冻结成版的书籍记载。当今，与现实世界平行的数字世界同样纷繁复杂、变幻多端，区块链试图赋予这个数字世界以秩序，因此不可避免的纠缠在纷繁变幻之中。本书的雄心不仅试图记述区块链的纷繁，而且试图在区块链纷繁中投入新秩序——互链网，这是本书的价值所在。

—— 国防科技大学副校长　王怀民院士

互联网是一项颠覆性技术。电子商务、互联网金融、社交网络的发展，充分展现了互联网的平台性，然而相对于刚刚兴起的互联网在制造业、医疗健康等领域的深入应用而言，这仅仅只是一个序幕。区块链技术的发展及其应用，使互联网演变为“互链网”，从而为数字经济的发展提供了更为广阔的空间。

——合肥工业大学教授　杨善林院士

区块链带来新型数字经济，也带动相关科技发展，是中国核心科技的重要突破口。互链网一书为跨学科研究者提供了新思想、新架构、新模型。书中涉及计算机、经济、金融、法律等领域，对区块链做了全新、全面的定义。

—— 中央财经大学副校长　马海涛

自主创新是必由之路，是中国科技发展的重要基点，而集成创新是一条捷径。在大家都重视数字货币的时候，《互链网：未来世界的互联网》却提出区块链是集成创新，是中国核心技术的重要突破口，率先提出互链网为下一代互联网、数链中心取代数据中心，加强网络安全，改进金融流程。

——中国上市公司协会会长中国企业改革与发展研究会会长　宋志平

人工智能和互联网不能彻底改变中国教育的现状。而互链网技术可以由预言机、区块链、智能合约，真实记录孩子的成长轨迹，有望解决中国教育最大的问题，让孩子的前途不再靠一次性的高考。

——新东方教育集团董事长　俞敏洪

蔡维德教授从未来的视角重新审视了当今及未来数十年对人类社会影响最大的科技体系发展，洞察到了区块链对IT及商业体系的革命性重构，展现了数字货币对未来金融、商业及社会运行的巨大改变，值得研究界、产业界和监管机构人员阅读和思考。

——用友网络科技股份公司董事长　王文京

不管未来的互链网还是物链网，区块链都是至关重要的基础科技，幸好有蔡教授等为代表的中国科技精英已经站在区块链领域的突破口上了。中国不能没有自主可控的技术，我为蔡维德教授的情怀所感动，为他杰出的成就和才华而击掌。

———总裁读书会创始人、理事长　刘世英

序 言

近一两年区块链技术发展非常快，因此，在本书的编写过程中，笔者对内容进行了多次修改，不断补充了新的材料。但是还是遇到许多困难，而且问题还是一样，科技发展太快，每次完成一些材料，下一星期又有新材料出现，我们根据新出现的技术不断修正原有的观点。特别是下列几个重要事件的出现为本文的修正提供重要依据：

• 2019 年 11 月，美国哈佛大学开始反击英国央行演讲时提到的观点，提出新型货币战争的概念（数字货币战争，不是传统货币战争），即以科技、市场、监管进行布局（见本书第十二章）。他们还预测世界金融市场会分裂，除分东西方外，还分合规市场和地下市场，每个市场上都存在这种新型货币战争。

• 2019 年 12 月，脸书宣布重新开发一个全新的操作系统，表示不能让其他企业（谷歌和苹果）控制其生态命脉。这一事件好像和区块链没有关系，但是有观察家却认为该操作系统可能是为运行 Libra 系统做准备的。这样脸书便会有完整的数字货币系统来执行 Libra（见本书第三章）。

• 2020 年 2 月 5 日，美联储发表了演讲，虽然没有直接表明是回应英国央行行长提出的看法，但涉及的内容都是围绕同样的主题，这一事件表示美国开始布局了。美联储不同意英国央行行长的理论（交易量的增加将改变世界储备货币），但是这次美国不会掉以轻心。这次演讲实质上掀起了一场新型货币战争，演讲花了很多篇幅讨论普林斯顿大学的理论（数字货币区，见本书第十三、十四、十五章），并同样花了大量篇幅表示美联储已经有支持该理论的技术（实时支付系统）。

• 2020年，英国央行发布零售数字英镑报告，将大部分数字英镑需要考虑的因素都写在报告内，还提出新智能合约设计理念。

• 2020年4月，脸书发布Libra 2.0 白皮书。该白皮书没有像Libra 1.0一样震撼世界央行和商业银行，但是还是令人震惊，例如提出弃币保链的策略，提出融合传统金融系统，以及提出协议层监管机制，这些都是创新的想法。该白皮书发表后，德国经济学家4月立刻预测Libra 2.0的重心不是Libra币，而是其生态。果然，5月新加坡国家基金宣布加入Libra 2.0 生态，有学者立刻估计Libra 2.0 的生态圈会包含东南亚。2020年5月，欧洲央行还出报告，预测Libra 2.0 会拥有3万亿美元的资产，比现在欧洲最大的货币基金还要大很多倍（见本书第十六章）。Libra 2.0的技术和经济模型有非常大的改变，例如Libra 2.0增加了嵌入式监管。

• 2020年4月，区块链被列为中国新基建的一部分，这使社会对区块链的关注再度拉高。这一观点我们也一直在提的，就是区块链会是基础设施，而不只是一个应用。由于区块链被列为新基建的一部分，许多人都在思考作为基础设施，区块链该如何设计、如何部署、如何应用。

• 美国普林斯顿大学的数字货币理论（数字货币区）得到广泛接受。这一理论于2019年7月被提出来，2019年8月就被当时的英国央行行长引用，2019年9月在欧洲央行被讨论，2019年10月在美联储被讨论。过了几个月，2020年2月5日，美联储发表演讲，居然大部分内容都和这一理论相关。还有由这一理论得出的货币分区域的结论，现在真有可能会变成现实。该理论的内容是，数字货币因为网络连接而产生，但是却是因为各国竞争而分裂，而这一竞争是不同于传统货币战争的新型数字货币战争，2019年11月，哈佛大学教授提出货币竞争将区分合规市场和地下市场，在数字货币平台和监管上，各国进行竞争。

2020年的春节非常特别，一方面，疫情让人忧心忡忡，我们祈祷我们的国家和人民赶紧从这场灾难中恢复过来；另一方面，大门不出，二门不迈，倒也少了很多打扰，趁着这难得的清静，完成这本书，希望给对区块链有兴趣的监管人员、金融从业者、科研工作者、工程技术人员等提供一个清晰的框架，帮助他们思考清楚区块链的发展脉络，一些有实力的公司甚至可以布局区块链，创建宏图大业，在一些领域建立自己的领导地位。

过去五年来，笔者一直在关注国内外区块链发展的方向。区块链发展发生了巨大的变化，例如，2016年年底到2018年间，许多国家或地区都对数字代币和ICO产生了非常大的兴趣，数字代币市场暴涨，震动了全球金融界。一些国家还合法化这些活动，使得很多中国公司和个人到那些国家去发币、炒币。但是中国政府的态度是非常明确的，不支持发币、炒币。这些国家或地区不是中国学习的对象。

发展迅速，重要事件一直出现

2019年6月18日，脸书发布Libra白皮书后，中国对区块链的重视程度大大提高；2019年8月23日，英国央行行长在美联储演讲，提出使用基于一篮子的法币的合成数字法币取代美元成为世界储备货币，此事马上引起美国高度重视。2019年10月24日后，区块链在中国的热度空前高涨。在很短的时间内，许多地方、机构和个人都在研究讨论如何布局区块链，以便在这一热潮中争得一席之地。本来10月中旬还在会议上公开大骂区块链误国误民、扰乱金融秩序的人马上改变态度，转而成为区块链专家。

中国自主创新科技需要取得重要突破

虽然在新型冠状病毒疫情期间，世界各国还是非常关注数字货币而且分析仍然犀利。同时间区块链科技也有大发展。2019 年 10 月 24 日后，大家都开始关注区块链，但是仍有许多人认为区块链重点在应用，而不是在科技。他们可能没有注意到这样一句话：把区块链作为“核心技术自主创新”重要突破口，不是区块链“商业”重要突破口，也不是区块链“应用”重要突破口。当大家看到这句话的时候，代表发展区块链的第一要素，是发展创新的区块链技术。没有创新的技术，就不可能成为“核心技术自主创新”重要突破口。

互链网新概念出现

这里说的“自主创新”，不是学习国外技术，若直接将国外区块链技术运用在相关应用上，我们的区块链技术无法成为“核心技术自主创新”重要突破口。

因此本书以“互链网”为主题，而不是以“区块链”为主题。为什么？因为区块链是国外发明的，但是互链网却是中国提出的概念。而且这一概念认为整个 IT 系统，包括网络协议、操作系统、数据库、应用、验证、检测、开发流程等都会改变。

如果区块链真是中国科技重要突破口，那我们需要的是全面的而且是深度的改变，不是单纯应用国外区块链系统就可以达标。

互链网的出现，使得传统区块链定义也需要改变。我们提出了新的区块链定义，新定义包括新共识机制的需求（需要拜占庭将军共识、交易性和监管性），新型智能合约和预言机（见本书第二部分）。我们提出需要设计新型可监管的区块链，这和传统逃避监管的区块链有巨大差异。

而互链网最大的应用领域之一是货币和金融领域，这也是脸书会开启全新操作系统的一个原因。脸书 Libra 2.0 提出在协议层部署监管机制，这代表监管机制会在网络协议上运行，也代表区块链不再只是应用，而是基础设施，可以改变现有的 IT 结构。由于系统结构改变，生态也会相应改变，这些改变带来的影响可能不可预估。

如何布局互链网

但与此同时，还是有许多问题让人困惑不已，引发了一连串的问题。什么是区块链？为什么需要研究区块链？中国应该如何布局？如何和产业融合促进产业升级？这些和过去发币炒币有没有关系？国外又是如何发展区块链的？

问题出现是很自然的，因为区块链领域充满误区，一些不正确的思想被奉为圭臬，在各种视频、文章、书籍中不断出现。很多人一提到区块链，就想到挖矿，开始想把那个中心去掉。（这不是大家都在谈的“去中心化”吗？）有时候，谈着谈着，突然想到，去中心化，那我们这些中心化的机构都去哪儿了？越想越迷糊，为什么都在谈去中心化，中国真的容忍甚至支持“去中心化”吗？

本书不会提供一个完整的布局方案，因为每个机构、每个政府都不同，会有不同的场景、资源，面临不同挑战，因此必须根据自己的实际情况出台属于自己的布局方案，由智囊团策划，领导层决定。笔者不可能有任何机构拿去后都可以直接使用的万能方案。

但本书会提供一个多维框架，并且使用案例方式，提供的案例包括时间、地点、人物、事件，面临的问题、如何应对和布局、考虑的因素、具体解决方案、结果。本书还对结果进行深入分析，如果成功，究竟为什么成功？如果失败，又是什么原因使其失败？

区块链是多学科的集大成者，同样，互链网的布局也是多因素的，除了人和事外，科技、法律、监管、市场、国际竞争都会造成非常大的影响。

以英国和美国的应用案例来分析部署原则

本书所提到的案例，大都发生在英美两国，它们在相关领域有着巨大的影响力。英国是英联邦的老大，它提出的一些政策和方向，英联邦国家大都跟随，这次区块链革命也是英国最先提出来的。英国首席科学家顾问是世界上第一个提出区块链是革命的政府机构，而且指出区块链革命是金融革命、治理革命，也是法律革命。美国现在在科技领域仍然是全球领先者，其政策和计划对全世界都有影响。

但是这两个国家在发展区块链时都遇到非常多的困难和挑战，在一些政策上成功，但在另一些方面遭遇滑铁卢。2019 年 8 月 23 日，美国收到英国央行送给他们的警钟，这是英国给美国的一次挑战；在此之前，美国脸书让全球央行和商业银行震撼不已，连美国本土商业银行都被震动到，这算是美国给世界的一个警钟。前后不到 3 个月，世界被唤醒了两次。

笔者经常说，我们正在经历一次历史性大变革，就像欧洲文艺复兴时代，也像中国春秋战国时代，百家争鸣，区块链思想大开放。这个领域也是研究者很难遇到的原始森林，矿产丰富，静待开采，真是让人欣喜若狂。

历史性事件发生在今天

2016 年，笔者在伦敦参加多国央行会议，看到各国央行学者对英国预备发行数字英镑兴奋不已，笔者至今印象深刻。笔者身边坐着一位欧洲央行学者，他说：“我祖父没有遇到这次机会，我祖父的祖父也没有遇到这次机会，我居然遇到了！”我们真是生逢其时，遇见了前所未有的金融和法律革命。

是的，2016年这些让央行学者兴奋的事情，终于在2019年8月23日实现，而美国在2019年11月的反应非常正常而且符合预期。

那么我们应该如何反应、如何计划、如何部署？

本书提到美国三大布局方向：科技、市场、监管，而且以科技来带动市场，以科技来实施监管，也就是使用监管科技。另外英国是如何布局的？他们从2014年年底就开始了，布局非常长远，而且方向一直没有变换。这些都是我们可以学习的。

所以这本书不是授人以鱼，而是授人以渔，通过搭建框架，并且提供一些翔实的案例，让读者学习如何思考，然后自己去计划和部署。

部分内容是我们原创

注意，本书有许多观点和思想，都是我们原创的。在过去5年里，有许多朋友非常善意地提醒我们，在这些文章里，有些思想从来没有看到过，即使在国外。是的，那些国外也找不到的理论或分析，是我们原创的。

难道这不就是，“要强化基础研究，提升原始创新能力”和“理论最前沿、占据创新制高点”吗？

为什么一定要等到国外发布同样理论的时候，很多人才觉得放心？多少次，我们率先发表新区块链理论，结果却反应平平；但是一到两个月后，国外出现了同样的思想，大家才觉得该理论是合理的，并纷纷引用国外的文章。在过去，我们常常和国外并行发展，有时候，他们领先；有时候，他们落后。但是都是在很短时间内，大家都能相互学习对方先进的思想。

本书想传递给大家一个信息，在区块链上，中国也可以有新想法，也可以比国外早几个月到几年。我们常常谈要“四个自信”，这也是一种自信，思维自信、科技自信、创新自信。当我们在开发第一代联盟链的时候，IBM 公司还没有开始，以太坊团队也没有开始。英国是世界上第一个提出沙盒概念的国家，而我们团队完成了世界第一个区块链产业沙盒。英国开发了世界第一个数字法币模型，而我们团队在 2016 年开发了世界第一个可扩展、可监管的数字法币熊猫模型。非常欣慰的是，我们的熊猫模型的思想，2019 年出现在英国央行指导下的数字法币系统。2017 年我们对英国央行监管沙盒制度的看法，2019 年出现在美国、澳大利亚、卢森堡、中国香港的学术论文里面。2018 年 8 月我们对稳定币的观点，出现在 2019 年国际货币基金组织报告里面，后来也出现在普林斯顿大学论文里面。我们一直坚持数字货币理论不能独立于平台的理念，出现在 2020 年 1 月美联储的演讲中。从 2018 年 8 月开始，脸书还没有发表白皮书，我们就多次发文预警事态严重，认为该技术是金融界兵家必争之地。

如果您认为中国永远要跟随国外发展，必须等到国外发表新论文、产出新理论、构建新系统之后，中国才能找到创新方向，您读读新闻就好。如果你认为中国有希望，有能力开发新理论，设计新系统，比国外更早知道区块链发展的路线，这本书就是为您而写的。

这也是我们写区块链中国梦的原因。中国不能没有梦想、没有理念、没有信仰，每个人必须对自己做的工作有信心、有使命感，才能有机会、有发展。谨以此书与君共勉！

我们研究的方法

对于每一个新事件，我们都需要花时间了解事件的一些事实和相关报告，然后研究这些事件后面的真实原因。我们的文章都是经由我们自己的分析后得出最后的结论观点。我们的结论不一定正确，但是我们的观点不会只是把新闻重新组织后发表。因此本书每一个章节都代表我们的工作结果。而且我们的资料大部分来自英文原文材料。在过去，我们发现国内外有些报道把一些特殊思想加入进来，特别是无政府主义思想。明明原文没有这些思想，却在报道里面加了新“解释”。我们对 2016 年 1 月英国首席科学家顾问发表的报告遭遇的事情印象非常深刻，该报告刚刚发表的时候，被无政府主义者骂到狗血淋头，认为英国政府最高科学单位一点也不懂区块链。当时许多媒体都大批英国首席科学家，而且用词非常尖酸刻薄。而这份报告实质上却是当时世界上最支持区块链的一份政府报告，是区块链历史上的重要报告，也是笔者这几年来一直推荐的区块链的入门材料。也因为这个原因，我们花了许多时间查证事件以及相关材料，有时候还和国外学者或专家语音或见面讨论并查证事实。

由于区块链和金融、货币、市场、科技、监管、法律相关，我们和银行家、科技人员、律师、监管人员也沟通，其间还拜访英国央行监管单位、英国孵化器、国外基金、国外银行以及英国首席科学家、英国金融城经济学家等。我们和他们交谈后，非常清楚表面上的故事有可能不是真实故事，例如英国央行数字英镑的计划。和他们多次交谈后，我们发现他们的一些真实想法，这些都出现在这本书里。

英国央行公开的秘密是将监管权拿回来，但是复兴英镑也是他们真实的想法，这些想法在 2019 年“8・23”事件后非常明显，而且事情的发展也是很有趣的。例如，A 暗中预备攻击 B 的法币多年，B 一直认为这不会是真的，后来 A 终于对 B 说明白了，B 知道后，就公开说预备和 C 进行货币战争。这剧本当然不是我们写的。

这些单位也会改变立场，这种情况发生过多次，连英国央行也曾改变立场。

实地考察

我们团体还拜访了美国、英国、新加坡、加拿大、中国香港、日本等地的相关部门，和多机构谈话，包括监管单位和基金机构，也和中东、韩国、南非、马来西亚等政府、监管单位、基金谈话。我们也和世界重要科技公司例如谷歌、亚马逊、IBM、SAP 等交谈，同时间也同国内外机构和高校交流。

考证材料

有的时候我们发掘出一个材料，却在几天后发现是假材料。有一次，我们看某美国电视新闻报道俄罗斯区块链的消息，由于该消息由国外重要媒体报道，我们误认为它是真实消息，回到中国一星期后，才知道消息是假的。因此我们经常要多方查验，才能确定信息是否真实。有的时候，中文的译文，和原文意思正好相反。有一次我先读了原文，后来看中文文章的时候，我以为我读错了原文，再回去仔细读，才发觉是译者故意省略了几个关键字，例如“没有”或是“不”。文章可以 99% 符合原文，但是因为改了“没有”，负面的结论变成了正面结论。所以我们读译文的时候，都特别注意，避免读出和原文不同的观点。

区块链材料的选择

在早期研究的时候（2015 年到 2016 年），区块链学术界还没有学术会议，记得 2016 年我们在伦敦办一个国家会议的时候，英国媒体还报道，说那次会议是世界上第一个国家区块链学术会议。由于没有学术会议，研究就只能看公司发布的白皮书。开始的时候，白皮书还是有内容的，但是到 2017 年以后，由于 ICO 事件，白皮书发布混乱，内容也混乱。记得有白皮书抄袭我们北航数字社会与区块链实验室人员的简历，把我们的组织人员换成别的名字，就成为一个发币单位的组织，我们只好找律师发律师函。这表示那段时期，白皮书已经没有实质内容，失去了研究的价值。

幸好，当时英国央行、加拿大央行、欧洲央行、日本央行开始实验，他们的实验报告是非常好的研究文献。他们的报告我们都一一研究或是翻译。后来国际清算银行（Bank for International Settlements）、国际货币基金组织（IMF）、新加坡央行等也开始出报告，他们的报告我们也认真学习。由于他们的报告是从实验得出来的结果，可信度最高，也是我们思想的重要支柱。不论是哪个国家的央行，如果没有实验报告，我们都持怀疑态度。（对于一些公链，我们也常下载他们的软件从事实验，而且发现一些有问题的著名链，实验结果发现竟然有些指标的性能还不到宣传的 1%。因此我们同意英国央行的观点，世界 78% 的公链是彻头彻尾的骗局，而其他 22% 还可能是部分骗局。）

因此我们会非常认真地研究正规组织、监管单位、国家货币政策制定和实行机构出的报告。这些报告中，加拿大央行、欧洲央行、日本央行进行的实验最多，英国央行、国际清算银行、国际货币基金组织出的研究报告最多。这些机构观点也不相同，例如英国央行和国际货币基金组织的观点最前沿，总是向前看，甚至有的时候还敢讲别人不敢预测的场景（当然有几次他们后来更正了他们的观点）。英国央行总是走在最前面，而国际货币基金组织总是提出非常大胆的预言。例如 2017 年国际货币基金组织的观点可能太过前沿，我们就没有翻译他们的观点，后来他们也改正了他们的观点。但是 2019 年，他们对稳定币的分析却非常中肯，他们那时关于稳定币的观点和我们 2018 年 8 月在中国提出的相应观点一致。

记得当时我们提这些观点的时候，只有少数人关注。后来国际货币基金组织发布报告（见本书附录2）的时候，相似的观点却震动了世界金融界。在中国也有许多团队和银行深度研究该报告，而该报告在脸书Libra币白皮书出来前就发表了，因此这篇文章成了脸书白皮书的预演。其实在这以前，我们就多次发表文章表示巨变就要来临，许多文章在2018年就发表了。在脸书发表白皮书之前，我们就发表了题为“区块链应用落地不是狼来了，而是老虎来了”的文章，预言了将要来临的巨大震撼，正好是脸书白皮书发布的前两天。

我们和国际业界时有接触，有的时候国外研究机构也会来电话，讨论我们对他们的项目有何看法。在脸书事件后，美国银行两次表示愿意赞助我们发展稳定币来对抗Libra。2019年9月我们在伦敦和该美国银行相关人员见面的时候，他们再度表示愿意与我们合作。对他们来说，Libra也是他们的竞争对手，如果中国科技或是金融机构愿意和他们合作对抗Libra，他们愿意赞助合作。可以看到Libra给世界的商业银行都带来了压力，包括美国商业银行在内。

事件变化快，书的内容一直在更新

笔者写本书的目的之一是希望将事件的前因后果解释清楚。由于新事件一直出现，已经完成的书稿经常需要修改，以至于我们一直在更新材料。我们原本希望事件不要发展得如此快速，这样书稿可以有一个完整稳定的版本出来。但是到2020年5月，我们觉得这是一个不可能完成的任务，因为新事件一直出现，我们的书稿不会稳定。2月底我们就完成了初稿，但是之后的3个月又有一些事件发生，因而我们又增加了10万字的全新内容，对之前的内容也做了修订和更新。

于是我们决定旧稿的材料只要不是被新事件完全推翻，我们就不再更新。不然每个月书稿就需要大改一次。这样书稿就有点像电视剧一样，材料有先后的区别。为了使读者先了解新材料，我们把最新的材料放在第一部分，是关于互链网的材料。我们把 Libra 2.0 的材料放在第 3 部分，因为第 3 部分主要讨论数字法币。第 2 部分是传统区块链的内容。

中国如何部署和实施区块链

我们在中国多地演讲，许多人问如何发展区块链产业。本书大部分内容就是为此而写。穿山甲模型，哈佛大学的区块链部署模型，麦肯锡的报告都是本书的重点。

本书内容涉及多学科最新观点

本书的撰写有一个难点，由于区块链涉及范围广，包括计算机、通信、加密、法律、金融、货币、银行、金融交易、监管等领域，很少有人同时具备这些学科领域的背景。本书在撰写过程中尽量克服这一难点。

而且有一些材料是全新理论，不但教科书没有提，连论文都很少，多数可参考的资料还是机构研究的报告或演讲，例如英国央行、国际货币基金组织、国际清算银行、欧洲央行、美联储、哈佛大学、普林斯顿大学等发表的报告或是演讲，本书经常引用和讨论他们的观点。例如英国央行 2019 年 8 月 23 日的演讲和 2019 年 11 月哈佛大学 1000 字的短文，是本书一些观点的重要依据。

我们采用他们的观点，是因为看到他们的观点发布后，很多国家反应强烈，且这些国家后续的确朝他们提的方向前进。例如英国央行的“8·23

事件”的观点，2019年9月欧洲央行立刻对此展开讨论，2019年10月美联储也公开对此展开讨论，2019年11月哈佛大学发布新货币战争观点，并于一个月以后对此展开讨论，到2020年2月美联储再度公开对同一主题进行演讲。我们研究过这些演讲或是会议的笔记和PPT，这些都是在网上公开的信息（可以公开下载），可以清楚地看到这两个报告影响深远。哈佛大学把这一战争布局的大方向都公开了，表示这是公开的竞争，问题只在于认知和执行。哈佛大学发布美国战略后，其他国家都没有公开他们的反应或是他们对应的战略。

我们正在经历一百年来历史性的科技、金融（包括货币）、法律大改革，三大改革在同一时间发生。这正应证了我们2016年在伦敦遇到的一位欧洲央行学者所说的，我祖父没有遇到的，我祖父的祖父没有遇到的，我生逢其时遇到了这一历史性改革事件。他遇到的只是英国央行提的货币大改革计划（数字英镑），他都说生逢其时。而本书提到的信息是我们要同时间经历三个大改革，不只是货币大改革，还有科技和法律的大改革，我们真是生逢其时。

陈清泉序

我们正处在第四次工业革命，从第一次工业革命发明蒸汽机，到第二次工业革命电气化，再到第三次工业革命数字化，现在进入以智能化为中心的第四次工业革命。第四次工业革命以智能化技术为手段渗透到各行各业，通过人工智能应用，形成服务于个性化需求的新型产业形态。其中，交通、能源与信息作为历次工业革命的基础，在人类历史上第一次出现了通过研究用户行为轨迹等人文数据来完成创新突破的特征。由于区块链的来临，我们也有了互链网和物链网，互链网就是互联网 + 区块链，而物链网就是物联网 + 区块链，这些都是第四次工业革命的核心技术。

我一直认为中国在科技上必须有自己的突破和创新，科技创新必须有前瞻性、独特性、适用性和高端性。新科技不应该只是在实验室做科研，而是要走出实验室，通过产业化和商业化产生价值。在知识和科技爆炸的今天，许多创新都是集成创新，而不仅是独立学科创新。

区块链就是一个这样的创新科技，区块链基础科技，例如共识和加密技术，都是传统科技，但是经过整合后成为集成创新科技。2019 年区块链已经被联合国列为最重要的金融科技，2019 年 6 月脸书发布 Libra 白皮书的时候震撼了世界政府和央行，人们从不知道区块链技术到突然发现区块链科技会对国家、社会、市将产生重要的影响。后来又发生了多次相关事件，促使世界多个央行包括美联储、欧洲央行、英国央行等都大力发展数字货币来加入这一场金融科技竞争。

除了对金融、市场、货币有影响外，区块链也对计算机和网络系统有重大影响。例如互联网，经过和区块链结合，成为互链网；物联网和区块链结合后成为物链网；数据中心和区块链结合后成为数链中心。有了区块链的融入和加持，原来的系统变得更加安全。互链网也是下一代互联网，保护参与者身份及隐私，支持数字金融交易；物链网也是下一代的物联网，融合区块链和物联网成为新基建，负责安全和信息采集，采集信息包括电池状态、电动车信息、充电网信等，物链网保证数据的安全性、可信性、可审计性；数链中心也是下一代的数据中心，采用跨链网络模型以及洋葱保护模型，数据安全性得到极大提升，为实现“链满天下”夯实基础。

以上提到的这些都是中国原创的。国外虽有类似项目，例如美国和瑞士，但是他们的项目都是在现有网络或系统上进行发展。而中国提出的区块链科技创新，都是从底层进行变革，包括底层网络协议和操作系统都会被改变。

2020年5月我在北京演讲时，就提出“四网四流”的能源供给侧改革的创新思想，即实现能源网、交通网、信息网、人文网的四网融合以及能源流、信息流、物质流、价值流的四流融合，将孵化出许多融合技术和产业，而互链网和物链网就是实现“四网四流”的重要核心科技，其核心就是将多元能源系统的熵转化为㶲，也就是将废弃的能源变成有用的能源，并提出储能熵的概念，以及智慧能源系统的智慧度指数。同时我还提出风光氢储＋热气水多能+AI边缘计算和区块链智能集成平台，使用区块链技术，建立能源互链网和物链网，这些新网络连接电网企业、新能源企业、能源用户、监管部门等各方数据，产生一种新的交易信用机制。实现各方的身份认证和互信，促进能源系统各环节的互联互通，提供新一代智慧综合能源服务。

核心技术必须自己研发，不然中国就没有自主可控的技术。蔡维德教授就在区块链领域开启了一个重要科技突破口。

陳清泉

中国工程院院士、英国皇家工程院院士、乌克兰工程科学院院士、匈牙利工程院荣誉院士

剑桥大学丘吉尔学院院士、世界电动汽车协会创始主席

2020 年 7 月

倪健中序

我们为什么要搞互链网

中国移动通信联合会 执行会长
中国移动通信联合会互链网分会 理事长
倪健中

我们为什么要搞互链网？互链网是怎样提出的？为什么要构建互链网？互链网与5G有怎样的关系？互链网是一张什么网？我们准备怎样建设互链网？互链网的推进要从哪几个方面入手？建设互链网与当前的新基建有怎样的关系？

互链网是怎样提出的？

"互链网"这一概念是我们在研究区块链技术在网络上的应用时想到的，我、朱波及蔡维德教授是"互链网"这一概念最早的创提者，中国移动通信联合会亦专门成立了互链网分会，是全球第一个互链网组织。2020年3月23日，国家科技部重大专项现代服务可信交易项目组联合发布了《互链网白皮书》，这个《互链网白皮书》也是全球第一个关于互链网的白皮。

为什么要提互链网？

现在的网络叫互联网，互联网是一个什么概念？其实是我们中国人把美国人的Internet进行了美化和褒义的提法，世界上不存在互联网，只有计算机网，这个计算机网的核心就是IP地址和服务器，这些东西是掌握在美国人手上的，美国对全球的网络进行了最直接的掌控。所以说互联网，也即现在全世界的计算机网，都在美国的掌控之中。

大家知道，这次新冠肺炎疫情的大暴发，使各种原来不太尖锐的关系，一下子对立起来，尤其是特朗普上台以后中美关系时好时坏，总的来讲是向深渊走去。在这种情况下我们要考虑我们的国家安全、信息安全和网络安全。那么，这个网络安全应怎么考虑？其实关于这个话题我在20年前，就组织有关专家撰写出版了一本书，叫作《国家信息安全报告》，专门提出了信息主权和网络主权问题，各个国家进行网络治理的时候，必须考虑一个问题，我们的命根子掌握在谁手上？毋庸置疑，信息和网络安全必须掌握在我们自己手上，或者必须有一种制衡的机制。

美国总统特朗普发起了贸易战后，我们清醒了很多。他如果在网络上进行各种打击，那我们现在的"互联网+"就很危险，如果我们把什么东西都放到网上，其实是不可以的。区块链技术恰恰在网络深层结构方面为改变这种状况带来了新的技术。所以我们今天来提互链网的时候，其实是从技术层面上来讲的，就是原来的英特网（Internet），是一个以IP为核心的网络，而到了因特网发明50年后的今天，我们到了一个彻底突破和改变以及技术迭代的时刻了！

5G是中国在网络世界发展到今天的一个重大突破。20年前，中国移动通信联合会曾专门成立了一个活动组织叫作TD技术论坛。这个技术论坛以大唐为核心，因为大唐在全球第一个提出了TD技术并使之成为第三代移动通信国际标准。这个标准当时提出的时候，很多人都不支持，因为已经有第三代移动通信标准了，你们为什么还要再提这个标准？但是，今天的事实证明，我们20年前搞这个TD技术标准论坛，推动TDD技术的广泛应用和发展是很有远见和成效的，也是很有必要的。

大家知道，从技术路线来讲，TDD技术跟FDD的技术一般应用在两种不同场景，早期的FDD技术上下行对称，对那个时候的通信，尤其是通话来讲是相当必要的，它是一种主流技术，就是我说一句你说一句，大家是对应的关系；而TDD技术是上下行不对称的。在早期第一代和第二代移动通信技术即1G和2G的时候，甚至到3G的时候，这两种技术的运用场景差别不大，但是到4G时代，尤其是到了5G的时候，则基本上是由TDD技术占了主导。

今天，从技术的角度来看，以IP地址为核心和以区块链为核心的技术导向完全是不一样的，我们现在需要分布式的区块链技术，将这个区块链技术创新性地应用在网络架构上，我觉得是非常必要的，这是我们提出要构建互链网的一个重要理由，它是在技术架构上进行迭代。技术迭代带来了什么？

互链网是一张价值网

大家知道，IP技术的计算机网是一个什么网络？从核心意义上来讲它是一个信息网，所谓的信息网就是我们最早来传递信息的网络。打个比方，这个网就好比我们现在的绿皮车，它最早应用与发短信、打电话和发邮件，是从免费惠民的切入口而出现的。但是到了今天，有一个重大问题出现了，今天在网络上不是大家聊聊天，骂骂人，当当愤青，而是我们个人的财产甚至身家性命都放在这个互联网上了；企业的财产甚至身家性命也都放在了网上；更有甚者，连国家的重要信息都放在了网上。这个时候我们不能不做一些更深层次的思考，我们把命根子交给谁？

我们必须对网络进行重构，而互链网是一张价值网，这张价值网对网上的身家性命进行了有价值的保障。

我们知道计算机网最早起来的时候，服务商是不用负责任的，不像通信网，通信网对大家要负责任，用户掉了线运营商就得负责任，所以关于这件事情，现在我们要考虑，在计算机网到了5G时代，通信网和计算机网应该进一步全面融合还是把它分开来？基于信息网和价值网的观点，我们认为我们要有更清楚的认识，在互联网存在的同时还要做一张互链网，互链网是价值网。

我们为什么要构建互链网？

一是我们搞互链网是站在全球视角，是出于国家发展战略考虑，国家发展需要新技术来实现“换轨超车”；二是当前5G网络的基础设施建设应当成为“新基建”的核心，该基础设施的建设急需基于新的技术、新的战略思考。

因为当今网络的性质已经发生了根本的改变。从世界格局来讲，价值网属于技术层面的突破和商业模式的重大创新，不能仅仅停留在意识形态，因而我们提出了一个口号“全世界电信运营商联合起来”！

我们如何来建设互链网？

首先，应与电信运营商联合起来，与5G充分融合，一起来建互链网；其次，应与各地政府联合起来，因为区块链需要与区域结合；再次，在行业应用纵深中有非常好的结合。我们提出了用5G+红外技术+区块链+互链网来做大健康生态工程系统，用5G+智能微轨+区块链+存储+边缘计算来建设轨道城市，搞5G微轨城市建设，这些都是相当有分量和前沿的创新和创造。

互链网有着巨大的机遇与挑战，我们需要共建共享——构建新网际空间。

5G与互链网的联姻

谁来做这件事？首先我觉得要对5G的网络建设有一个重新的考量，我们在5G的网络构建当中要引入区块链技术，要有区块链技术+存储+边缘计算+行业应用+区块链区域性的服务，把这些全部结合起来，才能使它更有效，更有保障，更安全可靠。现在大家讲到了一个云存储，云存储是一个解决方案，但是不是唯一方案？我觉得不是，例如可以把5G的东西放在微基站智慧灯杆下面，这是区块链服务的一个方向，也是运营商咸鱼翻身的大好机会。

大家知道，网络发展到今天，带宽越宽，运营商死得越快，运营商的好日子是在1G和原来模拟电话的时候，大家买个手机5万块钱，现在的网络建设和当时的网络建设完全不是一个数量级，5G的投资越来越大，包括以后的6G技术迭代，我们目前还没有找到一个很好的商业模式，尤其是工业互联网。但是，如果用互链网，把5G+互链网和人工智能等融合起来，则将为运营商提供一个很好的解决方案，互链网的这种应用也将成为一个大方向。

谁来推动互链网？

我们提出了一个口号，叫作“全世界电信运营商联合起来！”大家知道，全世界的电信运营商都在讨论现有的电信网络，觉得他们的生存越来越难。这个时候如果我们进行新的技术迭代，寻找出一种新的商业模式，结果就可能完全不一样。这里面蕴含着三个问题，一是经济学问题，二是商业问题，三是技术和商业怎么很好地结合的问题，能形成一个很好的产品模式和商业模式，在这个时候非常必要。

任正非先生也讲过，5G 不过是一个小儿科技术，我也会赞同他的观点，5G 其实是一个突破的点，使我们看到了更大的世界、崭新的世界。这个时候，如果我们把区块链技术跟它结合起来并提出互链网概念，我们就看到了新的天地、新的应用。那么，这个应用可以无时无刻地不在进行存证，首先它在行业的整个应用会有很大的发展，其次在整个区块地域性的服务上也会有很大的发展。我经常思考一个问题，我们上网为什么一定要通过 IP 地址域名解析中心？为什么都需要集中起来通过在美国的服务器来解析？我们完全可以分成一个一个不同的信息区域，互相进行连接，区块链技术将使这种技术联系得比较好，网络切片存储安全性和可靠性更高！

互链网与互联网的根本区别

从安全性来讲，现有的计算机网采取的安全措施都是建围墙、防火墙，防火墙一旦被突破，你所有的安全都成了问题，所有的东西都没有安全保障。而区块链技术给我们提供的不是防火墙的概念，而是每个用户都是一个信息网络的安全堡垒，你没有办法被突破，这样，安全等级将大大得到提升。

互链网是有主权含义的，在国际上我们可以得到强有力的制衡权利，甚至我们自己掌握自我权利。大家想想，中美关系如果持续恶战的话，如果哪一天人家说我英特网不租给你了，我们就瞎了，我们比处于任何的贸易战都危险得多，这件事情上我们必须未雨绸缪，我们建设互链网要把国家利益和经济发展的安全性放在第一位。

互链网是中国网络高科技发展的重大突破口

互链网是技术进步和迭代的产物，如果这个技术在我们中国率先发展了，能够进行推广了，若能在“一带一路”沿线国家推广的话，就像TDD技术在全世界能够推广，对我们来讲是这个时代的重大创新和重大进步。所以，我十分看好互链网。它的提出、标准制定、组织及建设等都在一步步展开。今天我们要为这个新生事物呼吁，让它有更好的发展，就像TDD技术一样，虽然一波三折，但是最终能取得成功，我相信互链网技术也是这么一个伟大的技术创新。

互链网应用场景之大健康数据

互链网技术有哪些应用场景可以做？这次新型冠状病毒全球流行，我们感到最迫切需要解决的问题之一是大健康问题，希望互链网可以在大健康领域得到广泛的应用。互链网在大健康领域的应用是什么？一是大数据的采集。我2019年到阿里跟他们的达摩院专门做了交流，我问他们，你们阿里最厉害的是什么？你们最厉害的其实就是对人与人之间、人与企业之间交易数据的掌握，这个数据你们掌握得最完整，这个可以称得上是大数据。至于别的机构的数据，我认为都不是真正意义的大数据，因为大数据要打破企业壁垒、打破行业壁垒而形成一个生成系统。像我们电信运营商，中国移动和中国联通的用户信息是不是大数据？银行这么多的客户数据是不是大数据？我认为都不是，这些有行业壁垒，有企业壁垒的数据都不是大数据，所以必须打破这个壁垒。

大健康中的健康大数据其实也是这么一个东西，阿里现在最牛的是有了人与人之间的交易数据，但是一个更伟大的公司已经诞生了，这个公司现在在南京，它用红外技术可以在短短的几分钟内将人体的各种信息全部采集到，这个技术的应用就使我想到通信领域里面的 TDD 技术。大家知道在通信领域有 FDD 跟 TDD 技术，TDD 技术在早期的时候不被重视，就像红外技术不被重视一样，被重视的是 X 光，因为 X 光技术更能体现西方医术的精准性，如我们做核磁共振或做 X 光透视能更精准得到一些身体信息。但是这和西医与中医的区别一样，它概念不一样，蕴含的文化理念和思维方式不一样。

TDD 技术上下流不对称，红外技术是短期内进行全面采集，是对温度和血流的感觉，它解决了一个什么问题？就是中医的望闻问切不能标准化的问题，我们中医不能传承不能大规模在全世界推广，实际上就是中医的望闻问切不能标准化，中医和中药不能标准化，怎么解决望闻问切的标准化问题是关键。我觉得红外技术是一个好的技术，它可以在很大程度上解决中医可视化、中医标准化、中医现代化的突破这些问题。

有了这个标准以后，我们可以承诺在乡镇和街道医院推广这项技术，让基层医院用这项技术装备起来，甚至也可以向世界推广，因为这项技术是不受语言文化限制的，我们的中医讲了这么多复杂的东西，但是运用红外技术采集则可以让复杂变得简单起来。红外技术采集大健康的数据以后，将产生一个伟大的东西，是什么？人的数据！有关人的数据是这个世界上最宝贵的财富，最伟大的东西。这个时候若用区块链技术将互链网技术构建起来，使得举国上下乃至全世界都能够用互链网来支撑大健康数据采集，则大健康领域将是互链网最好的应用场景之一。如果我们将互链网很好地运用在大健康领域，那么将会对人类做出极大的贡献，尤其是在现在疫情出现的情况下。

如果我们从社区医院开始建立了这么一套体系，那么会建立真正的健康大数据。讲到了大数据，我讲一个例子。我曾经跟协和医院的教授讲（协和医院教授在我们联合会专门成立了一个健康医疗大数据分会），我说你们协和医院有中国最牛的医疗，但是在大数据的海洋里面，你们的那些数据是没有什么用的，为什么？用户的数据需要有黏性，全国各地的病人到你这儿来看病，看了以后也就两个结果：病人死了以后再也不会来了；病人治好了以后也不会再来了，用户的黏性是很差的，真正用户黏性好的是社区医院和乡镇医院甚至学校医务室，社区医院和乡镇医院是我们今后大健康数据采集很重要的地方，因为这些基层医院用户黏性极好，一个人从生到死几乎都在那个区域，我们考虑大数据的时候，应该把眼睛盯在基层，跟毛泽东当年讲的一样，把医疗卫生的中心放到农村去，放到基层去。

我觉得这是中国当下最有潜力的一个商业机会，所以大家讲网络新时代来到了，网络新时代究竟能给我们带来什么机会？我觉得大健康的技术，包括红外技术的应用，能够形成一个比阿里还厉害的超级公司，这个公司我觉得在不久的将来我们就能看到，而且这个技术将极大地造福于人类。大家知道，做一次核磁共振对人的白细胞杀伤力很大，癌症病人做一次免疫力就会下降，但是用红外技术做，则副作用几乎可以忽略不计。

所以，我觉得互链网技术在大健康和大数据领域的应用有一个很好的前景，在全国甚至全世界都可以广泛推广，我希望有识之士能够跟我们互链网分会及联合会充分合作，能够加盟我们的组织。

互链网应用场景之智能微轨交通

除了大健康应用领域，还有一个重要应用领域就是智能交通领域。交通是我们目前要解决的大问题，现在提了一个“城市大脑”的概念，阿里在提，华为也在提，全中国都在提，近段时间各界都在对这个“城市大脑”展开热烈讨论。

2019年12月19日，郑州举办了城市智能交通高峰会，该会举办了3天，都是一些知名院士和教授在峰会坐而论道，也请我去讲，我最后一个讲，我说今天我们在思考城市交通问题的时候，太多地偏重于无人驾驶和人工智能，无人驾驶和人工智能能不能根本性解决交通的拥堵问题？我认为解决不了，无非就是在流量上进行控制，这样的城市大脑下，车辆不会减少，最终你该拥堵还是会拥堵，治标不治本，解决不了交通拥堵的根本问题。那天很多教授对世界各国无人驾驶的议题谈了很多。我演讲的时候就很不客气，我说我们解决中国问题，要有特别的思维方式，不能把人家的东西照搬过来，你们是博士、是教授、是院士，但是说实在的你们都是在抄作业，中国今天不需要这种教条式的抄作业的解决方法，我们需要从中国国情出发，提出符合中国国情的解决方案，我们需要的是这个。

大家思考一下问题的核心出在哪里？是因为我们的车辆太多，我们的汽车太多以后，谁都要汽车，这个时候我们的出行方式出现了问题，如果我们出行的方式能够改变的话，那就不是这种情况，所以我觉得我们要改变我们的出行方式。

怎么改变我们的出行方式？有一个根本性的核心命题，就是我在这里要提的“智能微轨”。应该建设一个车轮上的城市还是建设一个轨道上的城市？大家知道，交通要解决的一个核心问题就是精准到达问题，如果你不能解决精准到达问题，交通之痛就永远无解，同时还将带来大量的污染，大量的能源消耗。要解决这个问题，其实也很简单，关键是要换一换思路，我们的观念要做一个根本性的转变，即由“车轮上的城市”变成“轨道上的城市”。

大家思考一下，今天城市和城市之间，比飞机还更精准到达的交通方式是什么？是我们的高铁，北京到上海，北京到广州，北京到杭州，都能在规定时间内精准到达，这个是最受欢迎的。我们城市内部交通能够实现精准到达的交通工具是什么？地铁。我们的地铁系统不受任何干扰，标准时间就能到达目的地。地铁半个小时就解决的路程，开车可能两个小时都到不了，城市内部公路路况不可控。所以，解决交通的核心问题是精准到达。

城市之间有高铁，城市内部有地铁。但是，出了地铁呢？我们又陷入了困境，前一段时间风行了共享单车，结果成了一场闹剧。怎么解决？交通问题无非就是一个上天入地的问题，现在入地，地铁解决了，但是还没有向空中发展，就是天空轨道，我们要把空间利用起来，向空中要交通资源。地面交通我们没有办法解决，但是空中是可以解决的，所以，我们联合会下面专门有一个5G智能微轨创新中心，由我们的乐业生秘书长带领专门的团队来做，这个研究是我们国家的创新，也是全球性的创新，智能微轨把5G结合起来，把5G的智慧灯杆结合起来，进行网络创新，进行个性化的服务，不像有些公司用云轨，大家几点到几点集合到那儿，有人售票。智能微轨完全是无人的，我觉得无人驾驶在我们智能微轨上可以实现，人工智能也可以实现，包括我们的AR/VR技术都可以集成应用在智能微轨上，人流控制和物流配送这些方面都可以集成。这个技术我们和中车集团做了合作，已经有了样板。我们和杭州市政府在合作推动，在亚运会的场馆上会做这个应用。

除此，重庆也在做。智能微轨在旅游景区也可以先开展起来，应用前景是很大的，它对我们数据的应用和支撑也是很大的，但是这种支撑和应用应当是有保障的，为什么呢？这个时候互链网技术就会随着智能微轨交通的建设被应用起来，通过数据的存储就地解决问题，边缘计算应用问题都可以利用起来。

这些都是我们今天能看到的互链网的应用场景。

互链网应用的充分展开：制造一把锋利的匕首

2020 年 1 月，我们在杭州举行了全球第一次互链网峰会，得到了杭州市政府的大力支持，尤其得到了中国移动通信集团的支持，中国移动通信集团的副总裁是一位出身于贝尔实验室的技术大咖，他积极倡导和支持互链网，目前我们正积极地和以中国移动为首的电信运营商进行探讨，怎样将互链网在 5G 建设上的应用叠加进去，进而产生更有附加意义的应用。

所以，我希望我们在进行创新的时候，要有绝对的高度，要有很好的切入点，就像一把匕首一样，我们不但要将旗帜举得高，我们还要有一个很好的切入点，要有一把很锋利的匕首。

今天，互链网概念的提出、技术的形成，包括接下来将标准场景应用建好，都是新时代一个很好的突破点，就像一把锋利的匕首，把那层难以突破的窗户纸捅开。

互链网需要结合所有人的智慧来进行创新和应用。我们现在要脑洞大开做各种事情，首先要敢想，敢放开了讲，善于沟通，让大家都能了解，都能理解我们的创新、创造所在，都能一起加盟共赢，如此，我觉得这个世界会属于我们。

2020 年 7 月

朱波序

继承互联网　拥抱区块链　迎接互链网

区块链在未来的发展中，将会和很多产业和科技结合，会和我们未来的5G、边缘计算以及互链网结合。这里我们着重说一说其中的互链网。

继承互联网　拥抱区块链　迎接互链网

首先是继承互联网，互联网从20世纪90年代发展至今，已经有30多年历史，在这个发展过程当中，从最早期我们上网发BBS和邮件，现如今，互联网已经基本渗透到我们人类世界的日常生活、思想以及经济等方方面面。

从2008年中本聪发布白皮书，到2009年1月比特币开始运营，至今也只有短短10余年时间，但区块链从其概念的提出到被主流社会认可却经历了几个阶段。可以说比特币是目前为止区块链技术最好的应用范例，随后区块链技术则以各种不同共识机制的公链出现，从而得到迅猛的发展，但有实际意义和规模落地的实用案例很少。2018年区块链发展进入了寒冬，各种打着区块链旗号的诈骗和圈钱现象层出不穷，使得区块链技术被严重污名化，直至2019年10月24日，国家正式提出把区块链作为国家的技术发展和战略重点，区块链才正式确立在相关行业应用发展中的重大作用和地位。

世界网络历史上的分水岭

我在这里主要讲讲新一代的网信空间：互链网，本人现任中国移动通信联合会互链网分会的副理事长兼秘书长，在联合会的领导下我们探讨如何快速推进互链网的发展，整合产业资源，落实行业应用等等。

马克吐温说过一句话，历史不会重演，但是总会惊人地相似。经过近30年的发展，中国从一个相对弱小的经济体，发展成现在世界第二大经济体，无论科技、经济还是文化等领域，中国在国际上越来越拥有话语权。我们可以说这得益于通信和互联网的发展给我们创造了很多机会，如果在传统经济时代，我们要获取信息，要去做一些商品交易的话，是非常困难和低效的。互联网把整个世界变成地球村，极大地推进了全球化进程，哪怕是边远乡村，也能够融入世界经济浪潮中。

我们可以看到这30多年当中，中国经济以发展和追赶为主要目标，经济实现了现在的繁荣。到了2020年，其实我们已经进入了以区块链为基础设施并结合5G、边缘存储技术、物联网和人工智能以开启中国创新创造的时代。这个时代中国很多行业已经进入到了无人区，我们没有标杆可以学习，我们现有的网络基础已经无法承载人类社会的进一步发展，面向未来的时候，我们需要开创一个新的网络时代。

互链网创新，改变现在网络

什么叫作互链网？我们给了它一个定义，大家可以商榷，互链网是以区块链为底层协议的全新的网络空间核心技术，结合5G、边缘存储计算、物联网以及人工智能等技术，互链网鼓励用户参与网络的中继节点、记账的共识结点，边缘存储计算共建共享，推进点到点的价值交换，如果我们说互联网是一个信息传播分享的媒体属性网络，互链网则是一个价值交换、价值实现的价值网和信任网。

互联网和互链网是两个并行世界，并不是互链网要取代互联网，或者互联网要取代互链网，互链网是我们人类的数字生命和数字经济的承载体，能实现从数字孪生到数字永生的转变。

互联网和互链网有什么差异，这里有一个比较形象的比喻，我们可以把互联网比作交响乐，在这场联合表演中互联网有几大重要玩家：

- 第一个玩家是基础网络运营商，在中国即联通、移动和电信，三大运营商用光纤和移动 4G 及 5G 设备构建了整个互联网的基础运营，所以这三大运营商是重要的骨干网和互联网基础运营提供商；
- 第二个玩家就是云计算服务提供商，如阿里云、腾讯云、华为云等等不同云的提供商，云服务已经是个基础设施，是经济发展不可或缺的最基本的基础设施；
- 第三个玩家就是各行业的互联网巨头，如今日头条、美团等等，这些互联网巨头在各自行业当中基本上占据了极大市场份额；
- 剩下的玩家就是你、我、他以及一些中小企业用户，

上述这些构成了我们今天的中国互联网世界。

互联网建立初衷是想在全球建立一个公正、透明和链接的信息网络：万维网 WWW，但是互联网 20 多年的发展，已经从公平竞争变成寡头之间的竞争，从点到点的架构变成了高端中心化架构。

现在我们每一个人，包括我们今天在网络上的每个观众，我们所创造的内容和数据，甚至个人隐私都被各寡头高度垄断。所以从互联网的现状来看，各种各样的隐私和数据被大量泄露，给企业和个人造成不可预计的损失。令人担忧的是目前互联网技术架构无法从根本上保证数据的安全和可靠，这给我们大力提倡的数字经济和社会治理带来极大的隐患。正因为互联

网的技术缺陷，导致知识产权在互联网中得不到保护，虚假和违规信息泛滥，各类严重的诈骗和犯罪也时有发生，严重影响了人们的生活和工作。

互联网围绕寡头转

如今互联网的生态就像交响乐，交响乐编制宏大，层次丰富，形式严肃，计划精密，我们大家都看到过，交响乐团几十人甚至上百人在一个人的指挥下去演奏，每一个乐手，都是通过接收指挥的指令来精准演奏。今天的互联网世界中，每一个巨头就像一个独立的交响乐团，如阿里、腾讯等，他们在自己的生态里去指挥，让自己的生态合作伙伴按照精准的乐章和节拍为他们的商业牟利，演奏自己的生态乐章。台下的观众就是为这些巨头买单的普通用户，台下的观众只是单纯买了他们服务的用户，但并不是利益分享体。交响乐是一个自上而下的组织，是在一个泰勒斯科学管理计划下运营的。

互链网推进社会治理

现在我们来看一下互链网世界的生态，如果说互联网像交响乐，那么互链网更像爵士乐，爵士乐没有指定指挥者，指挥者可以是吉他手、鼓手或者是其他乐队成员，每个乐队成员都遵循着节拍去进行演奏，观众也可以参与进去，所以是一个自组织，自下而上的组织形式，是在使命感的驱动下运作的。在互链网世界里，靠的是共识去治理，计算机代码是各类共识机制的手段。由于是个自组织形式，所以治理共识、机器共识和价值共识是整个互链网中的核心思想。

在互链网世界当中每个人都拥有一个网信空间节点，个人隐私得到充分的保护，人类在互链网世界中能实现真正的数字镜像到数字孪生直到数字永生。在互联网世界中，我们个体并不拥有个人信息的所有权，我们的个人信息被互联网巨头无偿占有，我们也不拥有属于自己的唯一 ID。但是在互链网世界里，每个人都拥有分布式的 DID 个人身份，该身份是你在整个互链网世界当中的唯一识别码，这个 DID 不是说是哪个机构给你发的，是互链网世界的底层基础设施，进来的每个人都会有一个这样的身份码，就像人出生以后就有了身份证一样。

互链网保护隐私

保护数字安全和隐私成为整个互链网的最基本共识，所以我们在构建互链网时，首先要在底层协议和基础设施建设时保证安全和隐私。在互联网世界信息点对点进行传输，互联网底层协议并不保证信息的安全和到达，TCP/IP 协议假定发送和接收方都是真实和可信任的，这就导致了互联网上的用户经常被虚假信息和欺诈信息骚扰。而在互链网底层协议里，在信息传输过程中，发送方和接收方的个人隐私信息都得到充分的保护，发送方不需要知道接收方的具体信息，反之接收方也不需要知道发送方的信息。信息的准确送达靠的是不可逆的密码学技术，所以在互链网世界里，信息传输和交易达成是建立在零知识证明的理论上完成的，从而在机制上保障了信息的安全性、唯一性和可追溯性，意味着想要在这样的网络环境中作恶将要付出相当大代价。

互联网成为欺诈的温床

互联网最初建立时假定网络上的每个人是好人，但是一旦有坏人，就很容易被骗，而互链网世界则假定每个人有可能是恶人，所以需要在代码上保证任何作恶行为将会被惩罚，作恶行为会被追责，所以互链网才能真正变成一个价值交易网络，可以说互联网和互链网在底层技术、生态环境和整个语境上有着根本的不同。

我们可以选择两条路线

区块链作为国家的核心技术，在互联网和互链网的发展中起着十分重要的作用，我们可以形象地分成两个发展方向：一是往西走，即互联网＋区块链；二是往东走，以区块链为核心技术，构建全新的互链网。

（互联网＋区块链）路线

先说往西走（互联网＋区块链），由于前面提到互联网存在的种种弊病，我们可以用区块链技术来改善和优化技术架构，同时部分解决信息的安全和隐私问题。我们看到许多行业和政府部委都纷纷提出利用区块链技术来改善相关行业的基础设施、商业模式和行业治理，且在很多行业区块链和产业融合已经落地，通过区块链技术进行整合，来解决一些行业问题，如在供应链金融、大健康、保险、医疗和数字版权等领域，区块链的应用已纷纷落地。

大家知道TCP/IP协议的设计之初是为了建立一个固网，而非移动网，整个协议是支持端到端的协议，且不可控不可观。互联网最初源自美国军方的一张网，后来美国军方觉得需要把合作伙伴拉进来，以便他们能够参与一些项目合作和信息分享等等。TCP/IP的传输是个Best Efforts协议，不是Quality Guarantee协议。例如你发邮件时，你无法确定对方什么时候能够收到，因为要根据网络的拥堵状态来确定。

互链网路线

今天我们倡导构建互链网，通过区块链技术对现有互联网进行改造，来解决互联网存在的安全、可靠和隐私问题，互链网的建设会充分考虑部分互联网业务的迁移问题，尤其是要把散落在各种应用中的个人数字资产无缝转移到互链网上来。

互联网是简单的底层协议加丰富的应用层协议，对应用开发商技术要求很高，所以只有巨头才有能力开发出平台级产品。而互链网以丰富的底层协议为基础，这样开发商可以在丰富的智能合约上快速开发出应用。互链网会在底层集成很多功能，如记账、边缘存储计算和 DID 等，并在底层就已经保证了隐私和安全。这样在应用层很难形成数据和应用的垄断。

边缘存储和计算是互链网非常重要的基础设施，所有互链网的数据都以自身安全的方式存储，也就是说我们在数据存储过程当中，每一个数据源本身很安全，不需要防火墙来保护。

互链网建立新生态

5G 的商用化会加快物联网和工业互联网的普遍应用，同时会产生比现在多上千倍的数据，大部分数据地域性很强，这些数据没有必要存到云存储。比如自动驾驶或者是机器人所产生的数据和计算不需要回传到云计算中心，否则会产生延时等问题。从云优先到边缘优先，如何使用边缘智能非常重要。云计算就像人的大脑，手脚就像边缘存储和计算，我们绝对不能变成头脑发达而四肢简单。边缘智能需要把区块链、边缘存储计算和 5G

建设结合，把边缘存储计算和区块链变成5G的基础设施，这样能快速满足互联网＋区块链在各类行业应用的落地。

构建一个全新的互链网是十分必要的，我们现在大力发展数字经济，数字经济要求网络上的数字资产具有唯一、不可修改和能够溯源等特性，显然今天的互联网无法满足这些基本要求。由于互链网的底层协议充分采用了区块链和边缘存储计算和DID技术，从而保证了这些最基本的要求。

2020年7月

第一部分

未来网络：互链网

第一章

互链网的出现：退役互联网，新构互链网

1. 如果区块链是IT基础设施，您认为哪些系统会有改变？国外（例如以太坊等系统）认为区块链基础设施只是在现有网络、操作系统、数据库等现有基础设施上再建立一层区块链基础设施，而不需要改操作系统、数据库、网络，超级账本也是这样的看法。但是2019年脸书开始开发一个全新的操作系统。讨论一下这两种方式的优缺点。

2. 贵阳市政府在2016年就提出主权区块链概念，表示区块链有国籍，有国家主权行使在区块链系统上。如果区块链有国家主权，互链网也有主权概念。国家主权会出现在什么场景？在互链网上，哪个系统、哪个机制需要考虑国家主权？如何在互链网上维护国家主权？

3. 为什么操作系统需要数据库来实行监管？传统操作系统不需要数据库就可以执行监管，但是传统操作系统不能解决数字代币例如比特币系统的监管问题，因为这些系统是“抗监管”或是逃避监管的。

一、互联网已成“欺诈中心”，需要更安全的互链网

2020 年 3 月 27 日，中国移动通信联合会互链网分会联合 30 多家协会、科技机构、高校、企业联合发布了《互链网白皮书》。有媒体报道这是继比特币、以太坊后，区块链开启的新的一扇窗户，为区块链独立日。互链网将具有以下特色：

● 互链网支持合规金融市场。互链网在设计上将监管机制放在底层系统，维持金融市场的安全性、公平性、合规性、可靠性和隐私性。而比特币和以太坊系统建立的支付系统和金融市场，独立于合规市场，不受世界各政府的监管。

● 互链网是基于区块链的新网络基础设施。而比特币、以太坊的基础设施是现在的互联网。

● 互链网在底层系统建立监管机制。比特币使用 P2P 协议，逃避监管，各国政府都没有办法直接监管，只能间接监管，在互链网上比特币无法运行。

● 互链网是能保护隐私、维持金融稳定以及保障数字经济金融市场有序发展的新金融科技和监管科技。而比特币系统建立的是一套逃避监管的金融科技和金融市场。

● 互链网基于诚信、安全和隐私保护来助力社会治理。互联网采取放任思路，信息开放而不限制，等于默许欺诈行为，以至于互联网充满虚假。

● 互链网是全新架构。互链网是新科技，是开发新系统来适应新的法规（例如欧盟的 GDPR），在新的架构上进行科技创新，不会被老旧协议束缚，是中国核心技术的重要突破口。互联网底层技术有 46 年历史，技术老旧，市场结构需要被动改变来适应老旧技术的特性。

● 互链网是融合的、集成的。互链网打破传统系统的局限，重新设计

一个融合集成的架构，包括底层系统和应用系统的融合，多学科的融合等，为科技界和学术界建立了一个新方向。比特币和以太坊虽然科技创新，但是系统架构还是传统的。

二、互链网的出现和历史

现在是一个特别的时代，500年来最大的一项技术创新区块链金融技术进入社会，这项技术必定会改变金融市场、货币、法律、社会、计算机和互联网。区块链会带来新一代的互联网，区块链互联网。互联网已经对中国经济、金融、民生、政务、法院、学术和医疗等各个领域产生了巨大的影响，中国今天的发展很大部分可以归功于互联网。中国现在也在预备5G的部署和应用。假如区块链带来下一代互联网，这会是什么样的互联网？会带来什么样的影响？

区块链技术的发展带来的一个重大改变就是现在的互联网（信息网）会进化为互链网，也可以称其为“价值网”。这是中国多年来难得一遇的一次科技大改革的机会。以前中国老是抱怨使用的不是中国互联网，因为不论网络协议或是DNS，都由国外控制。中国互联网市场大，但是技术控制权不在中国。

然而区块链有主权概念，主权区块链代表中国的法律可以在网络上自动执行。这样的链网是安全、可靠及高速的互联网，可以应用在金融市场、公检法及政务上。2017年贵阳数博会上，多位演讲者都以“天佑中华”来形容这次机会，笔者在那次会议也以《区块链互联网》为题目演讲。那么为什么这些学者提出这样的观点，他们的观点以什么为依据？

传统互联网也可以做这些应用，但是需要在互联网上加许多功能，等于是在不安全的环境下，建立一个虚拟的安全环境，这是不靠谱的。而链网会自动提供这些安全加密功能，金融应用或是其他重要应用开发和使用将会更加便利。这是打造中国数字经济和数字社会的一个良机。

网络不是法外之地，现在互联网并不是中国互联网；但是有了链网后就不同了，因为该链网是中国互链网。不要认为这是不可思议的事，2018年英国 Law Commission（法律委员会）开始研究采用区块链和智能合约技术。2019 年年底，英国法律系统公布了第一份关于区块链在法律系统应用的报告，该报告肯定了区块链技术在法律系统的应用。这将会改变英国法律的执行和制定，中国也开始将区块链应用在电子证据上。这些变化都是巨大的，此次法律法规以代码形式出现，自动在网络上执行中国法律，这和目前的法律制定和执行差距甚大。

1. 价值网为价值服务

互链网将会充满着链，这会是“价值”互联网，而不同于以前的“信息”互联网。价值网里，在金融界，价值是资产，可以进行各式各样的资产交易；在法律界，价值是证据。价值网跟信息网有着以下几点不同：

（1）价值网可监管，可追踪，有身份认证机制，可以承载电子证据；

（2）价值网可以支持实时低延迟交易；

（3）价值网可扩展，支持高吞吐量；

（4）价值网允许交易可回滚。当交易发生错误的时候，一段时间和一定范围之内，可以回滚交易。

以上这些特性是根据金融市场基础设施原则（Principles of Financial Market Infrastructures，PFMI）而确立的 。该标准得到世界许多央行的支持，包括中国人民银行、欧洲央行、美联储、英国央行、日本央行和加拿大央行等。该标准是 2008 年世界经济危机后，各国央行制定的标准。 PFMI 的一个重要指标就是在一个国家出现经济危机时，金融系统有机制可以阻止危机扩散到其他国家。PFMI 是普世金融系统的原则，不是专门为区块链系统设计的原则。

PFMI 在 2017—2018 年被加拿大央行、欧洲央行和日本央行用来评估区块链系统，并且发现目前的区块链系统不能通过 PFMI 的评估，包括一些一直被认为是区块链强项的特性也没有通过。传统区块链系统自称，因为同样的信息在多节点上，因此区块链系统是可靠的。但是加拿大央行认为以太坊和 Corda（其实是类似区块链系统）都不够可靠。这与大众对区块链的想法截然不同。重点来了，这问题能解决吗？

从加拿大央行后续进行的区块链实验结果可以看出，这些问题不是不能解决，现在的区块链系统更改后是可以被金融机构使用的。笔者过去一直也在提：金融区块链必须根据 PFMI 进行更改，而不是更改 PFMI。现今金融区块链的发展趋势，就是要改造现有的区块链系统使之能够成为“金融区块链”。

现有的区块链系统已经可以达到一些 PFMI 原则，例如可追踪，可身份验证，可提供电子证据等。但是整体来说，现有的区块链技术还达不到以下的 PFMI 原则：

- 可监管性：一般的公链是不可以被监管的，而且联盟链的监管工作现在才开始，并且这些链需要大量的改变才能符合 PFMI 原则；
- 实时交易性：现在的公链技术不能实时交易，延迟也太大，吞吐量小；联盟链可以支持实时交易。
- 可回滚性：现在的区块链系统不支持可回滚性，可回滚性表示后面相关的交易都必须回滚，不只是回滚某一笔交易。

根据 PFMI，所有的数字资产交易都要实时，而且监管也应实时。公链强调使用 P2P 来逃避监管，因此公链很难做到实时交易和实时监管，因此政府不会支持公链。2018 年，美国 SEC 开始监管数字代币，导致数字代币价格大跌。如果拿走 P2P 协议，区块链系统就可以实现实时交易和实时监管，但是要支持可回滚性必须还要加入其他机制。根据 PFMI 的需求，将来的金融区块链必定会有大幅度的改变，因此将来的区块链和现在的区块链必定大不相同。

互链网因为要支持金融区块链，必定需要高速、稳定、可靠以及能保护隐私。今天在股票交易上，许多公司都在交易所旁边建立办公室，以减少网络信息延迟。他们这样做和现有的网络协议性能和延迟有关，公司离交易所远，信息就来得晚。例如当公司发布消息的时候，股票会很快上涨或是下跌，如果有 0.5 秒的优势，价格差距可能就非常大。并且因为传递的信息是交易信息，掉包现象非常严重，在区块链系统里面，掉一个数据包可能会有几千笔的交易同时丢失，一个交易失败，将会导致同块中所有交易都失败，而且那些受牵连失败的交易本来是应该能成功的。信息延迟不但可能会导致价格差异问题，也可能会导致法律问题。这些都是现有互联网协议存在的严重问题，必须在互链网解决，而且现在有解决方案。

2. 互链网发展简史

互链网迄今只有 5 年的历史，但是也有不同看法和观点：

最早期（单链就是互链网）：有人提出区块链系统就是新一代互联网，因为一些公链系统（例如比特币）是全网运行的。但是这种看法现在很少有人接受，因为全网运行的应用系统实在太多，如果这样的应用系统都是下一代互联网，那么世界上就有成千上万的互链网。2018 年就有上万公链项目公布，而实际上大部分都没有链（空链），但是许多都宣传是下一代的区块链系统。如果每条链都是互链网，2018 年就已经出现了上万互链网。

早期（多链就是互链网）：有人提出一些主链加上侧链，或是几个主链联合在一起，链和链有交互，这就是链网。但这只是多链系统，与互链网定义相差甚远，要达到互链网规模，要有亿级的节点和应用。

萌芽期（成千上万的链联合成为互链网）：后来有学者和研究者提出将许多链组织在一起，链和链有交互，并且这些链有组织性的协议，可以无限扩张，例如熊猫模型、宇宙模型、Polkadot 模型、金丝猴模型等，这些链可高为互链网的萌芽。

新系统和架构期（整个互联网从最上层到最底层都改变成为新互联网）：萌芽期的联合链构建在新型网络基础设施上，并且有新的网络协议，在这种模型下，互联网协议和基础设施都有很大改变，应用流程也会改变。

另外还有一个关于互链网的看法，一些人认为链网就是 DApp、区块链系统和分布式存储组成的网络。如果这真是一个互链网，则世界将有两个互联网，链网（上层）+ 传统互联网（底层），因为在该模型上，DApp、区块链系统和分布式存储都是使用传统互联网协议，实际上都是现有互联网的应用。根据该想法，任何大型互联网应用都可以成为一个上层链网，这样世界上会有许多由应用汇聚而组成的"新互链网"，例如脸书、支付宝和微信等都可以自称是下一代互联网，因为它们都是大型网络应用。

我们认为应用就是应用，除非网络协议更改，再大型应用还是应用，不是新的下一代互联网或是互链网。

3. 互联网发展简史

要了解互链网的设计，需要先了解互联网的历史。下图是 1971 年的互联网，可以看到上面只有少量节点，参与设计单位有哈佛大学、麻省理工学院、斯坦福大学、加州大学洛杉矶分校（UCLA）、BBN 公司以及 RAND 公司等。这是个非常小的网络，开始的时候是为美国军方设计的，所以网络控制协议设计采取黑盒方式，不让参与者控制网络内部，这些单位只能在外面控制自己的通信信息。

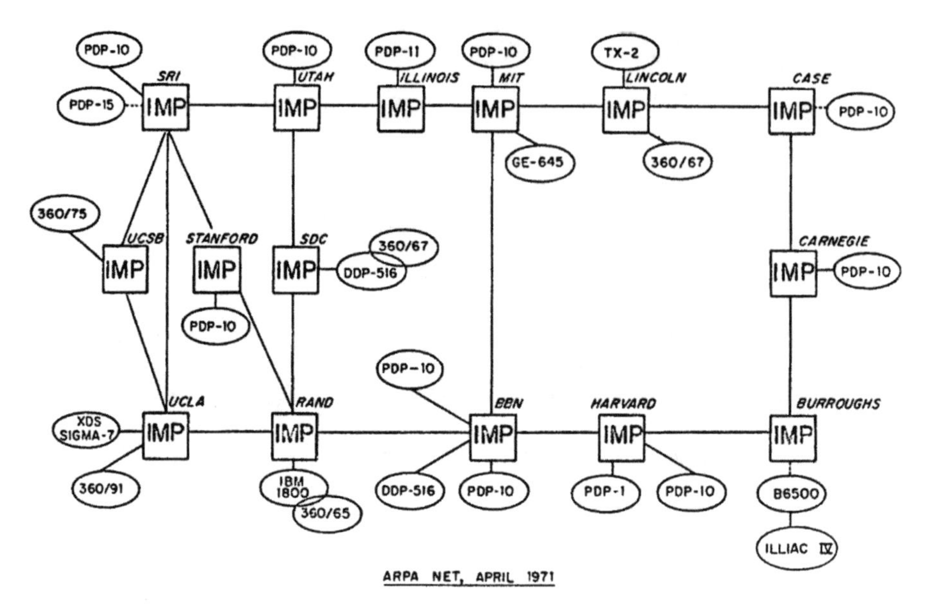

1971 年的互联网

下图是现在的互联网，可以看到上面有十几个亿的节点，而且现在的互联网绝大多数都应用于民间，而不是应用于军事（军事国防有自己的专网）。从下图可以清楚看到今天的互联网跟 40 多年前的互联网大不相同。那么问题来了，为什么现在的互联网协议还和当年的协议差不多？难道是当年的设计太完美，都适应？当初的黑盒协议到今天还一样适用吗？

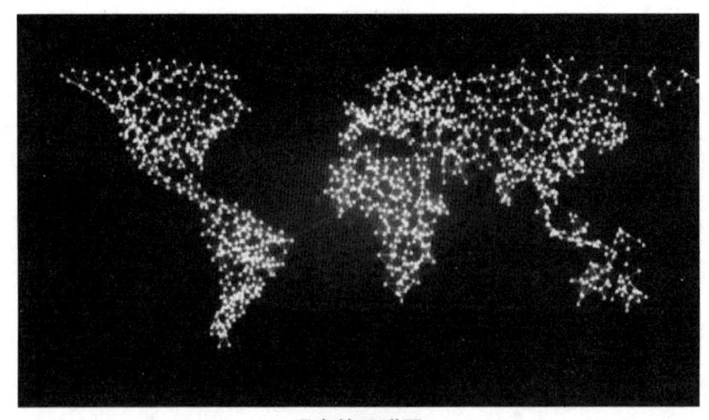

现在的互联网

4. 互链网的新架构

下面提出未来互链网的网络架构：左边的图是现在的互联网协议架构，右边的图是互链网架构。左边最上面是一些应用，例如内容、电子商务、视频和社交网络等。

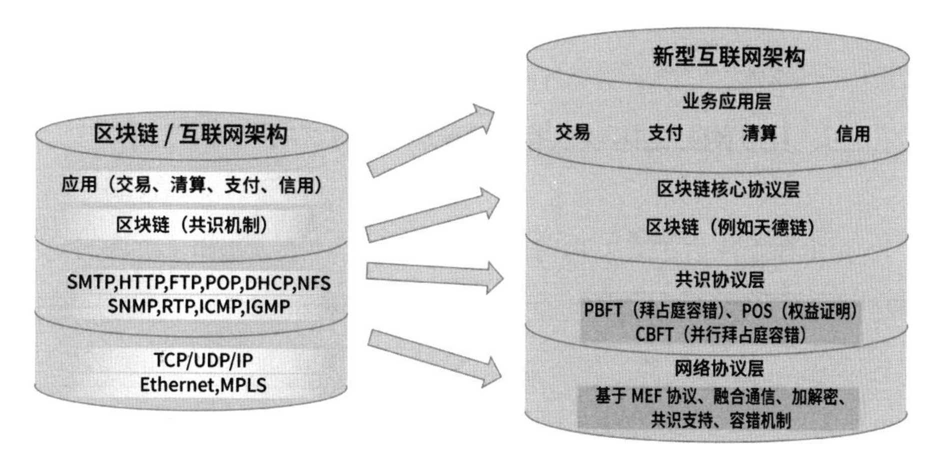

区块链互联网架构和传统互联网架构不同

互链网架构的一个重点是区块链重要协议，例如共识机制会设计到网络协议里面，为网络服务，那么这会使在上层进行区块链技术应用变得非常方便。该网络协议里还会有交易所原子事务管理（atomic transaction management）以及区块链浏览器等，还有 DApps。上层应用层因区块链条有所改变：以新的区块链为主的应用层有供应链、金融科技链、医疗链、物联网、证据链和政务链等。

将来会有智慧型 browsers 和智慧型 DApps，它们让用户直接应用区块链或物联网。以前应用与应用之间存在互通协议，在新的互联网里面，区块链之间将会有互通协议；再往下一层是区块链本身的协议，再下一层是网络协议。

很显然，今天的互联网跟以前的互联网有很大的不同。互联网正经历变革：大家尊重过去端到端的设计原则，认为端到端原则是好的原理。但是12年前斯坦福大学有不同看法，并且发展了新网络设计趋势——软件定义网络SDN（Software-Defined Networking）和网络功能虚拟化NFV（Network Function Virtualization）。SDN和NFV跟过去的互联网协议不同，最大的区别就是不再遵守端到端的设计原则，并且认为互联网不应该是个黑盒子。

三、互联网上的区块链有哪些过不去的“坎”？

2020年3月27日《互链网白皮书》发布后，大家提出了一些问题，我们挑选了一些呼声较高的问题，在这里进行解答和探讨。

> 问题一：当前区块链系统都是运行在互联网上的，也在推进和发展中，这当中有没有遇到什么过不去的坎，以至于从硬件到底层的通信协议都需要改变，重新构建一个新的网络系统？

只要任何人有你的网络地址，都可以和你联络。传统的系统包括数据库、操作系统在内都没有把安全放在第一位，以至于互联网会被有心人利用。

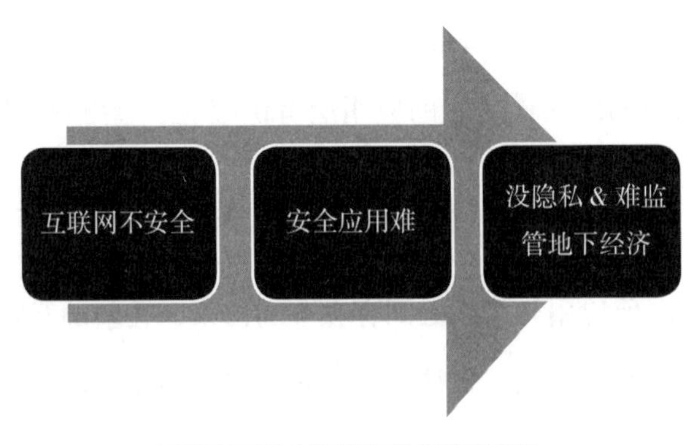

互联网不安全引起纠纷和违法行为

人们发觉互联网就是一个欺诈的“天堂”。国内的一些数据表明，在互联网业务中，欺诈事件占了很大比例，这表示在互联网上有许多事情是假的，到处都有欺诈，“伪满天下”，做生意也会遇到很多问题。

有了区块链系统后，区块链系统可以为我们的信任问题负责。说得没错，区块链系统确实可以解决我们的信任问题，但是还是有许多工作需要做。

1. 互联网上建安全系统，头重脚轻，安全保障不易实现

区块链系统是安全的，可是底层的互联网是不安全的，所以要建一个安全系统，于是需要做许多的工作，需要各式各样的加密和共识机制。所以要在互联网上建区块链安全系统，将会出现一个头重脚轻的架构，底层是一个轻量级的基础，上层则非常重，大量的加密和共识，这样的系统架构是不稳定的，就像是一栋大厦，下面非常轻，上层则非常重，总有一天上面会压倒下面。为了对付“伪满天下”，就需要链满天下，一旦链满天下，上层需要加入许多加密和共识机制，工作量实在太大太沉重了。每一个系统都要重新做安全机制，这是一个不明智的设计。

2. 部分公链无法监管，产生地下经济

第二个问题也是许多政府和国家非常关心的问题，就是 P2P 网络协议问题，P2P 网络协议是很早以前美国人开发的，开发的人认为这个机制可以逃避任何政府的监管。所以比特币就用 P2P 网络，以太坊也用 P2P 网络，许多公链也用 P2P 网络，如果用了 P2P 网络协议则可以逃避监管。只要世界上有几台服务器愿意开放，这个系统就可以在网络上做交易，且逃避监管。因此将出现两个市场，一个是合规市场，一个是灰色市场（即地下市场）。

地下经济是合规经济的 1/5

2019 年 11 月，美国公开说世界灰色市场是合规市场的 1/5，所以地下市场还是占有相当大的份额的，需要监管。怎么管理呢？因为有的链如公链使用 P2P 网络协议，除非能够把整个网络系统关掉（但是这是不可能的），如果关不掉，就只能间接监管，例如通过控制银行账户以减少灰色经济和合规市场互通的机会，或者在交易所上面做监管。比特币和以太坊目前都只能间接监管。

英国央行于 2015 年开始数字英镑计划，说穿了就是要把监管权拿回来。所以去看英国数字英镑计划，所有提出的数字英镑系统都是为监管设计的。

四、互链网上的区块链突破了哪些瓶颈？

1. 管理合规经济和地下经济

我们看到一个事情，互联网发展到今天已经变成了欺诈中心，设立一个安全机制非常困难，现在又产生了两种市场，这种事情应该怎么管理？怎么做？

互链网为这些问题提供了解决方案。互链网就是一个价值网，链网上的价值有未来的数字法币数字资产、房地产、数字股票和数字债券等，应优先考虑如何保证链网上的资产的安全性和隐私性，这些数字金融交易在互链网上都可以被监管，新经济体系因互链网的构建和应用将更加公平、合规及可靠。

互链网助力监管，刚才谈到 P2P 网络，许多国家包括中国都曾经想把比特币等系统关掉，但是后来发现怎么关都关不了。在现有的互联网上，没有办法关闭这样的系统。可是如果用互链网的话，这些系统就可以被关掉，或是被直接监管。

互链网一个基本思想就是将现有的操作系统及网络都换掉。操作系统控制上层运行的应用，新的操作系统可以控制这些逃避监管的系统，或是删除这些应用，或是在这些系统通信时切断往来的信息。

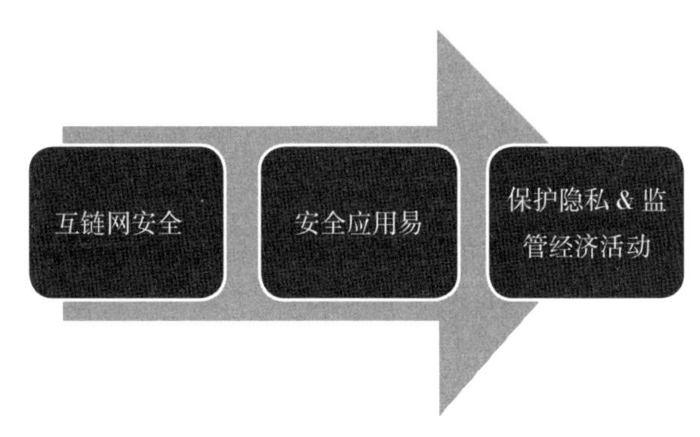

互链网建立信任和数字经济

2. 保证安全保护隐私，且为第一优先原则

互链网整体思想跟以前的互联网是不一样的，这是最近几年许多人的一个共识，美国的科技预测家 George Gilder 2018 年就开始提互联网要过时了，跟我写“区块链中国梦”差不多是同一时间，他认为现在的互联网应该换了，需要一个安全的互联网，他也是从区块链出发，没有用互链网的名词，但是想法差不多。互链网以安全为第一原则，没有得到我们的同意，你不能随便查我的资料和信息，不能和我联络。不像现在的互联网，只要有地址就可以联络。互链网上的搜索引擎没有用户同意，信息不能公开。另外网上欺诈行为很难得逞，都是用数字签名追踪，这样整个网络资金系统都非常安全。

当我们有这些安全机制的时候，我们在上面重新建一个安全系统会很容易，比现在的网络容易得多。现在的区块链系统非常复杂，原因是我们没有办法信任下层的系统，下层的系统是明文的、公开的，可以轻易被攻击，风险很大。如果下层稳固的话，上层的系统安全就简单了，开发快，不需要重复做，因为下层已经做了。

互联网是底层的网络和简单的系统（但不够安全），如果需要安全就在上层建立复杂系统来加固。互链网正好相反，在网络底层进行系统加固，而在上层迅速建立安全应用。互联网只能让少数人拥有安全系统，而大部分的用户只能忍受没有隐私的网络；互链网却能让每一个用户都享受到隐私保护，都可以有个安全可靠的网络。

3. 数据保护条例 GDPR 倒逼科技改革

欧盟前阵子推出 GDPR，就是要保护隐私，罚了谷歌几次，每次罚款金额都很大。欧盟处罚谷歌不是行政处罚而是立法处罚，立法就是改变法律，法律定下来后，政府可以换，但是法律会一直存在。这带来一个重要信息，欧盟保护隐私的需求不会改变，不会取消也不会减少。所以现在我们有两个选择：

- 放弃：放弃欧洲市场，或是愿意每年接受巨额赔款；
- 重新设计系统：遵循 GDPR，我们重新设计系统来保护隐私。

我们采取了第二个做法，改变系统来符合现在的法律。这是非常大的契机，因为有新法在我们面前，我们要么选择放弃，要么面对现实开始改变系统。

4. 安全比速度重要

现在很多系统速度已经不是问题，有人讲到网络速度还是问题，那是因为我们仍然坚持使用 46 年前的协议。任何互联网技术只要过了 3 年就已经落后了，大家可能都忍受不了。何况是 46 年前的旧技术？当我们继续用这个协议的时候，安全、隐私和性能都成问题，要改的话，整个系统架构都要改，这就是一个契机。

根据这些新需求，以后我们设计网络的时候，就应设计和现在的网络不同的架构。我们现在设计的操作系统就跟以前的设计思路不一样，我们现在设计数据库跟传统数据库也不一样。这些改变会让我们打开一个新视野和新市场。

5. 全新底层协议提高网络通信速度

当前的网络协议已经是46年前的技术了，很多机制已经不适用于当前的高速网络，修改底层通信协议能更好地提高网络的吞吐量和利用率，并有效提高区块链共识协议的执行速度。

互链网为用户、经济发展和社会治理带来了哪些变化?

> 问题二：互链网和目前的互联网有什么不同？具体描绘一下在互链网上用户行为、经济发展、社会治理会有哪些便利？

（1）互链网使用户放心

从用户行业体验的角度来讲，互链网会让用户觉得更加放心。因为现在上网，用户不晓得网对面是谁，一些漫画描述网络的另一端可能是一个机器人、一只猫，或者是一个以假名出现的诈骗分子。如果是互链网的话，这种事情就不可能发生，因为都是实名制，每个人进来都有数字签名，有了这些大家就会更加放心。

（2）互链网带来经济爆发

互链网促进经济迅猛发展，这是美国麻省理工学院2012年提出来的经济理论，他们提出的理论思想很简单：现在的社会欺诈行为太多了，互联网业务很多都是欺诈或是虚假行为，很多人受害，网上买的东西可能是臭的、旧的、坏的，大家应该都有过这种体验，如果能阻止和杜绝这种欺诈行为，就会出现经济爆发式增长。

在互链网上，人们做交易不需要彼此认识，通过彼此的数字签名，就可以看到交易双方过去的历史，而且这些都是可信的数据，记录在区块链上。这种情况下，所有的经济活动都会爆发，金融市场会改变，数字法币、支付方式、银行、交易所都会改变。

（3）互链网区块链将取代世界金融系统

笔者 2019 年 9 月到英国，英国人谈到区块链将会改变全球金融世界。以前许多人也在谈区块链改变世界，但是这次谈到区块链改变世界金融的方式和以前的观点不一样，这次是区块链系统用在合规的金融市场上（以前是使用比特币在地下经济市场），认为所有合规金融系统都可以使用区块链来实现（以前是建立基于比特币的地下经济体系）。这是令人震惊的信息，当这些合规系统都被取代的时候，人类就将进入一个全新的数字经济时代。

（4）互链网可以治理数字代币

再来就是治理的问题，例如比特币、以太坊系统逃离监管，政府现在怎么删都删不掉这些逃离了监管的系统，怎么办？请专家来，专家也删不掉。可是如果有互链网，那就可以连根拔起，在操作系统上就可以控制应用（比特币就是操作系统上面运行的一个应用）。人类第一次可以在一个国家连根拔起这些数字代币系统，监管将出现一个全新的局势。以前做不到的，互链网将可以做到。

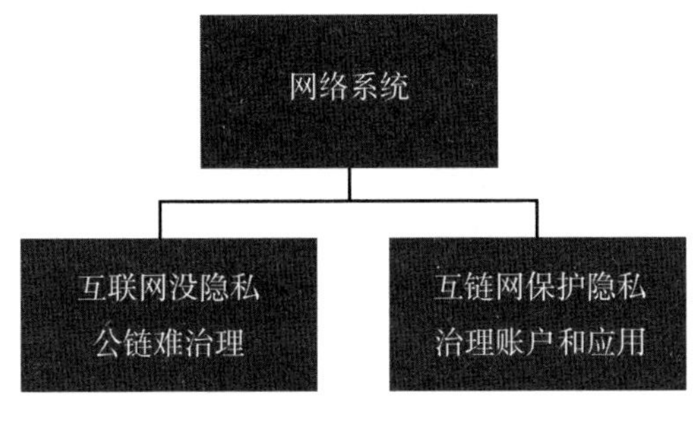

互联网和互链网分水岭

（5）互链网有主权有法治

贵阳市政府2016年左右提出“区块链有主权”，这说明互链网也是有主权的，这和传统的技术不一样，传统技术没有主权概念。一旦互链网有了主权概念，就会成为一个国家的基础设施，就像是国家货币、国家法律、国家土地一样，是定义国家的基本要素。互链网不但有主权，还是维持国家法治的一个重要机制，互链网可以支持法院、检察院、公证处、律师的作业，维护依法治国的重要理念。

五、互链网发展原动力

> 问题三：互联网发展初期，有军方的强力推动，产生商业价值后有商业行为推动；比特币、以太坊初始有着激励机制的推动，那么互链网该如何去推动，其原动力在哪里？

1. 科技原动力

第一个原动力是科技动力。今天如果我们搞互链网，就是下一代的互联网，或者是价值网，是国家基础设施，跟高速公路一样。中国以前没有高速公路、高铁、机场，现在到处都是，这是中国的基础设施。网络也是中国的基础设施，可是现在的网络不安全，不可靠，如果我们有一个安全可靠的网络基础设施，将会带动经济大力发展。这个基础设施要有新科技带领，包括新型应用、新型沙盒、新型数据库、新型操作系统、新网络系统、新芯片等。

为监管设计的操作系统将改变传统系统

白皮书里面提到新型操作系统，为什么提出这个系统？因为传统观念认为数据库和操作系统是两个不同的领域。开发互链网的时候，会发现如果要监管交易，就需要把账户管理好，而账户就是一种数据，账户信息需要存在数据库里。但是如何管理数据库？把账户数据库放在哪里？如果放在应用层，这个应用就可以到处复制（就像比特币一样全网记账），加上P2P网络协议，就成为逃避监管的机制。如果放在操作系统里面，那就完全不同了。账户系统在操作系统里用硬件处理，交易则很难逃避监管，每一笔交易信息都会被记录。这样就出现了一个全新的系统概念——“操作数据库”系统（ODBS）。

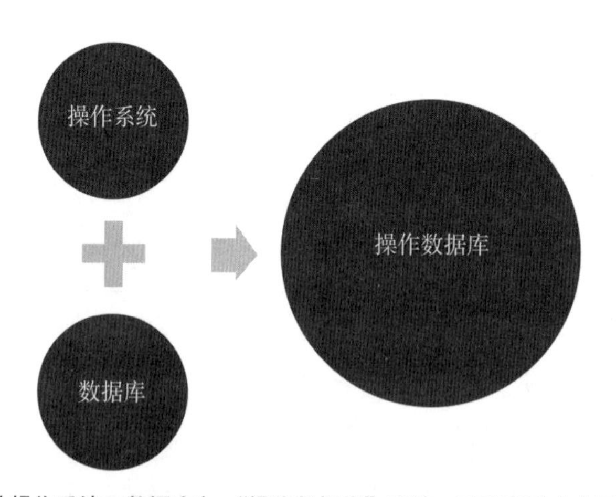

（操作系统＋数据库）＝“操作数据库”系统，可追踪账户交易

这和传统金融系统的配置大不相同，传统操作系统不负责监管，只负责为上层的应用提供服务和资源。结果导致像比特币这种数字代币系统可以逃避监管，建立地下经济体系，而且很难停止这样的系统，最后只能采取间接方式来监管。但是在互链网服务器上，这样逃避监管的系统将不能运行，而且在网络协议上也可以阻止比特币通信信息。

这种“操作数据库”系统可以监管和交易相关的所有作业，以后比特币系统来的时候，ODBS 就说对不起，我们不接受这种应用。这从根本上杜绝了比特币、以太坊逃避监管，这种机制是以前在互联网上没有的。

当我们设计 ODBS 的时候，颠覆了 60 年来的计算机传统概念。传统的操作系统就是操作系统，数据库就是数据库，各做各的，而现在因为安全机制，因为需要有监管，还需要保护隐私，数据库被放进操作系统里面，系统架构就变了。

互链网新架构重组产业生态以后的计算机架构会跟以前传统的不一样。历史上，每隔几年计算机领域都会有新科技出现，但是操作系统仍然还是原来的操作系统，现在为了隐私和监管，系统架构功能都不同了。现在就如同在春秋时代，各式各样的学派都可以出来，是一个思想爆发的时代，会促进计算机、金融、法学等相关领域的融合研究开发。

我们有了互链网以后，技术不同了，产业会重组。《互链网白皮书》里面没有体现这个思想，因为产业的发展不完全取决于科技，不好预测。但是科技可以预测，互链网一定会使整个系统的安全、监管机制全面革新。

英国央行提出三个智能合约架构

近期英国央行提出三个智能合约的架构，这三个架构里有两个原来就有，但有一个是新的。英国央行是英国货币政策制定机构，同时也是监管机构，出于安全和监管的考虑，居然提出一个新的计算机架构出来。

思想爆炸时代更需要创新

区块链、智能合约、操作系统、数据库及网络等都有它们传统的架构和思路，但这以后可能都会改变。现在就是一个思想爆炸的时代。

2. 经济原动力

互链网会带来巨大的经济利益，2015 年 1 月《华尔街日报》讲到区块链带来了 500 年来第一次记账法的改革。520 多年前复式记账法出现，产生了股票市场、会计、审计、债券市场，成为西方经济的重要基础。现在出现了区块链，又到互链网，经济体系和金融交易的方式也会随之改变。

金融系统都可以被区块链重构

2019 年 9 月我在伦敦参加 SIBOS 会议（世界最大的金融服务行业会议），和 Fnality 公司（这是和英国央行密切合作的公司）进行讨论，他们认为整个合规市场系统都可以被区块链取代。这是难得遇到的金融大改革，他们的白皮书写着“区块链火车已经离站”。

美国 2019 年 11 月有强烈的反应

2019 年 11 月，美国认为区块链技术会影响到国家安全，他们提出需要发展相关技术并对地下经济加强监管。

中国 2019 年 10 月开始重视

区块链是中国核心技术自主创新的重要突破口。什么是“核心技术自主创新”？肯定不是伪链，伪链不会是中国核心技术自主创新的突破口。自主创新的核心技术，不是使用国外开源的技术。还有人说可以自己设计一条链，但是自己做的链也不一定是创新，可能跟国外想法差不多。开发不同架构、不同算法才是自主创新。

互链网创新

《互链网白皮书》里提到新协议，新系统，新架构，新运行模型，新监管方式，产业生态也会不一样。很多国家如美国、英国、中国都没有办法直接监管这些公链，都采用间接监管的方法。但是如果有了互链网，就可以直接监管和治理。

有人说现在的互联网很好，不需要改。但是30年后，我们还是不改，会出现什么情况？

许多年前，很多人都说中国没有互联网，中国用的是美国的互联网。我们需要有一个中国互联网，但是10多年过去了，我们还是在用美国互联网，没有变化。我们在网络上的进步用英文来讲，多是incremental change，就是小改进，网络速度变快了，可是网络架构变化不大，现在的互联网协议还和以前的互联网协议差不多。

3. 国家核心技术自主创新突破口动力

2019年下半年（6月到11月），世界经历了三次区块链领域的头脑风暴。

- 第一次，6月18日脸书发布白皮书，那天晚上多人打电话给我，非常着急，有的还哭了，连美国本土银行都急了，国际货币基金组织在脸书发布白皮书以前出过报告，认为白皮书发布必定会引起商业大震动，现在商业银行开始担心报告上的预言会变成现实。

- 第二次，8月23日英国央行行长在美联储演讲，演讲后大家没有什么反应，只是觉得奇怪。但是后来安静下来，就觉得这事不得了。这个事件造成的震动和影响比6月18日的事情产生的震动和影响还大得多。演讲谈到合成霸权数字货币将会取代美元成为世界储备货币，美国（还有欧洲央行）因为此事连续开了很多会（会议记录都是公开的信息），并于11月正式作出反应。

- 第三次，10月24日中国发布了区块链相关报告。

我们来看一下，2020年我们有什么样的优势。

互链网开发天时、地利、人和

天时，美国脸书发布白皮书，英国央行行长在美联储的演讲，国内提到区块链要成为中国核心技术自主创新重要突破口，都意味着我们处在一个重要的历史机遇期。现在就是最好的时机，几年前出现的欧洲GDPR已经实行，这清楚地表示科技公司如果不改，欧盟每年将开出巨额罚单，无法符合欧洲GDPR的要求最后只好退出欧盟市场。这些将来的法律已经清楚地写在墙壁上并且变得一目了然。

地利，我们已经讲了十多年要开发自己的互联网，但还是在用国外的互联网。如果不开始一个新科技，过了几十年还是没有改变，那么仍然只能使用国外的互联网。虽然互联网速度更快了，有了更好的体验，可是结构没变，不能满足GDPR的要求，不能满足数字金融的需求，更不能够解决网络欺诈问题，那么我们的社会成本会很高。

人和，区块链技术是一个国家重要的科技突破口。我们可以用某某开源链来当作中国科技的突破口吗？不能。许多单位都表示要创新，愿意一起合作努力，这就是人和的机会。

如果没有以往的新科技做支撑，未来的新科技也没有办法发展，而现在有了新科技，该新科技就是区块链以及相关的技术，这些区块链新技术将会为未来其他新科技的发展奠定科技基础。

放弃还是拥抱改革

举个例子，美国有一个汽车公司，做了一款非常好的车，在工业历史上有重大创新，因此开发了流水线生产方式。公司的总裁认为这种车子不用改了，公司以后永远只卖这款车。

那是什么车？福特公司的 T 模型，这款车确实设计得非常好，以一百年前的技术来评估，是非常好的车子。当时福特公司总裁认为这款车一百年以后大家还是会使用。现在这款车已经有一百年的历史了，今天谁会开这样的车子在马路上跑？

当时因为世界大战，资源缺乏，福特公司说以后这款车只有黑色，这款 T 模型畅销了 20 多年后，福特新总裁说公司再只卖同样的车型就要关门了，T 模型终于还是下市了。

这给了我们一个很重要的启示：市场没有永远不会被淘汰的产品。昨日完美创新的产品，今日可能就是落后且急需被取代的产品。互联网是过去完美伟大的创新，现在已经成为欺诈不安全的场所。我们今天是继续走原来互联网的老路（例如增加速度、应用和地区），还是开创一条新的路线（以安全、保护隐私、监管、金融服务为主的新网络）？答案一定是我们要开创一条新的路线。

互链网和互联网的联系

问题四：互链网建立起来后，和当下的互联网是怎样的关系？

互链网和互联网互通兼容，互链网是一天一天慢慢建立起来的，像罗马城不是一天建成的一样。互联网有超过 50 年的发展历史（1960 年开始），互链网应该会有 30 年的发展之路，到底会不会需要 30 年的发展还不一定，但是我们知道必定会有新技术出来，而且必定有巨大的变化。未来卖一个服务器会是一个安全的服务器，不会是现在不够安全的服务器，未来的网络会是安全的网络，现在的服务器和网络都会慢慢被取代。

数字法币、欧盟的 GDPR、数字货币监管都会倒逼整个网络系统在设计上进行改变，我们是等着落后，还是主动改变？

> 问题五：互链网建立起来后，现在的区块链系统是不是都要在新的系统中重新构建，已有的区块链系统和未来的互链网如何互通兼容？如何避免浪费？

互链网建立之后，在此基础上新建区块链系统就是几分钟的事情，大部分区块链服务可以由互链网提供，区块链的系统会简化。以后的区块链系统不会是单链系统，会是一个复杂的链网架构。这样设计会大大节省资金，因为有了基础设施以后，就可以走区块链高速公路，想想走高速公路和走小路，从一个地方到另外一个地方，走高速公路可以省下大量时间和金钱，会产生非常大的经济效益。互链网基础设施一旦建成，许多区块链系统都可以在上面运行，许多工作不需要重复做，金融交易安全，政务作业安全，法务处理安全，将会产生巨大的经济力量。

2017 年和 2019 年国外许多区块链系统都提出来了，上千种链，甚至是上万种链（如果空链也算链，就有万种链）。可是到现在也只有少数链留存下来，为什么？区块链不是那么容易做的，但是为什么区块链这么难做？一部分原因是现在底层基础设施不够安全，大部分安全机制都需要在区块链系统里面进行。链满天下的时候，那么多的链都要设计安全机制，浪费太大了！如果有互链网，这样的重复作业就不再需要了。

问题六：为什么在这个时间提出《互链网白皮书》？

互链网的概念是2017年提出来的，当时用的名词叫作“区块链互联网”，因为觉得名字太长，改为“互链网”。2019年我们发表了10多篇文章讨论互链网的架构，我们开发区块链已数年之久。

2019年我们也完成了一个高速网络协议MEF，该协议和我们当初的设想一致。高速网络协议性能比现在使用的协议好得多，而且和现在的协议融合，特性也大大提升。例如我们的协议不会因为距离而使性能降低，和46年前的旧协议正好相反。若不从根本上改变旧的网络协议，要解决性能因距离增加而下降的问题，则需要改变整个网络产业结构，虽然最终性能不会因为距离增加而降低，但产业却走了样。

2020年年初我们也开始从事操作系统实验，许多区块链的操作可以放到操作系统里面执行。当我们做出第一版原型的时候，就知道我们原来的想法是可行的。

为了监管金融交易，我们提出ODBS（操作数据库系统）概念，即把数据库放进操作系统，这个概念在2018年我们提区块链中国梦时已经提出。2020年终于找到团队做了实验，证实当时提出的想法是可行的。

同时我也发现国外有人（例如美国科技预测家George Gilder）也发表过类似但是不一样的观点，哲学思想一致，但系统设计不一样。他们还没有发布他们的系统细节，而我们已经提出应该改变网络协议和操作系统底层。

问题七：互链网需要多少研究人员？

答案是许多，具体需要多少研究人员目前还无法估计，这个计划包含了网络、操作系统、数据库、软件工程、应用、沙盒、金融科技、监管科技等、法律科技，这么多的科技，跟金融交易有关，跟银行有关，跟法币有关，这么庞大的整个体系的改造必然需要非常多的研究人员。

以后怎么发展，无法预测，但是我们知道这会是一个机会，高校、研究院、企业等都应该会参与进来。

这是人类和中国的一个机会，谁先做，谁就能制定互链网标准，在下一代操作系统、下一代数据库、下一代数字法币、下一代金融科技、下一代法律科技中，拿到国际话语权，并制定标准和“游戏规则”。

第二章

全球第一个互链网白皮书诞生：区块链如何重构互联网，新建互链网

1. 为什么互链网需要变革操作系统和网络？国外也没有做到这些层面，包括美国科技预言家 George Gilder 推荐的科技。国外没有做到这些层面的部分原因可能是这些都是国外发展的，他们没有动力重新开发这些系统。讨论变革和不变革这两种方案的优、缺点。

2. 如果互链网建立，区块链应用会有什么改变？特别是基于新型区块链的互链网出现，应用会有什么改变？

3. 如果有互链网，跨链如何来实现？根据新型区块链，跨链还需要跨预言机、智能合约、区块链。

4. 是什么原因使 46 年前开发出的网络协议一直沿用到今天？这些原因会不会阻碍互链网的建立？

2020年3月23日，国家科技部重大专项现代服务可信交易项目组联合发布了《互链网白皮书》，联合发布单位有：

中国移动通信联合会互链网分会

中国亚洲经济发展协会区块链产业专业委员会

中国软件行业协会区块链分会

中国区块链生态联盟

北京互联网金融协会区块链专委会

天津市区块链技术与应用协会（筹）

中国信息界区块链研究院

国家大数据（贵州）综合试验区区块链互联网实验室

天民（青岛）国际沙盒研究院

北京航空航天大学数字社会与区块链实验室

山东省互联网金融工程技术研究中心区块链与数字经济研究所

北京天德科技有限公司

北京金融安全产业园

北京天德博源科技有限公司

深圳幂度信息科技有限公司

苏州天证区块链科技有限公司

本章介绍《互链网白皮书》的详细内容。

一、区块链进入世界金融界

区块链技术已经获得了广泛关注，虽然区块链基础技术已经发展多年，但让区块链引起世界关注的是应用区块链技术的比特币。虽然最初区块链与比特币、以太坊等加密货币有关，但后来是英格兰银行推动了数字法币（CBDC，Central Bank issued Digital Currency, 中央银行发行的数字货币）的发展，成就了 Facebook 的 Libra 和其他稳定币项目，震撼了世界各国央行和商业银行。Libra 白皮书发布后，包括美联储（Federal Reserve）和中国人民银行（PBOC）在内的许多央行都启动了 CBDC 项目。

摩根大通（J.P.Morgan）、维萨（VISA）、万事达（Mastercard）、DTCC、斯威夫特（SWIFT）等大型金融公司早在脸书（Facebook）的 Libra 白皮书发布之前就开始了自己的稳定币项目。国际货币基金组织（IMF, International Monetary Fund）、世界银行、国际清算银行（BIS，Bank for International Settlement）等主要国际组织都开展了自己的研究，并就相关课题发表了重要的研究论文。

这些项目改变了金融世界。中国于 2019 年 10 月 24 日发表了与区块链相关的讲话，鼓励中国机构在中国开展研究区块链项目，中国人民银行也表示近期将发行数字人民币。

英国央行和其他央行也进行了研究，研究结果表明未来的金融基础设施将基于区块链技术进行研发。例如，英格兰银行（Bank of England, 英国央行）在 2016 年和 2017 年发布了实时全额结算（RTGS，Real-Time Gross Settlement）的蓝图，并与加拿大银行和新加坡金融管理局（Monetary Authority of Singapore）一起发布了一个可以支持实时服务的跨境支付系统。

现在几乎所有金融系统如 CSD（Central Security Depository 中央证券投管系统）、支付系统、清算系统等都可以使用区块链技术解决问题。例如基于区块链的支付系统 2008 年就出现了，基于区块链的商品交易清算系统 2017 年在中国也实验成功了。

加拿大央行、欧洲央行（ECB，European Central Bank）以及日本央行等其他央行对各种区块链项目进行了广泛的实验，他们都使用金融市场基础设施原则（PFMI，Principles of Financial Market Infrastructure）来评估这些项目。

这些项目为下一代受监管的区块链的发展带来了新的曙光。与此同时，美国证券交易委员会（SEC）和美国商品期货交易委员会（CFTC）等监管机构也开始了对加密货币的监管，中国也对上海开始的区块链项目进行了重大的监管审查，换言之，在政府鼓励区块链项目发展的同时，也开始对区块链项目和相关企业实施监管。

随着各国央行和商业银行开始自己的稳定币项目，许多问题随之提出：

- 这些受监管的区块链项目，相应的区块链架构和设计应该是什么？这些新区块链项目的一个关键特征是，它们将受到监管，并支持各种合规检查。
- 这些区块链项目的基础设施是什么？
- 这些区块链项目及其基础设施需要什么？

二、区块链是下一代互联网

区块链是下一代互联网这一思想在 2015 年前就有了。例如以太坊就认为他们的系统是网络操作系统，后来 IBM 也认为超级账本是网络操作系统。2016—2017 年出现机构区块链互联网模型（互链网），例如 Cosmos（宇宙）、Polkadot、熊猫模型、金丝猴模型、卫星模型（日本 NEC 的 Satellite 系统）等，后来又出现许多区块链模型，例如以太坊 2.0，都有类似概念。同时间许多跨链技术也出现，这些跨链技术（Inter–Chain technologies），连接两个或是多个区块链系统，有的时候这些链有主副的关系（例如 Side Chain），有的时候是并行关系。

但是这些模型几乎都是建立在现在的互联网上，事实上这些“区块链互联网”或是网络操作系统或是应用等，都不是网络基础设施，例如比特币系统、以太坊系统以及超级账本系统都不是网络基础设施。这些“区块链操作系统”概念和传统操作系统概念相反，传统操作系统是计算机底层技术，而区块链或是相关名词例如区块链互联网，都是运行在互联网和传统操作系统上的应用，不是真正的操作系统，也不是网络基础设施。

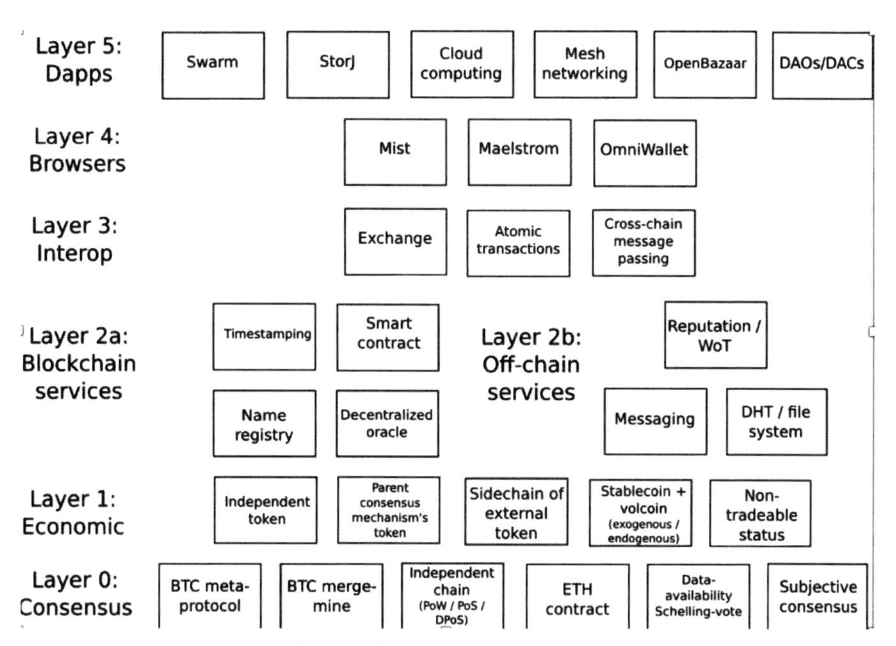

运行在互联网和传统操作系统上面的区块链技术软件

下图显示目前的区块链软件是完全运行在 OSI 网络标准上的应用层，是最高的一层，说明现有的区块链或是网络操作系统，都是应用而不是操作系统，更不是网络。

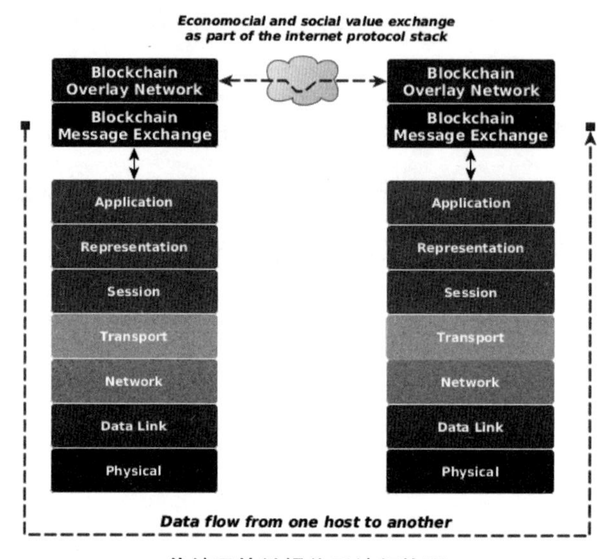

传统区块链操作系统架构图

这样的区块链体系就像在沙滩上盖大楼，因为现在的互联网基础设施不够安全。网络攻击事件一直在发生，信息流失或是数据被恶意篡改都是经常发生的事情。同时隐私性也差，任何人只要有 IP 地址，就可以发电子邮件。

现在的操作系统也不够安全，许多重要应用都硬化现有的操作系统来保护应用。例如许多国家的国防部都使用可信（硬化）操作系统，但是商业界还是使用通用操作系统，如 Linux 系统。

所以几乎所有的区块链应用都运行在不够安全的操作系统和网络上，可是许多区块链应用都和金融有关，为了安全，许多银行还使用专网，建立一个完全封闭的计算环境来保护银行系统，但是不是每个机构都可以提供这样的计算环境。未来会是链满天下，而问题会更加严重。

我们团队做过多次实验，发现如果需要区块链高速运行，90% 的服务器和网络都将被区块链占用，这表示区块链应用只能使用 10% 的计算力，例如金融交易，回复客户的请求，进行智能合约计算等区块链应用。这说明现在的服务器和网络不是专门为区块链设计的，区块链最频繁的作业就是进行加解密和共识。

互链网设计原则一：用硬件处理加解密功能，因为区块链机制都需要使用加解密机制，所以该机制需要放在操作系统底层。

现在的区块链系统就像一个“小飞象”（Dumbo）模型，可以飞，但是体重太重。这样的模型以后必定会有大风险，会出问题，就像将高楼建立在沙滩上，风来了，雨来了，必定倒塌。

“所以凡听见我这话就去行的，好比一个聪明人，会把房子盖在磐石上。雨淋，水冲，风吹，撞着那房子，房子总不倒塌。因为根基立在磐石上。凡听见我这话不去行的，好比一个无知的人，会把房子盖在沙土上。雨淋，水冲，风吹，撞着那房子，房子就倒塌了。并且倒塌得很大。”

——摘自《马太福音》

三、安全和保护隐私是互链网第一原则

在互链网上，安全和隐私为第一优先考虑的问题，来建立数字社会（digital society），并且提出飞鹰身份证原则 Windhover Principle。最近还有其他类似新思想被捉来，例如 Sovrin Framework。2019 年，美国科技预测家

吉尔德（George Gilder）发表文章推荐了三个新型区块链设计要素：加密网络（crypto networks），安全（security）机制，数字身份证（identity）。例如在节点里面使用硬件来保护系统，而且钱包也使用硬件。新型区块链系统没有挖矿机制，有高速共识机制，用户拥有自己数据的所有权力，没有得到用户的允许，没有人或是单位可以看到这些数据。

许多国家包括欧盟对隐私保护十分重视，欧盟还为此特别立法 GDPR（General Data Protection Regulation，通用数据保护条例），这表示欧盟不会轻易改变这个发展方向，将来还会继续加强隐私保护的力度。一个重要的隐私保护科技就是数字身份证。数字身份证需要新型保障机制，而且是客户自己拥有自己数据的控制权，不是系统（如大数据平台），也不是服务供应商（如谷歌）等，而现在谷歌就拥有数据控制权。未来系统和服务商只能提供服务，对这些隐私的数据没有其他权利。我们可以把这种身份证处理方式分为以下几类：

- 中心化处理：这是目前大部分政府采用的治理模型，由政府发证，老百姓使用政府发的证来注册、交易、上学、就医和公证。
- 联邦制处理：这是中心化方式的延伸，由另外一群组织来管理身份证，避免中心单位作弊，例如避免中心单位拿身份证信息领取在银行的资金。
- 用户管理：身份证由个人拥有，而不是由政府单位控制。Augmented Social Network 在 2000 年提出拥有身份证机制的下一代互联网。他们建议在互联网上建立一个永久的身份证系统 Identity Common，但是这种方式一直有技术难点，例如一个用户注册的时候，注册使用的系统就可能作弊，实际上有效的管控还是难以实现。
- 用户自主管控：用户管理制度出现问题后，Patrick Deegan 在 Open Mustard Seed 项目提出自我主权身份证（Self-Sovereign Identity），也就是飞鹰身份证原则。

在数据保护方面，可以有的选择是：

- 不存储关键数据：系统不存储关键信息，例如私钥，这样设计可能是最安全的，因为系统没有数据需要保护，例如Sorvin项目就采取这样的设计，但是这种设计使得系统操作性比较差，因为系统如果需要处理信息，每次都需要对数字身份证发起请求，但是在请求协议中，也可能遭到攻击。

- 存储加密信息：在系统里面，关键信息都加密，这样系统安全性高，因为系统自己也不知道信息的内容，每次客户使用公钥来读、写、传送加密信息。为了一直保证安全性，系统每隔一段时间需要更换私钥。

- 系统存储明文信息：这是传统做法，部分操作系统例如内核是可以相信的，只有内核可以出来保密信息，许多作业都由硬件处理，由硬件来保护，这是目前传统可信操作系统的设计。

> 互链网设计原则二：为解决互链网安全问题，操作系统关键信息的处理只有两个选择：（1）信息不存储在操作系统里面，需要时由安全协议取得；（2）信息存储在操作系统里面，关键数据完全加密，由操作系统硬件和软件处理进行保护，因为数据加密，因而操作系统不知道信息内容。

在互链网设计上，能够使用硬件的地方尽量使用硬件。一是硬件执行速度快，二是硬件可以提供安全保护机制，三是硬件控制系统已经固化，很难更改，即使系统已经被攻击而影响到部分功能，但是由于重要组成系统使用硬件执行，系统仍然可以继续执行正确的指令，不会破坏其他部分的系统。

以处理器安全为核心的硬件安全技术竞相发展，应用广泛的主流技术包括虚拟化技术如Intel VT（Virtualization Technology）与AMD SVM

（AMD Secure Virtual Machine）技术、基于可信平台模块（Trusted Platform Module，简称 TPM）的可信计算技术如 Intel TXT（Intel Trusted Execution Technology）以及嵌入式平台 ARM TrustZone 安全扩展等。其中虚拟化技术基于特权软件 Hypervisor 对系统资源进行分配与监控，提升了资源利用率，但 Hypervisor 潜在的软件漏洞可能威胁到整个系统；基于 TPM 的可信架构在程序加载时进行完整性度量，但难以保障程序运行时的可信执行；TrustZone 为程序提供了两种隔离的执行环境，但需要硬件厂商的签名验证才能在安全执行环境运行。

2013 年，Intel 推出 SGX（Software Guard Extensions）指令集扩展，提供强制性硬件安全保障机制。SGX 不依赖硬件和软件的安全状态，并且能提供用户空间的可信执行环境，通过一组新的指令集扩展与访问控制机制。SGX 可实现不同程序间的隔离运行，并可保障用户关键代码和数据的机密性与完整性不受恶意软件的破坏。不同于其他安全技术，SGX 的可信计算（Trusted Computing Base，简称 TCB）仅基于硬件，避免了基于软件的 TCB 自身存在的软件安全漏洞与缺陷，提升了系统安全性能。此外，SGX 可保障运行时的可信执行环境，恶意代码无法访问与篡改其他程序运行时保护的内容，进一步增强了系统的安全性。基于指令集的扩展与独立的认证方式，使得应用程序可以灵活调用这一安全功能并进行验证。Intel 在其最新的第六代 CPU 中加入了对 SGX 的支持，因此不论是底层操作系统或是高层应用系统都可以使用该硬件安全保障机制，来隔离不同用户以及不同种类的数据。

四、保护隐私机制和监管机制并存

互联网不是法外之地，区块链和互链网也不是法外之地。如果区块链只是一个应用，犯罪证据还是可以在政府监管之外。因为目前账户存储在应用层，不是存储在底层，如果应用层出事，该交易可能没有记录。所有交易必须经过操作系统底层才能保证交易的完整性和合规性。

第一代（比特币）和第二代区块链（以太坊）的设计是为了逃避监管。加拿大央行在 2017 年的区块链实验报告中指出，央行需要获得全部交易数据才能达到国家监管的需要。

未来的区块链系统不但需要可以监管，而且还应主动支持监管。“可以监管”和“支持监管”设计思想存在差异：

- 可以监管代表系统设计完后，监管机制可以后来加上。逃避监管的链无法加上有效的监管机制，这是目前监管单位对数字代币进行监管时遇到的困难。这些网络系统已经大量部署，而且在许多国家运行，运行时也不受任何国家管制。在这种情形下，只能用间接方式来监管，例如监管交易平台（使用 KYC 和 AML 机制），或是控制银行和交易所的管道；
- 支持监管的系统则应在设计的时候，就将监管机制放进系统里面，保证相关交易都可以被监管到。这里我们提出将监管机制放进操作系统包括底层内核（kernel），只有将监管机制放在操作系统，所有相关的交易才都可以被追踪到，因为所有执行都必须通过操作系统。如果把监管机制放在应用层，例如“小飞象”模型这样的设计，监管机制可能不能到位。现有的监管机制都是放在系统应用层，例如放在大数据平台上。

> 互链网设计原则三：需要对所有交易进行监管，所有账户和交易信息作业需要在操作系统内执行，而且部分作业由硬件处理，保护隐私，并且增加速度。区块链是一个分布式数据系统，这样操作系统就可能成为“操作数据库系统”，不再只是操作系统。而传统数据库还是可以在操作系统上运行，只有与账户和交易相关的作业才在内核执行。这是“可监管操作系统”的设计原则。

有了这样的机制，所有交易都可以监管。例如有笔交易在同一操作系统完成，操作系统会知道这个作业需要接触到哪些账户信息，于是交易进程（transaction processes）和监管进程（regulation processes）就会被自动启动，这两个进程都是在操作系统进行，许多交易还由硬件控制，这样账户信息就可以被改变。以下是 3 种数据结构的信息更改情况：

- 用户账户数据：交易双方账户信息可以增加，但是旧数据不能被更改；
- 用户交易数据：交易信息可以增加，但是旧数据不能被更改；
- 监管数据：监管数据可以增加，但是旧数据不能被更改。

这种结构是专门为现代化金融交易平台而设计的，在金融交易中，账户信息和交易信息分开存储和处理（以至于需要结算和清算两个流程）。但是在传统数字代币上，这两个数据结构是被绑在一起的，交易结算和清算一步到位，但会导致难扩展难监管的问题，因为结算的时候账户内的资金就已经转移了。熊猫区块链模型和英国 USC（Utility Settlement Coins）平台将账户信息和交易信息再次分开，这样交易需要两步才能到位，但是系统可以无限扩展，而且监管机制可以是很多种。交易前可以确认资产的真实性以及合法性（例如是不是洗钱），交易中可以保证没有作弊行为，交易后清算前可以回滚和再度确认交易，传统反洗钱的机制也可以在这样的平台上运行。

我们的原则就是以系统架构来解决传统区块链难扩展和难监管的问题，这和传统做法不同。账户信息可以用并行分片机制来扩展，交易信息可以用增加交易媒介来扩展，而因为交易需要两步才到位，监管机制可以强大许多。

操作系统如果发现同一笔交易，一个用户使用受监管的账户，但是另外一个用户使用不受监管的账户，操作系统内核就会停止这笔交易，并且上传这次不合规交易的信息给监管单位。

> 互链网设计原则四：操作系统负责追踪交易数据，保证交易合规，信息正确，交易信息会记录在区块链上。因为需要对所有交易进行监管，所有账户和交易信息作业都需要在操作系统内执行，而且部分作业由硬件处理，因而可以保护隐私，提升速度。因为区块链是一个分布式数据系统，这样传统操作系统成为“操作数据库系统”（Operating Database Systems ODBS），不再只是操作系统（Operating Systems），而传统数据库还是可以在操作系统上运行。只有与账户和交易相关的作业才在“操作数据库系统”内运行。这是“可监管操作系统”的设计原则。

如果这次交易中的一个账户在另外一个服务器上，这两个服务器都将通过安全协议。两个服务器的内核分别是内核 A 和内核 B，内核 A 和内核 B 使用各自的身份证，通过检验，内核 A 保证来自内核 A 的信息是真实的；同样内核 B 保证来自内核 B 的信息是真实的。双方也可以通过第三方认证后，才开始交易，交易信息存储在区块链上，保证安全，以后如果出事，作弊方可以很容易被查出来。

> 互链网设计原则五：如果一笔交易涉及不同服务器和操作系统，那么涉及的相关操作系统都需要通过安全协议，建立互通管道，并且各自保证各自信息真实。如果出错，出错方需要为损失负责。

我们正在设计新的操作系统来支持区块链，但是该系统设计需要使用区块链技术。如何进行呢？这其实是计算机常用的原则。例如 C 语言的翻译器就是用C语言写的，问题是从哪里拿到第一个C语言翻译器呢？同理，第一个操作系统使用的区块链可能是外来的，等到系统完成后，区块链系统也建立了，这个系统就可以给内核使用，第一个外来区块链系统就不需要了。

五、新型操作系统支持区块链作业

新型操作系统支持区块链作业，其设计和传统操作系统设计大不相同，整个计算机体系都会有变化，而且需要花费很长时间才能开发出来。在不久的将来，我们需要先走出第一步，就是更新现在的操作系统，等这一步完成后，再做第二步。

区块链提供两个重要服务：加解密和共识机制。我们已经讨论了在操作系统内核放加解密加速器及监管数据库，但还缺共识机制。各式各样的

Transaction	Payment	Clearing	Credit
Application Layer			
Blockchain Core			
PBFT/CBFT/POS/Others...			
Consensus Layer			
Record	Encryption/ Decryption	Authority Control	High Speed Network
File System Data Migration	Page Cache	Scheduler	BBR/MEF
Disk Management	Memory Management	Process	Distributed Strorage
Kernel Layer			
Devices	GPU	Hareware Enclaves	Accelerator Card
Hardware			

新型操作系统架构

区块链使用不同的共识机制，但是基本上都需要通信和加解密，还需要高速缓存机制和容错机制，这些都可以加入最接近内核的外层。

为什么这些都需要加在最接近内核的外层呢？因为大部分区块链应用都需要共识，而共识需要加解密，通信和缓存机制则是传统系统里面通用的组件，这样整个新型操作系统框架就出来了。

新型操作系统架构是在 Linux 操作系统的基础上进行改进的。如果要重新建立一个操作系统，恐怕需要三年的时间。所以我们认为在现有操作系统上进行改造是目前比较好的方案。

目前我们已研发出一些具有自主知识产权的区块链操作系统关键技术，在 Linux 内核的基础上增加了一层共识层，该层主要由文件系统加解密，网络传输加解密以及共识协议等服务组成，为上层应用提供加解密和共识协议接口。

传统系统与新型系统对比表

传统系统	新型系统
计算力优先	安全隐私优先
进程管理，I/O，文件系统为底层支持	传统底层加上区块链功能，例如共识机制、加解密机制、监管机制
兼容各种传统系统	新系统不但自己兼容，也兼容各种传统系统
不考虑金融监管机制	监管机制会是底层功能

六、互链网网络模型

1. 互链网特性

在应用层，互链网也需要链接各式各样的链，成为一个链网。那么参与的单链网需要什么原则呢？首先参与的链需要具备下面的特性：

- 高性能（High-performance）：高吞吐量，低延迟性

- 安全性和隐私性（Security and Privacy）
- 可扩展性（Scalability）
- 容错性（Fault-tolerance）

参与链满足上述通性，组成一个链网，该链网还需要具备下面的特性：

- 多链式架构（Multi-chain structure）：异构网络是由多条不同类型的并行链构成的；同质网络是由一群相同类型的并行链构成的，互链网是一个多链式架构，而不是一个单链式架构。
- 互通性（Interoperability）：在异构网络上，每一对不同的链都需要有互通协议。假设，我们有 100 种链参加链网，则需要 100×99 = 9,900 种互通协议，可见这种互通工作量非常大。
- 可延伸性（Extensibility）：链网可以无限延伸扩大。因为，一个链网可以像互联网一样，随时地、无限制地到处延伸，可以有几千、几亿和几兆的网络及网民参加。
- 可更改性（Modifiability）：在互联网上面，任何机构和个人可以随时加入或离开，但是整个互联网的架构并不改变。所以，链网也可以让任何机构或个人随时加入或离开，但是区块链架构不能改变，链网的架构也不能改变。
- 可复制性（Duplicability）：每个链可以很快地复制。如果链的复制很慢，链网需要很长的时间才能搭建起来，高可复制性可以迅速地搭建链网。
- 可管理性及非对称结构（Asymmetric structure）：链网必须具有可管理性。正因为管理机制的存在，链网具有非对称结构。有些节点或链会比其他的节点或链更加重要，并拥有非对称的信息，例如监管机构、域名服务商和控制节点等。
- 层次性（Hierarchical structure）：要想成为一个大型网络，链网必须具有层次性，高层次的链和节点具有不对称的权利。

● 一致性（Consistency）：每一条链都必须有自己的一致性，链与链之间也要有一致性的协议。

● 高可靠性（Integrity）：链网既然是一个价值网络，就必须具有高可靠性。

● 完备性（Integrity）：每一条链与每一条链的共识机制及消息的来源与可靠性是不一样的，因此不同的链的完备性是不一样的。根据 Biba 模型，低完备性的链不可以输送数据到高完备性的链，而高完备性的链可以输送数据到低完备性的链。如果高完备性的链收了低完备性的链的数据，高完备性的链的数据就会被污染（contaminate）。

2. 动态链网完备性

我们可以在链网上使用传统完备性所用的 Clark & Wilson 和 Biba 模型，但是我们需要考虑下面的因素：

① 区块链完备性 > 数据库完备性：因为区块链有拜占庭将军协议以及加密机制，所以胜于数据库的事物一致性协议。因而区块链的完备性胜于数据库的完备性。

② 拜占庭链完备性 > 数据库一致性链完备性：一条链如果使用了拜占庭将军容错机制，其完备性就胜于另一条使用数据库事物一致性链的完备性。

③ 央行完备性 > 银行完备性 > 交易所完备性：这是由链的参与单位来决定链的完备性，参与单位的重要性决定了其完备性优劣。例如，一个国家通常只有一个央行，却有多个商业银行，并可能有上千个交易所，央行可以监管商业银行，商业银行可以监管交易所。

④ 完备性与节点数目及历史有关：参与投票的节点越多，完备性会更高。过去有高完备性历史的链网，可能会持续保持其强完备性。

⑤ 动态追踪完备性及动态链分类：每一个链的完备性都可以被动态追踪。两条链互通时，可以查阅彼此的完备性。高完备性的链必须接受低完备性的链的数据，低完备性的链的数据必须经过人工或自动验证，才能够被收入高完备性的链中，并且该数据可能会被归为不可靠之列。

⑥ 数据分类（Data classification）：数据来源的完备性可以被分类。例如某个交易所的数据来源可能比另一个交易所的数据来源完备性高，因为前者的历史完备性好。

3. 异构网络的分析

一般来说，现在的链网只考虑到了互通性，而没有考虑到完备性。所有链网需要维持三个一致性：

① 每条链（参与链或中间链）需要维持自己的一致性；

② 中间链需要和每一条参与链维持它们之间的一致性；

③ 一条跨链交易需要由多条参与链以及中间链来维持一致性。

如今许多条链都因为共识算法复杂，而需要耗费很多时间和计算力，而无法提高效率。所以，如果要维持上述三种一致性，链网的效率就更低了。有些模型就不在乎中间链的一致性，但是这样的话该链网模型一致性就会出问题。

每条链与每条链之间，都必须用动态来维持，而且第一个一致性必须与第二个一致性相关联，所以在做第二个一致性的时候，必然牵动第一个一致性。例如，参与链 A 与中间链做一致性，参与链 B 与中间链也做一致性，中间链要保持一致性，就要保证参与链 A 与参与链 B 同时和中间链维持一致性，这会使整个链网变得十分缓慢。而且参与链越多，复杂性越大，性能越差。

一个严重的问题是这种中间链（或中继链）的架构可能是中心化的。

由于是中心化的组织，如果有许多参与链彼此需要进行交易，中间链的计算及通信量就容易成为链网的瓶颈。

4. 熊猫链网

熊猫链网使用双链式架构，由 ABC（Account Blockchain，账户链）和 TBC（Trading Blockchain，交易链）组成。每一个参加的金融机构都至少有一条 ABC 和一条内部 TBC。内部 TBC 专门为金融机构内部转账时使用。这样的结构使得 TBC 只负责维持账户的余额，也因此，ABC 可以有负载均衡的架构。

两个交易的 ABC 之间，至少有一条外部 TBC，负责这两条 ABC 之间的交易。一条外部 TBC 可以处理多条 ABC，两条 ABC 之间也可以有多条外部 TBC。

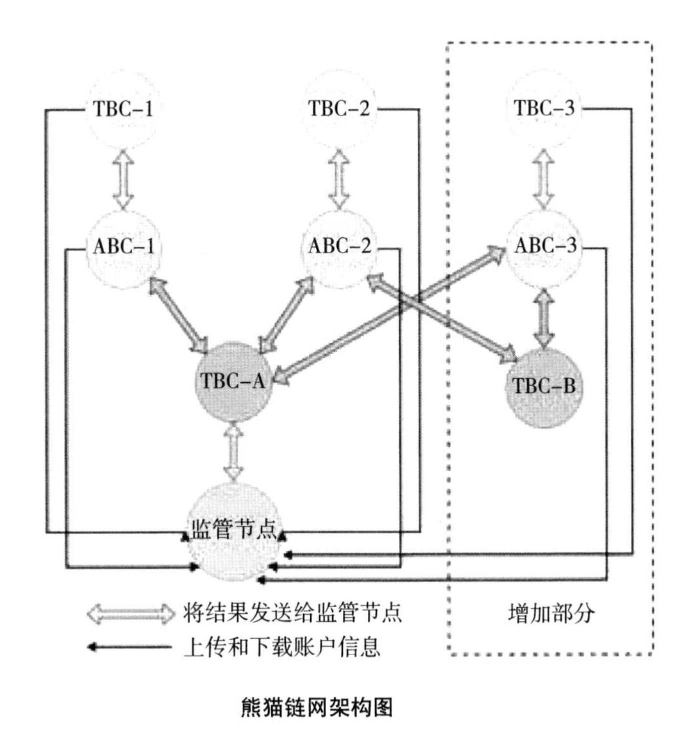

熊猫链网架构图

任何金融机构都可以随时加入链网。只要自己先成立一条 ABC，加上内部 TBC，再参与到多条外部 TBC，就可以加入这个熊猫链网。如上图所示，左边是已有的部分，右边是新增加的部分。

七、互链网是全面改革

互链网改革是全面改革，从最高层的应用，到底层的操作系统和网络，都以安全和保护隐私为优先。不是单维度的改革，也不是“小飞象”模型。

> 互链网设计原则六：从最高层应用层，到底层操作系统和网络，都以安全和保护隐私为重点。例如在应用层，数据需要加密；在操作系统，数据同样需要加密；在网络传输的时候，数据也是可以加密的。

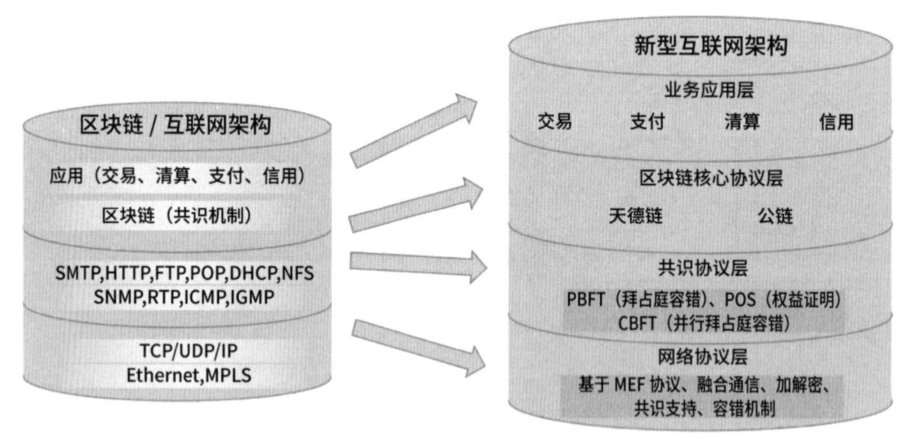

融合共识与加密，更改互联网协议

在新体系下，每一层都有新科技。下表比较了传统体系和创新体系的不同。

创新体系和传统体系的差异

	创新科技	传统系统
应用层	• 每个领域都可以开发自己区块链应用框架，提出世界领域标准模型 • 每个领域除了参考模型，还有领域产业沙盒，矛与盾一起开发 • 开发基于区块链的金融架构和基础设施，例如数字法币系统，全盘改变现有金融体系	• 目前大部分领域还没有区块链参考架构 • 大部分领域没有产业沙盒可以支持区块链的应用 • 没有基于区块链的基础设施 • 金融体系无法被区块链系统全面取代
区块链层	• 建立可以监管的新型区块链架构 • 建立高性能的区块链系统 • 建立基于客户的身份证和安全机制	• 区块链没有设计监管机制 • 区块链系统性能低 • 区块链没有基于数字身份证的安全机制
操作系统层	• 新操作系统支持加解密、共识、监管机制 • 硬件处理保证安全	• 操作系统不支持区块链，也不支持监管 • 操作系统使用硬件，但没有使用这些来支持区块链和监管
网络层	• 建立新型保护隐私和安全的网络和协议 • 没有得到允许，不能访问，也不能获得数据	• 网络是开放型的，只要有网络地址，就可以发送电子邮件或是访问网站，没有保护客户隐私 • 谷歌这样的公司可以收集和销售客户的隐私信息

八、新网络基础设施

今天的互联网跟以前的互联网有很大的不同。互联网正经历一个改变：大家尊重过去端到端的设计原则，认为端到端原则是好的原理。但是12年前斯坦福大学开始有不同想法，并且发展了新的网络设计趋势，SDN（Software-Defined Networking）和NFV（Network Function Virtualization）。SDN和NFV跟过去的互联网协议不同，其中最大的不同点就是不再遵守端到端的设计原则，并且认为互联网不应该是个黑盒子。

现有网络协议有三大问题：

① 协议无法提供及时控制。这很容易明白：所有的控制，只有端到端，只能在网络边缘进行控制，而不能在网络里面进行控制。

② 所有的协议只做一部分控制，不能做全面控制。

③ 因为每一个协议都只做一部分控制，所以这些协议越来越复杂。

现有网络技术有三个缺陷：

① 缺乏“可控性”：因为端到端设计原则，网络机制无法直接改变错误行为。

② 缺乏“观察性”：只做端到端的观察，所有的信息反馈都是从一端到另外一端，以至于信息传递不够充分，网络内的信息无法传播出去；反馈的信息传到另外一端已经延迟了，和实时的目标相差甚远。

③ 缺乏“可结构性”：整个网络相当于黑盒子，在彼此冲突的协议中，机制里面没有足够和及时的信息来作决定。

1. 网络基础协议 TCP 协议造成性能浪费

TCP 作为一种最常用的传输层协议，它的作用是在不可靠的传输通道上，提供可靠的数据传输。在各层网络协议中，只要有一层协议是可靠的，那么整个网络传输就是安全可靠的。但是这种可靠性在一定程度上牺牲了性能，造成系统启动慢、拥塞控制难等问题。

目前常用的 Linux 系统的默认 TCP 拥塞控制协议为 Cubic，BBR 是谷歌 2016 年提出的新的拥塞控制协议，目前 BBR 在 Youtube 以及谷歌的内部网络中有大规模应用，Cubic 以及 BBR 在一定程度上改善了 TCP 的拥塞控制过程，但还是存在一定的不足。

2. 谷歌 BBR 协议改良 TCP

互联网协议当中，一个特别重要的协议是 TCP，而 TCP 有一个问题：

它的传输量因 RTT（Round Trip Time，来回路径时间）的上升而下降。

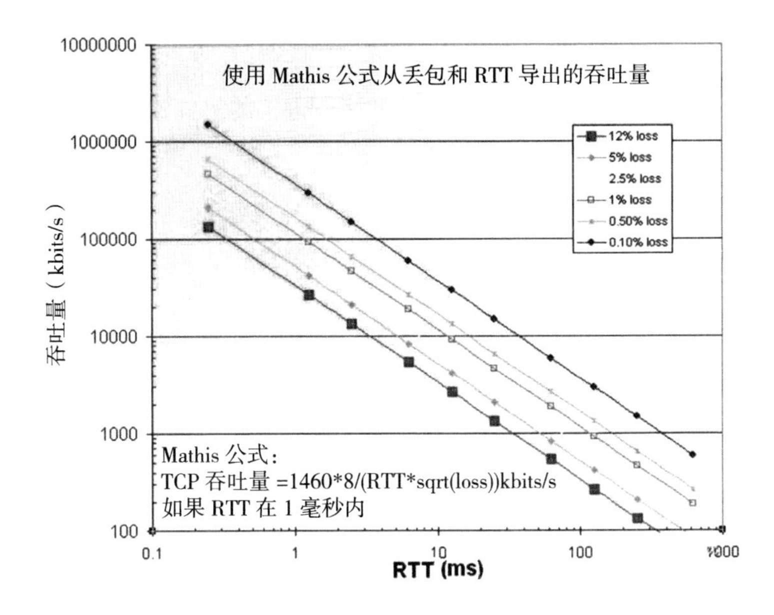

此图描述了 TCP 的传输量随 RTT 的上升而呈指数型下降。大多数人认为这是自然的物理现象，其实这是协议设计不佳造成的，不是物理现象。举例说明：如果买两个通信盒子，每个盒子传输速度是 10Gb6/s，用电缆连接两个盒子，传输速度应该是 10Gb/s，如果传输速度达不到 10Gb/s，我们就认为这个通信设备不好。不论电缆的延迟是 1 毫秒、10 毫秒、100 毫秒还是 1000 毫秒，盒子都应该维持 10Gb/s 的速度，这就是通信设备的规格，不应该改变。但是一旦加上 TCP，传输速度就达不到 10Gb/s。正常传输量跟传播的延迟应该没有关系，传输量下降，是因为 TCP 设计不佳。

TCP 还有另外一个问题，即计算传输量太慢。因为 TCP 是用端到端的迭代，发送端跟接受端需要来回输送不同的数据，才能够让发送端算出最优化的传输量。假如 TCP 需要 N 次迭代，每一次需要一个 RTT（来回传播的时间），迭代收敛（convergence）所需时间就是 N×RTT。但如果把计算的迭代放在网络内，例如，放在瓶颈链路处或附近，则可以很容易地获得关于瓶颈处拥塞的信息。在此处，计算通过当地计算设备的迭代来完成，能算出将被传送到两个端点（发送方和接收方）的最佳速率。如今的 CPU 速度够快，计算传输量的时间与发送到两个端点所需的时间相比，小到可以忽略不计。因此，最优传输量延迟时间最多为 1/2RTT（甚至可以短至 1/4RTT），明显短于 N×RTT（其中 N 是 TCP 计算其最优传输量所需的迭代数）。

谷歌发展了 TCP 的替代品 BBR，BBR 使用确定性等效原理（Certainty Equivalence）控制理论来改善 TCP。单单用这个原理，就可以获得比 TCP 系统快 28 倍的速度，打破了长久以来网络学术界的看法，即 TCP 很难再进步，而且 TCP 是不能被取代的。谷歌的贡献打破了这个迷思。

但是确定性等效原理在控制理论上是 50 年前的旧理论。按这个原理：当系统里面有很多不确定性的变化时，系统就把它们取一个平均值，如此就可把不确定系统当作一个确定的系统，把不确定的变化改成平均值的变化。好处是系统变成确定性的了，所以容易设计控制；但坏处是当平均值无法反映系统的实际情况的时候，就可能产生很糟糕的控制效果，这就是 BBR 的问题。下图表示 BBR 在嘈杂的路径中表现很差，这是美国国家能源

Remote Host	throuhtput	Retransmits
perfsonar.nssl.noaa.gov	htcp: 183 bbr: 803	htcp: 1070 bbr: 240340
kstar-ps.nfri.re.kr	htcp: 4301 bbr: 4430	htcp: 1641 bbr: 98329
ps1.jpl.net	htcp: 940 bbr: 935	htcp: 1247 bbr: 399110
uhmanoa-tp.ps.uhnet.net	htcp: 5051 bbr: 3095	htcp: 5364 bbr: 412348

部实验室所做的一个测试，通过这个测试可以看到BBR比TCP多很多的重传数：第一个例子中TCP重传数是1070，但是BBR的重传数是240340。

3. 网络需要重构新的协议

网上提出的链网各样协议有六层（Layer）：第0层是共识，包括比特币元协议（BTC meta-protocal）和ETH合约等；第1层是经济，包括独立代币（independent token）和外部代币侧链（sidechain of external token）等；第2层为区块链服务以及离链（off-chain）服务等；第3层为互操作，包括交换（exchange）和跨链信息传递等；第4层为浏览器，包括Mist、OmniWallet等；第5层为Dapps，包括云计算和开放集市等。这些协议写得非常好，然而它们大部分都是由区块链的技术来主导的，而不是从市场需求的角度来考虑区块链应用。

从底层来看：第0层就是共识，不够底层，互联网底层是TCP/IP，所以很明显区块链的协议没有落地在网络的底层，所以现在的区块链是完全使用的互联网的协议，以至于区块链不能高速运行，也不够安全，因为，区块链的一个要素就是加解密。

我们需要一个新的协议，新协议需要满足以下几个性能：

① 高性能（High-performance）：高吞吐量，低延迟；

② 安全性和隐私性（Security and Privacy）；

③ 可扩展性（Scalability）；

④ 容错性（Fault-tolerance）。

MEF协议即在极大提升TCP协议吞吐量的基础上，加入了区块链技术中的非堆成加密算法，满足了数据安全性和隐私性的要求。

MEF协议特性

BBR协议依然是端到端的协议，依然要靠“猜”去猜测网络上的流量，而MEF协议则是一个网络内控制协议，具有如下特性：

• 性能卓越，超过当前应用最广的TCP控制协议Cubic，强过世界领先的谷歌BBR协议。Cubic的特点是若丢包了性能会下降，BBR的特点是不在乎是否丢包，丢包了也不降速，而MEF的特点是不丢包；

• 设计不凡，MEF突破原有端到端思想，采用新型的网络协议设计，能够及时更新网络状况；

• 兼容所有，MEF可兼容采用Cubic、BBR或是混合协议的网络，可以应用于4G、5G乃至6G网络；

• 费用锐减，采用新型的网络协议，削弱了延迟对性能的影响，在5G场景下，采用MEF网络协议，可以大大减少边缘计算的需求，降低网络部署中开销最大的服务器费用，因此MEF可大大助力5G的发展与部署；

• 更适用于区块链，在MEF协议中加入了加解密算法，保护数据安全性，由于MEF协议运行在底层，加解密速度更快。

MEF协议使用场景

• 满足边缘计算的需求，应用程序在边缘侧发起，产生更快的网络服务响应，满足行业在实时业务、应用智能及安全与隐私保护等方面的要求；

• 对视频流服务有重大作用，可以更好地提供视频服务；

• 对无人机的信息传输具有重大作用，无人机随着距离的增长，延时会大大增加，采用MEF协议，速度与延时无关，可改善无人机的信息传输速度；

• 美国证券公司大都在交易所旁边，因为要保证交易速度，采用MEF协议之后就不需要将证券公司设立在交易所旁边了，因为MEF协议传输速度与延时关系不大；

• 适用于远程医疗服务。

MEF 原理

如下图所示：

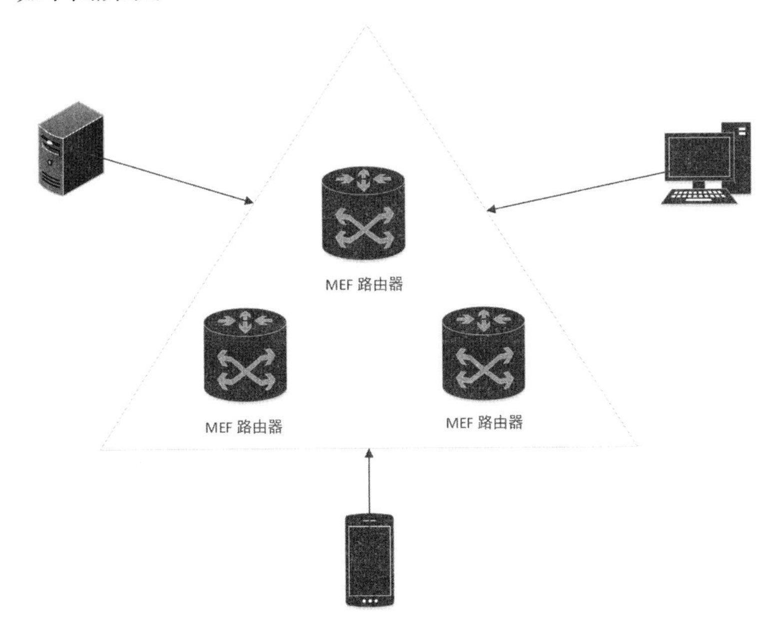

MEF 协议运行在 MEF 路由器上，在 MEF 路由器上进行统一的网络资源调度管理，TCP 是用端到端的迭代，发送端跟接受端需要来回输送不同的数据，才能够让发送端算出最优化的传输量。假如 TCP 需要 N 次迭代，每一次需要一个 RTT（来回传播的时间），迭代收敛（convergence）所需时间就是 N×RTT，在 MEF 协议中则不需要进行迭代，采用网络内控制，最开始就公平分配好各个连接的带宽，不需要靠“猜”去猜测带宽，由于采用网络内控制，可以极大地减少丢包的情况，甚至可以做到不丢包。

MEF 安全性

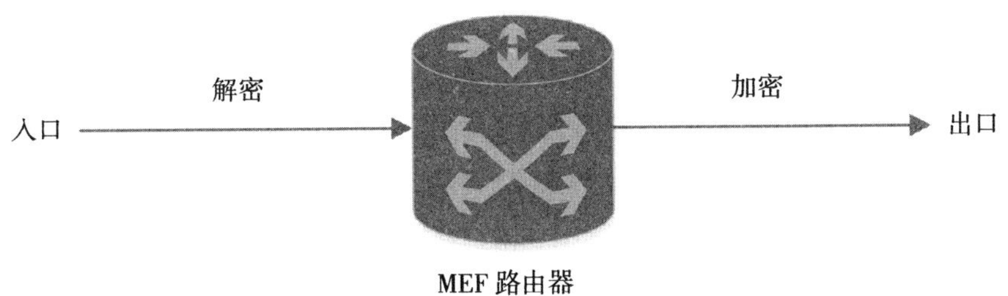

在MEF路由器上采用非对称加密算法，在数据出口进行数据加密，在数据入口进行数据解密，这样即使有人截获数据，也无法读取数据内容，保证数据安全性。

MEF示例

模拟一个4G网络环境，网络延迟采用200ms，相当于北京到洛杉矶的传输延迟，在这种环境下，可以看出传统网络协议的性能缺陷。

时延	Cubic	BBR	MEF
50ms	235mbit/s	1370mbit/s	1990mbit/s
100ms	205mbit/s	1120mbit/s	1980mbit/s
200ms	93.2mbit/s	809mbit/s	1850mbit/s

在200ms网络延迟情况下，MEF的性能是BBR的2倍，是Cubic的20倍，MEF技术完成自主可控，可以改变通信领域和网络计算领域的生态发展，甚至影响更多行业的发展。

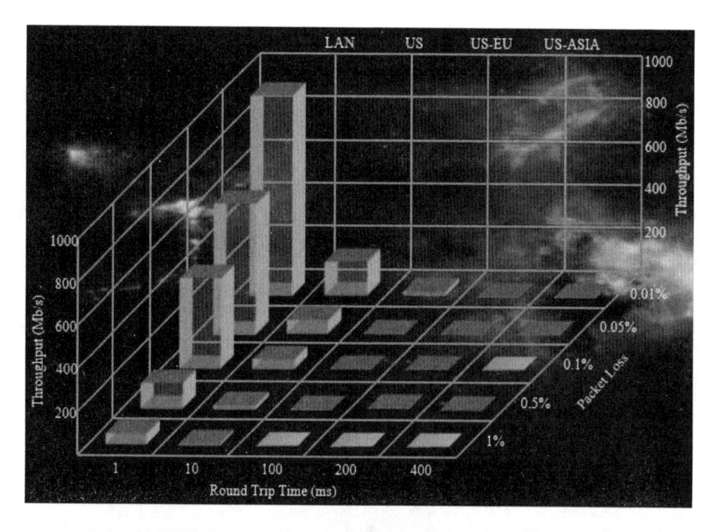

TCP协议随着RTT和丢包率的增加，吞吐量呈指数下降

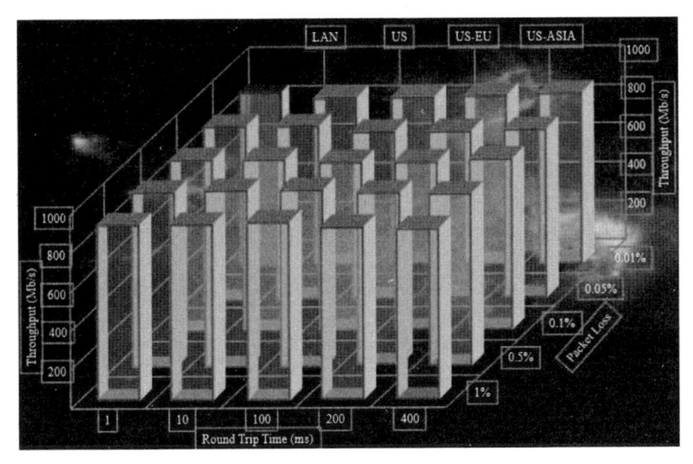

随着 RTT 和数据包丢失的增加，MEF 吞吐量改变有限

九、互链网的益处

2016 年英国首席科学顾问认为区块链将带来社会、金融、监管、法律的变革，百业可用。这里，我们提出区块链可以带来科技的改革，包括网络、操作系统、数据库、应用架构等，而且有的改革还会是结构性的改变。本文提出了新概念互链网，它的构建可能需要多年才能实现。成吉思汗说："你的心胸有多宽广，你的战马就能驰骋多远。"中国如果希望在区块链理论最前沿拥有创新制高点，我们的思路就需要和以前不同。我们绝对支持区块链是中国科技的重要突破口，这里我们提出一个突破口的蓝图。

什么叫突破口？开发一个和现有的系统差不多的系统不会是突破口。我们提出的许多设计和传统设计都不相同，而且这些设计是在实验室进行了 5 年的实验后才萌生的想法。当我们实验室系统 90% 的计算力都在做区块链基础操作的时候，我们就明白现在的系统不能支持区块链和互链网，也是出于这个原因，我们坚信未来的计算机和网络基础设施会改变。

在白皮书里，我们很少提以后的愿景，例如我们没有提产业会如何改变，系统会变成什么架构，我们主要是提方向上的改变、思维的改变。我们现在任何对未来的预测都可能会有偏差，因为没有人有预测未来的水晶球。但是只要方向正确，我们就可以踏出第一步，因为未来会自我调节。

这里的蓝图以后还会继续发展、演变、进步。我们迈出了第一步，让未来来评估这些构想是否正确。

互链网和互联网有巨大差异，使用互链网，区块链开发和使用将更加便利。现在的区块链系统需要花费很多时间开发安全机制，而以后这些安全机制则完全可以由基础设施提供，监管单位可以迅速建立一个监管网，实现线上交易实时管控，从而可以预防金融风险。未来的数字经济将可以实现实时交易、实时监管，通信信息也都会加密，网关也可以建立加密机制，个人隐私信息可以在基础设施上进行加密存储。

我们只是走了一小步，欢迎大家一路同行合作。

十、致谢

本章部分思想发布在 2020 年 1 月 5 日杭州国际博览中心召开的互链网高峰论坛上。互链网项目开始于国家大数据（贵州）综合试验区区块链互联网实验室，早期研究结果发表在 2017 年贵阳数博会上。新网络协议是 2019 年由北京天德科技有限公司开发的。无数研究人员、工程师、学生花费了大量时间从事基础研究和开发。

参考文献

[1]蔡维德:《什么是互链网核心技术》,2020 年 1 月 14 日。

[2]蔡维德:《区块链是中国领先全球网络科技的机遇》,2019 年 12 月 23 日。

[3]蔡维德、姜晓芳:《区块链 ——百年难遇到的科技强国机会》,2019 年 12 月 31 日。

[4]蔡维德:《区块链 10 大研究方向》,2019 年 12 月 8 日。

[5]蔡维德、姜晓芳:《监管沙盒证实实行有困难,中国应该积极部署产业沙盒》,2020 年 1 月 12 日。

[6]蔡维德:《真伪稳定币!区块链需要可监管性》,2019 年 5 月 28 日。

[7] George Gilder,Life After Google : The Fall of Big Data and the Rise of the Blockchain Economy2018.

[8] George Gilder,"Blockchain paves the way for trust and security", 2019.10.4,https : //gilderpress.com/2019/10/04/blockchain-paves-the-way-for-trust-and-security/.

[9] George Gilder,"Exclusive: 'Life after Google', 10 Laws of Cryptocom", 2018.7.17, https://townhall.com/columnists/georgegilder/2018/07/17/exclusive-10-laws-of-the-cryptocosm-n2501167.

[10] Shannon Voight,"George Gilder's Ten laws of Cryptocosm", 2019.2.28, https : //blog.blockstack.org/george-gilder-predicts-life-after-google/.

[11]蔡维德:《从麻省理工的数字社会到通向区块链中国之路》,2019 年 2 月 12 日。

[12]蔡维德、刘琳、姜晓芳:《区块链的中国梦之一：区块链互联网引领中国科技进步》, 2018 年 8 月 7 日。

[13]蔡维德、姜晓芳:《区块链的中国梦之四：RegTech 编织全面安全梦》, 2019 年 10 月 26 日。

[14]蔡维德:《区块链互联网》, 2017 年 5 月 27 日，贵阳数博会演讲。

第三章

愚公移山：中国需要放弃拿来主义，从底层开始研发互链网系统

1. 有些开源项目没有商业利益，但是许多著名的开源项目都会有经济利益，例如安卓系统就是开源项目，但是还是有巨大的经济利益，因而获得谷歌大力投资。除安卓系统外，列举其他可以盈利的开源项目，讨论它们如何盈利，它们的市场有多大？它们的困难在哪里？

2. 根据 2020 年 5 月欧洲央行的计划，脸书 Libra 2.0 如果能够成功部署，将产生巨大的经济利益，而且 Libra 2.0 基金会是欧洲最大的货币基金组织。描述一下 3 类公司或是机构是否可以在 Libra 2.0 生态里赢利，以及如何赢利。

3. 德国银行协会认为脸书的大威胁，不是数字货币，而是可编程的数字金融生态，为什么？

4. 中国如何制定政策鼓励创新、开发基础软件并建立自己的生态？中国如何鼓励放弃“拿来主义”？

2019年12月脸书突然宣布要开发自己的操作系统，但脸书没有提供细节。为什么脸书需要开发新操作系统？脸书说害怕现在的手机操作系统公司（例如苹果或是谷歌）会排挤脸书提供的应用。曾经就发生过类似的事情，苹果因为脸书某应用出错而将脸书应用在苹果手机应用商店撤掉，后来虽然马上恢复，但是脸书铭记在心。

脸书开发新操作系统的消息可能许多人没有注意到，大部分人注意的是脸书的Libra，但是脸书开发新操作系统这一信息却让笔者震撼。

- 2020年3月，我们发布《互链网》白皮书，其中提到需要开发新网络协议、新数据库、新操作系统（犀牛模型），开发新操作系统的一个重要目的在于支持区块链应用，例如交易和监管等应用。而2019年脸书就认识到新操作系统是必要的了。

- 2020年，世界经历了新型冠状病毒疫情，美国对华为技术输出一直都在限制，在疫情中，更是加大限制。华为一直在尽力寻求解决方案，其中一个方案就是华为于2019年宣布用鸿蒙操作系统（Harmony OS）取代安卓系统的举措。许多人都认为华为的问题是芯片，美国公司在美国商务部的指示下，很快就不会提供芯片技术给华为。但在此次新冠疫情中华为的问题不只是芯片问题，连手机的操作系统（安卓）的服务都可能会被禁。华为这次面临的问题是软、硬件两方面都被严格限制。这里就不讨论芯片的问题，只讨论软件问题以及解决方法。

那么解决的方法是什么？没有任何捷径，只有愚公移山，自己开发底层技术。只有这样才能彻底解决华为软件在国际上面临的受限问题。许多人都认为中国软件技术和国外一样好，一个简单的原因就是中国使用和国外一样水准的软件系统。的确如此，中国大多用的是国外开源软件，当然和国外软件水平一样，但是这不代表中国软件技术领先。事实上，在软件开发上，我们经常采取“拿来主义”，以最短的时间，做出最好的产品，赚最多的钱。对于研究开发底层技术，许多公司都不感兴趣，因为耗资太大，耗时太长，经济效益差。的确如此。这也是华为今天遇到问题的根本原因，华为手机使用的操作系统是国外的，一旦被禁，手机业务就会面临威胁。

愚公就是挑战最困难的问题，使用看起来不划算的方法来解决问题，例如花费长时间来开发基础软件。

2020 年 4 月，笔者在北京就互链网这一主题进行演讲，就提到如果现在不改变，不放弃“拿来主义”，不自己开发底层技术，那么 30 年后，同样的问题还是会出现。那时（2050 年）则追悔莫及，为什么在 2020 年被唤醒的时候，不开始做愚公呢?

本文主要目的不是讨论华为的问题，而是现在面临的另外一个更大的危机，如果还是持“拿来主义”，在今天遇到的贸易摩擦中我们缺乏话语权这个问题还会再出现，而且问题可能会更严重。

当我们大声批评国外政策的时候，可以想想，我们今天的困境，部分原因恐怕是采取“拿来主义”。谷歌安卓系统有优势，但是从来没有强逼中国公司使用。从一开始大家就可以有其他选择，但是由于安卓的优势，被中国公司大量采用。不要在贸易摩擦开启的时候，才发现我们自己把自己商业的身家性命都已经放进国外生态圈中。

一、今天华为的困境

华为最近在国际舞台上遇到的一个困境是操作系统困境。华为一直使用免费开源的谷歌安卓操作系统，当谷歌禁止华为使用安卓操作系统的服务的时候，华为就遇到重大困难。

国外推行开源软件，快速地使中国拥有和国外同样高水准的软件，建立了中国 IT 产业。但是同时，我们几乎依靠国外开源软件生态而生存，例如华为、中兴、小米等手机厂商，都是使用谷歌安卓操作系统，需要向谷歌（和微软）支付软件服务费用。操作系统软件是免费的，但是谷歌可以收服务费用，而安卓大部分应用都需要谷歌的服务才能执行，这样问题就出现了。

国内也有自己开发的操作系统，但是大部分系统的核心还是使用国外基础操作系统（例如 Linux），在国外没有市场，在国际舞台上也没有地位。

这种开源方式，主要是建立生态，让世界大量人才和公司一起来贡献。但是在这一领域，创新最重要，没有创新，就没有社区。曾经分区块链团队研发开源系统，后来发现这些新研发的系统的大部分代码和国外开源软件一样。这表示这些开源社区主要是“学习”而不是创新。当中国的开源社区大部分代码和国外代码一样的时候，明眼人都直接到国外社区去学习和合作，不会到他们的社区。采用这种做法，我们的开源软件就会依附于国外社区，没有自己的生态，自己没有生态，在国际上就没有话语权。

华为最近几年才开始运作出台自己的操作系统，就算计划成功，后续还需要一段时间才会成熟。当苹果和谷歌的操作系统控制手机市场的时候，曾经在手机市场排名第一的诺基亚和世界操作系统排名第一的微软，都还没有建立自己的手机操作系统生态，最终退出了该领域。华为过去没有出台操作系统，缺乏基础，在中美贸易竞争激烈的背景下，才紧急出台自己的操作系统，最终会遇到困难是必然的。

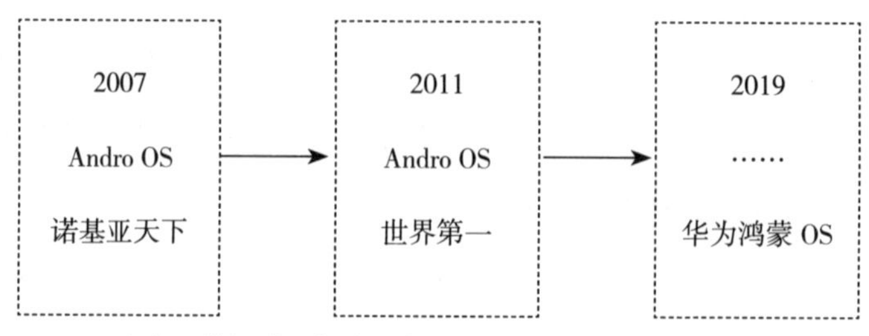

安卓系统经过 4 年建立自己的生态，华为需要多少年

安卓手机于2007年出现，当时是诺基亚的天下；但是到了2011年，安卓生态建立成功，诺基亚被淘汰。在这一场商业战争中，安卓在诺基亚、微软（操作系统和专利）和亚马逊（在另一市场使用安卓系统，但不使用谷歌的服务，谷歌没有挣到一分钱）的重要反攻中胜利突围。可以说，安卓今天的生态是谷歌花了大代价打下来的，不是从天上掉下来的。

二、安卓的生态和经历

1. 安卓的发展历史

安卓本意指“机器人”，一个全身绿色的机器人，绿色也是安卓的标志。安卓最初由现任谷歌副总裁安迪·罗宾（Andy Rubin）于2003年创建，于2005年被谷歌收购。

安卓是基于Linux内核的软件平台和操作系统，谷歌于2007年11月5日公布了这款名为Anclroid的手机系统平台，早期由谷歌进行开发，后由开放手机联盟（Open Handset Alliance）进行开发。它采用了软件堆层（Software Stack，又名以软件叠层）的架构，主要分为三部分，底层以Linux内核工作为基础，只提供基本功能；其他的应用软件则由各公司自行开发，这些应用的开发使用的是Java语言。

2003年10月，安卓公司在加州Palo Alto市成立，联合创始人为Andy Rubin、Rich Miner、Nick Sear与Chris White。2005年8月，谷歌收购了成立仅22个月的高科技企业安卓公司。2007年11月5日，谷歌正式向外界展示安卓操作系统。谷歌与34家手机制造商、软件开发商、电信运营商和芯片制造商共同创建开放手持设备联盟。2008年5月28日，Patrick Brady于谷歌I/O大会上提出安卓HAL架构图，同年8月18日，安卓获得了美国联邦通信委员会的批准。安卓软件一经推出，版本升级非常快，几乎每隔半年就有一个新的版本发布。2008 年 9 月发布第一版安卓 1.0 系统，后续升级的版本从安卓 1.5 版本开始。

2. 安卓生态

应用程序发展迅速：智能手机玩的就是应用，虽然现在安卓的应用还无法与苹果竞争，但是随着安卓的推广与普及，应用程序的用户数量增长迅速，安卓应用在可预见的未来是有能力与苹果竞争的。

●**智能手机厂家助力**：现在世界上很多智能手机厂家都加入了安卓阵营，并推出了一系列的安卓智能机。三星、HTC 等厂家都与谷歌建立了安卓平台技术联盟。厂商加盟得越多，手机终端就会越多，其市场潜力就越大。

●**运营商鼎力支持**：国内三大运营商铆足了劲推广安卓智能机，联通、电信和移动都显示了对安卓智能机的期望。美国 T-Mobile USA、Sprint、AT&T 和 Verizon 都推出了安卓手机。此外，KDDI（日本）、NTTDoCoMo（日本）、TelecomItalia（意大利电信）、T-Mobile（德国）、Telef ó nica（西班牙）等众多运营商都是安卓的支持者，有这么多的运营商支持安卓，安卓自然会占据巨大的市场份额。

●**大量投资和开发者助力**：谷歌为了安卓生态，一共投资 800 亿美元用于开发的人力成本，全世界有 600 万安卓生态开发者（包括在中国的开发者）。苹果公司对生态的投资更大，一共投资了约 1220 亿美元，苹果的生态一直大于安卓的生态。

3. 华为操作系统任重道远

华为于 2019 年宣布计划投资 10 亿美元开发自己的鸿蒙操作系统，预计有 150 万开发者加入鸿蒙生态，而 2020 年 5 月 Github 上只有 11 个贡献者。这表示鸿蒙和安卓差距甚远。华为10亿美元已经是笔庞大数字的投资，但是与谷歌已有的投资（800亿美元）还是有距离。

安卓宣布开发的时候就有大批的商家表示愿意加入生态，这和华为宣布鸿蒙时的场景不同。

三、Libra 2.0正建立新生态

现在又一个严肃的问题出现了，脸书Libra 2.0正在筹备生态，我们不能等Libra 2.0生态建立后才开始讨论对策。

Libra 2.0的生态有创新开源软件社区，有重要金融公司参与，由政府主导，并被广泛应用。我们根据2019年的大数据进行分析发现，脸书开源软件100%为原创，和我们的一些开源软件大不相同。根据国际清算银行（Bank for International Settlement，BIS）和我们的分析发现，Libra 2.0的参与单位实际上进行的是虚拟数字银行的业务。根据普林斯顿大学新数字货币理论（数字货币区，Digital Currency Areas），这样的数字货币会重组世界金融市场，而且世界金融市场将会有结构性的改变：世界不再以银行为中心，而将以数字货币平台为金融中心。

这样的生态一旦建立，连“一带一路”沿线的国家都会参与，因为加入这个强大社区对他们有利。最近新加坡国家基金就宣布加入该生态，就是预见该生态很可能会成功，它是更重要的新数字金融市场。这市场会比手机市场重要。

1. 欧洲央行估计Libra 2.0资产超过3万亿美元

2020年5月，欧洲央行估计，Libra 2.0的资产可能会到3万亿美元。如果Libra 2.0是一个独立国家，则GDP将排名世界第5，排在美国、中

国、日本和德国后面，超过了印度、法国、英国、意大利、巴西等国家。如果Libra 2.0是商业银行，将会是世界第二大银行。这样庞大的经济实体，富可敌国，因其又以数字货币形式出现，流动性比传统银行资产流动性大得多。而是 Libra 的市场比手机市场大得多，因而会使更多单位愿意加入Libra 2.0 的生态。

Libra 这些资产可以做期货、房地产、股票、保险、支付等。而且这么大的市场是可编程的，这是惊人的。在 Libra 的平台上，可以有几千万的商家参与其中，这将是新的庞大无比的金融体系。中国需要注意，在可编程经济方向上提早布局，做有准备的竞争。

2. Libra 2.0 的生态

• 创新开源软件社区：大量开发者一起建立世界最大的金融科技社区。根据我们 2019 年做的大数据分析，脸书开源软件是 100% 原创的，具备新社区的条件；

• 重要金融公司参与：参与 Libra 2.0 的不少是金融公司，包括新加坡国家基金；

• 政府主导（立法）：建立监管规则，而且建立嵌入式监管，实时监管金融活动；

• 广泛应用：在 Libra 2.0 平台上可以开发很多金融应用。

Libra 2.0 币除了同时锚定多种法币以外，还会锚定单一的法币，并且Libra 2.0 系统会被全面纳入监管范畴，放弃成为公有区块链的目标，Libra 的应用仅仅限于联盟链应用，并且为 Libra 与法币之间的兑付提供安全的保障。

上述四点简而言之可以归纳为一句话，Libra 2.0 彻底服从各国法律，放弃霸王币来保障霸权链，以使脸书的 Libra 链成为世界最大的数字货币基础设施和社区。这和手机市场的安卓生态类似，Libra 社区非常有可能成为世界最大的金融社区，为世界几千万个金融机构和非金融机构提供金融服务。

该社区不同于安卓社区，安卓服务于手机市场，Libra链服务的是全世界和金融有关系的市场，而未来可能数以千万的机构（包括自金融机构）在Libra链上面建立自己的应用，就好像现在许多个体户在家里靠手机成立自媒体公司一样。Libra生态使金融公司开始附属于其生态，这种强大的量将对世界产生重大的影响，远超安卓操作系统对世界的影响。

3. Libra 2.0 通过智能合约建立新金融体系

与Libra 1.0相比，Libra 2.0的愿景没有变，依然是建立一个为数十亿人服务的金融基础设施，但Libra 2.0不再提“无国界的货币”，而是用了“全球支付系统”的提法。Libra 2.0主要技术思路没有变，仍然使用Move语言和拜占庭容错（BFT）共识机制，采用和迭代改善已广泛使用的区块链数据结构，但整体加强了安全上的考量。Libra 2.0对智能合约实施适当审查和风险控制，只有协会批准和发布的智能合约，才能与Libra支付系统直接交互。

如果Libra成为广泛运用的价值存储方式，欧洲央行预测Libra储备的管理资产总额可能从“付款方式”情景中的1527亿欧元增长到3万亿欧元左右。根据欧元区的脸书用户数量，这些资产的大约10%可能来自欧元区的用户。这样Libra可能成为欧洲最大的货币基金之一。

根据Libra协会的说法，Libra管理的资产将投资于高质量、高流动性的资产，例如顶级短期政府债券、银行存款和现金等。因此，Libra币与货币基金有许多相似之处。2019年第三季度欧元区货币基金持有以欧元计价的资产总额约6000亿欧元，比欧洲央行对脸书Libra的资产预测还小，这难道不是一个预警？欧洲央行认为如果Libra的资产真能达到欧洲央行预期的规模，Libra币将会对其他欧元基金产生排挤作用。

如果 Libra 资产的这个经济力量（3 万亿欧元）发挥出来，会有多大的影响？ Libra 2.0 放弃公链路线，走向完全合规化路线。无论是稳定币或数字法币，都走合规化道路，从而与现在的金融系统融合，迅速建立新的数字金融和货币体系。并且，通过 Libra 2.0 的智能合约机制，一个新数字经济体系将可以被建立，新数字经济体系将包括数字房地产、数字股票、数字期货、数字保险、数字贷款等业务。这种跨国、跨货币、跨资产的数字经济平台对经济体系影响深远。

在这种情形下，现有的金融体系将会被全盘改变。2019 年，德国银行协会就曾预言会出现这种情况，他们认为一个数字稳定币不能挑战国家主权，而应遵守现有的监管制度，但是一旦某个数字稳定币建立起来，就会改变世界。所以，他们建议欧洲应该积极地开发欧洲的稳定币（例如数字欧元），从支付系统开始，建立一个让人信任的可编程的金融体系，以对抗脸书的 Libra。

4. Libra 以及脸书的其他应用需要操作系统支持

为什么脸书需要重新开发一个新的操作系统，而且根据脸书，该操作系统会是 100% 原创而不会继承现在的操作系统呢？

因为脸书现在的各种软件包括 Libra 都需要运行在安卓或者 iOS（苹果）系统之上，而脸书的硬件设备包括 AR 眼镜目前都需要搭载安卓系统，谷歌作为脸书最大的竞争对手，脸书不允许自己的软件的运行环境以及硬件的操作系统都受制于谷歌，因此开发自己的操作系统势在必行。

脸书一直为没有操作系统而不得不依赖于一些最大竞争对手的礼遇而苦恼，如苹果公司的首席执行官蒂姆·库克（Tim Cook）曾多次就隐私和数据收集问题对脸书及其首席执行官马克·扎克伯格（Mark Zuckerberg）进行抨击。据 Vox 的 Kurt Wagner 报道，脸书此前曾对移动操作系统的威力进行过对冲，2013 年，脸书参与了一个秘密项目，该项目将帮助其在必要时可以从谷歌游戏商店外发布应用程序。

尽管如此，该公司 2013 年试图从操作系统巨头手中夺走对移动设备更多控制权的最后一次尝试还是付之一炬。这款由 HTC 硬件打造的脸书手机运行了安卓和脸书家庭用户界面的分叉版本。但这种将体验淹没在朋友们的照片和信使聊天泡泡中的做法被证明极不受欢迎，HTC First 和脸书主页都被搁置了。

这次脸书聘请了微软 Windows NT 的联合创作者马克·卢科夫斯基（Mark Lucovsky）从头开始为这家社交网络构建操作系统。脸书从过去的错误中吸取教训，在公司总部以北 15 英里的伯林盖姆（Burlingame）为 AR/VR 团队设立了一个新办公室，加大硬件建设力度。这片 77 万平方英尺的空间设计可用来容纳大约 4000 名员工。

脸书有意控制更多的硬件，与市值 45 亿美元的半导体公司 Cirrus Logic 进行了收购谈判，Cirrus Logic 为苹果等公司生产音频芯片。这项并购还未发生，科技巨头一直保持并购团队对谈判持开放态度，目前尚不清楚谈判进展如何，但它显示了脸书对硬件的重视程度，即使门户网站和 Oculus 的销售迄今一直缓慢。

脸书计划从软件及硬件两方面进军操作系统市场，这需要巨大的投入，产出却是不确定的，风险很大。

不过不知道大家有没有发现，脸书的观点是若没有自己的操作系统和半导体，脸书以后将面临更大的生存的风险。当大家明白了这一观点，就知道为什么脸书自己要开发操作系统以及想收购半导体公司了。

5. 脸书操作系统理念与互链网操作系统思想惊人一致

当欧洲央行 2020 年 5 月评估 Libra 的资产会达到 3 万亿欧元时，就会明白脸书这一计划将产生划时代的金融产品，而 Libra 2.0 为什么做了那么大的让步？因为该资产对任何国家和机构都可能会产生巨大的影响。

为了接受监管，Libra 2.0 还提出开发嵌入式协议层的监管机制，这表示任何交易都必须通过监管机制。脸书开发操作系统的一个目的，是不是预备支持该协议层的监管？

如果监管机制只是个应用，可能以后会出现虚假应用。支付机制是真实的但是监管机制是虚假的，使用这样的应用，洗钱就可能会发生。为了防止这样的攻击，Libra 2.0 需要在操作系统上建立监管机制。

操作系统一直是中国的短版，中国现在自己开发的操作系统非常少。操作系统非常复杂，开发时间长。经过 50 年操作系统的开发，操作系统已经成为许多公司的战略，包括谷歌（安卓和 Chrome 操作系统）、微软（Window 和 Azure 操作系统）和脸书等公司。脸书预备在自己开发的操作系统上运行 Libra，这表示对于脸书，Libra 和操作系统都是公司的重要战略。

在国外，操作系统开发大都是基于已经开发的操作系统，例如 Linux。一是这是开源项目，而且已经有大量资源投在上面，对他们来说，没有必要重新开发一个新型操作系统。因此国外新型操作系统，就是将传统操作系统运用在一个新的操作系统里面，例如云操作系统就是使用多个 Linux 操作系统。

但是操作系统却都没有考虑监管问题。比特币和以太坊逃避监管的机制一直是金融界所困扰的问题，现在区块链技术就要来到合规市场，该问题必须解决。我们解决的方法就是从底层做起，在操作系统层面阻止像比特币这样的系统运行，而又同时记录和监管数字资产交易。这些都需要在系统底层进行。

Libra 2.0 在协议层进行金融交易监管，而这一概念正好和我们中国团队提出的互链网概念一致：监管必须是实时（real-time）的，而且是嵌入（embedded）式的，而要实现这两点，最好的方式就是在操作系统上进行监管，这样就会改变传统操作系统。

脸书没有提出他们操作系统的细节，但本书中我们就提出多个和新型操作系统相关的新概念，包括已经申请专利的“管中管”“块中块”的设计思想。这些都是为监管数字金融交易设计的。

脸书需要重新设计新操作系统的另外一个原因是微软拥有安卓系统的一些专利，因此谷歌部分服务费需要支付给微软，脸书不希望如此。

有人可能认为重新开发新操作系统代价实在太高，开发成本收回的可能性不高，中国还是用免费的开源软件吧，不要自己开发了。但是如果是这样，今天华为遇到的问题以后还会再出现，而下一次问题将可能会出现在金融市场，影响更大。

6. Libra 2.0 嵌入式监管机制

如下图所示，使用手机或者嵌入式设备进行交易时需要经过后面大数据风险分析后才能成交，如果手机上有相似应用，则会造成交易风险以及安全风险。

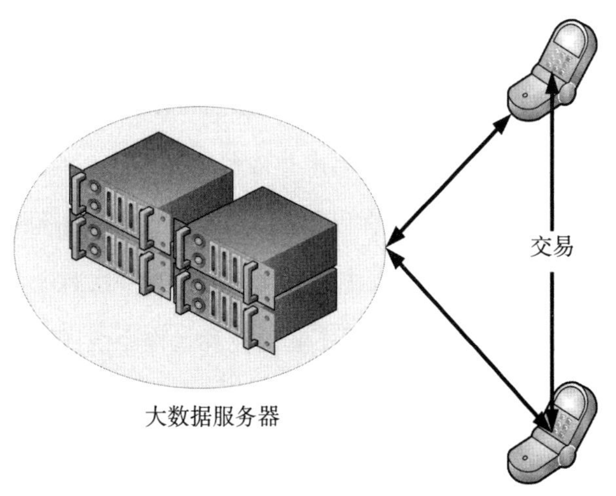

所以必须在操作系统层面做修改，在操作系统中加入验证功能和加解密功能，避免上层的应用风险，这也是互链网操作系统的思想。

四、中国需要新一代愚公

Libra 2.0 带来一个强烈信息，国外已经开始布局一个新数字金融体系——以平台为主的体系。我们可以认为这不重要，继续传统的“拿来主义”，等到这一体系建立后，中国单位自然会加入这一生态，因为有利润，而且利润还可能非常大。当华为手机卖到全世界的时候，利润是非常大的，但是关系到身家性命的技术却操纵在别人手中，他们说停就只能停。

在伯克利大学读书的时候，笔者遇到 6 位获得图灵奖的老师（Karp，Blum，Yao 等），还有一些其他奇才。这些奇才在伯克利学习的时候就有重大突破，其中一位在上课的时候，竟让获得图灵奖的老师（Blum）在课堂上当场对他弯腰鞠躬表示佩服，因为他在上课的时候开发了一个算法，比当时最好的算法还要好。 这位奇人就是“美国愚公”Bill Joy。

笔者遇到 Bill Joy 的时候，他在伯克利大学已经做了 10 年研究了。我问他在做什么研究，他说写 UNIX 操作系统软件，一写就是很多年。我非常奇怪，为什么一个美国学生愿意花那么长时间开发那么大的系统？而且那时，美国一个大公司 AT&T 贝尔实验室（Bell Laboratories）也在开发同样的系统，开发人员上千。当时贝尔实验室的名声非常大。而 Bill Joy 的团队就只有几个人，如何竞争？看起来这根本是在以卵击石，螳臂当车，自不量力。

当时其他大学都在写操作系统的研究论文，有一次有一大学老师到伯克利演讲，私下对我们学生表示看不起伯克利操作系统团队，因为伯克利团队都是一群愚公，只是在开发系统，很少写论文，对他们来说这不是学术研究，而只是工程，而且系统原型还是贝尔实验室开发的（该系统是伯克利文学的另一愚公 Ken Thompson 开发的，这位愚公后来也获得了图灵奖，得奖时他只读了伯克利大学本科），就算开发成功，功劳可能还是贝尔实验室的，因此他认为伯克利大学的操作系统的工作没有学术价值。

大家知道后来的结果吗？

“美国愚公” Bill Joy 开发的是 BSD（Berkeley Software Distribution），也是这一系统打开了互联网、手机和云计算，给计算机界带来的影响是巨大无比的。Bill Joy 团队只有几人，团队成员 McKusick 和 Karels 也是愚公，McKusick 后来转到谷歌，带领开发谷歌云计算平台，开启了世界云计算。BSD 对 Linux 和安卓操作系统产生了巨大的影响。这群愚公改变了历史，从互联网到云计算，都可以看到他们的贡献。BSD 的影响力最终超过了贝尔实验室的版本。

这次的结果居然是卵比石头硬，车子不堪螳臂一击，愚公大获全胜。现在大家都可以清楚地看到该系统给世界的科技和经济带来的巨大价值。30 多年后的今天，大家是否还记得 BSD 系统，以及该系统给互联网和云计算带来的巨大价值，没有人去关注曾经批评 Bill Joy 团队的大学所开发的操作系统。

“美国愚公” Bill Joy

中国需要像 Bill Joy 这样的愚公，愿意做别人不愿意做的工作，从底层做起。现在回头看，Bill Joy 当时开发操作系统似乎没有冒什么风险，事实上他当时面临的风险非常大，几个人和贝尔实验室的千人竞争，还和世界许多大学的操作系统研究团队竞争，连当时在伯克利大学就有三个名校毕业的老师在从事操作系统研究工作。但是最后还是 Bill Joy 团队胜出，在历史上留名。

部分原因是他生逢其时，当时互联网刚出来，需要一个在互联网上可以使用的操作系统，美国正好选择了伯克利大学开发这一系统。大部分老师和研究生都不愿意开发系统，而只想写学术论文。但是这些愚公却认为系统本身是决定性的关键，因此当其他大学研究员在发表论文的时候，这些愚公在开发系统。

但笔者遇到他的时候，他已经开发许多年了。我问他是不是风险大了一些？他说，这样他可以从事他一直想做的事，他给自己一次机会去实现自己的梦想。这就是愚公精神。他非常清楚其他人看衰他们，认为他们不从事正统学术研究，而在开发系统。但是他们认为只有开发系统，世界才会改变。他清楚这工作难度高、工作量大、风险高（项目失败的可能性非常大）、竞争性强，但是他还是要追逐这一梦想。

1. 愚公需要走在科技风口上

愚公一点也不愚，而是非常聪明。只是在困难面前，他们的行为看似“愚蠢”的。别人都躲避风险大的项目时，他们反而“明知山有虎，偏向虎山行”，往风险大的方向前进。

对愚公而言，他们最在意的是自己是否走在世界科技的风口上，只要是，他们就全力以赴，不论需要付出多少代价，也不在意其他人的冷嘲热讽。

底层系统，重点不在华丽，而在于实在。Bill Joy 团队放弃华丽的技术，选择去完善一个已经开发过的系统，使这一系统稳定，从而能够服务广大客户，产生实质影响力。

中国现在需要的也是愚公，这些愿意安静地在实验室里开发下一代系统的愚公。中国的愚公也是生逢其时，因为互链网这一概念也刚刚被提出来，中国愚公目前的机会和当初互联网刚出来时的机会一样，现在和当初都需要新一代系统。不要认为当时大家都看到了互联网是一个巨大的机会。事实上，在笔者遇见 Bill Joy 10 年后，许多美国人还不认为互联网将改变社会或是商业，许多著名学者或是经济学家还在报纸上大骂互联网，认为互联网公司股票是历史上最大的泡沫，没有任何经济理论基础。的确，因为数字经济理论是后来才提出来的，之前，所有人都没有经历过这样的发展流程。我们现在回头看，觉得这些新的数字经济理论是正确的，但是在当初，怀疑的声音非常大，批评不断。

一个市场观察者说，当市场上都有同样观点的时候，竞争已经结束。互链网也一样，愚公必须在他人怀疑的时候就开始进行系统的开发。

2. 区块链是现在中国科技的风口

如果区块链真是中国科技的重要突破口，那么现在就是中国愚公最好的时期，正好遇到多年来才有的一次机会，可以在世界舞台上发挥潜力。区块链加上互联网就成为互链网，区块链加上物联网就成为物链网，这些就是中国一次巨大的机会。

这项工作虽然非常辛苦，风险非常大，但是有可能改变世界；然而如果不做，以后风险可能更大。

参考文献

[1] 蔡维德、天德科技：联合发布《互链网白皮书》，2020.3.27，

https://mp.weixin.qq.com/s/1ZzEwvHSni2_JSxGig1O4A。

［2］蔡维德、姜晓芳："如何成为未来世界储备货币？——新宏观经济学出现"，2020.2.10。

［3］蔡维德、姜晓芳："数字法币战争"：英国仁兄"大闹"联储，哈佛智库模拟战争，2019.12.25。

［4］蔡维德："数字法币 3 大原则：脸书 Libra 带来的重要信息"，2019.8.28。

［5］蔡维德："区块链重构金融市场"，2018.11.6。

［6］蔡维德等："区块链的中国梦之一：区块链互联网引领中国科技进步"，2018.8.7。

［7］蔡维德等："互链网——重新定义区块链"，2020.4.28。

［8］Andreas Krautscheid，Tobias Tenner，Siegfried Utzig. Following "Libra" German banks say：The economy needs a programmable digital euro［EB/OL］. SUERF Policy Note，Issue No. 116，November 2019.

［9］蔡维德："退役互联网，新构互链网"，2020-04-04，https://mp.weixin.qq.com/s/gUYan8Es8UU_ylnSsQaZpA。

［10］蔡维德、姜嘉莹："Libra 2.0 白皮书深挖新型数字货币战争韬略——从监管与合规入手"，2020.5.4。

［11］蔡维德、姜嘉莹："平台霸权——打赢新型数字货币战争的决定性武器 Libra 2.0 解读（下）"，2020.5.9，https://mp.weixin.qq.com/s/aWbY504jaYE6cJbi-7DKtQ。

［12］蔡维德、姜嘉莹："平台霸权——Libra 的反应以及国外现在的布局"，2019.8.23。

第四章

互链网的新型操作系统：洋葱模型

1. 本章描述了4种操作系统机制，这4种操作系统机制的架构、进程、存储、内存都有改变。还有没有其他创新想法呢？

2. 区块链就是一个新型数据库，为什么需要和传统数据库交互？

互链网传递的一个重要信息就是区块链会改变整个 IT 系统，包括网络、操作系统、数据库、应用系统等都会改变。本章主要介绍区块链如何改变操作系统和数据库。第 2 节到第 5 节叙述操作系统的改变，第 6 节讨论新型数据库。这些都是我们早期的研究，我们想要表达的信息是互链网的来临会使基础系统架构发生改变。而这些改变涉及基础设施和区块链的特性，区块链的特性是有加密机制和共识机制，数据不能被篡改，参与方都在同一时间得到同样信息 。新型基础设施需要能够支持区块链两个最大功能：交易和监管，而传统操作系统不直接支持交易，也不直接支持监管，更不直接支持共识机制，这些功能都是通过运行在操作系统上的应用来实现的。传统操作系统提供计算资源的服务，例如计算力、文件、内存、进程、安全、存储管理等，而传统操作系统原则已经有许多年没有变化，有进步，但是在结构上没有大改变。

但是数字代币比特币系统出现以后，产生了一个新问题，即系统使用 P2P 网络协议而逃避监管，只要有网络和服务器，这系统就可以存留，而且需要使用大量的算力。2016 年，比特币系统使用的电力已经接近英国全年使用的电力，既耗能又逃避监管。当时英国经济学家预测世界不太可能会再出现像比特币这样的系统，因为如果再出现50个这样的系统，全世界的电力都要被用作挖矿，而办公室、工厂和家庭则没有电力可以用。由于能源的限制，大型又耗能数字代币系统很难再出现。 但是不改变基础设施的系统恐怕也是不行的。时代进步了，可是操作系统设计原理却多年不变。

操作系统一直是中国的短版，中国现在自己开发的操作系统非常少。操作系统非常复杂，开发时间长。50 年前，美国开发大型机操作系统，就发现无数的问题，有的大问题后来发展成了一个新学科，该新学科不是操作系统相关学科（本来就已经存在），而是软件工程（software engineering）。

IBM公司操作系统开发经理Fred Brooks后来被誉为软件工程之父。他写的书《*The Mythical Man-Month*》成为软件工程著作的经典，也开启了软件工程这门学问。当时开发一个操作系统和买一个大型机花费差不多。

操作系统经过50年的开发，其重要性已经被许多公司上升到战略高度，包括谷歌（Android和Chrome操作系统）、微软（Window和Azure操作系统）和脸书等。现在许多人都注意到脸书在开发Libra系统，但是很很少人知道脸书正在开发操作系统。 而且脸书预备在新操作系统上运行Libra。这表示对于脸书而言，Libra和操作系统都是公司的重要战略。脸书开发操作系统的公开的原因是谷歌控制手机操作系统（Android），可以随时关闭脸书的业务，脸书不能忍受自己的命脉操纵在别人手中，必须自己开发自己的操作系统。

在国外，操作系统开发都基于现有已经开发的操作系统，例如Linux。一是这是开源项目，而且已经有大量资源投在上面，对他们来说，没有必要重新开发一个新型操作系统。因此国外的很多新型操作系统，就是将传统操作系统运用在一个新操作系统里面，例如云操作系统，就是将多个Linux操作系统运用在云平台上。

中国的需求不同。区块链是中国重要科技突破口。现在的操作系统有以下几个特点：

① 不是为区块链应用开发的，许多设计格格不入，非常不方便；

② 不是为安全设计的，固然有可信的操作系统出现，例如PitBull，但是这些都是为传统可信计算，不是为金融交易；

③ 现在的操作系统不是为监管设计的，数字代币产生了许多问题，操作系统不管理应用，而由应用来管理应用的数据。但是数字代币使用P2P协议，只要服务器和网络连接，该服务器就可以执行这些代币的代码。这是非常严重的问题，许多国家都试过，都无法将该系统移除。但是如果改

变操作系统，就能解决这些问题。这也是脸书要自己开发操作系统的主因——不想自己的应用被其他人的系统控制。一家民营公司为了自己的应用，都愿意新开发一个操作系统，何况一个国家？

④ 要开发新的操作系统，不能化妆式（cosmetic）地改变，而应在结构上（structural）改变现有的操作系统，例如本章提出的文件属性、进程排列的算法、存储方式、内容管理都和传统操作系统不同，所有的改变都考虑到监管和区块链数据结构。因而本章提出的操作系统架构和传统操作系统有很大的不同。

本章提的操作系统架构是犀牛操作系统，是我们团队自主开发的。我们的一个原则是我们的设计必须原创。原理可以类似，但是机制必须是新的。我们认为一个新型操作系统是一个重要战略，如果没有，就像脸书公开的原因一样，自己的命脉永远操纵在别人的手中。

本章第 1 节介绍传统操作系统的发展。第 2 节介绍我们操作系统新架构的一些思想。对于计算机学者而言，可能第 2 节开始才是硬材料，一般读者可能不适应，可以跳过本章内容。第 2—4 节讨论层分层、管中管、块中块、片分片的新型操作系统机制。非常明显，这些机制设计理念都源于区块链思想，在区块链内，一个新的区块产生于将哈希算法运用在已经进行过哈希运算的上一区块中，这就是为什么这些技术都以“中”和“分”为名，例如分片后再分片，分块后再分块，以至于形成“块中块”。第 6 节讨论新型数据库系统，并将我们提的 3 个不同系统的思路和微软、IBM 的系统思路进行比较。微软和 IBM 的路线是将区块链当成底层数据库来维持数据一致性，而我们的想法是使用传统数据库来从事高速监管，并且该数据库融合多个区块链的数据。IBM 和微软的路线并没有将监管当成系统重要功能，还是以性能为优先考量，而我们却以安全和监管机制为优先考量。由于将来的世界会“链满天下”，但是在这种环境下如何做到有效监管？这需要回到中心化的系统，这样才能进行高速查询，因此这样的系统需要融合多个区块链数据。但该中心系统事实上是混合模型，有中心化的机制有也有分布式的机制。因为该中心系统的数据却又和多个分布式区块链上的数据以协议绑定，使上面的数据难改变，而且也依旧有多个备份。

一、操作系统的发展历程

从计算机发展的历史来看，操作系统的研发历经了很长的时间，如，早期有麻省理工学院的 Multics 项目，贝尔实验室的 UNIX 项目，巴克利大学的 BSD（也是 UNIX）项目，后来有 Linux（PC 版操作系统），再后来出现了手机版操作系统（例如谷歌的 Android），云操作系统（例如谷歌的 Chrome 云操作系统，微软的 Azure 云操作系统）等。这些操作系统共同特点有：

- 控制管理系统内部资源，例如内核、存储、进程的工作；
- 主要目的是优化性能。

操作系统的发展历经了由大型机到小型机（例如从 Multics 到 UNIX）、由小型机到个人电脑（例如 Linux）、再由个人电脑到手机（例如 Android）、最后又到云操作系统的发展历程。不论是原来的大型机还是后来的个人电脑或是手机或是云，其主要目的还是管理计算机资源。应用软件则用来管理用户层面上的资源。

除了资源管理一致化，操作系统架构设计也开始统一化。许多学者都认为现在的操作系统大部分思想都源于 Multics 系统，例如 UNIX 就是一个简化的 Multics，因为许多系统架构或是思想很靠近。而手机版操作系统则是传统操作系统结合通信功能，许多云操作就是把多个 Linux 系统放在云硬件上，借着调配这些 Linux 来控制云资源。微软 Azure Sphere OS 也是基于 Linux 内核系统，（例如基于 Red Hat Enterprise Linux 操作系统）。由于这些系统都是基于 Linux，操作系统架构逐渐统一化。

也有一些以安全为主的操作系统出现，例如美国 PitBull 操作系统，是以安全为主的操作系统，但是内部还是基于 Linux 系统架构。

这中间，还是有创新的操作系统，例如 NeXT，WebObjects 等。它们都有非常创新的设计，有的还是世界名人苹果公司前总裁乔布斯（Steve Job）开发的，许多操作系统的开发者也都曾得到计算机学术界最高荣誉（图灵奖）。但是这些操作系统都还是以计算机内部资源管理为最终目的。

麻省理工学院在 2012 年开发了数字社会项目，该系统却是以安全为主要目的，例如数据不外送，反而是送软件，计算后，将结果送出来。

讨论问题

这样的系统操作方式改变传统作业方式。传统上，软件在系统里面运行，客户将信息送到服务器，运算后系统提供服务。这就是现在互联网的模型。可是这里客户数据不外送，而是让服务商送软件过来，在客户端的系统上（例如手机）计算后，将结果送回服务商。这样服务商只有计算结果，而没有原始数据，客户原始隐私数据一直存在客户端。另外客户隐私数据也可以使用洋葱模型层层加密又分片后存在第三方。

他们提出不少思想，这些思想后来也被区块链界接受，例如 The Sorvin Framework 的技术框架就源于麻省理工学院的一个理论 The Windhover 数字身份的原则。

Windhover 的数字身份、信任机制和数据管理规则

(Windhover Principle of Digital Identity, Trust and Data)

1. 数字身份与个人数据的自我控制主权（Self-Sovereignty of Digital Identity and Personal Data）：个人应该控制自己的数字身份凭证和个人资料，而不是由社会网络、政府或企业来掌控。构建数字社 会，加强创新数字技术，应该以提高隐私的管理和实施为首要任务。

2. 适当实施基于风险的监管（Proportionate Enforcement and Risk-Based Regulation）：加强个人隐私的管理，改善可调节性的法律审计并加强法律的执行力度。

3. 确保信任机制和隐私保护的创新（Ensuring Innovation in Trust and Privacy）：一个有效的自主识别系统，需要加深隐私、信任、安全、治理、问责等保护机制。

4. 开源创作与持续创新（Open Source Collaboration and Continuous Innovation）：用一个包容的、开源的方法构建系统来体现这些规则。

Windhover 最终的目的在于，个人的身份凭证能够为自己所有，由自己掌控，而并非国家政府机关控制，并应用于银行账户、保险公司、医疗、成绩查询和工作经历等。这 4 个原则和现在互联网的原则相左，在互联网上，平台有每个客户的身份以及其他信息，像谷歌这种公司就会将这些信息卖给商家来赢利。

这些操作系统都是在区块链时代来临之前开发的。现在区块链时代来临了，操作系统应该如何演变？我们提出了新的区块链操作系统架构来满足基础设施的要求。新的区块链操作系统在 Linux 内核上进行修改，而不是完全照搬 Linux 的内核。如下页图所示。

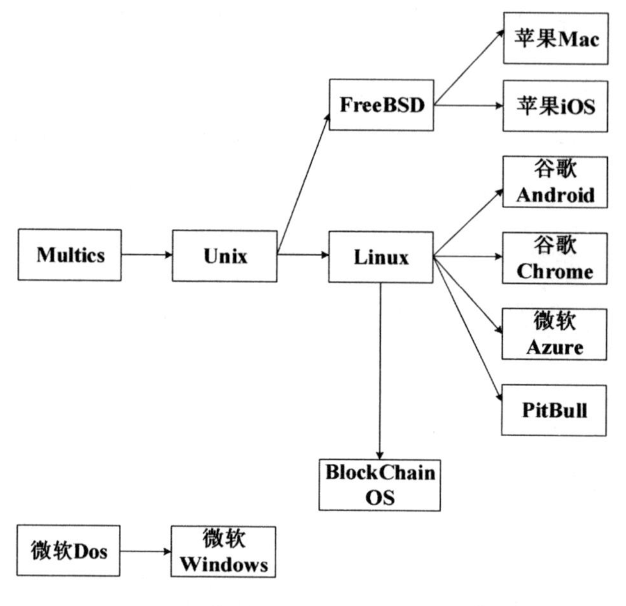

传统操作系统发展历程

区块链操作系统架构与传统操作系统在功能上有很大的不同，以前的主要功能是管理计算机内部资源，现在的功能重点是：

- 增加原生操作系统对区块链功能的支持，例如区块链的块结构，包括时间戳、哈希、存储、进程管理等。

- 突出监管功能，在传统操作系统架构中，这一功能不存在；

这里我们提出下列 4 种基础区块链操作系统机制：

层分层：新型区块链操作系统的架构和传统操作系统不同，进程队列优先权不同。在新型操作系统中，监管机制有优先权（第 2 节）；

管中管：新型区块链操作系统里面，文件可以有 T 属性，表示可以交易，而任何交易都需要监管。如果一个文件没有 T 属性，便不可以交易，这是新型监管机制。因为新增了这一属性，因而操作系统内存数据管理则和传统系统不同，进程队列算法不同（第 3 节）；

块中块：因为操作系统需要处理区块链数据，而数据是以块（block）出现，这和传统操作系统以 segmentation（分段）和 paging（分页）不同，新型操作系统需要处理块，所以有大块、中块、小块的设计，使操作系统可以高速运行（第 4 节）；

片分片：同样，操作系统需要存块信息，为了保护隐私，每块都加密，而且将数据分为多块，存在不同存储节点上，增加可靠性，但是在每个节点存的块信息还需要加密，等于是密中密，双层保护。如果需要再增加可靠性，可以再多次加密，存在更多的节点上。（第 5 节）

加上原来区块链本身就有的“密中密”，即加密信息再度加密，产生“密中密”的效果。这些都为建立安全模型“洋葱模型”奠定基础。

物理上的洋葱是一层包一层。系统洋葱模型也是一层保护机制包在另外一层保护机制外面，而一个系统可以有多层保护机制，层层保护。如果上面一层机制被破坏了，里面那一层继续保护系统。这就是密中密的原则，在区块链系统里面，块加密后，在下一块继续加密，层层加密。

在互链网洋葱模型中，还有片分片的设计。就是将层层加密的方法，用在不同系统分片上。数据加密后，将这些数据分片，然后将分过的片存到不同系统中。这样的流程还可以重复，就是再加密，然后可以再分片到其他系统。这样存在存储系统的数据，已经经过多次分片和层层加密，即使服务器遗失，数据还是相对安全的。就算攻击者拿到部分私钥，如果没有全部私钥，都无法得到信息。就算能够破解部分系统，但是其他部分由于多次加密，而又分片，破解还是很困难。这就像洋葱一样，攻破一层，还有下面一层保护，每一层都需要大量算力才能破解。

库中库：在数据库方面，我们提出库中库设计原则，即设计一对数据库，两个库拥有对方数据库的数据。例如一个是以安全为优先的数据库，另外一个却是以性能、集成、监管查询为优先的数据库。为了保证数据没有被篡改，双方都拥有对方的原始数据和哈希数据，而且数据也都存在区块链上。

二、层分层的设计原则

新型操作系统中，区块链的功能主要增加有以下几个部分：共识功能、监管功能、高速网络以及数据加解密。重点突出了监管功能在整个系统架构中的高安全和高优先级特性，同时将加解密、一致性验证和交易存证等功能下沉到操作系统内核，提高区块链功能的效率。

新型区块链操作系统架构如图所示。

交易 支付 清算 信用
应用层
区块链核心功能
PBFT/CBFT/POS/共识算法……
共识层
记录存证 加解密 权限管理 高速网络
文件系统 页缓存 调度策略 BBR/MEF
磁盘管理 内存管理 进程管理 分布式存储
内核层
系统设备 GPU 安全硬件 加速卡
系统硬件

新型区块链操作系统架构

在新型区块链操作系统架构中，对于硬件设备的设计有更针对性的考虑。将区块链操作常用的显卡、计算加速卡以及硬件安全芯片直接纳入到操作系统的常用硬件设备中。新型区块链操作系统需要友好地支持这些硬件的驱动和功能调用。

在新型区块链操作系统的内核层设计中，不但包含原有操作系统的内存管理、进程调度、文件系统等功能，还将数据加解密、高速网络（例如MEF、BBR等）、权限控制以及存证等区块链操作直接需要的支撑功能放入系统的内核层。

- 加解密是区块链操作中最常用的功能，传统的操作系统并没有将加解密放入内核层，而我们将其放入内核层，可以提高该功能的运行效率，又可以让系统直接支持区块链的操作。

- 区块链作为一种分布式应用离不开网络，高速网络模块放入内核层，能更好地助力共识一致性算法的运行。

- 权限控制是为监管而设计的，涉及账户和交易的信息，只有监管程序可以访问和处理，在内核层就进行权限控制，是为了保证所有账户和交易信息都不能逃避监管，在底层就直接监管起来。存证功能对与账户和交易相关的信息进行记录，将和账户相关的人及其关系、历史交易等信息都进行存证，并且支持对于存证何种信息进行配置。

这些设计的目的是更好地支撑区块链功能的操作，高速区块链90%的时间在处理共识，而支撑共识的功能越接近底层，效率越高，所以将这些功能放到下层。在内核层实现这些功能，能够减少数据拷贝的次数，减少用户态与内核态的切换次数，大幅度地提升区块链功能操作的效率。

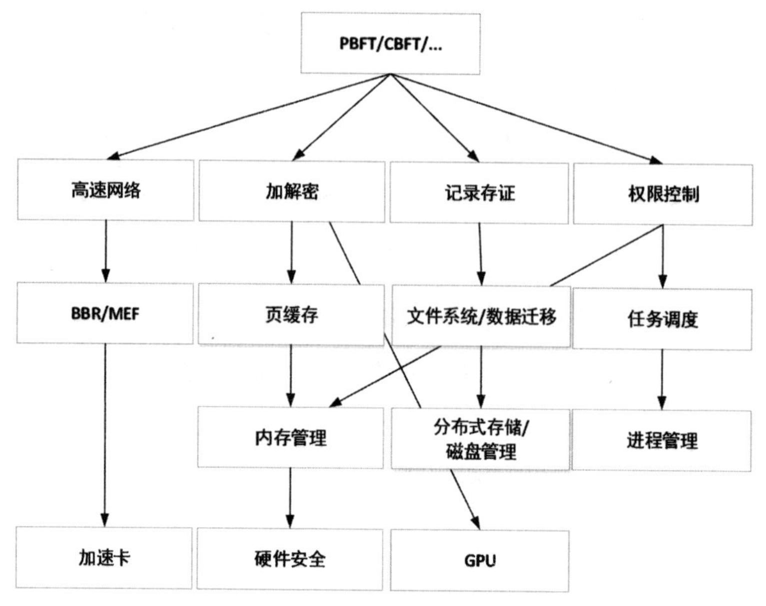

共识层对内核层功能的依赖关系

如图所示，新型的区块链操作系统在内核层和应用层之间，创新性地增加了共识层的设计。共识层主要用来保证区块链中多方数据的一致性，是区块链的核心操作。这一设计突破了原有操作系统的设计理念，将区块链操作中核心的共识机制原生地部署在了内核层的上面。之所以将共识层设计在内核上层，是由于共识机制需要加解密数据，并且与多个节点之间进行网络通信，这都需要内核层中的加解密、高速网络、权限控制以及存证等功能为这一层提供功能上的支撑。具体模块间的依赖关系可以表示如下：符号⇒表示推出、支持，例如 A 支持 B，B 依赖于 A，则表示为 A ⇒ B，如果 A 和 B 共同支持 C，那么 B 在下一行表示。

硬件加速卡⇒高速网络协议⇒高速网络

安全芯片⇒内存管理⇒段页式缓存⇒加解密

GPU ⇒加解密

磁盘管理 / 分布式存储⇒文件系统 / 数据迁移⇒存证

进程管理⇒调度机制⇒权限控制

安全芯片⇒内存管理⇒权限控制

高速网络⇒共识层

加解密⇒共识层

存证⇒共识层

权限控制⇒共识层

根据功能依赖关系可知，将共识层放在内核上层才能保证全局的安全性，同时提高内核模块调用的效率。目前共识层可以支持多项机制，例如PBFT、CBFT和POS等一致性算法，还支持其他类似的共识算法，支持的算法将持续扩充。

在共识层的上方是应用层。这里的应用层为面向区块链操作进行了专门设计，支持区块链操作中的交易、支付、清算和信用等功能。应用层的这些功能映射到监管功能，实际的底层关注的是和身份账户有关的信息和交易信息。监管底层实际的工作状态分为交易前、交易中和交易后。

交易前：系统要进行KYC（Know Your Customers），AML（Anti-Money Laundering），资产检查等操作。

交易中：通过交易前的验证后才能进入交易中的操作。将交易信息写到正确的账户上面，账户和交易信息都存在区块链上加密存储，操作系统将这些信息都标记为交易中。信息可以存储在不同地方，可以有不同的组合机制进行策略扩展。在结算前，允许回滚。

交易后：完成结算后，将账户和交易信息再次写入区块链，操作系统将这些信息都标记为交易后。交易完成，不可更改。

新型的区块链操作系统需要对所有的数据和任务进行分级管理。在Scheduler调度模块中，对系统中的数据和任务采取优先级和实时性结合的分级处理原则。只要是涉及监管的数据和任务，处理的优先级最高。等需要监管的数据和任务处理完了以后，系统才可以继续处理非监管级别的数据。监管数据又分为实时性高的数据（如交易数据）和非实时性数据（如账户数据），处理数据的程序分为监管程序和普通程序。监管程序可以看到全局的数据，而普通程序只能看到非监管数据。

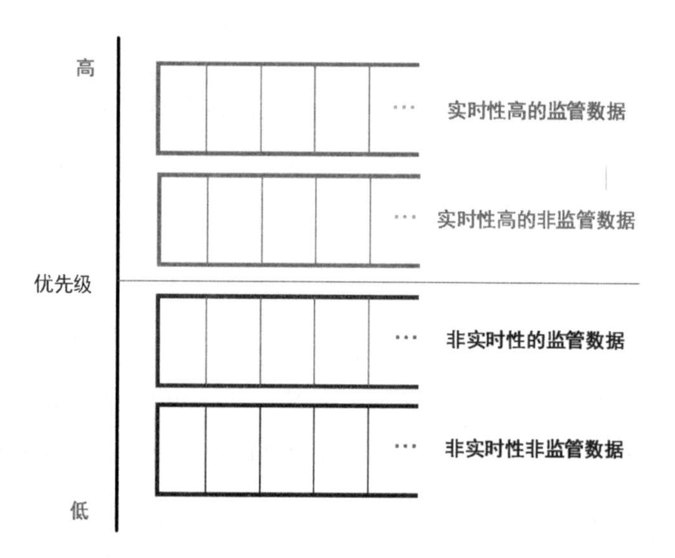

新型区块链系统中数据队列调度示意图

如图所示，新型区块链操作系统对数据和任务进行分级管理的实现思路是采用四级队列方式，第一级是实时性高的监管数据队列，第二级是实时性高的非监管数据队列，第三级是非实时性的监管数据队列，第四级是非实时性非监管数据队列。第一、二级队列存储监管数据。第三、四级队列存储非监管数据。监管程序先检查优先级高的队列，查看是否有待处理任务，如果有就去处理。等高优先级队列的任务都处理完了以后，将队列的权限交给普通程序，普通程序只能对低优先级的非监管数据队列的任务进行处理。

新型的任务调度支持与已有的操作系统调度算法结合，例如 FCFS，SPN，SRT，Round Robin，RSDL，CFS 等。结合传统的操作系统调度，附加对监管信息所做的特殊处理，以达到安全与实时的目的。例如，新型任务调度可以和 CFS 调度算法结合，在处理监管数据时，按照新型的任务调度对数据进行排队，而在每个任务队列内部，再利用传统的CFS调度策略进行处理。

三、管中管的设计原则

传统的操作系统的内存管理只分为内核空间和用户空间，对内核空间和用户空间分别管理，进程要么运行在用户空间，要么运行在内核空间，进程通过系统调用进入内核空间。内核空间又分为物理页面映射区、安全保护区和内核虚拟空间。虚拟内核空间通过查询内核页表，获取实际物理内存地址。物理内存映射区通过计算偏移量获得实际物理地址。传统的内存区域管理只设计了两个区域，没有针对交易信息和账户等区块链数据做专门处理，所有数据都存储在用户空间，查找效率低，且不利于监管，存在隐私泄露、数据篡改等问题。

为了解决这些问题，提出结合硬件安全芯片实现的物理隔离的监管区存储机制，定义了新的针对账号、交易等监管数据的文件属性，并规定了不同文件属性之间的相互关系。通过对监管区内功能软件和监管文件属性的设定，以及隔离存储的机制，大大提高了数据处理的安全性和效率。

从监管的视角出发，可以将数据划分为三类。这三类数据分别是：

① Plaintext，明文的数据；

② Ciphetext，加密的数据；

③ Regulatory data，监管数据，包含加密的数据，也包含明文的数据，但是这类数据只有监管层才可以访问。监管数据是和区块链交易相关的账户信息和交易信息。

数据无论存储在内存中，还是在磁盘中，都可以得到监管。因此我们将数据按照监管的敏感程度分区进行管理。如下表所示，系统的最初始的文件是操作系统的文件，处于内核引导区。与传统存储不同之处，我们将普通存储区又分为了监管区、密文区和明文区。监管区存储所有需要监管的文件，包括账户信息、当前交易信息、历史交易信息、账户相关人的信息等。监管机制还提供配置接口，用于确定哪些信息属于被监管的数据，并存放到监管区域中。密文区用于存放加密后的数据。明文区用于存放公开的数据。其中，监管区中可以存放开放的数据，也可以存放加密的数据。

存储分区

级别	位置	类型
1	明文区	开放数据
2	密文区	加密数据
3	监管区	监管类型
4	内核区	操作系统文件

如下图所示，对内存和硬盘实行分区管理，不留任何安全死角。一切监管数据不论存在哪里都被监管。

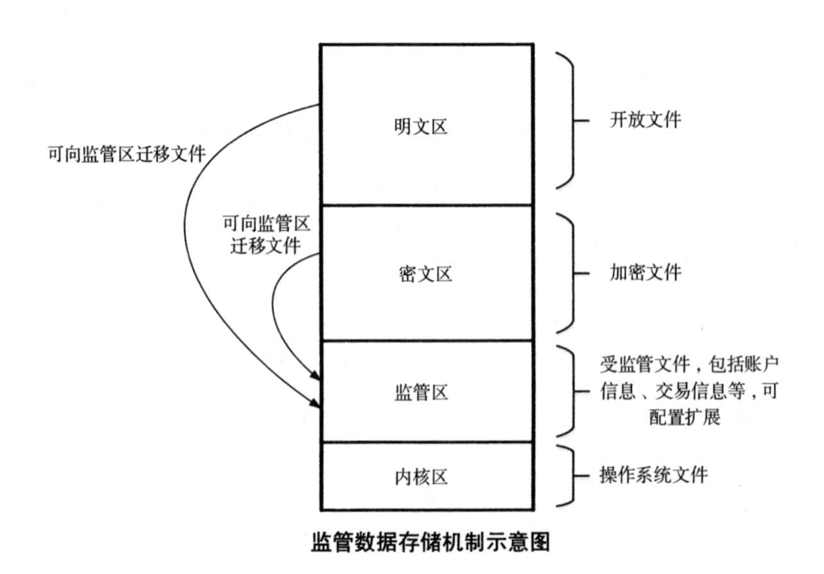

监管数据存储机制示意图

如下图所示，在实现物理隔离的过程中，需要硬件芯片支持以确保安全。在物理内存中划分一块独立的存储空间，监管的数据和监管软件都在这个区域运行，由硬件加密和权限控制来保护这一区域的安全。

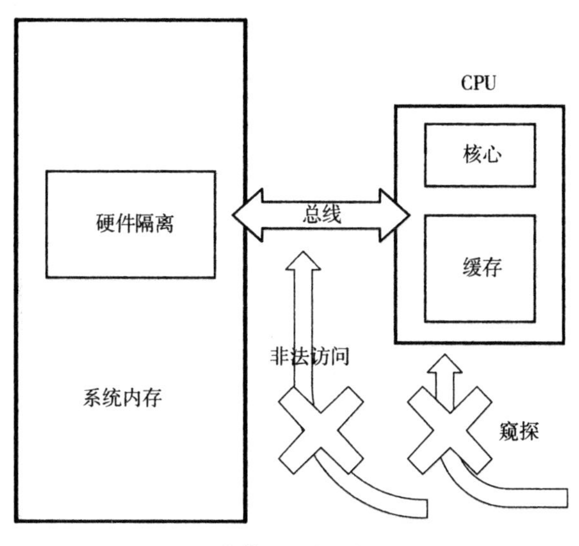

监管区硬件隔离

文件增加监管属性，数据属性定义新关系

首先在文件系统方面，将现有的文件增加监管属性。如果一个文件的内容是与账户信息和交易信息相关的，那么就要在这个文件的属性上增加一个 T（Trade 交易）标签，表示这个文件是一个需要监管的文件。现在操作系统标签有 R（Read，读），W（Write，写），X（eXecute，执行），现新增 T 标签，但是 T 可以还有 TR（监管读 Read），TA（监管追加 Append），TX（监管执行 eXecute）。

TR 和 TA 在金融系统中代表资产信息，在公检法系统中代表证据信息，每一次读和写都必须记录在案。

TX 表示智能合约或是链上代码，可以执行，执行的时候也会接触到被监管的账户或是交易信息。因为TX存的是代码，读和追加必须特别处理（Special只能上传一次）。例如在一些操作系统设计上，智能合约（或是链上代码）只能上传一次。这一设计遵循区块链系统数据可以存但是不能改的原则。如果一定要更新代码，原来的智能合约也不能更改，只能作废，不能再用，可以将旧的智能合约代码放在冷仓库当作记录。

它们的关系如下：

- TR（监管读）和R、W、X不能同时存在，也不能和TX同时存在，如遇到需要特殊处理；
- TA（监管追加）和R、W、X不能同时存在，也不能和TX同时存在，如遇到需要特殊处理；
- TX（监管执行）和R、W、X不能同时存在，遇到TR和TA需要特殊处理。

文件权限相互关系表

	R	W	X	TR	TA	TX
R	–	OK	OK	No	No	No
W	OK	–	OK	No	No	No
X	OK	OK	–	No	No	No
TR	No	No	No	–	OK	S
TA	No	No	No	OK	–	S
TX	No	No	No	S	S	–

文件的监管属性确定以后，需要确定各分区软件和数据之间的关系。监管区的数据永不更改，数据只能追加，不能修改，最终将数据写到和操作系统相关的区块链里面。在明文区、加密区和部分操作系统里面的文件是可以更改的，如果监管区的数据满了，会将数据放到硬盘，数据仍然只能追加。监管区的软件可以修改明文区和加密区的数据，明文区的软件和加密区的软件，不能修改监管区以及操作系统区的数据，如表

所示。

各区域软件与数据权限关系表

	明文区	密文区	监管区	内核区
明文区软件	RWX	–	–	–
密文区软件	RWX	RWX	–	–
监管区软件	RWX	RWX	TR TA TX	–
操作系统软件	RWX	RWX	–	RWX

支持可监管的文件全部被追踪，不会有交易逃脱监管。带有 T 属性的数据，移动到物理隔离的监管区，支持安全的智能合约。

传统操作系统所有数据都是混合存储，数据都在用户区域，监管效率低且不能保证安全。新型区块链监管数据存储机制有专门的监管区，数据有物理隔离，只能被监管软件做自动记录，或送到监管中心做记录。在监管区的数据，做记录，数据智能增加，不能修改，可以回滚。

监管属性自动触发监管操作

数据的产生有两个途径，一个是网络传输产生的数据，还有一个是系统自身产生的数据。对于已经产生的数据，要立刻对其进行检查，并自动触发监管。监管程序采用守护进程的方式，不断检查新产生的数据。

如图所示，监管程序对文件进行检查，并指定文件的最终存储分区。首先，检查文件属性是否带有 T 标识，凡是接触到带有 T 标识的监管数据，例如涉及交易、账号，就立刻发出监管要求，将数据迁移到监管区，从而触发监管。然后，检查文件的标签，如果是加密后的数据，就将数据移动到密文区。对于非监管非加密的数据，监管程序将不做处理，默认保存在明文区。

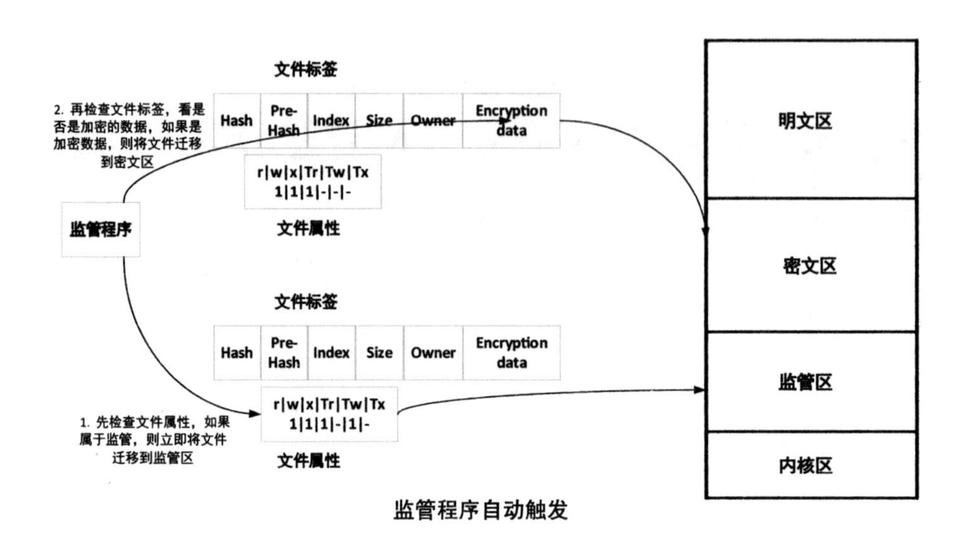

监管程序自动触发

监管区内有监管功能软件，这些软件在部署的时候上传一次，不能更改，只能增加或停止使用。这样的设计避免了因为监管区功能软件的修改可能引发的安全漏洞或恶意行为。

所有的数据，只要接触到了账号和交易信息，就自动地触发监管层操作，这是以往的存储机制所没有的。我们的操作系统专门地针对账户和交易信息的监管和安全性进行设计，保存了和账户有关的自然人的信息、社会关系信息、交易信息以及历史交易记录等，对于保存何种信息提供可配置接口。

容错机制

在监管区内，如果发现文件前面的属性是错误的，直接拒绝处理。如果文件的标签表示需要监管，就将数据迁移到监管区域。如果文件不需要监管，却存储在了监管区域，那么要将文件迁移出监管区域。操作系统区的程序的权限相对较高，文件可能会由于某些异常情况进入监管区，一旦发生操作系统软件对 T 属性的文件进行修改，立刻停止。

与传统监管机制的不同之处

传统的监管主要基于等级保护、权限管理等机制来进行，在现有区块链的应用场景下不太适合。因为传统的应用场景是基于用户的，用户的等级权限在创建用户之初就定义完成，而区块链的用户随时可能增加并上链进行交易的，所以本文设计的监管机制基于数据和操作，分为监管内容和非监管内容。这样设计的好处是，敏感的数据或用户行为都会被监管，而不重要的非监管数据直接过滤掉，不需要耗费计算资源。

新的监管机制所设计的操作系统创新性地提出了监管属性。原有操作系统以及目前研发的云操作系统对文件属性的定义都是 R，W，X（可读，可写，可执行），而新的操作系统突出监管，定义了 T 属性，就是交易属性。具有交易属性的文件其信息内容具有敏感性，监管程序需要对这类文件特殊处理。以往的操作系统都没有针对监管问题做出特殊的设计，可能存在逃避监管行为。新的具有 T 属性定义的操作系统改变了存储以及内存管理方式，使得数字代币等应用可以得到充分的监管。

四、块中块的设计原则

块中块顾名思义是指在新型的区块链操作系统中计算机内存以及计算机存储的数据结构应为区块式结构的嵌套，最小的区块为一次交易，这样方便数据的寻址及定位，加快操作系统的读写速度。

传统操作系统寻址方式

传统的计算机内存管理以及寻址方式如图所示：

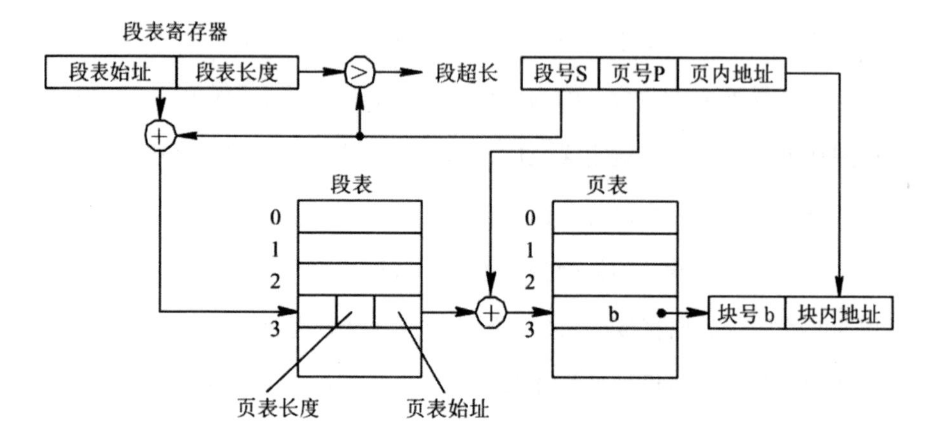

传统计算机内存寻址方式

采用段页式结构，将进程按逻辑模块分段，每段都有自己的段号，再将段分成若干大小固定的页。对内存空间的管理仍然和分页存储管理一样，将其分成若干个和页面大小相同的存储块，最后将进程的各个页分别装入各个内存块中，新型的区块链操作系统要求的数据结构应该是区块形式的，这样的内存数据结构以及寻址方式已经不适用于新型的区块链操作系统。

新型区块链操作系统寻址方式

基于区块链技术的计算机内存的数据结构应为区块式结构，最小的数据应为每个交易数据，这样方便 CPU 以最快的速度找到具体交易，进行数据的读写，具体结构如图所示：

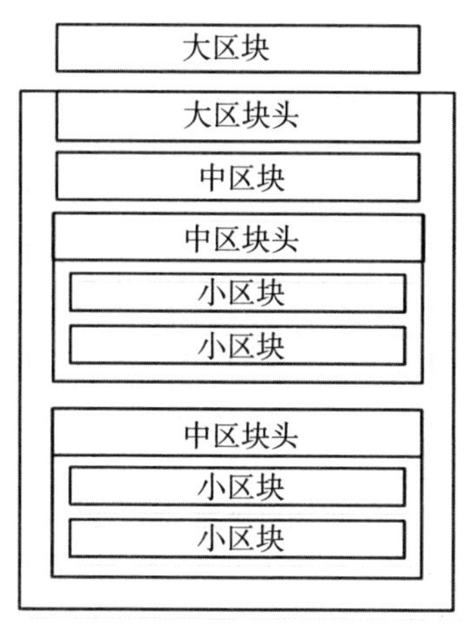

新型操作系统内存数据结构

在计算机内存中包含三种区块：Big Block，Middle Block 以及 Small Block。Big Block、Middle Block 区块的结构如图所示：

HASH	Index	SIZE	User List	Encryption DATA

区块数据结构

Hash，Index，Size 属于区块头数据，Encryption Data 属于具体的数据区域，Big Block 区块各个字段的含义如下：

Hash：表示上一个 Big Block 区块的哈希值，以此在内存中形成连续的链式结构，内存由多个 Big Block 组成。

Index：Big Block 区块的索引值，依据此索引值进行具体的内存寻址。

Size：表示整个 Big Block 区块的大小。

User List：表示对该 Big Block 区块具有访问权限的用户列表，多个用户可以对同一个 Big Block 具有访问权限。

Encryption Data：表示 Big Block 区块的数据区域，该数据区域由多个

Middle Block 构成，并用相应的非对称加密算法进行加密。

Middle Block 区块各个字段的含义如下：

Hash：表示上一个 Middle Block 区块的哈希值，以此在 Big Block 区块中形成连续的链式结构，Big Block 区块由多个 Middle Block 区块组成。

Index：Middle Block 区块的索引值，依据此索引值进行具体的内存寻址。

Size：表示整个 Middle Block 区块的大小。

User List：表示对该 Middle Block 区块具有访问权限的用户列表，多个用户可以对同一个 Middle Block 具有访问权限。

Encryption Data：表示 Middle Block 区块的数据区域，该数据区域由多个 Small Block 构成，并用相应的非对称加密算法进行加密。

在内存中采用这样的三层区块结构更加适应于区块链操作系统，方便交易数据的读写以及寻址，且数据进行层层加密，每个 Small Block 区块都有唯一的拥有者，仅有拥有者拥有私钥可以解密数据，保证每个数据块的安全性。

数据在内存中的寻址方式基于三张表，BB Block Table（Big Big Block Table），Big Block Table，Middle Block Table，具体结构如图所示：

BB Hash	BB Table Index
BB Hash	BB Table Index
BB Hash	BB Table Index
BB Hash	BB Table Index

BB Block Table

MB Hash	MB Table Index
MB Hash	MB Table Index
MB Hash	MB Table Index
MB Hash	MB Table Index

Big Block Table

SB Hash	SB phisical address
SB Hash	SB phisical address
SB Hash	SB phisical address
SB Hash	SB phisical address

Middle Block Table

新型操作系统内存寻址表

BB Block Table（Big Big Block Table）是整个内存的寻址表，用来寻找具体的 Big Block 区块的位置，根据 BB Block Table 中存储的 Index 字段找到具体的 Big Block 区块对应的 Big Block Table 表，在 Big Block Table 表

中根据 Middle Block Table Index 字段找到相应的 Middle Block 区块对应的 Middle Block Table 表，在 Middle Block Table 表中根据 Small Block 的哈希值找到对应的 Small Block 区块的物理位置。

块中块原则在分布式存储中的应用

在分布式系统中，传统的分布式系统的存储结构如图所示：

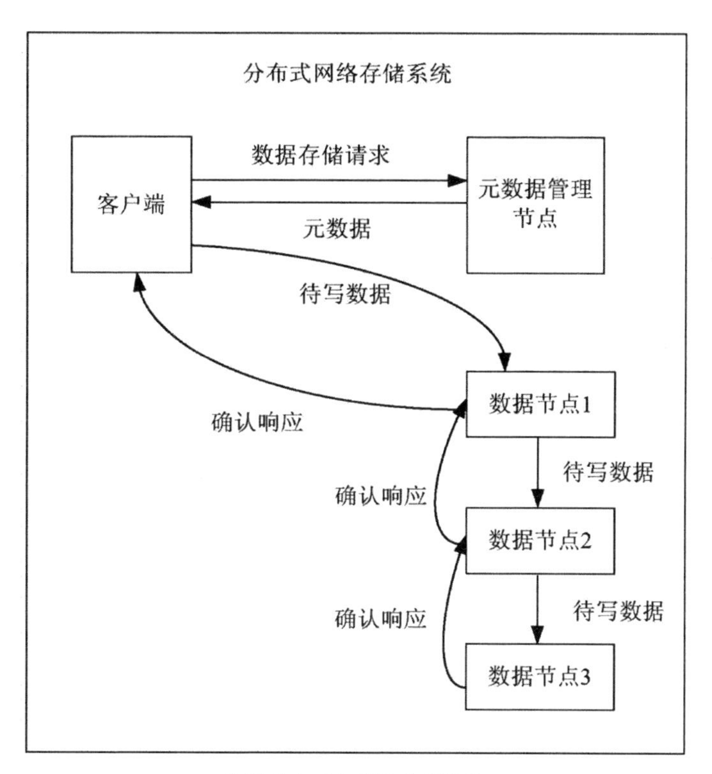

传统分布式存储的存储结构

目前传统的分布式存储需要把元数据单独存储在元数据服务器上，其好处是管理方便，查询快速，但是这是中心化的设计方案，在这样的架构下，一旦元数据服务器遭到攻击或者出现错误，则整个数据存储系统瘫痪。我们设计了一套操作系统的内存数据结构以及寻址方式适用于区块链操作系统的要求，将元数据与数据放在一起，且元数据使用分布式的存储方案，这样的机制更加安全，但是寻址操作将会更复杂，寻址主流算法是一致性哈希算法，我们把寻址算法运行在 GPU 上以解决这种弊端，这种数据结构既适用于内存寻址也适用于分布式存储寻址，基于内容寻址，支持服务器、手机、云等万物互联，使数据更加安全高效，并在数据中加入了加解密，系统结构将有重大变化。

在分布式存储中，数据结构采用相同的区块式结构，将数据的元数据信息与数据放在一起，避免了元数据服务器遭受攻击的情形，采用基于内容的寻址方式，数据结构如图所示：

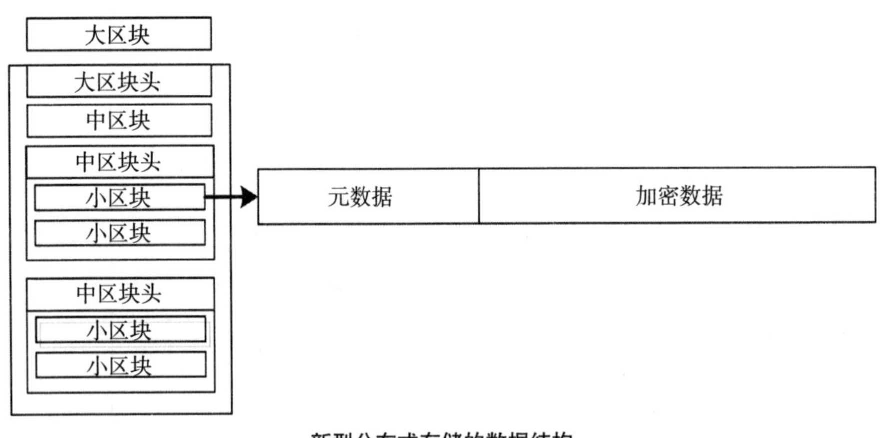

新型分布式存储的数据结构

在分布式存储中，每一个 Small Block 都有多个副本存储在不同机器，所以 Middle Block 表有相应修改，结构如图所示：

SB Hash	Location List
SB Hash	Location List
SB Hash	Location List
SB Hash	Location List
SB Hash	Location List

Middle Block Table

分布式存储寻址表

在Middle Block Table中Small Block的哈希值对应的是相应的机器列表，选择某一机器获得相应Small Block数据，3张表采用分布式存储方式，每个机器存储距离自己最近的区块的信息，并提供附近机器的区块信息，这样可以快速定位到具体的Small Block区块。

具体实现

我们设计了一套操作系统的内存数据结构以及寻址方式适用于区块链操作系统的要求，将元数据与数据放在一起，这种数据结构既适用于内存寻址也适用于分布式存储寻址，基于内容寻址，支持服务器、手机、云等万物互联，使数据更加安全高效，并在数据中加入了加解密，系统结构将有重大变化，下图为数据的组织结构。

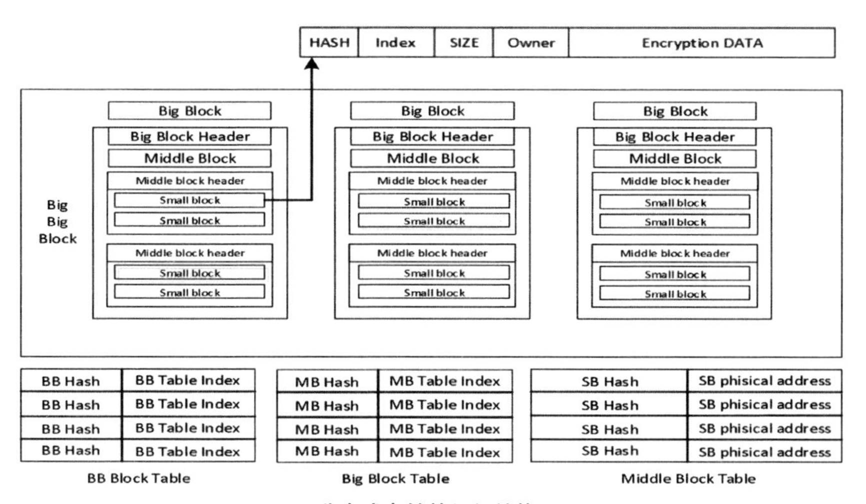

分布式存储的组织结构

数据结构由 Big Block，Middle Block，Small Block 以及 3 个表 BB Block Table（Big Big Block Table），Big Block Table，Middle Block Table 组成。

Big Block 是一个大块，Big Block 由区块头和若干中块组成，Big Block 的区块头包含上一个 Big Block 的哈希值、时间戳、区块大小等参数，若干中块组成了 Big Block 的数据部分，数据部分会用公钥进行加密，只有拥有私钥的人才能进行解密。

Middle Block 即中块，由区块头和若干小区块构成，区块头包含上一个 Middle Block 的哈希值、时间戳、区块大小等参数，若干小区块组成了 Middle Block 的数据部分，数据部分会用公钥进行加密，只有拥有该区块的用户才能进行解密。

Small Block 是最小的数据块，由标签和数据组成，标签字段包含该 Small Block 的哈希值以及拥有者和块大小，分布式操作系统的元数据信息会存储在 Small Block 的标签中，数据字段是真正的数据，数据字段会用公钥进行加密，只有拥有该区块的用户才能进行解密。

BB Block Table（Big Big Block Table）、Big Block Table、Middle Block Table 是 3 张存储位置表，CPU 或 client 要根据 3 张表去找寻具体的区块，寻址方式如图所示：

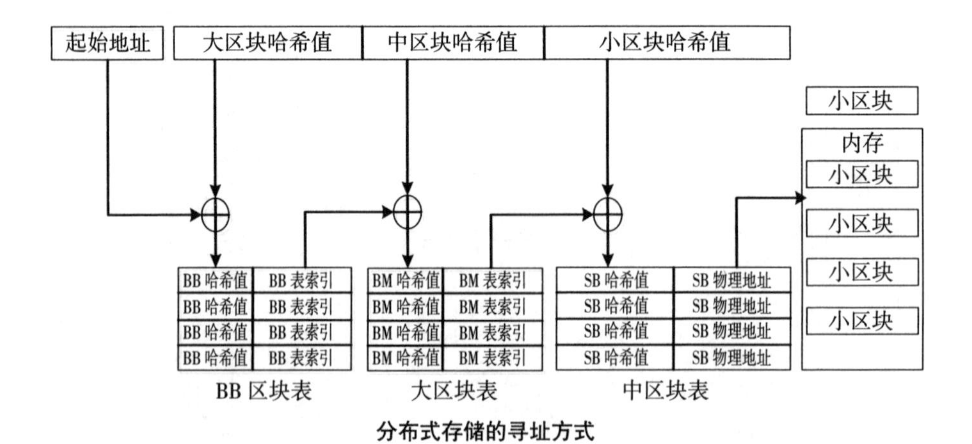

分布式存储的寻址方式

首先根据开始地址和 Big Block Hash 在 BB Block Table（Big Big Block Table）中找到相应的 Big Block 的位置，确定 Big Block 位置后查找相应的 Big Block Table；根据 Middle Block Hash 找到相应的 Middle Block 的位置，确定 Middle Block 位置后查找相应的 Middle Block Table；根据 Small Block Hash 找到相应的 Small Block 的位置，至此，找到了相应的数据块。

采用这样的数据结构以及寻址方式，基于内容的哈希寻址方式，更符合区块链操作系统的特点，寻址更高效，在此基础上，我们采用非对称加密算法对每一层区块进行数据的加解密，只有拥有私钥的用户才能对数据解密，保证数据的安全性。

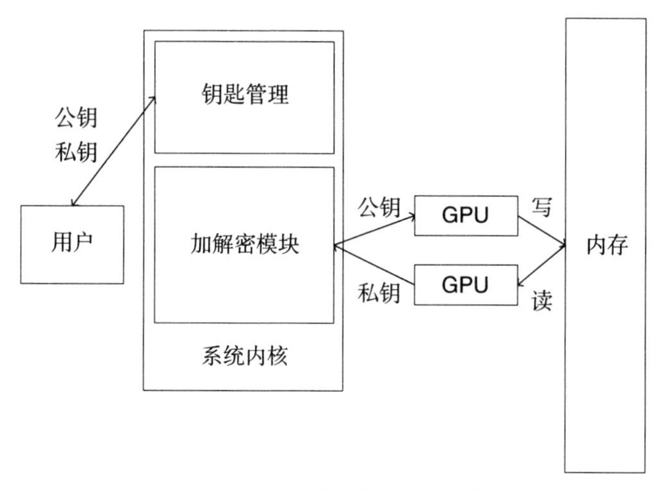

新型寻址方式的计算机组织结构

上图为新型的数据结构以及寻址方式对应的计算机组织架构图，其中不同用户拥有不同的公钥和私钥，由密钥管理模块统一存储管理，加解密都在 GPU 上进行，保证加解密速度，密钥管理模块以及加解密模块都加入操作系统内核中，在内核中程序执行更加快速，用户使用公钥加密，使用私钥解密，保证了数据的安全性。

综上所述，这种新型的数据结构以及寻址方式有如下优点：

①基于内容的哈希寻址，可以把互联网地址、内存、存储、手机、云等所有地址全部统一。

②元数据与数据放在一起，避免处理元数据的系统遭受攻击导致数据流泄露。

③数据可以加解密，每一个 block 都有自己的加解密。

五、片分片的设计原则

片分片原则指的是分布式存储的安全存储策略，先打乱数据块的结构，然而进行分片重组，再进行数据存储，并加入非对称加密算法对数据进行加解密，保障数据的安全性。

传统分布式系统存储策略

在分布式系统中，传统的分布式系统如 HDFS 的存储策略如图所示：

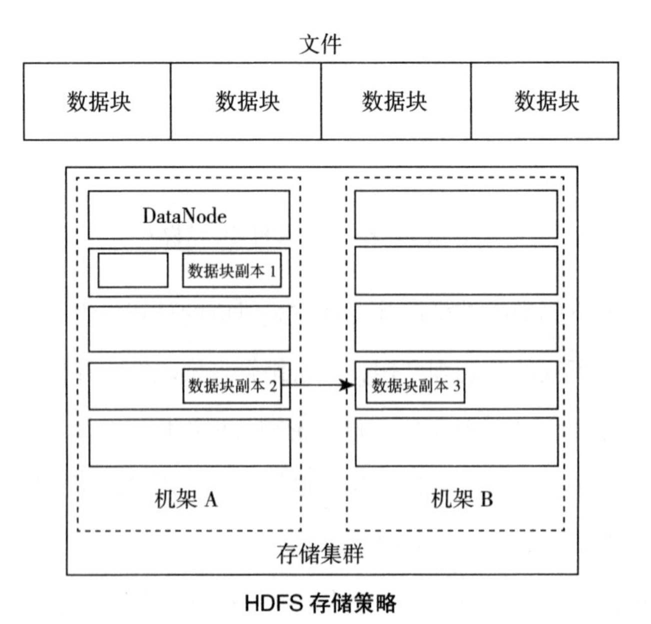

HDFS 存储策略

HDFS 把数据分成若干个 128MB 大小的块进行存储，典型的情况每块数据将有 3 个副本，第 1 个副本存储在本机，第 2 个副本存储在相同机架的随机机器上，第 3 块副本存储在相邻机架的机器上，传统的分布式存储策略有如下缺点：

① 数据块内容具有连续性，如果要存储的文件小于 128MB，则一个数据块副本就是一个完整的文件，如果文件大于 128MB，那一个数据副本也是文件中一块连续的数据块，如果没有权限的用户想窃取数据，只需遍历该数据存放的机架上的所有存储即可获得全部数据或部分连续数据。

② 数据安全性没有保证，传统的分布式系统的数据没有对数据进行加解密。

区块链分布式系统存储策略

分片重组策略如图所示：

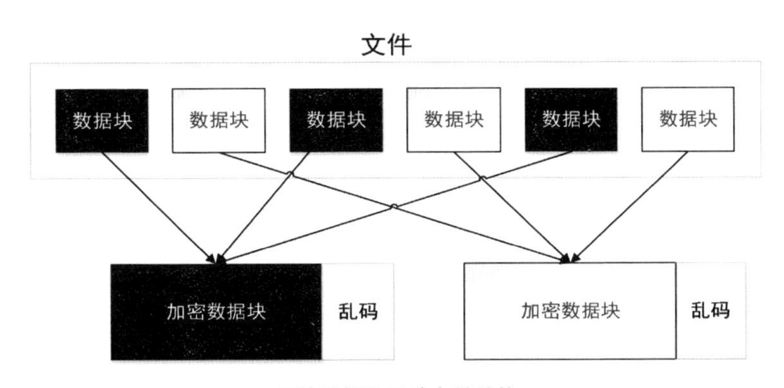

区块链操作系统存储结构

首先将数据分成数据块，具体数据块大小可动态变换，用以保证小文件的分片存储，数据分成数据块后，用户依据 k 值进行数据的重组，具体过程如下：

① 数据文件被分成 n 块数据，则数据将被重组成 n/k 块加密数据块。

② 将第 1 块数据块经过公钥加密后放入第 1 块加密数据块中的第 1 部分，将第 $1+n/k$ 块数据块经过公钥加密后放入第 1 块加密数据块的第 2 部分，将 $1+m\times n/k$ 块数据块经过公钥加密后放入第 1 块数据块的第 m 部分（$m<k$）。

③ 重复以上过程，直到组成第 n/k 个加密数据块。

④ 若 n%k！=0，对于剩余数据，按顺序组成第（n/k）+1 块加密数据块。

⑤ 在每一块加密数据块后加入乱码数据块，进一步保证数据的安全性。

若 $n=6,k=3$，数据经过分片重组，加解密，以及加入乱码后重组成为两块加密数据块。

n 值由文件数据大小以及当前存储情况动态确定，k 值由拥有该数据的用户数确定，并经过公钥加密后存储在账户链中。

要实现这一安全存储策略，中心节点管理元数据的分布式存储系统的元数据结构必须有重大改变才能适应这样的安全策略，如图所示：

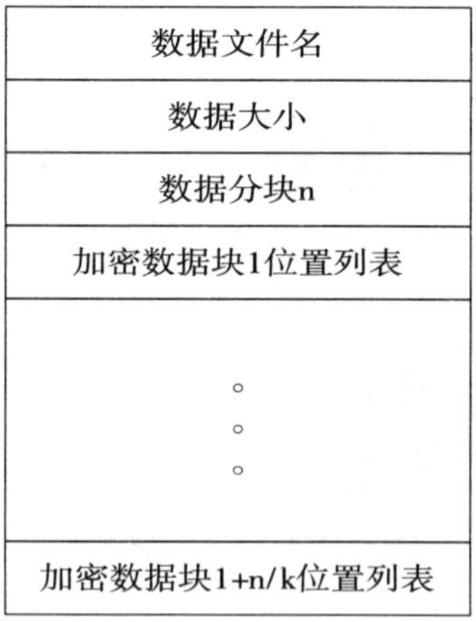

数据文件名
数据大小
数据分块n
加密数据块1位置列表
。 。 。
加密数据块1+n/k位置列表

中心节点管理元数据的分布式存储系统的元数据结构

元数据结构：

数据文件名：数据文件的文件名，用户依据文件名索引文件。

数据大小：数据文件的存储大小。

数据分块 n：数据文件分块块数，由数据文件大小以及文件系统存储情况动态决定。

加密数据块位置列表：数据文件经过分片重组加密后的加密数据块的位置列表。

在元数据与数据共同存储的分布式存储系统中，通过基于内容的哈希寻址，数据结构也需要做相应改变。下图为元数据与数据共同存储的分布式存储系统数据结构：

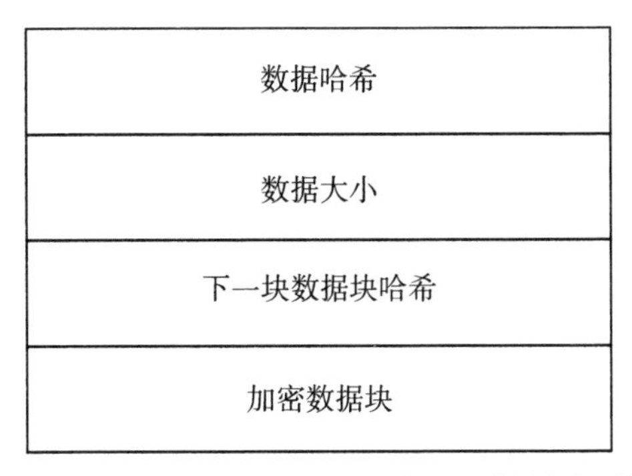

元数据与数据共同存储的分布式存储系统的数据结构

首先将区块链技术的非对称加密算法加入了分布式存储系统中，不同的用户可以使用公钥进行加密，私钥只有拥有数据的用户拥有，拥有私钥的用户可以对数据进行解密，其他用户则无法解密，提高了数据的安全性，将数据顺序打乱后进行分片重组之后存储，即便有用户窃取了数据块以及私钥，但由于不知道 k 值，也无法获取正确的数据，数据安全性有了进一步的保证。

具体实现

在传统的分布式存储架构中需要增加一台服务器进行数据的加解密以及分片重组工作，存储架构如图所示：

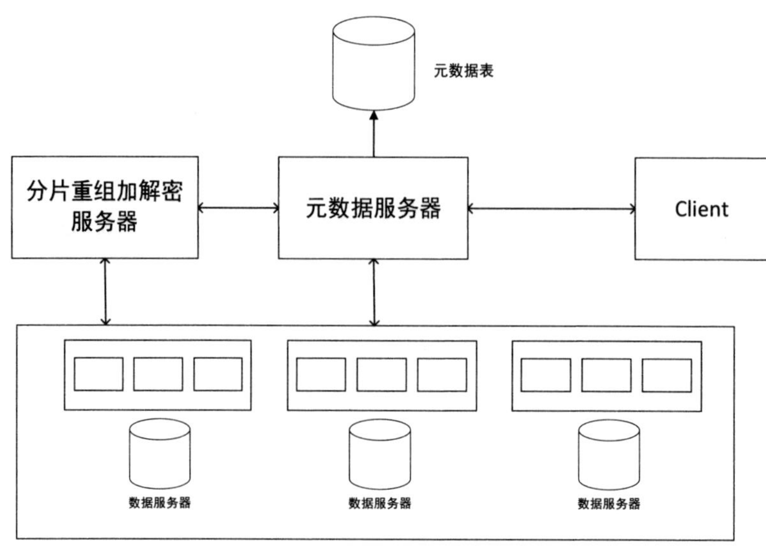

新型分布式存储架构

元数据服务器主要负责存储数据的元数据信息，分片重组加解密服务器主要负责进行数据的分片重组以及加解密工作，数据服务器负责存储经过加密后的数据块。

写数据：

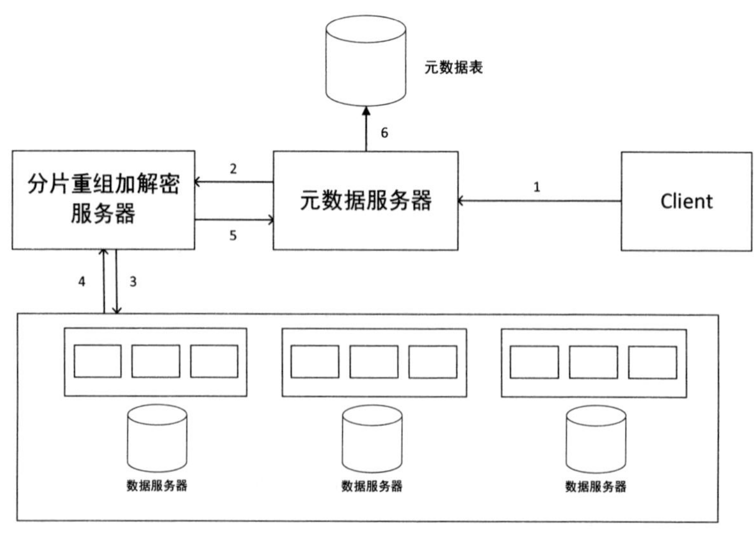

新型分布式存储写数据流程

① 客户端向元数据服务器提出数据写入请求。

② 元数据服务器根据数据文件大小以及当前存储情况确定数据文件分块块数 n，将 n 和 k（由客户端用户提交）以及文件信息传输给分片重组加解密服务器。

③ 分片重组加解密服务器根据 n 和 k 以及数据文件信息将数据文件进行分片并重组成数据块，根据用户的公钥加密，并加入乱码后存入数据服务器。

④ 数据服务器返回数据写入操作完成的信息。

⑤ 分片重组加解密服务器将各个数据块的数据存储情况反馈给元数据服务器。

⑥ 元数据服务器创建该数据文件的元数据表并存储该表。

读数据：

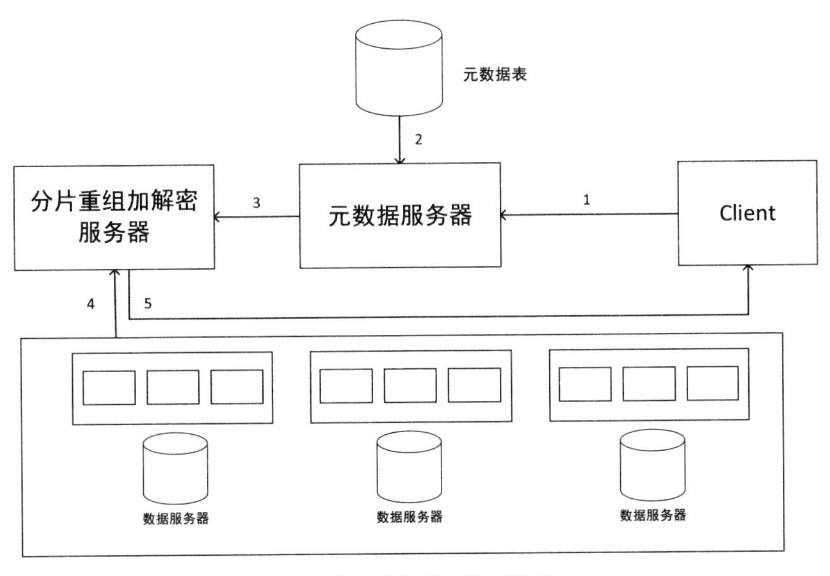

新型分布式存储读数据流程

① 客户端向元数据服务器提出读文件请求。

② 元数据服务器查询元数据表获得数据文件的分片信息。

③ 元数据服务器将数据文件的分片信息传输给分片重组加解密服务器。

④ 分片重组加解密服务器根据文件的分片信息获得数据文件块进行解密后重构成原始数据文件。

⑤ 分片重组加解密服务器将原始数据文件反馈给客户端。

片分片的安全存储策略同样适用于元数据与数据共同存储的分布式存储系统，存储架构如图所示：

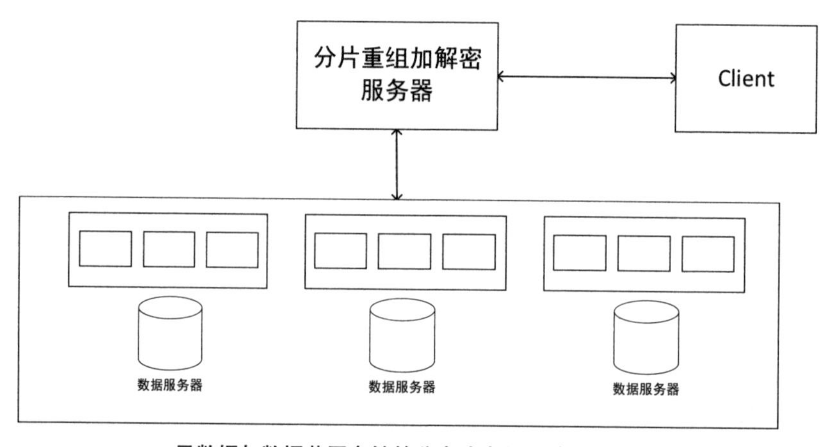

元数据与数据共同存储的分布式存储系统存储架构

用户提交请求后，分片重组加解密服务器在处理好数据后使用一致性哈希算法进行数据的存储工作。

六、区块链数据库

传统的数据库通常是主从式架构（Client - Server）。在这种架构中，用户客户端（Client）在获得许可后，可以随时对存储在中央服务器（Server）中的词条或信息进行更改。通过更新“主副本”（Master Copy），无论用户在何时使用电脑，他们看到的都将是最新的数据库词条。中央管理员拥有数据库的控制权，由他赋予用户访问数据库的权限。

但是一个区块链数据库的构建原理却不完全与前者相同。在一个区块链数据库中，每一个参与者都能够对数据库中的词条进行维护、计算与更新。所有的节点共同运作，确保他们最后能够得出一致的结果，以保证网络的内置安全。两种数据库的构架差异决定了区块链非常适合作为某些功能的记录系统，而集中式数据库在其他方面，如网页浏览，能够得到很好的应用。

目前微软以及IBM都推出了自己的区块链数据库，目前对该领域的研究才刚刚开始，未来还会有很大变化。下面先介绍一下微软以及IBM推出的区块链数据库，然后提出我们区块链数据湖（Blockchain Data Lake，BDL）设计。

1. 微软 BlockchainDB

BlockchainDB是微软提出的区块链数据库，是由达姆斯塔特工业大学（德国）与微软研究院合作的一个区块链数据库项目。论文名为“BlockchainDB-A Shared Database on Blockchains”，发表在了2019年的VLDB（数据库领域的峰会）。

BlockchainDB的主要思想是不在链上的所有节点进行一致性，而是交易相关的用户进行一致性。这样就提高了效率。采用一种分片的方式进行文件共享。

（1）应用案例描述

典型的供应链场景如下页图所示，WholeFoods是消费者，Lindt是提

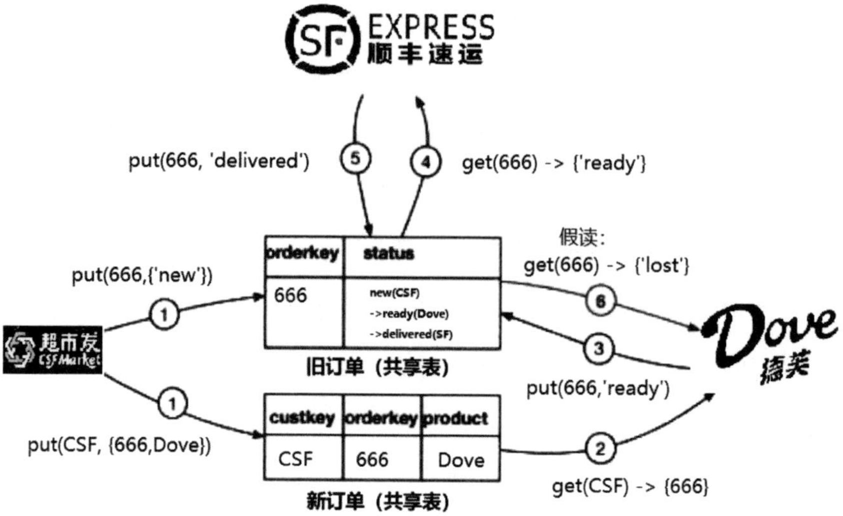

供应链案例

供商，FedEx 是物流。在这个场景中，WholeFoods 先发一个新的订单，向两个表分别插入一条数据，如①。然后 Lindt 开始处理新的订单，如②。为了更新订单状态，Lindt 将状态由 new 改为 ready，如③。一旦订单准备完成，Fedex 就开始运输操作，如④。当订单运到了客户手上后，Fedex 更新订单状态为 delivered，如⑤。但是 WholeFoods 可以造假，将伪造的订单状态发给 Lindt，如⑥。

这种场景的共享，若其中一方托管共享数据库，就会造成这种情况发生。WholeFoods 甚至可以在收到货物后删除订单，销毁证据。

正如前文提到的，区块链数据库的提出，是为了解决区块链在应用中的效率问题。由于共识机制的需要，当链上参与用户增多以后会导致交易效率降低，例如公链每秒支持的交易只有几十到几百笔。此外，现有区块链的应用需要专门的客户端，便捷性还有待提升。为了解决这些问题，在 BlockchainDB 项目中提出了两层结构的解决方案，即在原有的区块链层的基础上，再增加一个数据库层。

区块链层作为底层系统，继续保持防篡改、可追溯、分布式的特点。在区块链层之上，又增加了一个数据库层。数据库层又分为两个部分，一个部分是分片机制与部分复制，还有一个部分是查询接口与一致性保证。

（2）系统架构

Block ChainDB 的主要思想是，它在现有区块链之上实现了一个数据库层。数据库层为客户端提供了一个简单易用的抽象（称为共享表），具有 PUT/GET 接口，并将所有数据存储在其存储层中，这些数据依赖于前面讨论过的块链。下图显示了 BlockchainDB 在四个不同的 BlockchainDB 对等点上的可能部署。

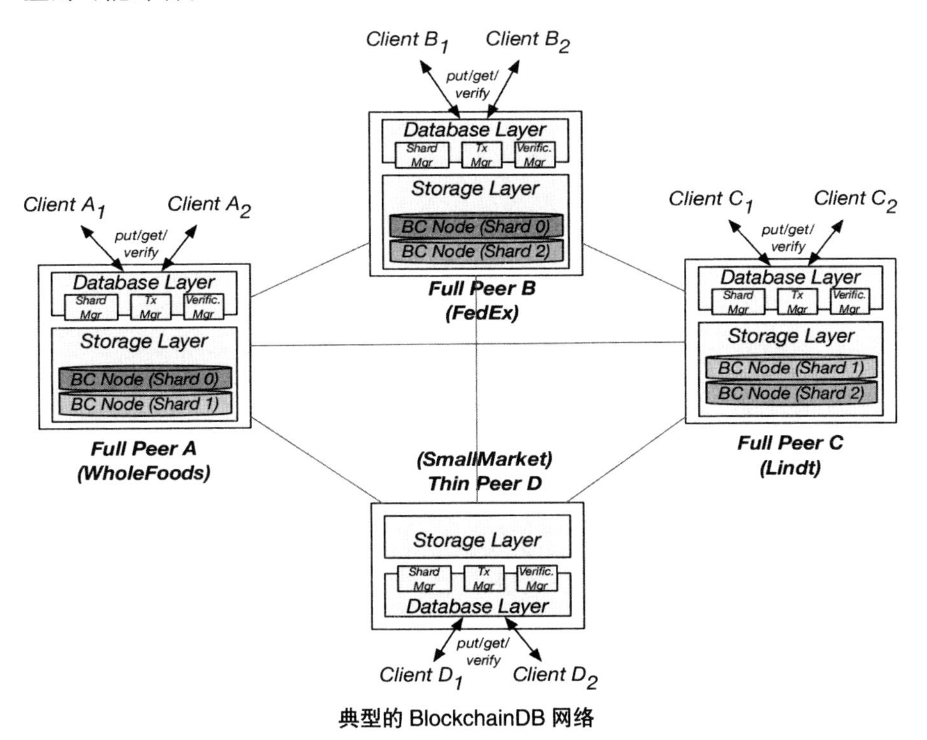

典型的 BlockchainDB 网络

其中 WholeFoods、FedEx、Lindt、SmallMarket 为 4 个不受信任的对等方，节点 A 和节点 C 共享一部分数据 BC Node（shard1），BC Node（shard1）中的共识仅有节点 A 和 C 参与，节点 B 和节点 D 不参与一致性，从而降低了一致性的开销。

BlockchainDB 的关键思想是，副本不是复制所有的 peers，以降低一致性的开销。替代方案是，shared table 是分片的。每个分片为一个单独的区块链网络。此外，碎片只复制到有限数量的对等点，而不是将数据复制到所有对等点。如上面提到的场景，两个共享表都可以使用 OrderKey 作为分区键进行分区，并且只能复制到对等的一个子集，也就是参与方，不参与的就不复制了。

（3）BlockchainDB 区块链数据库效果

通过在区块链层的基础上增加数据库层的设计，两个子系统能够独立承担一部分功能，又在原来的基础上组合在一起，大大提升了区块链交易的效率，提高了吞吐量，又为客户提供了友好易用的操作接口。实验效果如图所示。

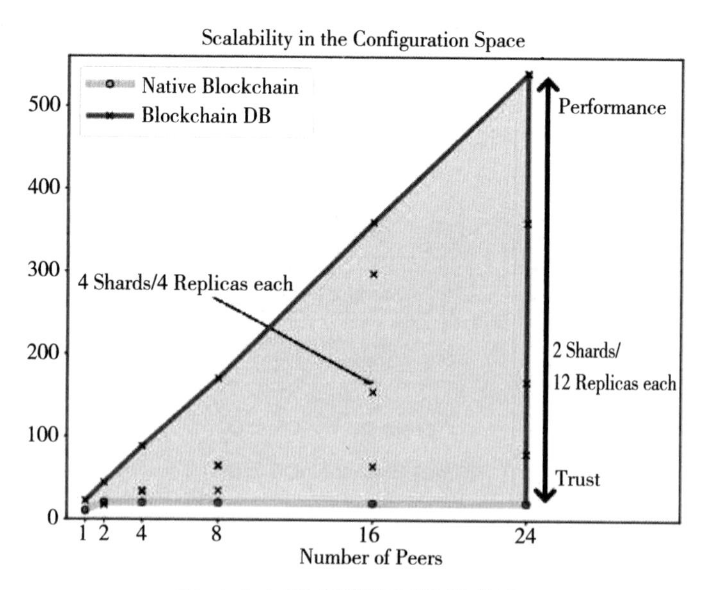

BlockchainDB 系统吞吐率对比效果

2. IBM 区块链数据库

IBM 的策略就是在现有数据库中加入区块链特性，这样传统数据库可以仿真区块链系统。由于数据库已经有 50 年的发展，现在已经有许多高速可靠的数据库系统。在一些情形下，使用这样的仿真区块链系统可以完成部分区块链系统的功能（例如在一链上部分节点使用这种仿真链，而这些节点主要目的是查询，而其他节点没有改变机制）。下表是区块链系统和关系数据库的比较，包括区块链属性与关系数据库中类似功能的比较。

区块链属性与关系数据库功能对比

区块链属性	关系数据库功能	需要加强
智能合约	查询程序	确定性执行
真实性，不可否认性	用组和角色进行用户管理	基于密码的事务认证
访问控制	基于角色和内容的访问策略	无
不可变的交易日志	交易日志	数字签名交易
不可信节点之间一致的复制分类账本	主从和主主复制，信任事务排序和更新日志	分散的信任和交易排序由共识决定
可序列化隔离级别	严格两阶段锁定，开放式并发控制	订单必须尊重通过协商一致获得的块排序
异步事务和通知	列表和通知命令	无
出处查询	维护数据的所有版本	启用历史记录查询

智能合约和交易：区块链使用智能合约来控制流程，而数据库可以使用查询程序来控制流程，虽然实际上这两个机制差距很大。

用户真实性和不可否认性：区块链采用公私钥和数字签名来管理用户并确保真实性，并且数据存在区块链上不能更改，这样保证真实性和不可否认性。关系数据库具有完善的用户管理功能，包括对用户、角色、组和各种用户身份验证选项的支持。但是，提交的和记录的事务没有使用数字签名，可以否认。

机密性和访问控制：在联盟链上智能合约、交易和数据只能由授权用户访问。而且只有特定用户才能访问调用函数和修改数据。一些关系数据库提供了基于内容的访问控制、数据加密和隔离等功能，可以实现高级机密性功能，在这种机密性功能中，只有一部分节点可以访问特定数据元素或智能合约。

交易和账本状态的不可变性：区块链账本只能增加而不能更改。数据库记录了所有提交的事务、已执行的查询和用户信息，但是由于没有数字签名，因此无法检测到对日志的更改。

不信任节点之间一致的复制账本：区块链中所有无故障的节点应该都有同一账本。所有对等方以与共识一致的相同顺序提交交易，从而确保了这一点。数据库支持使用主从（master-slave）和主主（master-master）协议。在这些协议中，主节点是受信任的，负责执行事务并将最终更新传播到其他主节点和从节点。

可序列化隔离：区块链事务机制不同于共识机制，而是在共识机制上再加上事务机制来保证可序列化隔离，这样脏读、不可重复读、幻像读和序列化异常不会发生。数据库在这方面的工作至少有30年的历史而且科技成熟。但是区块链事务机制由于：①必须先有分布式共识机制（这不是事务机制），②块交易而不是单独交易机制，因而这方面的工作还会继续。

异步事务：由于事务处理和共识可能会涉及不小的延迟，因此客户端异步提交事务，然后利用通知机制来了解其事务是否已成功提交。数据库为通知通道和应用程序可以利用的触发器提供支持。

出处查询：区块链中可审核的仅追加交易日志可以用作出处存储，用于包括供应链跟踪和财务合规性在内的几种用例，这方面的工作还在进行中。数据库由于数据可以更改，查询出来的数据只能当作参考。

可以看出传统的关系型数据库和区块链有不同的属性，传统的关系型数据库对于智能合约、数据的不可篡改性等方面都难以处理。基于这样的考虑，IBM 开发了一版新的区块链数据库。

IBM 区块链数据库的主要思想是执行事务与排序共同进行以提高区块链的吞吐量，其中排序的关键操作是原子广播（atomic broadcast）。原子广播是一个分布式机制，该机制保证各节点收到相同次序的消息并处理或者进行没有副作用的中止操作。即，保证消息在分布式系统中的原子性，原子广播协议相关性质包括：

有效性：正常节点发出的消息，会被其他所有节点接收到。

一致性：一个正常的节点收到消息，则其他正常节点最终也会收到该消息。

完整性：一个消息对于每个节点来说，最多接收到一次。

顺序性：各节点收到的消息顺序和消息发出的顺序是一致的。

由原子广播的性质以及定义可知，原子广播和共识是同一问题的两个实例，所以 IBM 区块链数据库的排序即是一种共识机制，其核心思想是执行事务与共识共同执行，但是这需要一个中心化的控制器，以提供排序（共识）服务以及检查服务。以下是 IBM 区块链数据库的介绍。

讨论问题

原来超级账本就是使用原子广播的共识机制。这样的机制效率高，但不安全。

IBM 区块链数据库设计和实现了具有区块链属性的分布式（或是分权式）复制关系数据库（Decentralized replicated relational database），考虑一个区块链模型，每一个节点都操作自己的数据库实例，它们是相互复制的。副本独立执行事务，并参与分布式共识（Decentralized consensus），以确定事务（交易）的提交顺序。在事先不知道提交顺序的情况下执行事务，而排序是并行进行的。

IBM 提出区块链数据库具有现有区块链平台提供的功能，并可以支持复杂数据类型（Complex data types）、约束（Constraints）、触发器（Triggers）、复杂查询（Complex queries）和出处查询（Provenance queries），其本质是利用数据库技术优化区块链的运行速度。

IBM 区块链数据库让节点独立执行事务并以相同的可序列化顺序异步完成功能。为了实现这一目标，他们做出了两个关键的设计：

修改数据库，分离事务执行操作和排序操作。通过共识来对事务块整体进行排序，而不是对单独事务进行排序。

在每个节点上独立地事务，然后顺序验证并在一个区块中提交每个事务。

（1）IBM 区块链数据库关键部件

客户端：每个组织都有一个管理员负责将客户端用户登录到网络上。管理员和每个客户端都有一个数字证书，注册在系统中的所有数据库对应方，他们使用该证书对网络上的事务进行数字签名和提交。

数据库对等节点：组织可以在网络中运行一个或多个数据库节点。发送和接收事务和块的所有通信都是通过 TLS（Transport Layer Protocol）等安全通信协议进行的。每个节点还具有加密标识（即公钥），所有通信都是通过加密方式签名和身份验证的。每个数据库节点作为数据库文件维护自己的分类账副本，独立执行智能合约作为存储过程，并验证和提交由订购服务形成的事务块。

排序服务：排序与共识算法是同一问题的两种实例，我们将系统中的排序服务与数据库实现相结合。排序服务由协商一致或排序服务器节点组成，每个节点由不同的组织拥有。每个排序服务器节点，类似于数据库节点，都有自己的数字证书或身份。协商一致的输出产生一个事务块，然后原子地广播到所有数据库节点。块由（A）序列号、（B）一组事务、（C）与协商一致协议相关联的元数据、（D）前一个块的散列、（E）当前块的散列，即散列（a、b、c、d）、（F）由排序器节点在当前块的散列上的数字签名组成。

（2）排序（共识）方法

采用排序和执行并行执行的方法，如下图所示：

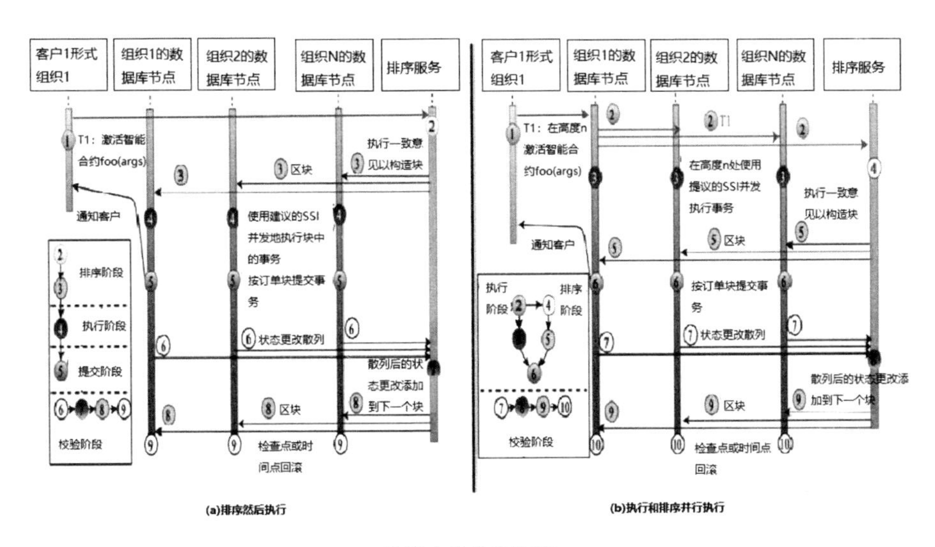

排序方法的流程图

客户端在执行顺序并行方法中提交的事务包括：（a）客户端的用户名；（b）具有过程和参数名称的 PL/SQL 过程执行命令；（c）块号；（d）使用客户端私钥计算为哈希（a、b、c）和（e）哈希（a、b、c、d）上的数字签名。事务流程包括四个阶段：执行、排序、提交和检查。提交的事务由数据库节点执行，并由排序节点并行排序，并放置在块中。随后是提交和检查阶段。

执行阶段：客户端将事务直接提交到数据库节点之一。当节点接收到事务时，它会分配一个线程来认证、转发和执行事务。成功进行身份验证后（与先执行订单后执行方法相同），该交易将转发给其他交易数据库节点和后台排序服务。

排序阶段：数据库节点将事务提交到排序服务。在周期性超时（例如每 1 秒钟）上，排序服务节点之间会启动共识协议以构建交易块。构造一个块后，排序服务通过原子广播将其传递到网络中的所有节点，对应上图中的步骤 4 和步骤 5。

提交阶段：为了确保所有节点上的提交顺序相同，事务提交的顺序就是事务在块中出现的顺序。仅当所有有效事务都已执行并且准备好提交或中止时，该节点才一次顺序地通知一个线程以进一步进行处理。每个事务都将在提交过程中应用中止来确定是否提交，然后下一个事务才进入提交阶段。提交阶段主要用于处理事务冲突，当有两个事务在不同节点执行后提交并发现有冲突，将依据时间戳对排在后面的事务进行反向处理，并通知所有节点。

检查阶段：处理完一个块中的所有事务后，每个节点将计算事务集的哈希，即该块对数据库所做的所有更改的并集，并将其提交给排序服务以作为执行和提交的证明。当节点接收到后续块时，它将接收其他节点计算的事务集的哈希值。所有非故障节点计算出的哈希值都将相同，然后该节点将继续记录一个检查点。

（3）IBM 区块链数据库效果

采用执行事务与排序并行执行的架构的区块链数据库的吞吐量，其值可达到 800—1000 次 / 秒，采用先排序再执行的架构的区块链数据库的吞吐量，其值为 200—400 次 / 秒，IBM 区块链数据库的吞吐量提高了接近两倍。

（4）IBM 区块链数据库讨论

IBM 数据库的主要思想是利用数据库技术去提高区块链的交易性能，在数据的基础上利用数据库的技术开发了一个区块链系统，其吞吐量得到了提升，但是将排序服务放在了中心化的服务器上来进行交易顺序的排序。一旦中心服务器被黑客控制，则该数据库就被外力控制了。

3. 库中库——区块链数据库原则

微软的 BlockchainDB 系统采用部分共识（仅参与交易的节点进行共识），目的在于提高效率，但同时也降低了安全性。IBM 区块链数据库实际上是中心化的设计，将排序服务放在了中心化的服务器进行交易顺序的排序。

库中库的原则是，使用大数据来做监管分析，而存数据在区块链上，不改变区块链结构。

区块链的数据采用增量存储的模式，以区块数据和交易数据为主。目前的区块链块数据或交易数据的查询，主要使用遍历查询、基于哈希的查询和基于块高度的查询等方式。这种设计方式下，应用程序会存储上链数据对应的链上哈希，基于应用数据提供的哈希值进行查询。区块链的数据查询方式较为单一，对大数据分析不友好，无法将区块链应用于更多复杂业务场景，尤其是跨链数据融合的业务场景，比如区块链监管等。随着区块链技术的发展，区块链的应用场景不断丰富，对区块链数据融合、数据协同的要求越来越高。例如：某个用户在银行 A 有大量资金，与此用户有关联的其他多个用户在银行 B、银行 C、银行 D 等其他银行有大量非正常资金流动，判断此用户是否涉嫌洗钱等非法活动，就需要通过跨行监管将多个银行之间的数据融合和协同，从而解决资金监管难题的问题。

我们提出一种基于区块链的 BDL 系统，使原本互相隔离的区块链实现了区块链数据互联互通，并可支持复杂查询、数据挖掘、数据分析功能，提升了数据利用效率。

简而言之，库中库原则指的是处理以及存储各个区块链数据库之间的跨链数据的数据库，由于 BDL 存有参与区块链内的数据，而且这些区块链系统也存有 BDL 的数据，双方互相持有对方数据，所以称为库中库。基本思路像爱情原则："你中有我我中有你。"其结构如图所示：

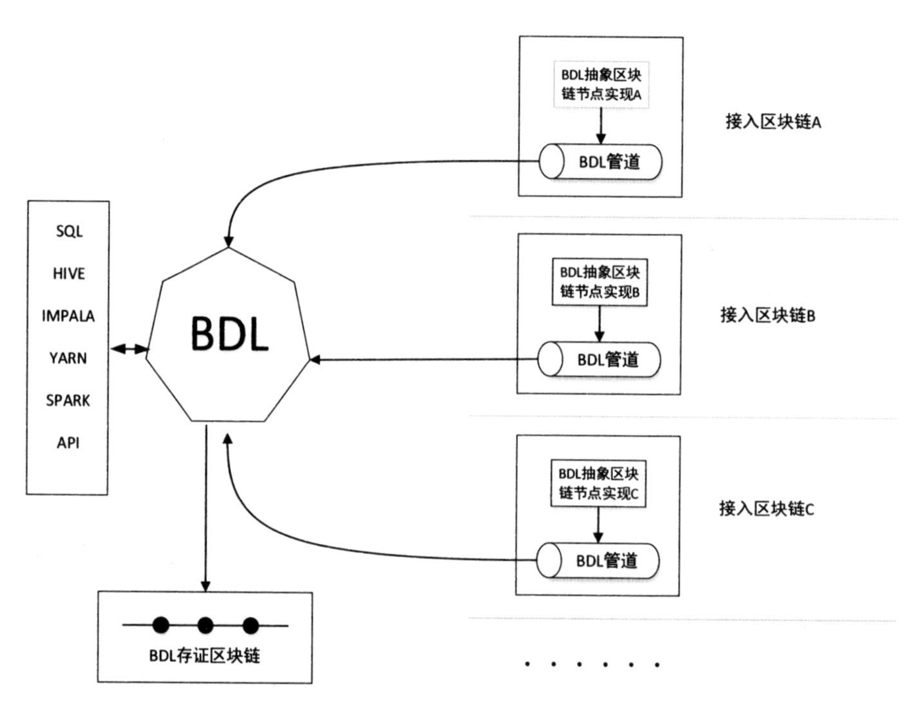

库中库架构图

如图所示，BDL 与其他抽象节点的区块链数据可以互相持有，BDL 负责利用大数据平台处理从各个区块链汇集而来的数据，同样可以将处理结果存入 BDL 存证区块链以及其他抽象节点，BDL 系统架构，还可以打通各种同构或异构区块链，实现区块链数据相互融合和协同。BDL 的架构包含以下部分。

（1）区块链节点：各种区块链系统通过节点采集并与区块链数据湖BDL（Blockchain Data Lake）交换数据，节点可以是实际节点，也可以是只负责和BDL联络的代理的代理节点，该节点包含以下模块：

a 区块链新增数据采集模块：定时获取新增块的数据；

b 区块链新增数据发送模块：定时将数据发送到区块链数据管道；

c 从BDL来的数据上链模块：当BDL系统送来信息，注册在区块链上，这样区块链和BDL互相持守对方的数据。

（2）BDL区块链数据管道：区块链与BDL之间的连接，包括区块链和BDL的数据发送与接收、区块链数据转化与处理，数据管道包含以下模块：

（2a）区块链节点与BDL链路连接模块：建立区块链与BDL通信通道；

（2b）区块链数据接收和发送模块：接收区块链节点和BDL发来的数据；

（2c）区块链数据转化处理模块：对区块链节点发来的数据进行格式化处理和加密处理；

（2d）区块链数据安全传输模块：将格式化和加密后的数据传输到BDL；

（3）BDL包含以下模块或组件：

（3a）区块链数据库：支持海量区块链数据的存储与快速检索；

（3b）数据分析组件：支持多种数据分析工具，包括但不限于SQL，hive，impala，spark等；

（3c）数据安全与接入组件：负责区块链接入授权以及数据湖访问控制；

（3d）BDL链：用于将BDL关键数据上链并提供BDL自身数据校验功能；

（3e）BDL数据发送组件：负责将相关BDL数据送回相关区块链，使

BDL- 区块链维持同样对方数据。由于一个 BDL 可以对应多个区块链，相关权限管理非常重要。

其中，（1）中区块链系统可包含同构区块链，也可包含异构区块链。送来的信息，不只是原始数据，而包括区块链上的地址和哈希，这样 BDL 可以做简易验证。如果这简易验证都不能通过，该流程就自动停止。而这些信息也会存在 BDL 上。

（3a）中区块链存储数据库采用分布式存储技术，扩展性强，易于维护，支持容灾和自动备份。在具体实施例中，可支持 SQL、YARN、MapReduce、key、filter 等多种数据检索方式。区块链存储数据库的数据表可随业务需求自适应，自动调整字段。上述（3c）中区块链接入授权功能，为每条区块链注册一个可以接入 BDL 的合法身份，未获得授权的区块链无法接入 BDL。每条链的抽象区块链节点地址需要事先在 BDL 声明登记，未经过登记的节点，即使获得授权也无法接入 BDL。（3d）中 BDL 链用于保证 BDL 自身关键信息的正确性和不可篡改性，将 BDL 分析处理过程中产生的关键数据和哈希进行存证，并提供数据验真功能。（3e）又把 BDL 上的数据信息送回相关区块链，确保 BDL 和区块链数据一致。而且回送的信息也包括原始数据和在 BDL 上产生的哈希。这种双保险机制保证所有参与方都知道数据没有被更改过。

“库中库架构图”展示了区块链数据湖的整体架构，区块链数据湖主要处理区块链中的数据，将不同区块链的数据进行融合，BDL 负责汇总各个区块链的每一条交易数据，形成一个大型图数据，其中图数据的节点是各个交易用户，表示双方有交易。主要解决区块链数据利用效率不高，以及多条异构 / 同构区块链之间数据融合与协同的问题，丰富了区块链作为一项新兴技术的应用场景。

传统数据库，包括大数据平台，以功能和性能为主要目的，而区块链以共识机制和不能篡改性为主要目的，这两类系统在不同应用场景下可以发挥作用。但是在合规数字经济里面，除了需要共识和不能篡改性，也需要大数据分析。例如反洗钱需要收集大量相关交易信息以及其他信息，才能发现洗钱的路线。BDL 的提出就是要解决这方面的问题，使用区块链来从事交易，但是由 BDL 来从事相关数据收集和大数据分析。而且互相维持对方的数据信息，保证参与的 BDL 和区块链都不能更改数据。

库中库应用场景

库中库原则的一个典型应用场景就是央行对各商业银行的资金进行监管。每个商业银行都可能有自己的区块链系统，央行要求将各行的区块链纳入监管，这就需要将各行区块链接入 BDL 实现数据融合与数据协同，需要按照本发明的相应步骤实施，如下页图所示：

各商业银行区块链首先在央行的 BDL 中注册获取接入授权；获得授权后要实现 BDL 抽象区块链节点，并部署到各商业银行自己的区块链中；完成服务器部署后，需到央行 BDL 中登记服务器的 IP 地址，避免窃取授权后的非法接入，登记之前 BDL 需要验证是否获得接入授权。

完成服务器 IP 登记后，各行区块链的接入工作已经完成，节点会定期获取各行区块链增块数据，并发给各行自己部署的 BDL 数据管道，管道对原始数据进行格式化处理和加密处理后发给央行 BDL，央行 BDL 接收到数据后需要对数据源头进行合法性校验，验证其是否获取接入授权，以及 IP 是否合法，确保数据的真实性，确认无误将数据写入磁盘，供客户端分析数据时调取。写入磁盘过程中，BDL 将该交易的关键信息依据 newHash = hash（Hash+Tx+PreHash）进行计算，并将 newHash 存储在 BDL 链上。由于双保险机制，BDL 和区块链都知道对方存的信息。

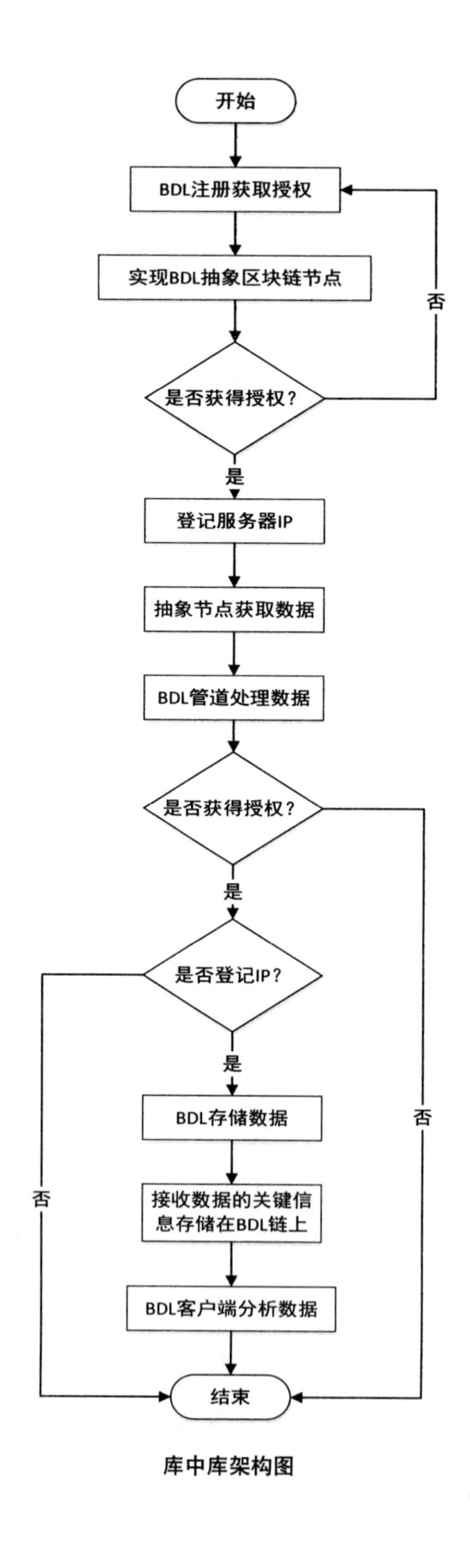
开始
BDL注册获取授权
实现BDL抽象区块链节点
否
是否获得授权？
是
登记服务器IP
抽象节点获取数据
BDL管道处理数据
是否获得授权？
是
是否登记IP？
是
BDL存储数据
否
否
接收数据的关键信息存储在BDL链上
BDL客户端分析数据
结束

库中库架构图

互链网和传统系统的思想分水岭

互链网的设计原则是以安全、监管、隐私为优先，而传统思维是以功能和性能为优先。这两个路线，因为哲学思想不同，设计出来的系统也不同。区块链需要交易，也需要有共识机制，这些都是耗时的机制。但是解决这些问题却有不同的思路：

传统系统思路：一些类似链以减少参与投票节点来优化性能，这样系统性能提高了，但是安全性降低了，而且系统难监管了（因为不是每个节点都有同样的信息）。这里的原则是可以为了追求性能而牺牲安全性或是可监管性。

互链网思路：不改变区块链的不能篡改性和共识机制。如果需要性能，可以在区块链系统外添加数据库系统，两套系统并行来加速。数据库上面的数据还需要和区块链上的数据互相锁定（双保险机制），来保证数据库不会在暗中更改数据。这里的原则是在不损害安全性和监管性下，才可以考虑性能。如果鱼与熊掌不可兼得，宁可选择安全。

本章总结

本章讨论一些新型操作系统和数据库设计。根据区块链定义，作为核心账本的区块链系统控制数据，而在上面运行的智能合约控制业务流程，预言机控制接口。按照这一思路，操作系统作为区块链底层系统需要支持交易和监管，而数据库需要支持分布式作业和实时监管，而且这两个系统还需要维持数据不能篡改性以及共识机制，以安全和隐私为第一优先。这样操作系统和数据库都需要更新其系统架构。这方面的工作现在才刚刚开始。

参考文献

［1］Lambert M. Surhone, Mariam T. Tennoe, Susan F. Henssonow, Edward Yourdon, Fred Brooks, & The Mythical Man-Month.（2010）.*Software Brittleness*.

［2］Daria Rud. Facebook's New Operating System for Next-Generation Devices Is in Development. Dec 20, 2019.

［3］蔡维德:《互链网白皮书》2020.3.27。

［4］V. A. Vyssotsky. Introduction and Overview of the Multics System[M]. IEEE Educational Activities Department, 1992.

［5］Neal Cardwell, Yuchung Cheng, C. Stephen Gunn, Soheil Hassas Yeganeh, Van Jacobson. "BBR: Congestion-Based Congestion Control", ACM Queue, Sep/Oct 2016 and CACM, Feb 2017.

［6］El-Hindi M, Binnig C, Arasu A, et al. BlockchainDB: a shared database on blockchains[J]. Proceedings of the VLDB Endowment, 2019, 12（11）:1597-1609.

［7］Nathan, Senthil et al. Blockchain Meets Database: Design and Implementation of a Blockchain Relational Database[J].Proceedings of the VLDB Endowment, 2019, 12:1539-1552.

第二部分

互链网重新定义区块链

第五章
中国需要发展全新区块链科技

1. 区块链如何可以成为中国科技突破口？区块链成为中国重要的科技突破口，应该带来什么变化？

2. 有人认为伪链足够安全，也有人认为伪链安全性不确定，表示中心化的伪链还可能会是安全的。这些观点对吗？这些伪链可以成为中国重要科技的突破口吗？

3. 自从币价大跌后，币圈的重点换成 DeFi，该路线有什么金融风险？该问题是暂时性的还是本质性的？如果是暂时性的，表示改进后问题可以解决，但是如果是本质性的，表示以后再如何改进，也不会走到阳光大路上。如何判断 DeFi 的问题是本质性还是暂时性的，有什么科学依据？

2019年10月24日，习近平总书记在中央政治局第十八次集体学习时强调，把区块链作为核心技术自主创新重要突破口，加快推动区块链技术和产业创新发展，相关部门及其负责领导同志要注意区块链技术发展现状和趋势，提高运用和管理区块链技术能力，使区块链技术在建设网络强国、发展数字经济、助力经济社会发展等方向发挥更大作用。

习总书记在中央政治局第十八次集体学习时部分讲话内容

习近平在主持学习时发表了讲话。他指出，区块链技术应用已延伸到数字金融、物联网、智能制造、供应链管理、数字资产交易等多个领域。目前，全球主要国家都在加快布局区块链技术发展。我国在区块链领域拥有良好基础，要加快推动区块链技术和产业创新发展，积极推进区块链和经济社会融合发展。

习近平强调，要强化基础研究，提升原始创新能力，努力让我国在区块链这个新兴领域走在理论最前沿、占据创新制高点、取得产业新优势。要推动协同攻关，加快推进核心技术突破，为区块链应用发展提供安全可控的技术支撑。要加强区块链标准化研究，提升国际话语权和规则制定权。要加快产业发展，发挥好市场优势，进一步打通创新链、应用链、价值链。要构建区块链产业生态，加快区块链和人工智能、大数据、物联网等前沿信息技术的深度融合，推动集成创新和融合应用。要加强人才队伍建设，建立完善人才培养体系，打造多种形式的高层次人才培养平台，培育一批领军人物和高水平创新团队。

习近平指出，要抓住区块链技术融合、功能拓展、产业细分的契机，发挥区块链在促进数据共享、优化业务流程、降低运营成本、提升协同效率、建设可信体系等方面的作用。要推动区块链和实体经济深度融合，解决中小企业贷款融资难、银行风控难、部门监管难等问题。要利用区块链技术探索数字经济模式创新，为打造便捷高效、公平竞争、稳定透明的营商环境提供动力，为推进供给侧结构性改革、实现各行业供需有效对接提供服务，为加快新旧动能接续转换、推动经济高质量发展提供支撑。要探索“区块链 +”在民生领域的运用，积极推动区块链技术在教育、就业、养老、精准脱贫、医疗健康、商品防伪、食品安全、公益、社会救助等领域的应用，为人民群众提供更加智能、更加便捷、更加优质的公共服务。要推动区块链底层技术服务和新型智慧城市建设相结合，探索在信息基础设施、智慧交通、能源电力等领域的推广应用，提升城市管理的智能化、精准化水平。要利用区块链技术促进城市间在信息、资金、人才、征信等方面更大规模的互联互通，保障生产要素在区域内有序高效流动。要探索利用区块链数据共享模式，实现政务数据跨部门、跨区域共同维护和利用，促进业务协同办理，深化“最多跑一次”改革，为人民群众带来更好的政务服务体验。

习近平强调，要加强对区块链技术的引导和规范，加强对区块链安全风险的研究和分析，密切跟踪发展动态，积极探索发展规律。要探索建立适应区块链技术机制的安全保障体系，引导和推动区块链开发者、平台运营者加强行业自律、落实安全责任。要把依法治网落实到区块链管理中，推动区块链安全有序发展。

习近平指出，相关部门及其负责领导同志要注意区块链技术发展现状和趋势，提高运用和管理区块链技术能力，使区块链技术在建设网络强国、发展数字经济、助力经济社会发展等方面发挥更大作用。

一、解读习总书记在中央政治局第十八次集体学习时关于区块链的讲话

习总书记的讲话出现了以下关键词：

- 创新
- （科技）前沿
- 供给侧结构性改革
- 安全
- 标准
- 国际话语权
- 密切跟踪发展动态
- 趋势
- 现状
- 有序发展

习总书记关于区块链的讲话涉及以下三个主要方面：

1. 关于区块链新科技

●“应强化区块链基础研究，提升原始创新能力，努力让我国在区块链这个新兴领域走在“理论最前沿、占据创新制高点”。从这一点就可以看出，只是研究和使用超级账本、以太坊、比特币肯定远远不够，不符合“理论最前沿”。超级账本、以太坊、比特币等都是“现在”的区块链技术，不是“理论最前沿”的技术，而且不是中国原创的技术。

● 区块链如果没有新科技，如何可能有“理论最前沿、占据创新制高点”？在这以前，一些人认为区块链没有新技术，只有应用。但是区块链有新技术，后文我们会介绍区块链将有哪些新技术。

● 区块链应与各种产业及大数据、人工智能等技术相融合，以降低成本，提高效率。这表明区块链不是独立系统，区块链是解决方案的部分系统。

2. 关于区块链应用

●“要推动区块链和实体经济深度融合，解决中小企业贷款融资难、银行风控难、部门监管难等问题。要利用区块链技术探索数字经济模式创新”，区块链百业可用，其中一个重要应用是金融领域的应用。这里强调了区块链在金融领域应用的重要性并且提出金融市场三大难题：中小企业贷款融资难、银行风控难、部门监管难。从现在区块链的研究来看，区块链可以解决部分风控难和监管难的问题。

● 要探索区块链在民生领域、新型智慧城市建设以及政务服务等方面的应用，这其实是对区块链“百业可用”更为具体的阐述。

●“要利用区块链技术探索数字经济模式创新，为打造便捷高效、公平竞争、稳定透明的营商环境提供动力，为推进供给侧结构性改革、实现各行业供需有效对接提供服务，为加快新旧动能接续转换以及推动经济高质量发展提供支撑。”这把区块链的作用提升到了一个更高的位置，区块链不只是区块链应用，而且是中国数字经济的推手。

3. 关于区块链应用的深度

● 习总书记讲到的区块链应用是层层递进的，先要有基础设施，再要与产业深度融合，具体到金融、民生、政务等领域的应用，用区块链技术探索数字经济模式，并两次提到“改革”。其中一个改革是供给侧结构性改革，供给侧结构性改革旨在调整经济结构，使要素实现最优配置，提升经济增长的质量和数量。需求侧主要有投资、消费、出口三驾马车，供给侧则有劳动力、土地、资本、制度创造、创新等。如果只是使用区块链，而没有推动改革，没有创新突破，没有提高产业效率等，就难以达到习总书记的期望。

现在需要的是，对区块链的各种错误认知进行更正，只有确立对区块链的正确认识，才能抓准未来区块链发展的方向。

二、区块链新科技的重要性

习总书记的讲话提到，区块链技术和网络强国有关。

1. 中国不是互联网强国

中国事实上早就是互联网大国，但我们还不是“网络强国”。互链网是以区块链为基础的互联网网络，即下一代网络。网络强国代表拥有网络科技的话语权，互链网给中国提供了成为网络强国的机会。

互联网技术是 40 多年前开发的，世界上第一篇网络博士论文于 1963 年由麻省理工学院完成并发表，作者是 L. Kleinrock，后来他成为“互联网之父”，1963 年距今（2020 年）正好 57 年。现在大部分的网络技术都是由国外开发的。中国虽然有世界最大的互联网市场，有大型的互联网公司，但是中国在互联网技术上还只是跟随者。

讨论问题

- 网络大国和网络强国的差异是什么？中国为什么是网络大国而不是网络强国？
- 基于区块链的新数字经济会出现，这些都跟传统的状况不一样。

2. 区块链拥有新技术

习总书记关于区块链的讲话还提到“要强化基础研究，提升原始创新能力，努力让我国在区块链这个新兴领域走在理论最前沿、占据创新制高点、取得产业新优势”。

可能有人说这已经是陈年老调了，我认为不是，其实这句话跟一些传统上的观点实际上是有冲突的。在这之前有一些专家或是学者认为区块链没有新科技，区块链问题只是应用问题，习总书记强调“我们要把区块链作为核心技术自主创新的重要突破口”，表明区块链是有新技术有新科技的，不但有新科技，而且是中国科技的重要突破口，这是一个非常严肃的话题。在这之前，许多人说我们就用超级账本和以太坊就可以，显然这些技术应该都算是老技术，不是重要突破口，是外国技术，不是创新。

区块链一个新误区

很多人在以前提出，区块链没有新科技，不需要发展区块链技术。区块链只是需要重视应用。如果这些理论正确，区块链就不可能是中国自主创新重要突破口。问题是：哪些科技是区块链新科技？

中国要发展区块链不应该只是学习，而需要创新，习总书记的讲话提到“要推动协同攻关，加快推进核心技术突破，为区块链应用发展提供安全可控的技术支撑，要加强区块链标准化研究，提升国际话语权和规则制定权，要构建区块链产业生态”，表明区块链需要跟产业联合，区块链技术，也要跟产业联合，是政府、产业、科研、大众，大家一起合作，协同攻关，且应安全可控。

三、中国需要了解区块链发展现状和趋势

“相关部门及其负责领导同志要注意区块链技术发展现状和趋势”，这是不是表明我们可能以前对区块链技术的现状与趋势认识还不够充分，区块链是中国政府支持的，而币圈中国不支持。

1. 中国区块链发展必须“安全可控”，不能“危险失控”

什么是安全可控？这句话可能是针对以前中国区块链发展危险失控的状况。中国曾是世界上发币最热烈的国家之一，这种情形应该是危险失控的状况！

2. 链满天下，不是一链通天下

习总书记关于区块链的讲话还提到“进一步打通创新链、应用链、价值链”，所以不要认为一个链就能解决很多问题，事实上一个链只能解决很少而且是部分的问题，有许多的链才能解决大部分问题，当我们用许多链的时候，就需要有跨链技术，可以说以后，需要一种跨链技术，这种技术又会带来新型的网络和科技。

四、真链、伪链、弱链不同

目前的现状是，不是链不够，而是链太多。许多单位宣称有链，而且有的还有政府背书，有高校支持，有国外技术等。但是不论是什么链，都可以把链分为下面几种。

	协议	需要信任	安全、隐私、监管	建议
真链	加密 + 拜占庭将军	不需要	安全	可以使用
弱链	加密 + 数据库一致性	需要	不安全，任一单位说谎就瘫痪	只能使用在参与方可以完全信任的环境下
伪链	中心化一致性	需要	不安全，容易攻破	只能使用在参与方可以完全信任的环境下，系统完全安全
类似链	类似一致性	?	交易完整性有挑战，难监管	还在研究阶段，不建议使用
公链	PoW，PoS	不需要	隐私差，逃避监管	发过币的链有极大风险；逃避监管的链不能使用

真链：同时使用加密协议和拜占庭将军协议的区块链。拜占庭将军协议就是能够检验说谎协议的公司机制。拜占庭将军协议至少需要三轮投票。任何只有两轮投票的协议都不是拜占庭将军协议。

弱链：同时使用加密协议和数据库一致性协议的区块链就是弱链。使用数据库一致性协议和拜占庭将军协议有什么差距？传统的数据库，假设参与的人都可以信任，所以不检验有没有人说谎。弱链就是使用数据库一致性的协议，假设所有人都可以相信；真链没有这个假设，而假设参与的人都可能会说谎，所以要检验每次投票有没有人说谎。

伪链：使用加密协议和中心化一致性协议。

类似链：类似链不是区块链，它是有点像区块链，就是类似区块链，2017 年开始就有许多类似区块链的系统出来。

公链：一般定义是任何单位都可以参与投票的链才是公链，例如比特币、以太坊就是公链。但是该定义在 2018—2019 年做了修改。有些链，明明是联盟链，但是能够发币，就认为是“公链”，是否发币不能决定“链”

的类别。几乎公链都逃避监管，在中国不会有市场，即使部署，也有可能被下架。在中国经营区块链，网络安全部门会来查，也要在中央网信办注册。因此公链在中国市场不大，只有地下市场。

1. 哪些区块链需要可信的参与方

真链不需要参与人被信任，但是弱链和伪链需要，以至于这两个链不适合使用在金融和公检法的应用上。

类似链的种类千奇百怪，难以一起评估，但是因为类似链没有使用标准协议，所以协议是不是正确，还是很大的问题。自 2015 年起，就有许多类似链出来，包括美国、澳大利亚、欧洲、中国都有，开始的时候，许多人都看好类似链，但是后来出现许多问题，连协议是不是正确都是问题。所以这些类似链现在都属于研究链，就是还没有成熟，在近几年内，不需要考虑，因为使用风险太大。有人可能说这些协议都经过数学验证，的确是，但是算法验证过，不代表系统正确。因为这些链大都在高速环境下运行，若在高速环境下运行，许多在数学模型中没有出现的问题都可能会出现。前几年还大做宣传的链后来都没有声音就是出现了这些问题。例如加拿大央行就对一类似链做了评估，认为不安全，难监管，其他国家的央行也针对类似链做了一些实验。

2. 不是每个链都安全

真链是安全的。

弱链不安全，任何一个参与的单位如果说谎整个链就瘫痪，现在的超级账本就是一个弱链，就是它如果有一个节点说谎，整个系统就瘫痪。

伪链不安全，因为有一个中心节点，这个中心控制所有的链，这是原来的超级账本，2017 年中国发现超级账本是一个不安全的伪链，2019

年 5 月，美国摩根大通银行也发表文章说超级账本根本不是区块链，因为它有中心节点，这个节点控制所有的节点，中心节点出问题整个链就瘫痪了。

类似链不同于区块链，没有区块链的特性，类似链包括美国 Corda，IOTA，Hashgraph，EOS，这些类似链交易的完整性还是有挑战的。

3. 中国只能发展可监管的链，逃避监管的链危害社会秩序

另外一个重要问题是监管问题。传统上，数字代币例如比特币和以太坊都是逃避监管的链。逃避监管的链在全世界范围内都存在，如加拿大央行。2017 年在他们的实验报告中提出，加拿大央行必须能够在很短的时间内看到相关的账户和交易信息。而他们当时评估的链，还包括特别为金融机构设计的链，都没有达到这个要求。当时他们评估的就是以太坊和 Corda。

4. 金融体系和公检法体系的区块链系统应保证参与单位都可信

有人认为，现有的金融体系中，单位都彼此互信。所以区块链不需要拜占庭将军协议。这是真的吗?

也有人认为在公检法应用上，参与的人都是法官、律师、检察官，这些单位看起来都是可信的，所以在公检法应用上，不需要拜占庭将军协议。这是真的吗?

事实上这些单位都不可相信。这一点大家觉得很奇怪，2019 年笔者到英国访问，当时有几个世界大银行跟我讨论。他们做交易的时候，例如一个大型跨国银行和另外一个大型跨国银行交易，他们都不相信对方，认为有风险。他们会问，如果要汇一笔钱过来，这笔钱是真的吗？可以保证这笔钱准时到位吗？这笔钱来源合法吗？这些世界跨国银行都不相信其他商

业银行，就算再大他们也不相信，为什么是这样？2008年，一些非常大的国际银行，他们因为有信用问题，后来垮掉了。他们的关门引发了世界金融危机，经济危机从一个国家蔓延到另外一个国家。于是就算是世界著名的商业银行，他们也都不可信任，需要查验 。

讨论问题：拜占庭将军协议是否必要？

2016年，美国IBM工程师认为在现有金融体系下，每个机构都应该相信其他金融机构。因此区块链不需要考察其他单位会不会有欺诈行为。所以IBM当初采用中心化的机制来控制，使得当时的超级账本成为有风险的伪链。

该假设是不正确的。事实正好相反，在现今金融体系下，每个机构都会查验每一笔交易，特别是和其他金融机构之间的交易。

拜占庭将军协议就是检验参与单位是否有欺诈行为。如果一个区块链系统没有拜占庭将军协议，那参与单位就可以说谎！

5. 公检法不可以使用伪链和弱链

公检法方面因为有官司的因素，需要更严谨的方式确保大家诚实。笔者一直建议在公检法和金融市场不可以使用弱链、伪链，这是一个严肃的问题。

五、中国区块链特殊风险

2017年9月4日，中国严禁在国内发币，2018年又出台比2017年更严格的政策。但是在这段时间内，中国还有许多单位继续发币。有的单位，在国外发币，在国内融资；后来还有国外发币单位到中国以学术会议路演的形式发币。

有人认为中国无法很好地处理发币乱象的事件，因为发币的单位实在太多，参与人太多，笔者和国内法官和律师有多次交谈，所有法官和律师都认为中国绝不会放任不合规的发币行为。

自 2019 年 1 月起，所有在中国部署的区块链都需要在网信办注册，网络安全部门也开始行动。

1. 讲得越神奇，越可能是假的

过去发币存在乱象，有一些链只有白皮书，链都没有就发了币，根本没有链。笔者讲的骑自行车上月球，就是说这些链说得太神奇，例如一秒几千万笔交易，太神奇了。实际上，全世界都没有人能做出这种链来。

根据泰山沙盒数据，世界上许多公链，如今只有 200 条左右公链还活跃，但是这 200 多条公链中只有 3 大公链家族，其他链大都是在“学习”这 3 大公链家族。

2. 英国认为世界 78% 的公链都是彻头彻尾的骗局

英国监管单位 Financial Conduct Authority（FCA）2019 年年初报道，78% 的公链 ICO 是“彻头彻尾的骗局”，ICO 就是发币的事件。78% 代表 10 件发币事件有 8 件完全是骗局，没有链，没有发展，整个公司只写了白皮书。剩下的 22% 还可能是部分骗局，只是有一些信息是真的，很多其他部分还是骗局。这是一个很严重的问题。

3. 过去中国参与发币和抄币现象比较严重

过去中国参与发币和抄币现象严重，中国币圈曾在国外发币，然后纷纷以各种名义到国内来路演和推广。学术界一些有崇高地位的学者，也到中国路演发币，但是币价后来也像瀑布式下滑，使中国投资者损失惨重。

4. 政府机构和高校都曾被币圈拿来宣传过？

中国很多政府单位或者是著名高校，都曾被币圈拿来宣传过，很多公链被币圈说是获得政府单位的支持。事实肯定不是这样的。

国外著名高校也曾被币圈拿来做宣传，甚至连联合国组织和其他一些国际组织也未能幸免。

5. 很多发币项目声称有政府支持，实际情况完全相反

笔者到了地方，地方政府说他们投资了一个项目，这个项目是由某著名高校做的，又有某政府单位背书，而且该系统的信任度好。笔者问有没有查过该系统？

结果网上一查，这个链就是发过币的链，币还在交易所上交易，而且某政府单位从来就没有为任何链背书过。该政府单位还可能是专门监管区块链的单位，不可能为任何链背书！笔者参加过这些单位的会议，遇见的时候问他们是不是支持这些链的开发，回答都是“不可能”。

6. 说是自主创新，事实可能是大大抄袭

还有一些链说是 100% 自主创新，原创的，后来我们使用泰山沙盒就发现这些链大部分在抄袭其他的链。如果一个软件有大部分是抄袭的话，连申请软件著作权都不可能，如何能说是自主创新？

7. 泰山沙盒检验真链、弱链、伪链

中国有泰山沙盒，可以查某链有没有技术。泰山沙盒已经为中国、美

国、英国以及中国香港、韩国等国家和地区的政府和基金查验过很多链。

有时地方政府问能不能用泰山沙盒评价某链是否真实。泰山沙盒已经为多国和多地方政府和基金分析过链，都在很短时间内完成，很快就能知道这个链是否真实，是不是发过币。有一次笔者和某地基金谈，他提到刚刚投资了一大笔基金在一个区块链项目，表示该项目非常创新，后来经过泰山沙盒查考，发现用的实际是 40 年前的技术。

我们还是幸运的，因为我们有泰山沙盒，泰山沙盒有全世界最大的数据库，任何一个链上来，都可以在很短时间知道其是否真实，是不是有创新，最近有没有活动。

六、区块链历史的两条路线

区块链 10 年历史中，一直存在两条路线：一条是灰色路线，一条是合规路线。

1. 灰色路线的历史

灰色代表不合法，也可能违法。在某些国家，数字代币可以做但是不可以公开，属于灰色地带，有的国家则明文禁止。2008 年比特币出来之后，经过了多次大涨大跌，大家对数字代币的看法也出现了分歧。2013 年左右又出现了以太坊，一些监管单位认为以太坊才是“万恶之源”（而不是比特币），因为以太坊做了一个 ERC20 的造币机制，让大家可以自由发币，以至于后来大部分 ICO 的乱象都基于以太坊。

但是比特币是人类历史上增长最快的资产，比黄金、股票、房地产等涨幅都要大，十年之内比特币至少涨了一百万倍，让人惊奇。微软前总裁 Bill Gates 说得非常漂亮，比特币没有公司、法人、董事长、总经理、员工、地址，也没有客服，连打电话给比特币公司都不可能。在这种没有人服务的情形下，居然每天都有几十、几百、几万、百万、千万美金的支付和交易在该系统上发生，而且看不到是什么人在后面进行交易，也没有政府和银行担保，可是大家却相信比特币，并在比特币上进行支付，钱从一个地方汇到另外一个地方，非常奇妙，且跨境支付比银行汇款还要快得多！

因此比特币成了洗钱工具，破坏了国家外汇制度，所以比特币一直被许多国家打压，列为黑色科技。虽然政府一直在打压，可是仍然存在一群相信比特币的比特币信徒，他们认为这是一个创时代的东西。

经过多次上涨，比特币最终在 2018 年涨到了最高点，到最高点以后，就开始了长期的下跌，在这段时间之内，一直有人发表文章说比特币会涨到 100 万美金，这些数字代币本来是做跨境支付的，后来又变成了投资的资本。被多个国家列为金融乱象的 ICO，就是用这些代币做资本，这些都属于不合法的灰色经济。

2017 年和 2018 年，这些灰色经济居然创造了一些奇迹，让世界的一些投资基金都感到惊讶，纷纷入场，连一直骂比特币没有任何价值的摩根大通银行于 2018 年 2 月都改变了官方说法，开始承认这可能有价值。

有人认为比特币后面没有有价值的资产做抵押，没有央行的担保背书，没有价值。但是比特币又一直涨，人们认为虽然没有抵押物或是央行支持，可是人们对这个系统有信心，而该信心在金融市场上是不能被量化的。可以说比特币的价值就是参与者对它的信心。有人说这就是“硬道理”，比特币高涨代表它是有价值的。

2018 年，美国监管单位 SEC 出手打压比特币和其他代币，数字代币纷纷大跌。另外除了比特币和以太坊之外，其他的数字代币也都没有被美国监管单位列为合法的金融产品。

假设比特币大涨是一个硬道理，那么 2018 年比特币以及其他数字代币的大跌是不是也是硬道理？

2. 区块链合规市场历史

这个历史是从 2014 年开始的，或者我们称为区块链白道历史，区块链源于英国，在英国央行以及英国首席科学家的努力下，英国央行于 2015 年和 2016 年推出基于区块链的数字法币，他们做数字法币的原因是要把监管权拿回来，打击像支付宝和微信这样的第三方支付系统。

2014 年年底，英国央行发表了一篇报告，报告指出比特币没有信用风险，也没有流动性风险。该报告震惊了英国央行的学者。现代金融、央行和银行在几百年的发展中，都遇到过这些问题，没有哪个国家、央行、银行及金融机构没有经历过这两个风险。这表示该科技是 300 多年来（因为英国央行在 1694 年创立，是世界第一个央行）最大的金融科技创新，开启了英国央行数字英镑的大计划。

2015 年 1 月《华尔街日报》也发现，没有银行担保，没有政府支持，没有客服，没有董事长，什么都没有的比特币，居然可以让别人有信心在上面做亿级美元支付。这系统后面的技术必定非常强大！而这个强大的技术就是区块链。

2015 年到 2016 年之间，英国央行率先提出要开发基于区块链的数字法币系统，2016 年英国首席科学家再次提出可以在各行各业使用区块链，包括能源、医疗、政务、税务等行业。

到了 2018 年，又有一个全新的发展，就是出现了有政府支持但是由科技公司发行的稳定币，这就是一个划时代的事件。2015 年和 2016 年，区块链正规军开始研究区块链的用途，2018 年政府直接出面支持这些稳定币或者是数字法币的发行、流转以及支付。区块链正式走进政府支持的金融世界。

2019年，摩根大通银行公开进场区块链金融市场，而他以前还一直骂比特币。这一事件意义非凡，区块链不再只是想逃避监管的技术，现在一直被强监管的银行也进入区块链金融市场，区块链正式走进合规的银行界。

2019年，又有金融机构例如VISA也加入区块链金融市场，区块链正式走进各种合规的金融界。

2019年，脸书的Libra币震动了世界，世界央行和政府突然发现区块链改变了世界，改变了金融市场。短短两个月之内许多银行（包括美国本土银行、英国银行、欧洲银行、非洲银行、中东银行以及亚洲银行等）都在谈论如何应对脸书的稳定币。银行家本来视为洪水猛兽的技术，在这两个月的时间内给银行界的思想进行了洗礼。

本来许多金融科技报告都没有将区块链列为一个科技，2019年联合国数字经济报告却把区块链放到了新兴金融科技的首位。

这和笔者在过去5年中一直讲的区块链是500年来最大的金融创新的观点一致，这次创新应该会持续许多年才能被消化。

3. 两条路线一直并行存在

长久以来我们看到两条路线都在发展，一条是灰色路线，以比特币为代表，自2008年开始一直到现在，比特币、数字代币圈里仍然有许多他们的信徒。正规军进来后，他们反而更加大肆活动，因为受到国家的打压，所以现在的活动比以前更聪明，现在的路演不称为路演，有时候连项目方都匿名，即使还没有公开发币，也已经有人开始赚钱了，因为这个币最原始的价格和最后发币的价格差距甚大，以至于到后来币价公开的时候，已经有人赚了大钱。

支持数字代币的媒体，他们用各式各样的机会大肆宣传数字代币，例如讲到数字代币会取代国家中央银行，比特币以后会变成世界的通用货币。当然这是不可能的事情。可是2019年6月18日脸书发布Libra币白皮书的时候，还有人出文说Libra币会成为世界的央行。有一些人认为，这些数字代币会彻底改变世界，将货币系统统统推翻。这当然是不可能的事。

为了推广这些理论，数字代币的支持者在各媒体推出了许多思想和看法，而这些看法，都被正统的金融学者和经济学家唱衰。例如，2018年年底到2019年，笔者就遇到一些银行家、经济学家、金融家，他们对区块链都是鄙视甚至是敌视的态度。他们认为区块链会扰乱金融，国家不能允许，而且也不能碰。这造成了一个不好的现象，就是币圈大力捧他们的币，而一些金融界却看衰或敌视他们，并且贬低区块链技术的价值。

而2019年6月之后，经济学家开始承认区块链产生的经济效益和金融效益是巨大无比的。2019年8月以前，“数字货币”四个字不能在媒体出现，因为它们被认为是祸国殃民扰乱金融市场的黑技术，2019年8月以后，却可以公开在深圳开发，并且政府极力鼓励，因为该技术可以“预防经济危机”。

首先我们要明白区块链技术是中性的，任何一个中性的技术都可以被灰道所用，也可以被白道所用，就好像车子可以当救护车和消防车去救人、灭火，同样也有人开着车子去抢银行当小偷。

所以某种技术也一样，它本身就是个工具，灰道可以用，白道也可以用。逃避监管扰乱金融的人可以使用，政府、银行和金融机构等也可以使用。这样的一个强大技术不使用不是太可惜了吗？

自2015年起，中国便是数字代币的大国。到2017—2018年期间，虽然中国开始严禁发币，但是仍然存在变相发币和炒币现象，有的发币单位在国外注册，成立国外公司，特别是在新加坡和其他亚洲国家，然后在国内路演和融资。为了融资和炒币，舆论界也受到了影响，少数学术界人士也参与也进去。

这些状况都要过去。我在《不破不立——解读习总书记对区块链的指示》文章里面提到，自习总书记2019年10月24日关于区块链的讲话公布之后，国家开始清理币圈，加强监管，并且从上海开始。许多人都深感惊讶，2019年10月24日之后，他们的第一反应是比特币这些数字代币将大涨。但事实上危险无序的数字代币并不被支持，应当处理。

本章总结

- 区块链发展应该要和产业深度融合，区块链科技应用于产业能够大大提高产业质量和数量，甚至能够促进供给侧改革，为供给侧改革提供强劲创新动力；
- 区块链需要发展新科技，而且是中国技术创新重要突破口，中国需要有自主创新的区块链，甚至需要在国际区块链舞台上制定标准并获得话语权；
- 发展区块链产业不是短期计划，而是长远计划，从简单到复杂，区块链产业需要达到能够推进“供给侧改革”，这不是一到两年能够完成的；
- 既然区块链有新科技，则链的选择成为重要环节，伪链和弱链都不能在中国存留，泰山沙盒可以建立区块链系统；

- 中国过去发币和炒币现象严重，这是过去“危险失控”的场景，应该彻底摒弃短线炒作做法，进入一个新区块链时代。

1. 区块链“五要”

第一，我们要自己原创的区块链技术，要领导世界，要有原创的制高点，使用超级账本不是制高点，要有国际话语权，制定国际标准；

第二，区块链技术要深度融合其他技术，如云计算、大数据和人工智能等；

第三，区块链技术要与金融深度融合，服务实体经济，促进行业深度改革；

第四，我们要利用这次机会成为科技强国，如网络强国。因为这次是一个突破口，必须有创新，而不是只学习；

第五，相关部门以及负责的领导要注意区块链技术发展现状与趋势。

2. 区块链“五不要”

第一，不要一直跟随国外技术，可以跟随，但不要一直跟随，最后我们要赶上乃至超越；

第二，仅仅将区块链放在现代业务流程里面远远不够，应以促进供给侧结构性改革为目标，并为各行业供需提供有效对接和服务，仅仅是区块链技术还远远不够；

第三，不要部署发过币（逃避监管）的链，扰乱金融市场秩序的链不会允许保留，这不是“安全有序”的发展；

第四，不要认为这只是区块链技术的应用，要在技术上领先世界；

第五，不要不清楚现在区块链发展现状与趋势。

第六章

互链网重新定义区块链：区块链 + 智能合约 + 预言机

1. 区块链新定义和传统定义不同的地方在哪里？相同的地方在哪里？

2. 为什么 P2P 网络协议不能放在区块链定义里面？

3. 为什么智能合约需要走向服务化、标准化？

4. 根据区块链新定义，以后跨链应该如何设计？会和现在的跨链设计一样吗？

5. 为什么交易完整性对区块链非常重要？区块链是不是只要有共识机制就可以？

6. 三驾马车智能合约平台的设计和传统智能合约平台的设计有什么不同？同时间使用三种不同智能合约会使交易流程变得复杂，但是为什么这样的机制还能够保证交易的完整性？不同交易之间会有关联，一笔交易结束，相关账本余额都改变了。三驾马车智能合约平台，多个交易可以同时间进行，多个智能合约可以一起执行，这些并行的交易和智能合约如何维持账本的一致性？

7. 英国央行为什么在央行系统里面提出三种智能合约机制？他们的目的是什么？

自从区块链走红后，非常多所谓的区块链被设计出来，但是大部分不是区块链，只是类似区块链的系统，如 R3 Corda，IOTA，Hyperledger（原本的超级账本）等。

本章定义了基础区块链机制。有人可能认为区块链是什么，大家都已经非常清楚了，不需要定义。事实上，正好相反。

一直到今天，许多科技白皮书、政府白皮书，连计算机教科书，都没有定义什么是区块链。有的白皮书说，虽然现在没有定义，但是大家都知道什么是区块链，不需要定义了。这就是这个领域的一个问题。没有定义，科技如何能够进步？事实上区块链定义一直都是合规市场和币圈长期争论的一个地方。为什么？因为币圈认为区块链必须“去中心化”，用白话说，就是要有 P2P 网络协议，但是都不好公开地说，而以“去中心化”来代替。问题就出在这里。因为P2P协议要逃避政府监管，包括中心政府、地方政府以及公安等机构的所有监管。而开发该技术的这位仁兄 Shawn Fanning，也因为利用该技术抄袭和拷贝网上音乐和视频，触犯了美国版权法，被美国政府关进监牢多年。所以，在区块链的定义上，坚持要把 P2P 协议放进区块链定义的，就是想要逃避政府监管，甚至预备走“无政府主义”之路。这些“无政府主义”思想在公开演讲里都出现过，而且以“自由”为名，公开提倡这种“无政府主义”。

P2P 网络就是一个没有中心系统控制的网络协议，机器之间通过点对点网络连接进行通信，由于是点对点，所以通信慢。因为没有中心控制，世界政府就没有办法控制以这样的协议运行的网络，则这样的系统很难被监管。如果系统小，它影响也小，但是如果系统大，像比特币这样的系统，政府就要对它进行监管。由于系统使用 P2P 网络协议，政府就以其他间接方式进行监管。例如在交易所和银行，如果有资金汇入交易所，或是从交易所汇出，资金都会被管控。有些地区，就通过封锁所有相关金融系统进行间接监管，例如发币公司不能有银行账户。

一、区块链定义出问题是因为“无政府主义”之争

区块链在定义上一直有争议的原因，就是因为一直存在支持“无政府主义”和拥抱政府监管之间的辩论。所以有的时候，在报纸上，看到一些言论，还提到“去中心化”，其实就是没有明白这背后的意义。

“无政府主义”主张不受任何政府监管：

→ P2P 网络协议可以逃避政府监管，原本设计出来是为了抄袭音乐和视频；

→将 P2P 网络协议放进区块链定义内，这样设计的系统政府很难监管；

→这样定义，世界上所有区块链系统都将逃避监管，都支持无政府主义。

我们反对上述“无政府主义”。我们认为任何科技都必须被监管，越厉害的科技，越需要监管。所以我们的区块链定义从来就没有包含 P2P 网络协议，这从我们自 2015 年来发表的所有文章、演讲中就可以发现。我们的观点一直没有改变过，也一直呼吁中国区块链应放弃“去中心化”思想。

另外一个经常讨论的问题，“区块链不可能三角，”就是一个区块链不能高性能、安全及“去中心化”三者兼备。但是什么是这三角上的“去中心化”？我一直没有看到“去中心化”的定义。当我们在谈“去中心化”的时候，连“去中心化”的定义都不清楚。例如有没有一个“去中心化”的数学定义？有没有一个度量系统可以决定一个系统的“去中心化”程度？我们一直没有找到。但是迄今为止，多位学者都在讨论如何解决这

不可能的三角问题。如果说“去中心化”只是“有”或是“没有”的度量，那为什么不用“使用 P2P 网络协议”和“没使用 P2P 网络协议”这样定义呢？

这都是区块链过去太重视发币和炒币的后果，因为这些问题都是出现在公链上，没有出现在联盟链上。所以所谓“区块链不可能三角”的问题，只是公链的三角问题，而且是“逃避监管的公链不可能三角”的问题。现在已经有其他公链设计出来，不需要 P2P 网络协议。这个问题可以当学术问题讨论，但是要研究区块链，就需要对它给出一个正确的定义。

国外也不认超级账本

另外，2019 年美国摩根大通银行出文表示超级账本不是区块链，证实了中国自 2017 年以来的观点，而超级账本在 2019 年也终于把中心化的机制拿掉了，超级账本还是进步了。

二、区块链架构发展历史

区块链于 2008 年以比特币的形式出现，当时比特币使用 UTXO 账本模型，全网记账，但是使用 P2P 网络协议来逃避监管。

后来以太坊出现，改用余额账本，增加了智能合约机制，前面两项都是重大突破。但是以太坊还是使用 P2P 网络协议，仍然逃避监管。

2016 年笔者提出，放弃 P2P 网络协议，在区块链系统中将数据与软件分开。这样系统就可以有扩展性，也可以保护隐私，在架构上解决区块链难扩展、难保护隐私的问题，这样的链也不逃避监管。这就是熊猫模型的雏形。

2017年，加拿大央行做了世界第一个数字法币的大型实验，发现区块链系统，包括一些特别为银行设计的区块链系统大有问题。所以加拿大央行认为现在的区块链系统不可靠，不安全，而且难监管。这给区块链界敲了一个大警钟，因为一般人认为区块链是安全可靠的。

2017年5月，笔者在贵阳数博会上提出，互链网将会重构互联网，从底层到应用系统架构都会改变。

2018年，美国期货商品交易所委员会CFTC提出，智能合约两大应用是（合规）金融交易与监管。传统区块链应用（例如比特币和以太币）都逃避监管，现在美国监管单位CFTC反而认为区块链应用是监管利器，也是合规金融交易工具，态度发生180度大改变。

2018年12月，笔者提出区块链系统应该设计成"可监管的区块链"。这个可监管的区块链设计，跟逃避监管的架构不同。

2019年，Libra稳定币白皮书，英国的Fnality稳定币白皮书，相继发布。Fnality是做批发数字法币的，当时就有美元、欧元、英镑、加拿大币、日元5种法币加入。这两个项目都使用数据与软件分离的系统架构，和我们2016年提出的熊猫模型架构一致。所以，2019年，区块链架构发展出现了一个重要分水岭。

2020年3月，英国央行出报告，提出三个智能合约架构，并提到这些智能合约由央行开发、央行运行、央行监管，这与2013年以太坊提出的智能合约运行和监管方式完全相反。其意思就是智能合约不可以随便开发，不可以随便运行，也不可以逃离监管。而且英国央行提出的智能合约框架也跟以太坊架构不同。

2020年3月，中国互链网白皮书提出整个计算机系统架构会改变。

2020年4月，Libra 2.0白皮书出现，正式提出放弃公链路线，走向完全合规化的路线。这是区块链发展史中另一个重大的分水岭，无论是稳定币还是数字法币，都开始走合规化的道路。

下面是区块链架构发展历史图。我们可以看到从 2008 年到 2013 年最重要的突破是余额记账；2016 年区块链数据与算法分开；2017 年最重要的贡献是提出了互链网新型网络架构；2018 年提出可监管的链的概念；2019 年证实在区块链系统内数据与算法应该分离，互链网网络协议也出现了；2020 年新型的智能合约平台出现，可监管的区块链系统架构也出现了。

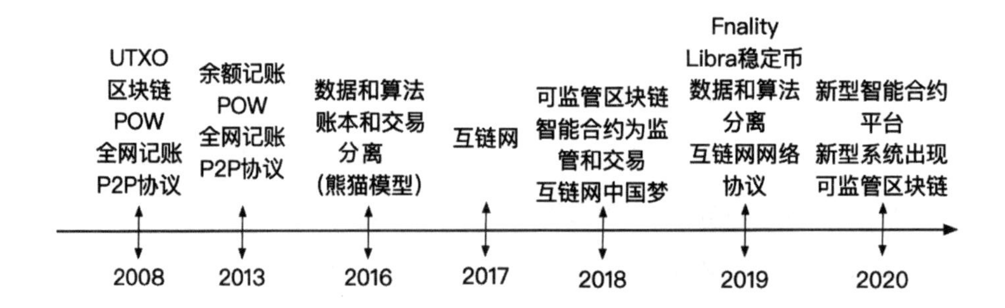

从现在来看，无论是网络、操作系统、存储、应用、智能合约，它们的架构都会因为区块链的出现而改变。

比如，下面是国外公司 Contract Vault 提出的一个智能合约系统，合约上有参与者、银行金融机构，还有监管单位。这样一来，这些单位都可以在同一时间看到同样的信息（数据）。在这一新架构上，还包含智能合约组的概念，后文还会谈到。

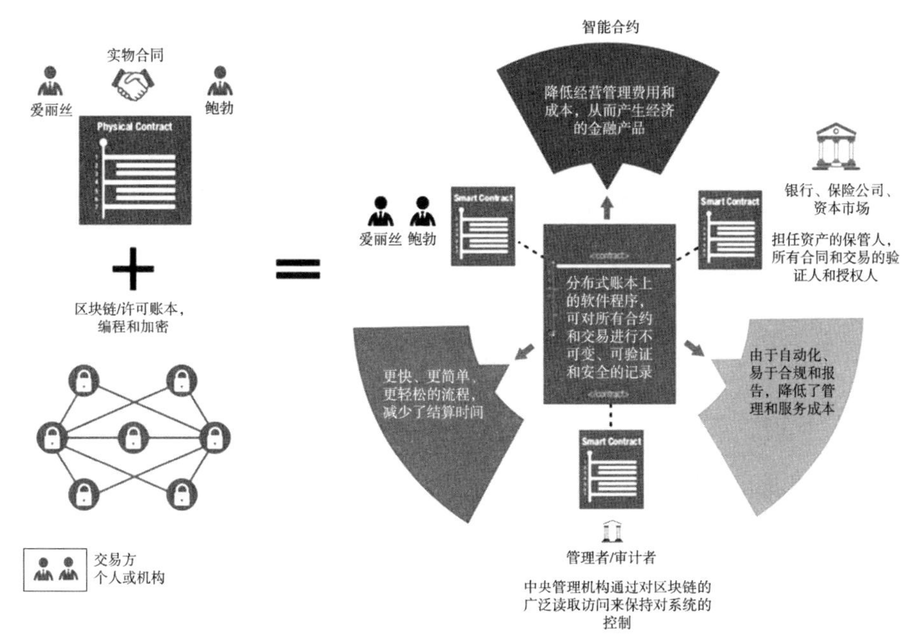

区块链（智能合约）和监管单位连接，Contract Vault 的例子

三、区块链两大应用

根据美国商品期货交易委员会 CFTC，区块链的两大应用是在金融交易和监管领域的应用。

金融交易：在金融交易方面，区块链可以应用在衍生品交易、贸易清算、供应链、贸易融资、保险、数据保留、远期合同上。事实上，CFTC 就是美国负责监管衍生品（期货）交易的单位。

其次，CFTC 还提出了智能合约组的概念，每个智能合约都只做简单的工作，就是完成部分交易的功能，而不是完成整个交易。大部分的智能合约都从事标准化的工作，进行部分而且短暂的交易作业。这些都是软件工程技术，而且会对金融系统架构和监管产生巨大影响。由于智能合约标准化，在金融交易和监管上都可以全面标准化，大大减少不同系统会有的不同的合规或是安全属性。这些智能合约只是完成部分功能，每个金融系统还可以有个性化的定制，同时又有相同的合规性。这是皋陶模型采用的路线。

监管：CFTC 提出的区块链第二个最有用的应用是监管，包含通过验证客户来保障交易正常执行、确保账本记录的准确性、完成实施监管报告等。当然，这些监管机制也是标准化的作业。

2020 年 3 月，英国央行提出类似概念，即使用智能合约来做交易和监管。同时，英国央行提出了三个智能合约模型。第一个模型是传统的模型，即智能合约在链上，但该模型并不符合现代的金融系统，现代的金融系统（也是经历多年得来的成果）账本系统和交易分开，比特币和以太坊难扩展就是因为违反了这个原则。

第二个模型类似于中国的熊猫模型，将智能合约和核心账本分开，两个并行来做。事实上，2019 年 Libra 也在做相同的事情，将数据和软件分开。

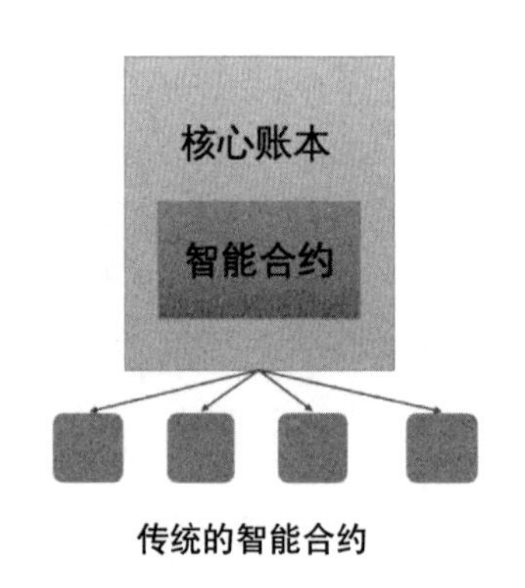

传统的智能合约

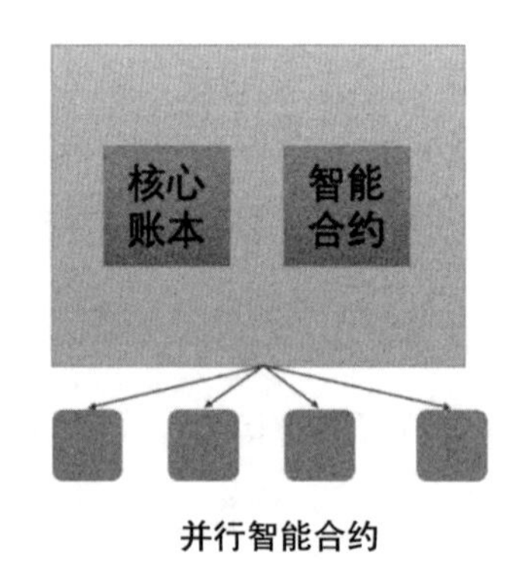

并行智能合约

第三个模型，智能合约直接与客户交互，同时直接做监管。根据这三个模型，我们提出了三驾马车模型，将这三个模型都融合在一起，一些智能合约在账本里面只负责管理和维护账本系统，一些智能合约是并行的，负责交易作业，外面还有一套智能合约，负责交互和监管。三套智能合约一起合作，各自完成各自的功能，这样就可以达到监管性和扩展性兼备。在三驾马车模型里，账本系统、交易系统、客户交互系统都可以独立扩展而不被其他系统影响。

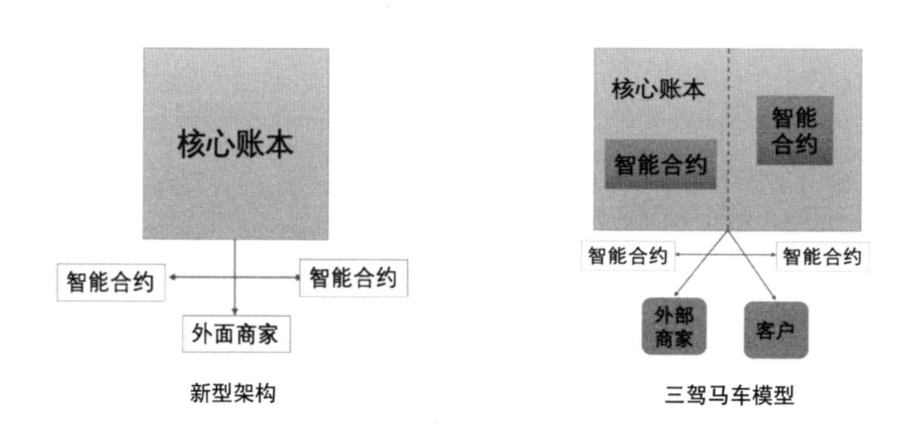

新型架构　　三驾马车模型

综上所述，现在的智能合约架构和传统的以太坊智能合约结构已经大不相同了。原来的区块链和智能合约架构，被哈佛大学认为是地下经济活动的媒介和工具，如今，区块链技术应用在合法合规金融市场的交易和监管上，从逃避监管到应用区块链来监管，改变很大。这些概念是由美国和英国的监管单位提出来的。随着这些改变的发生，区块链的系统结构也被改变了，甚至区块链基本定义也改变了。

四、基础区块链机制

区块链（Blockchain）是由多个独立节点参与的分布式数据库系统，是一种分布式账簿（Distributed Ledger Technology or DLT）。分布式账簿可以包括其他不同类的系统，例如类似区块链系统，就是那些有部分机制是区块链的系统。

区块链由这些节点共同维护。它的特点是不易被篡改、很难伪造且可追溯。区块链可记录所有发生交易的信息，过程高效透明，数据高度安全。凡是需要公正、公平、诚实的应用领域，都可以用到区块链技术。区块链把数据分成不同的区块，每个区块通过特定的信息链接到上一区块的后面，前后顺连呈现一套完整的数据。每个区块的块头（Block Header）包含前一个区块的哈希（Previous Block Hash）值，该值是对前一区块的块头进行哈希函数计算（Hash Function）而得到的。区块之间都会由这样的哈希值与先前的区块环环相扣形成一个链条，如下图所示。

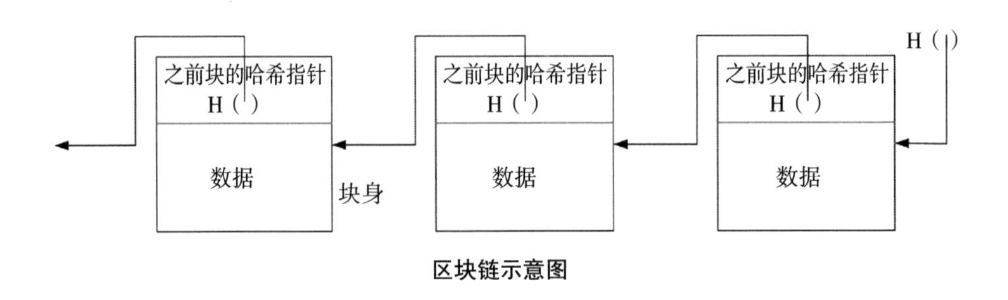

区块链示意图

从技术层面上看，区块链的核心要素包含以下三个方面：①块链结构；②多独立拷贝；③拜占庭将军协议。

1. 块链结构

每一区块有时间戳；都使用前一区块的哈希加密信息；对每笔交易进行验证；块子链是将所有的 Block（区块）连到 Chain（链）上。每一块都有时间戳，都使用前面一块的加密信息，再次加密。数据区块由区块头和区块体两部分组成，如下页图所示。Merkle 树被应用在了交易的存储上。每笔交易都会生成一个哈希（Hash）值，然后不同的哈希（Hash）值向上继续做哈希（Hash）运算，最终生成唯一的 Merkle 根，并把这个 Merkle 根放入数据区块的区块头。利用 Merkle 树的特性，以确保每一笔交易都不可伪造且没有重复。有了这一机制，数据就很难被篡改。

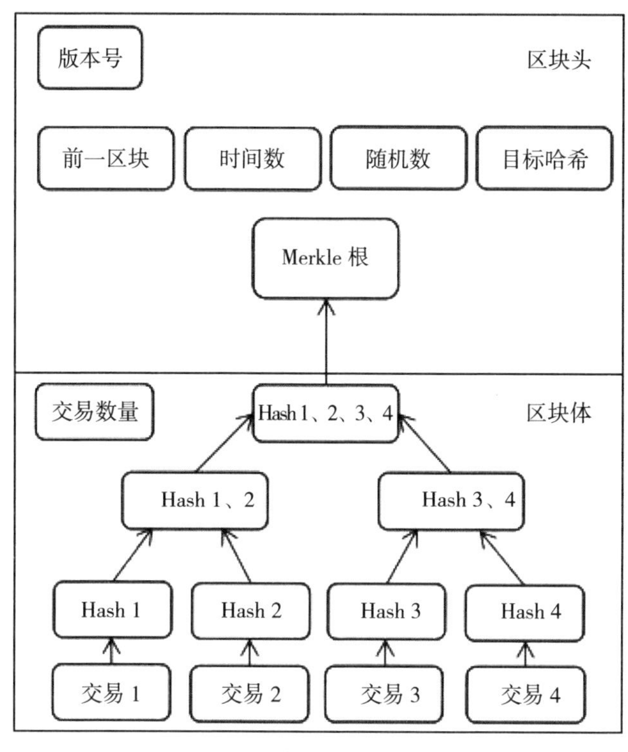

区块数据结构

2. 多独立拷贝存储

多独立的拷贝是指每个节点在独立作业的同时也存储着同样的信息，并且拥有同样的权利，共同维护整个系统。这一点如果不能保障的话，就不可称之为区块链。多独立拷贝有以下特点：每个节点都存储着同样的信息、享有同样权利；独立作业；互相怀疑，互相监督。举例说明：若链上的某一个节点有特殊的权利，甚至这个特殊节点可以改变链上数据，这样的链远离了区块链的真意，不再是区块链。与现有的分布式存储不同，区块链分布式账簿是同步的，而不是在一个账本形成之后，再制成多个备份。

有了前面两个机制，我们就可以有一个分布式数据库，上面的数据很难被篡改。

3. 拜占庭将军容错协议

容许少于三分之一的节点恶意作弊或被黑客攻击，在容许范围之内保证系统仍然能够正常工作。拜占庭将军协议的共识算法在三分之一节点恶意作弊的情况之下，系统仍然正常运行。拜占庭将军协议就是检验是否说谎。在实际环境下，大部分系统遇到故障或是错误就会停机，很少会继续进行并且送出说谎信息。当一个计算机服务器出问题的时候，大部分情形下，乱码会出现，乱码一出现，机器因为无法了解指令，只能停机。

在互联网上，很难查证网站的主人，有可能该网站主人就是一个欺诈集团。例如过去百度上的某些彩票广告，卖的都是假彩票。这是故意说谎的错误，而不是停机的错误。这样的错误，不是系统出问题，事实上系统还在运行，而且系统还非常聪明，聪明到可以发假消息来误导其他参与方。拜占庭将军协议要解决的就是这样的问题。

有人可能说这样的问题不重要，不需要解决。是的，该问题在以前确实没有得到重视，这也是拜占庭将军协议有一段时间不受重视的原因。超级账本设计之初也没有考虑参与方说谎的问题。2016 年，IBM 工程师讨论区块链设计的时候，就认为在企业版的区块链系统中，所有参与者都应该相信其他参与者，起码在目前的企业环境下是这样的。所以超级账本在设计的时候，就把拜占庭将军协议拿走（不需要防止说谎）。而且为了使系统更加快速，甚至使用 Kafka 这样的中心化机制，这样超级账本就成为一个中心化的系统，和传统分布式数据库在意义上没有差异。超级账本就这样被设计成了伪链。

但是当人们发现互联网是作假的天堂后，问题就严重了。互联网上曾经有一个交友社交网站，该网站提供服务给需要找媳妇的男性，以骗取钱财。实际上该交友网站只有男性参与，没有女性参与，他们使用图片、电脑语音、文字、视频、假微信以及假电话等“高科技”来蒙骗男性客户，“公司”获利后再设计参与的男性客户遭“女友”离弃。这就是一起高科技的作假案件。该网站不是遇到故障而停机，没有故障发生，系统是使用高科技进行欺诈。这种作假行为变成了“企业”行为，因此，2016 年 IBM 公司讨论区块链设计的时候做的假设（参与者都应该信任其他参与者，没有信任问题）就不成立了。

在数字资产和数字货币交易上，这种“假行为”的问题更加严峻，因为交易是实时的。如果有人或是单位以假资产或是假数字货币进行交易，问题会很严重。过去，不论是传统资产（例如股票或是房地产）或是数字货币，都发生过假资产真交易的情形。这些假资产当然不是停机式的故障，是故意说谎，故意释放假消息的系统运作。在此情况下就需要拜占庭将军协议来解决这些问题。

当然，拜占庭将军协议只是解决方案的一部分技术，还需要其他技术，然而系统如果没有拜占庭将军协议，该系统就不是区块链系统。

4. 数据库一致性协议和拜占庭将军协议不同

区块链是一种分布式记账系统。在分布式系统中，最为关键的问题就是一致性问题。一致性问题指的是：对于给定的一组服务器节点，指定一系列操作，在某协议保障下，各服务器节点对处理结果达成一致，其中用到的协议也被称作共识算法。根据节点信任程度和容错能力，我们将共识协议分为两类：

- 拜占庭将军协议（节点非互信）
- “刘关张”共识协议（节点互信，也是数据库一致性协议）

拜占庭将军协议是考虑存在一定数量恶意节点的情况下，当恶意节点出现任意行为时，也能有效地保证数据的一致性。拜占庭将军协议的系列算法，是一种确定性容错算法，共识效率高，确认时间短，容错能力稍差，允许三分之一以下的恶意节点。而区块链的应用场景就是互不信任的各方通过区块链技术来做生意、开公司、上法庭，解决互不信任各方的信任问题。下图中的 PBFT 是一个实用的拜占庭将军协议，如图所示，该算法经过预准备（Pre-prepare）、准备（Prepare）和确认（Commit）三个阶段后达成一致。

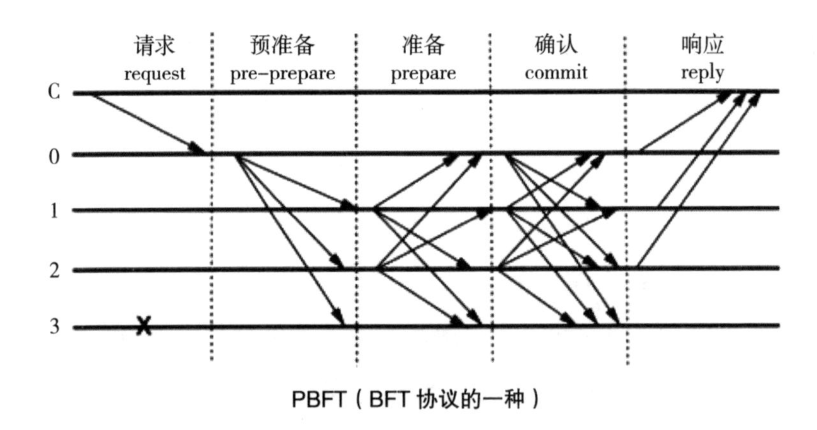

PBFT（BFT 协议的一种）

“刘关张”共识协议是节点之间互信的协议，刘备、关羽、张飞三人桃园结义，互相信任，互不欺骗，三兄弟齐心协力。如果将他们对应于传统的分布式系统各个节点，也就是说各节点只可能出现宕机或是断开连接的情况，不会向其他节点发送虚假消息，理想情况下，互信协议中不会出现恶意节点（向不同的节点发送不同序号的消息）。

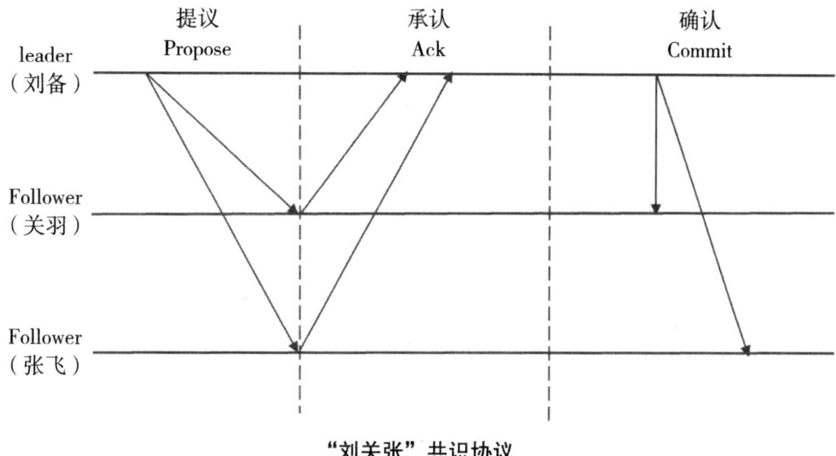

“刘关张”共识协议

拜占庭将军协议和“刘关张”共识协议的最大差别在于：“刘关张”协议有两轮投票，拜占庭将军协议有三轮投票。其中，拜占庭将军协议的前两轮投票和“刘关张”共识协议相似。但是在拜占庭将军协议的第三轮投票中，参与节点需要向其他节点发送他们在第二轮投票阶段收到的消息。所以，如果没有第三个阶段，拜占庭将军协议就会变成“刘关张”共识协议。国内一些工程师原本想要“优化”拜占庭将军协议，结果却是将拜占庭将军协议的第三轮投票去掉而变成了“刘关张”共识协议。

“刘关张”共识协议最初在中国出现，但是后来发现“刘关张”共识协议已经技术输出到国外，国外一些有名的区块链居然也使用“刘关张”共识协议。使用“刘关张”共识协议的公司都自称使用的是拜占庭将军协议，其实用的是“刘关张”共识协议。

“刘关张”共识协议又可以分为两种：分布式“刘关张”协议和中心化“刘关张”协议。

分布式“刘关张”共识协议

这种协议用于传统的分布式数据库系统，能保持多个数据副本之间的一致性，如两阶段提交协议、Paxos、Raft 等，这些协议都是传统数据库的一致性协议。互信协议允许宕机的节点数为二分之一，但是一旦黑客攻击了其中的主节点，使被攻击的主节点成为恶意节点，就可能会造成系统内的数据副本混乱，导致系统瘫痪。

下面两个图表示两段式分布式“刘关张”共识协议，一个是确认情景，一个是回滚情景。

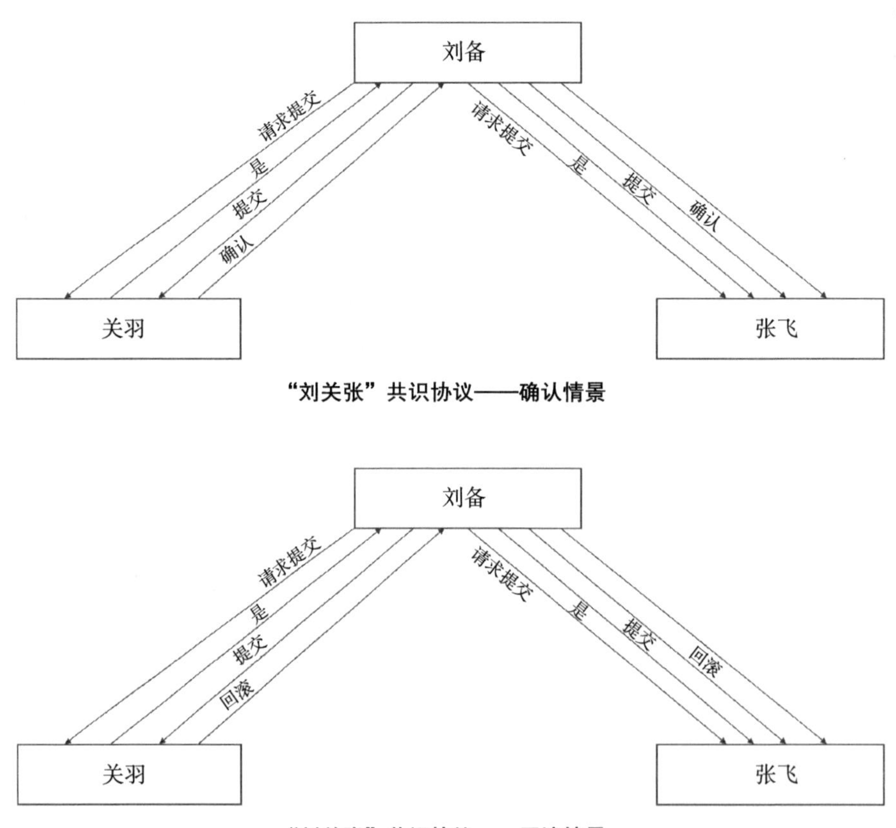

“刘关张”共识协议——确认情景

“刘关张”共识协议——回滚情景

如果将数据库的互信协议应用到区块链技术当中，将不能够查验以及抵挡恶意节点，这样的区块链只能够应用在节点之间互相信任的环境下。因此，这样的区块链被许多学者认为是一个弱化的区块链。

中国信息通信研究院发布的“可信区块链”白皮书标准里提到，“有效防止节点欺诈”是“可信区块链”的一个最低要求，没有达到这个要求就不能称为“可信区块链”。所以，凡使用“刘关张”共识协议的区块链都不是可信区块链。

而且工信部认为不光需要满足上面的可信需求，“绝对一致的共识机”还要满足以下需求：

A. 任意节点错误响应，执行成功却对外返回“失败”，执行失败或者不执行时对外返回“成功”，系统需要对这些错误作出响应。

B. 任意节点向网络中其他节点发送不同的消息请求响应，例如：系统中有4个节点，请求消息序列为a，b，c，d，e，其中任意一个节点不按照a，b，c，d，e的序列发送消息给其他节点，把a只发给其中一个节点，把b，c，d，e发给另外两个节点。

C. 任意节点通过修改本地数据、构造本节点校验合法的请求响应，例如，本节点余额为100单位，修改本地余额为200单位，然后发起200单位的转账。

对于上述情况，共识机制需要保证在小于理论节点数欺诈的情况下，节点间数据能够恢复正确且一致，并且和对外响应结果正确且一致。

这种弱化的区块链不能用于有强监管需求的应用里面，例如金融、公检法以及政务等领域。尤其用于政务上的区块链必须使用拜占庭将军协议，而不是“刘关张”协议。因为被信任的政府官员也可能参与舞弊，只有拜占庭将军协议可以查验说谎的节点，而且可以防止外部和内部发生篡改。

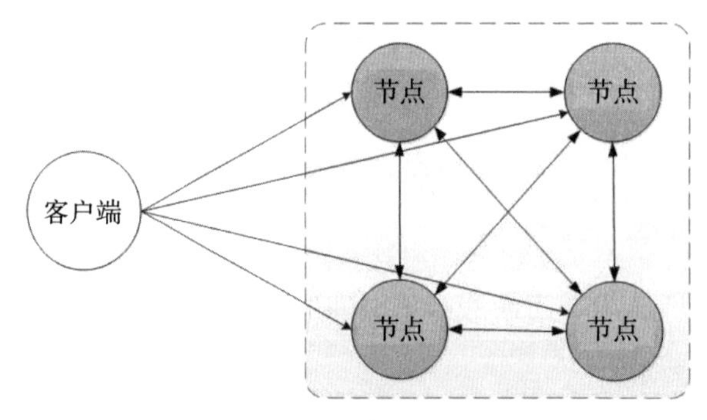

分布式“刘关张”共识协议

五、伪区块链

1. 类似区块链不是区块链，不能同等看待

许多类似链都是以区块链身份出现。区块链有共识机制，是分布式数据库系统，不能被篡改，但是这些类似区块链有这些特性吗？所以对于每个标榜是区块链的类似链，必须查验它们的链能不能被篡改，是否有分布式数据库，是否支持支付系统。这样问题就来了。因为一个系统，只要稍微改一点，就不是传统区块链系统，特性也不一样。这些特性不能从区块链系统带到类似区块链系统。例如一部汽车，如果拿走引擎，还是汽车吗？可以有汽车的座位、轮胎、刹车和方向盘，但是没有引擎，需要靠脚力推动。这还是汽车吗？唯一的差别只是引擎，但是就这一个差别，汽车就不是汽车了。

再举一个例子，同样是汽车，而且有同样的配置。但是一部汽车方向盘只能向右转。这还是汽车吗？只能右转的汽车？这样的系统可以说 99% 是一样的，但就是这 1% 的差距，整个系统完全变了。

几年前，一些类似区块链系统，宣传有更好的扩展性、更好的性能，而且可以有共识机制，该共识机制在数学上也被证明是正确的。但是因为参与共识的节点和区块链系统不一样，只有部分节点参与，如何在这样的系统上做支付而没有双花的问题？如何高效地监管这样的系统？这些问题看起来容易，其实很难。有被证明过的共识算法，只能算做出第一步，而不是最后一步，离实际有用的系统还非常远。例如，过去许多 ICO 项目后来都被证实只是“白皮书技术”，而没有真正的技术；曾经融到 40 亿美元的项目，后来发现只产生了几行代码。

就算这些问题可以解决，但是提供解答方案的是项目方，因此他们的问题能不能解决还是个未知数。这些问题已经出现将近 3 年了，问题还一直冒出来没有完全解决，有些链到 2020 年 2 月还在积极地“研究”这些问题，连完整可以运作的原型都没有研究出来。有些类似区块链系统有实验数据，系统性能也很好，但是运行是不是正确还是问题。这表示系统虽然有共识机制，有加解密系统，但可以做支付系统吗？会不会有双花问题？会不会只有共识机制，而没有金融支付一致性？

事实上，常常是系统越宣传其性能神奇，人们对该系统应该越持怀疑态度。过去，币圈早有系统宣传一秒可以跑千万笔交易，脸书以及 IBM 这些高科技公司都做不出类似性能的系统（他们现在大概是 1000 笔 / 秒），而且宣传的和实际情况差距那么大。难道是脸书、IBM 那些世界著名团队科技太落后了？还是这些宣传高性能的单位太高超？

2. 链下系统活动好？

因为比特币性能非常差，所以一直有人提出不同的解决方案：

- 链下进行活动，但是由链上交易机制（例如智能合约）来担保其正确性；
- 多链机制，使用多个链来并行交易；
- 放弃 P2P 网络协议来增加速度。

第一种，链下系统（off-chain）解决方案。在这一方案中大部分的活动在区块链外面进行，比如在比特币上的闪电网络（Lightning Network）和雷霆网络（Thunder Network ）上进行交易。设计成链下活动的原因是公有链速度太慢，以链下活动来弥补链上活动，用加密方法来保证链下活动的安全。这样的链下系统，因为部分活动不在链上，所以安全性比区块链差。

一个重要问题是，我们为什么想上链？我们上链的目的就是要进行公开、公平、能信任的交易。而现在使用链下活动来提升交易速度，为什么需要这样做？这样不是丢弃原来上链的目的了吗？如果因为需要公开、公平、有信任的交易，我们上链，上链后又因为需要提升交易速度，我们就下链进行交易，这是什么逻辑？为了让交易变快，我们下链，如何管理链下活动？链下系统除了计算，还会有什么活动？

我们一直坚持，如果计划使用区块链，就百分之百为链上活动，就算下链活动能保证计算正确而且安全等，也不能下链。

3. 中心化的链不用考虑

除了原来的超级账本外，还有一些系统，也有中心节点。中心节点代表该系统有一个地方，攻破后系统就会瘫痪。几年前，就有人宣传某个系统可以达到一秒百万级交易速度，而且这个系统是由从世界著名公司出来的高手建立的。后来大家查证，发现该系统使用的是中心化的数据库。这样的系统不是区块链，当这个数据库出问题的时候，该系统就结束了。

有人认为中心化的链安全性未定，可以继续使用。希望如此。一些安全性已经被数学证明且经过大量测试的系统，在运行的时候还有可能被攻击出错，何况那些“安全性未定”的系统？一旦出问题，责任单位必定会被问责，为什么使用“安全性未定”的区块链系统？

区块链系统不便宜，如果要使用区块链系统，不需要考虑中心化系统。

4. 公链、公链、公链

公链（public blockchains）的传统定义是所有节点都可以投票、记账和建块的系统。任何个体或者团体都可以发送交易，且交易能够获得该区块链的有效确认，任何人都可以参与其共识过程，数据公开。其特点是：中立，开放，交易速度慢，需要挖矿或类似挖矿技术，常用P2P网络协议，抗审查性高。

但是如今公链的定义已经大不相同，至少包含下面几种“新”定义：

- 发币的链或是系统：发币机制是从公链（以太坊）出来的，而且当时认为只有发币的链有前途。例如，EOS系统被人指责根本不是区块链，但是因为发过币，就认为它是公链。只要能发币的系统，就是公链。另外发币机制和公链没有关系，任何链（包括联盟链、许可链）都可以发币，也都可以不发币，但是传统上公链发币，而联盟链不发币，但是现在联盟链也可以有发币机制。
- 代码开源的链：只要代码开源，就是公链，不论是开源几行或是几万行，也不在乎代码是不是抄袭其他链。
- 社区的链：只要有社区支持的链，就是公链。
- 币圈大佬的链：有币圈大佬支持的链，不在乎实际系统到底如何，连白皮书都不用写，系统也不用做，也是公链。
- 没有发币机制的链或是系统也可以是公链：只要后期组织发币，就是公链。

也有人公开宣言这辈子就是卖给公链，一生一世永远不离开公链，就算没有资金或是其他，这辈子就是公链，为公链活，也为公链死。可能有人觉得很奇怪，但是就有人公开这样说。可以看到公链已经毒害了一些人的思想。

5. 其他区块链系统

许可链（permissioned blockchains）：只有被许可的节点才能参与投票、记账、建块的系统，包含私有链、联盟链、企业链等所有非公有链。数据可以公开或不公开。其特点是：交易速度快，不需要挖矿，交易成本低（交易只需几个许可节点验证即可），可审查，会占据商业应用领域的主流。

私有链：其写入权仅在一个组织手里的区块链。读取权限或者对外开放，或者被任意程度地进行了限制。

联盟链：联盟链对特定的组织团体开放，介于公有链和私有链之间，但实质上仍属于私有链范畴。公众可以查阅和交易，但不能验证交易，需要获得联盟的许可。

六、互链网重新定义区块链

我们要把区块链作为核心技术自主创新的重要突破口。但是，到底什么区块链才能成为中国科技的突破口？开发或是使用超级账本会是重要突破口吗？开发或是使用比特币、以太坊是重要突破口吗？不，这些都不会是核心技术自主创新的突破口。一、它们不是中国自主创新，二、它们都是旧的技术，在互联网时代，如果某项技术有3年的历史，就有可能是旧技术。

笔者过去多次预测未来的区块链会有巨大的变化。笔者为什么这样预测？主要从下面几个方面出发：

- 从应用出发，区块链应用会决定区块链的设计方向。比特币、以太坊都是逃避监管的数字代币。2014年12月，英国央行研究区块链技术后发现，区块链技术是可以支持数字法币的，但是当时的区块链系统并不支持监管，因为这些链数据结构还有一些问题。不支持监管的区块链系统很难用来支持数字法币。所以笔者预测以后支持监管的区块链架构会和逃避监管的区块链架构大不相同。

● 从系统设计原则出发：区块链系统设计原则现在已经越来越清晰了，不同应用场景可开发出不同区块链设计。

● 从历史重大事件出发：自 2018 年初至今，发生了几件大事，改变了区块链的历史。改变从区块链拥抱和支持监管开始，一改过去逃避监管的状况。

● 区块链成为基础设施：在过去，很多人认为区块链不会改变现在的的系统架构，因为大多数人把区块链当作应用。但是现在越来越多的人认为区块链不只是应用，还是基础设施。2020 年区块链也被列在中国新基建的计划中，表明未来区块链是中国的基础设施。我们如果把区块链当作一个基础设施，区块链就会影响到操作系统、数据库、网络、存储数据中心。

2018 年笔者写区块链中国梦，第一个梦就提到互链网（区块链互联网），由于系统结构发生了改变，这种革新将可以带动中国科技迅猛发展。未来，区块链在中国的使命将会和以前大不相同。区块链也应有新的定义、组成系统、特性、架构、工程、基础设施等。

1. 区块链新定义

传统区块链系统就是块子链、多节点、拜占庭将军协议、智能合约。还有一些人会把 P2P 网络协议放在区块链定义中，这是不对的，如果将 P2P 协议放进区块链定义中，所有区块链都是逃避监管的。下面我们看一下新的区块链定义。

2. 新组成系统

新的区块链系统的定义是区块链 + 智能合约 + 预言机。

- 区块链控制数据，使数据不能被篡改，维持数据一致性。

- 智能合约控制应用流程，智能合约控制的应用流程是一个标准化的应用流程，是微服务化的应用，标准化、微服务化的智能合约是一种监管型的智能合约。这样，数据控制在区块链上，流程控制在智能合约上，数据来自区块链而又回到区块链。

- 预言机与外界接触专门搜集资料，控制外面的接口。英国央行用智能合约与外面的智能合约对接，有的是用智能合约直接跟外面对接，有的是用预言机直接跟外面对接。预言机本身可以使用区块链，可以使用智能合约，可以使用人工智能，也可以使用物联网，还有其他技术，这样的系统才是完整的系统，能够实现金融交易和监管。

这种新型的系统可以参考美国的雅阁项目（Accord Project），该系统是包括预言机在内的有法律效力的智能合约系统。在《智能合约：重构社会契约》一书中可以查阅更详细的信息。

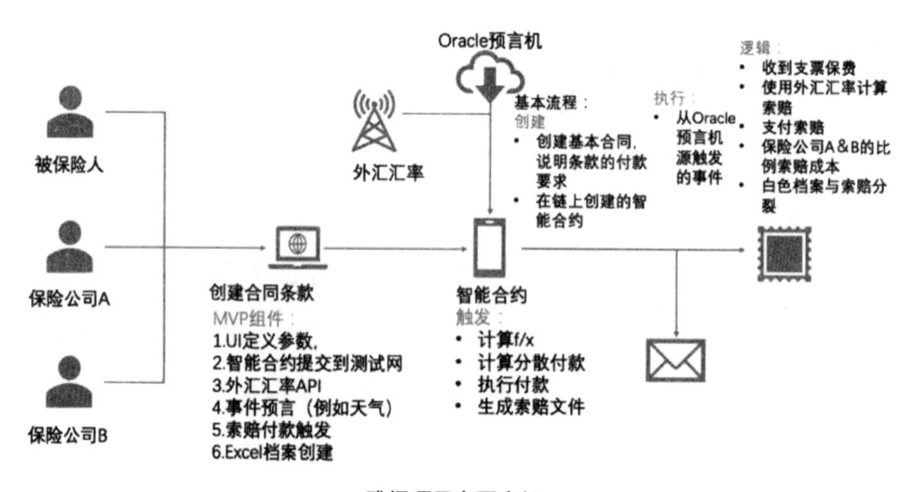

雅阁项目有预言机

3. 新特性

传统区块链系统，数据不能篡改，可以检验说谎（拜占庭将军协议），是分布式架构，高性能，可扩展。新型区块链系统属性类似，但不一样。新型区块链系统，仍然保持数据不能篡改、可以检验说谎的特性。但是也有其他不同特性。

① CFTC 认为区块链最大的功能是支持交易，所以区块链第一个特性就是能够做交易，即交易性。

② 监管性，在合规市场，区块链系统必须可以被监管，包括交易前可监管，交易中也可监管，交易后仍能被监管，全程都被监管。

③ 可靠性，安全性，高性能，扩展性，这些和传统区块链特性一样。

什么是交易性？我们知道区块链里面有共识机制，共识就是一致性，但是一致性并不代表交易性。传统数据库是中心化的系统，但是有多并行进程，多个“读”跟“写”操作同时间进行，但是事务处理会使这样并行的“读”（例如读账本数据）和“写”（例如改账本数据）等于一个串行交易序列，而且结果一致。也就是说可以有一个串行交易序列，跟这些并行的读和写流程得到同样的结果，这样的交易就是完备的，不会因为出现多进程使系统执行时得到不同交易结果（例如得到不同的余额）。这是金融交易系统需要的。

但是到了分布式数据库的时候，分布式一致性协议并不维持交易特性，只是维持数据一致性。例如两轮协议（2 phase）投票机制，投票的目的只担保数据一致性，并不担保交易可以等于一个串行交易序列。传统分布式一致性协议是在参与节点互相信任的环境下进行的。

后来有拜占庭将军协议，三轮投票，也是数据一致性协议，可是参与方不需要互相信任。拜占庭将军协议比传统数据库一致性协议复杂得多，因为要查验可能说谎的节点。这代表了一个新方向，以前系统只是防护外面来的攻击，拜占庭将军协议却可防止内部人员作弊。因此使用拜占庭将军协议加上加密技术，就可以防止说谎节点使整个系统瘫痪。

但是不论是传统分布式数据库一致性协议，还是拜占庭将军协议，它们都只是维持数据一致性。这些协议都没有找出可以对应的串行交易序列。这表示这些协议只是维持数据一致（在互信的环境下，或是没有互信的环境下），而没有维持金融交易完备性。

区块链系统要从事交易，需要交易性，而又需要拜占庭将军协议。这两个都存在，才能做交易。区块链新定义第一要素——交易性，就是在互不信任的环境下，系统能够完成传统金融交易，即可以有对应的串行的交易序列。只有在这种情形下，金融交易才能完备。

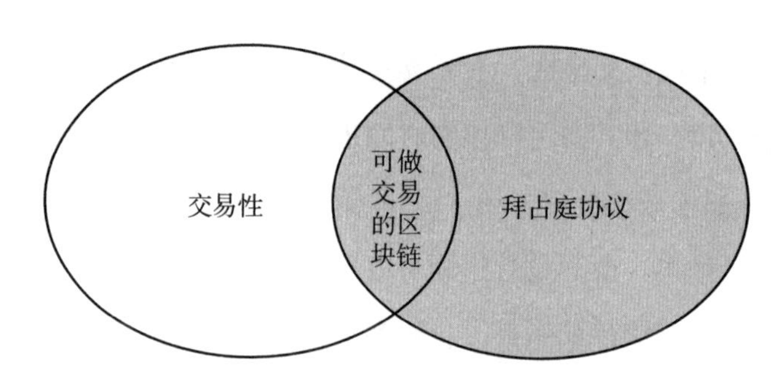

区块链系统需要有数据库事务一致性，也要有拜占庭将军协议一致性

事实上，在区块链中做交易的时候，每一区块中所有的交易都是一起被验证、一起被通过的。这和传统数据库交易方式不同，传统的交易方式是一次交易流程对应一笔交易，区块链中做交易是一次交易流程可对应多笔交易。这是新型的交易方式，这种方式和传统数据库读和写是不一样的。

一些类似的区块链出现问题就是因为节点有不同的信息。节点如果有不同的信息，一个监管单位如何查验？或者说如何检验这个交易能不能通过？监管单位可能会发现节点没有相关数据，如果一个节点没有信息，如何来检验？可能有人说，可以在所有节点上查询。问题是，这样做共识会慢下来。这些类似链设计概念就是不要所有节点有同样信息以便可以进行高速共识，但是如果在共识时需要在不同节点搜寻数据，就会大大降低共识速度，因此交易速度会降低。

那么这些链就会面临两个选择：仍然维持高速共识（和交易）但是有可能这些交易不完备（就是可能会得到不正确的交易结果，这在合规市场是不能被接受的），或是系统慢下来来维持交易完备性。这样“交易性”和“监管性”就会出现问题。

这两个属性非常重要，因为其他属性都必须在保证这两个属性都具备的情况下实现。例如扩展性，我们不能有扩展性后交易不完备，或是扩展后，交易难监管。没有这两项属性，区块链只能慢速进行，而且交易有不完备的风险。只有在这两个特性都具备的情况下，才能谈其他功能和属性，例如清结算、扩展性、保护隐私等。

4. 新架构、新工程

新型区块链会有不同的架构，开发的工程技术也不同，Libra 就是一个例子。Libra 系统是把软件资源和数据分开，而英国央行提出的将核心账本和智能合约分开也与 Libra 有异曲同工之妙。这样将软件和数据分开的软件设计原则是“软件工程之父”David Parnas 在 1972 年提出来的，原则简单，但是今天的一些链的设计还是违背了这一原则，包括比特币、以太坊等系统，以至于当账本系统和交易系统放在同一系统的时候，系统就会出现许多问题。

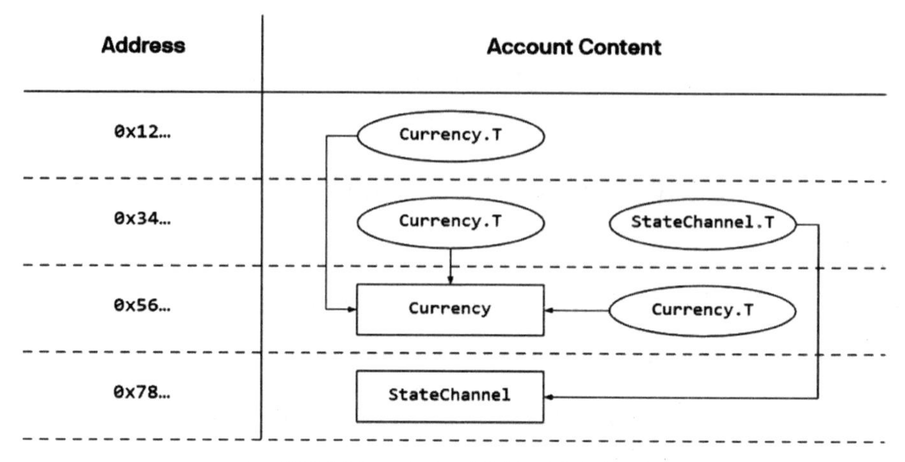

Libra 的新架构，矩形表示软件，椭圆表示数据

在《智能合约：重构社会契约》一书里，提到一个重要项目，就是 ISDA（International Swap and Derivatives Association 国际交换交易商协会）的智能合约标准化项目。ISDA 提出金融衍生品的交易用智能合约完成（该观点和美国 CFTC 一致），并且开始制定智能合约标准。从 2017 年到 2020 年，我们一直在研究开发这个项目，今年已经出了多个白皮书，开始建立一套新型的智能合约体系。

在 ISDA 的白皮书中提出了一个重要的概念，那就是智能合约系统首先需要预言机，而且预言系统可以是复杂的。ISDA 花了大部分时间来应付在金融交易上可能会遇到的事件和问题，而不是用在写智能合约代码上。因为在智能合约环境下，以前人工处理的问题，现在需要自动处理；以前业务人员可以经过谈话、沟通等方式，和系统一起来处理这些复杂的流程，谈话单位可能包括上市公司、交易所、证券公司、托管中心、银行、律师事务所、公证处和法院等，现在这些工作大部分由智能合约自动处理，而这些单位都可以是智能合约参与单位或是预言机设置点。例如一家上市公司某天遭遇金融危机，没有交付欠款，可能会引起大量相关市场

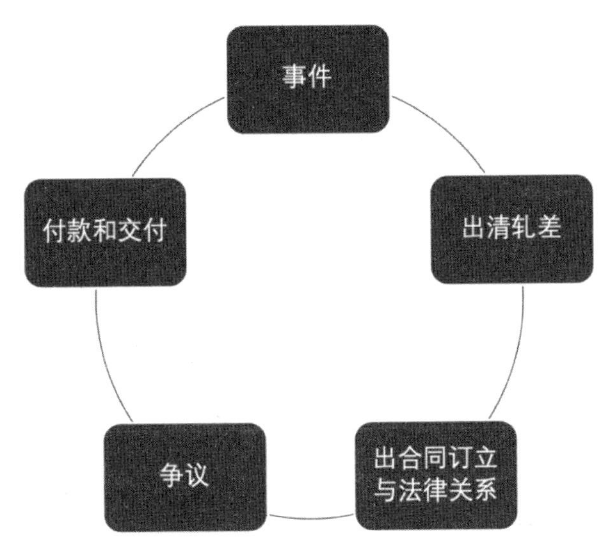

ISDA 智能合约机制充满事件处理机制

的连锁反应或是法律事件，银行的预言机可能会先启动，通知相关单位该公司没有按期付款，违约的事件会自动启动，该违约事件可能会启动早已部署的智能合约在市场自动执行交易，还会启动其他事件。ISDA 大量分析这些场景，而且一个重要设计思想就是事件处理（event processing）思想，处理金融交易可能遇到的一些事件，事件处理系统在传统区块链、智能合约或是预言机都没有出现过，这是一个新机制。

ISDA 的工作带来重要信息，新型区块链的智能合约系统和当初以太坊的智能合约系统的设计差别很大，在架构和内容上都不同。

5. 新基础设施

我们已经看到新型区块链架构不同，工程不同，因而基础设施也会不同，而基础设施包括网络、数据库和存储。

下面这张图，左边是传统的互联网，上面部分安全，下面部分不安全，是一个开放性的架构。右边是一个新的架构，互链网架构。下面加了一个共识层，上面加了一个区块链核心协议层和一个业务应用层。我们可以看到，如果我们根据ISDA的做法，还会有智能合约和预言机出现，包括标准式的预言机和智能合约。这和我们现在已知的互联网架构和金融系统不同。

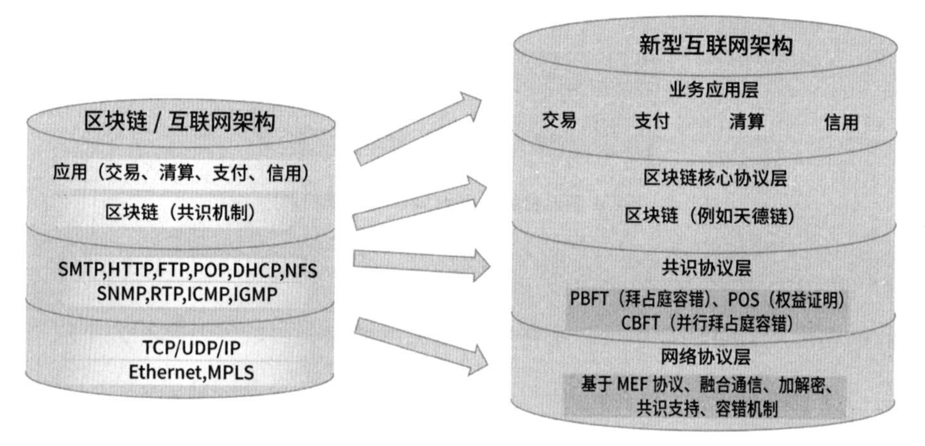

融合共识与加密，更改互联网协议

我们提出了多个新型区块链模型：

- 皋陶模型：顶层智能合约设计的模型；
- 比特犬模型：领域工程和模型来创造智能合约；
- 烽火台模型：预言机内事件处理模型，一个事件发生以后，这些信息就像烽火在烽火台传递一样快速传递，到达正确的智能合约执行平台；
- 大雁模型：新型传递模型，信息可以有组织性地往上报，而且上面的信息可以有组织性地往下走；
- 熊猫模型：在区块链系统中，数据与软件分开处理；
- 独角兽模型：一个可以被机器处理的智能合约语言，也就是法言法语；

- 三驾马车模型：智能合约混合模型；
- 金丝猴模型：一种交易的跨链模型。

网络系统： 互联网虽然速度快，但是不安全，而且时常有欺诈行为。新型网络互链网追求速度，但是更加重要的是追求安全性和隐私性。保护隐私和监管是互链网的首要目的。我们在2019年提出的新网络协议MEF就满足这样的要求，而且又兼容现在的协议，这就有可能形成一个新网络结构。朱波博士提出了Jazz（爵士音乐）模型（见本书序言），在互链网上面，每个团队或者每个组织都可以做开发和经商。不像现在，只有大公司有能力开发系统做电商。在互链网上，世界更加扁平化，好像Jazz音乐一样，没有交响乐团也可以有发展空间。这些都是新思想。

操作系统： 传统操作系统多年没有改变，架构也没有变。但是为了监管数字金融交易，操作系统需要改变。我们提出操作数据库系统ODBS（Operating DataBase Systems）概念。有这种ODBS的时候，就可以监管所有的交易，也可以使用硬件来处理交易。该新型操作系统，结构、进程、存储和安全机制都和传统的操作系统不一样。

数据库： 数据库在过去有非常大的发展，例如大数据平台出现，但是当区块链出来的时候，我预测还会有新型的数据库结构出现。2019年微软和德国出了一个BlockchainDB，我们也提出了BQL（Blockchain Query Language）和BDL（Blockchain Data Lake）。BQL使区块链查询更方便，而BDL是监管区块链数据的平台，以后区块链交易都可以放在数据湖内进行大数据分析和查询。

本章总结

	传统	新思想	实例或是模型
区块链组成系统	区块链 + 智能合约	区块链 + 智能合约 + 预言机	雅阁项目，ISDA
应用	为地下经济提供交易媒介，逃避监管	为合规经济提供交易媒介，监管工具	Libra，ISDA，英国央行智能合约系统，烽火台模型，石榴模型，犀牛模型
架构	数据和软件融合	数据和软件分离，事件处理系统	熊猫模型，Libra，Fnality，ISDA
区块链特性	共识、高性能、扩展性、安全性	交易性、监管性、高性能、扩展性、安全性	熊猫模型，三驾马车模型
智能合约	没有限制	标准化、微服务、监管单位控制、事件处理，融合预言机	ISDA，英国央行模型，皋陶模型，烽火台模型，石榴模型
网络	互联网	互链网	MEF 协议，Jazz 模型
操作系统	UNIX，Linux	操作数据库系统	犀牛模型
数据库	传统数据库，例如关系数据库，大数据平台	区块链和数据库并行融合架构	BlockchainDB，BDL，BQL

另外，虽然这些都是改革，但又兼容现有的系统，例如 MEF 协议可以和现在的 TCP 协议或是 BBR 协议一同使用，新型操作系统兼容现在运行的应用，新型数据库结构也兼容现在的数据库和应用。区块链确实改变了，不仅应用改变，系统设计也改变了，而且是结构和基础设施上的改变。这样的改变才有可能在理论上占据前沿位置，拥有国际话语权，制定国际标准。只是跟随国外的技术发展，不可能在理论上走在前沿，也不会在国际上有话语权。国外单位例如 ISDA 已经开始大规模制定金融交易的标准了，已经走在中国前

面了。

以后怎么发展，以后哪个会留下来，现在还未可知，但是一个很清晰的图已经出现。现在的以太坊、比特币、超级账本不会是未来的区块链。未来的区块链会有非常大的改变，有可能是这些链的改进版，也可能是全新的项目，像Libra一样。10年或是20年以后，可能现在所有的区块链机制都会翻新，也可能现在的部分思想会留下来，但是不改变是不可能的。

第七章
区块链共识经济

1. 区块链一个重要特性是同一时间、多个参与节点都能收到同样的信息，这样可以避免节点有不同信息，违规就很难实现 。一致性似乎就够了，为什么新型区块链定义还需要保持交易性?

2. 有人认为只有公链是可以信任的，联盟链是不能被信任的，因为参与的节点少。讨论一下该观点是否正确。最近一些学术论文提出，由于挖矿机的集中，公链也不是全网记账了。英国国会 2016 年开会后宣布英国政府永远不会在政务应用上使用比特币或是类似公链，很明显，全网记账不是重要考量对象。后来一些世界著名的链也被发现根本不是区块链，也有公链在 2020 年被美国监管单位 SEC 重罚，罚款居然超过他们当初融资的全部金额，表示市场和监管单位发现而且不再容忍一些假区块链。在重罚这些项目的同时，美国开启大量区块链研究，表明美国支持区块链但是反对币圈。如果区块链不需要全网记账，那么区块链系统需要几个节点?

区块链和传统系统不同，主要原因在于共识机制导出来的共识经济模型。下面就是共识经济原则：

> 我和你的交易是同时间得到共识的，不是说你昨天同意，我今天才同意，我们是同一时间同意的。
>
> 我知道你的数据（而且是和我的数据一致），我也知道你不能改存在你那里的数据。
>
> 你知道我的数据（而且是和你的数据一致），也知道我不能改存在我这里的数据。
>
> 任何节点加入这个共识机制，也会得到同一结果。

该原则有下面几个重点：

- 上面的你和我不需要是熟人，可以没有见过面，包括在交易前、交易中、交易后，彼此也都不需要信任对方，而是依靠区块链系统提供的机制来维持信任；
- 你和我使用同样的协议（区块链共识协议），而且知道如果我们没有使用同样的协议，就不能达到共识；
- 你和我的交易是得到共识的，而这个交易可以是金融交易（例如资产交易、数字房地产和数字股票）、数字货币交易、大宗商品交易，也可以是简单的注册（例如学历证明、身份证注册、公证处证明）；
- 区块链共识是有数字签名的，交易双方不能日后反悔；
- 你和我是“同时间”得到共识后才完成交易，这个共识机制是“实时”的，就是交易记录是实时发生的；
- 你和我是收到“同样信息”的；
- 你和我都不能篡改信息；

● 其他人，只要是加入该链，都有同样待遇。

公司机制防止欺诈事件发生

如果读者明白这些原则，就可以知道如何设计区块链应用，也可以明白区块链的限制。今天许多欺诈行为都是因为违反以上原则造成的：

	共识经济原则	避免欺诈场景
1	实时共识后交易才完成	由于共识是实时发生的，而且记录是实时的，这在现在法律框架下，是具有法律效应的。以后非常难推翻交易
2	交易方和参与方都以数字身份签名	避免假签名，没签名
3	同样协议	交易参与方，处理交易双方，还有金融机构例如交易所、银行、国税局、公证处、审计单位都上链，而且使用同样的协议
4	同时间	所有参与方，都是在同时间收到信息，没有人可以有不对称的优势。今天许多欺诈事件都是因为信息获取不对称造成的。例如有人发现欺诈行为，报告后，需要等许久才开始收集证据，但是这时候，证据已经不见了，或是已经被篡改了。在法律上最可靠的证据是实时收集的信息，而且是参与方同时间收到的信息
5	同样信息	共识机制保证所有参与方都收到同样的信息，而且大家都以数字签名来认定，以后有法律纠纷也可以很快解决
6	不能篡改	许多法律纠纷都是因为事故后证据很快就被篡改。交易数据存在区块链上，很难被篡改，在法庭上，这些电子证据更有法律效应

区块链集团、帝国、联合国

区块链也有其发展原则，其中一个重要原则就是区块链有融合性，或是扩展性，容易有网络效应。

网络效应就是网络越大，参与人数越多，参与人数越多，服务越好（因为高昂的运营成本可以分摊到许多用户上，使每个用户平均成本降低），反过来，服务越好，参与人数也会更多，形成良性循环。随着用户量的增加，用户可以从网络规模的扩大获得更大的价值。这时，网络的价值有可能呈几何级数增长。经济学上，这种效应称为网络外部性（network externality），或称网络效应。2019 年一个新的数字货币理论出来了，这种新的理论也是基于该网络效应。即，使用人越多，服务越好，服务越好，使用人数越多，一个数字货币被使用得越多，该数字货币就可以排挤其他数字货币或是传统法币，这种现象出现在传统互联网上。

区块链或是互链网和互联网不同，区块链的协议比互联网的协议更加严格，因此加入的难度更大，但是加入后，离开的难度比加入的难度更大。

	互联网	区块链或是互链网
统一协议	TCP/IP	新型网络协议例如 MEF，还需要统一的加密协议，共识协议
金融和法律应用	需要特别设计安全隐私机制	区块链或是互链网提供安全隐私机制
帝国例子	（国外）谷歌、亚马逊、脸书；（国内）阿里、腾讯、百度、京东	数字代币上是比特币、以太坊，合规市场帝国还没有出现，脸书 Libra 有可能可以成为帝国

由于参与方都需要使用同一协议，一个区块链协议促成一个协议集团，集团够大的时候成为区块链帝国，而一个区块链帝国和其他帝国有互通协议（跨链协议），成为联合国。由于区块链具有共识特性，越早部署区块链越有优势。

第八章

区块链误区新解读：去中心化？去中介化？

1. 有人说区块链重点是应用，而不是底层技术，是不是代表中国不需要开发底层技术，只要使用国外开源软件就可以？

2. 有人认为区块链没有新技术，因为所有区块链技术在以前都已经开发了。讨论一下该观点。例如拜占庭将军协议，在20世纪80年代已经出现（有近40年的历史），可是今天还有大量关于拜占庭将军协议的论文出现。

3. 许多人认为区块链是“去中心化”的，但是要被去掉的“中心”是什么？是政府？是制度？是央行？是银行？是公安？是法院？是公证处？还是学校？区块链世界需不需要这些中心？如果这些中心不能被取代，如何看待区块链？

前文提到区块链发展一直有两条路线，一条是币圈路线，一条是合规市场路线，在中国只能发展合规市场。这两条路线的思路、哲学、政府治理理念、技术、基础设施以及商业模型都不同，因而相关的新闻报道、教育和舆论也都不同。

币圈为了推广它的思想，用了很多名词，造成了一些混乱。“三人成虎”，谎话说多了，反而谎话好像是真理。因此，想发展区块链必须有正确的名词和思想。这章就讨论区块链重要误区，希望能够把这种混乱的局面变成有序的环境。如果我们连名词都不能够有统一的看法，就很难做深入的探讨。

本章将误区分为两部分，第一部分是传统误区，主要介绍币圈思维和合规思维的对比；第二部分是新区块链误区，主要介绍传统金融界对区块链的误区。

一、传统误区

下表列出一些典型的误区。这些误区在国内有非常深也非常久的影响。常常会有人以误区来看待区块链。例如一提区块链，有人就想到比特币，就会把区块链等同于比特币。当讨论到区块链的特性的时候，立刻有人提“去中心化”，连政府智库发表文章也将“去中心化”看作区块链的特性之一。智库的上级单位早已经公开反对“去中心化”的提法，但这些误区仍然深入民间和学者的心中。

“去中心化”是国内的提法，国外并没有这种提法。国外用的名词是decentralization，大部分字典都将其译成“分权式”，分权式并不是表示中心不存在，中心还是存在，而且区块链应用如果有中心会更方便。美国区块链产业和英国的区块链产业布局都是有中心带领的，例如英国由英国央行带领，英国英行是英国金融中心的中心，由该中心带领发展一个基于区块链的数字法币。这哪里是“去中心化”？

美国也一样，例如医药供应链管理，由美国政府食品医药管理局带领，也是由中心带领！这些发达国家发展区块链都是由中心领头。

以前少数国内外币圈有无政府观点，认为比特币脱离政府，脱离国家法币。这就是美国政府起诉早期开发数字代币的工程师，并且将他们抓进监狱的原因，这也是“中本聪”隐姓埋名的原因。美国政府认为他们挑战美国的主权，特别是挑战国家铸币权，铸币权应该只有国家才有。

国内也不需要使用这种带有政治思想的科技，因为科技都是中性的。不需要使用“去中心化”的名词。

传统误区

	误区	正解
1	区块链就是比特币或是数字代币	它们只是区块链技术早期的一类应用
2	区块链就是公链，或是只有公链有价值	区块链可以有多种形式出现，包括公链、联盟链
3	只有公链有价值	今天最有价值的链是联盟链，包括 Libra
4	区块链是“去中心化”	区块链是分布式、分权式，不是去中心化
5	区块链是洗钱工具，有巨大的金融风险	区块链是反洗钱工具，能够降低金融风险（英国央行就是要降低金融风险才采用区块链技术）。数字代币才是洗钱工具，而区块链不是数字代币
6	区块链逃避监管	区块链不逃避监管，反而是监管利器
7	区块链扰乱金融市场	扰乱金融市场的是数字代币，区块链支持国家、金融、外汇和跨境贸易，是经济支柱
8	区块链有挖矿机制	区块链没有挖矿机制，一些数字代币才有挖矿机制，区块链可以有激励机制
9	区块链运行速度慢	区块链可以高速运行，只有公链才运行慢
10	区块链扩展难	区块链可以无限扩展
11	区块链架构必须像比特币或是以太坊	未来区块链和以前区块链会不一样，现代 IT 系统每两到三年就有新一代产品出来。比特币是第二代产品，以太坊是第三代产品，这些都属于“旧”技术

二、新区块链误区

区块链第二个误区，主要是传统金融界对区块链的误区，特别是对基于区块链数据经济的误区。国外早已看到数字法币的发展走势，但却一直按兵不动，一直到2019年脸书发布Libra白皮书后，才开始考虑发展区块链。在国内，各方就如何发展区块链曾进行了激烈的争论。现在政府大力鼓励基于区块链的数字经济、数字法币以及金融应用。下表列举关于区块链发展的一些观点。

新区块链误区

	误区	正解
1	脸书稳定币不重要（其他稳定币同理也不重要），因为不是法币，而且脸书只是公司，不能和国家以及国家法币竞争	其实脸书稳定币是数字法币的二军，美国政府在后面支持，是美元的先锋，可以进攻，也是起保护作用的护城河。脸书币是世界新货币竞争的利器。不同于以前的货币竞争，世界许多国家担心自己的法币受脸书币挤压，认为这是新货币霸权主义的商业活动。2019年11月哈佛大学教授也提出过这样的观点，观点非常强烈，认为美国必须大力发展数字法币
2	脸书将成为世界央行，因为脸书币会是世界通用币	事实上脸书不可能会是世界央行，脸书稳定币是美元工具，是美元的“小弟”，脸书币没有美联储的支持不可能成功
3	比特币是数字黄金，带领世界数字货币，以后取代各国法币和央行制度，国家可以使用比特币来对抗脸书稳定币	美联储认为比特币没有价值，不可能和脸书币竞争；黄金才是货币之王，数字黄金才会是数字货币之王，数字黄金可以和脸书币竞争。现在许多国家央行都在发展或是研究数字法币，包括欧洲央行和美联储。他们在2019年脸书发布白皮书后宣布了这些观点
4	数字法币只是数字现金，现金只有很小的市场，数字法币不会改变世界金融体系，对国家经济和市场不重要，这只是一个小型科技项目	数字法币大大改变世界金融系统、市场和流程，脸书币震动了世界央行和商业银行就是证明，现在不只是英国支持该理论，美国还有其他国家也支持。2019年8月23日英国央行行长在美国的演讲，以及2019年11月美国哈佛大学教授的言论彻底改变了许多国家央行的观点。美国两位经济学者2017年曾说道：哪个国家不重视数字法币，哪个国家就会落后。哈佛大学教授认为这是国家安全级别的计划，必定会深深影响国家的命运

续表

	误区	正解
5	数字法币和现在的电子货币（现在银行系统里面的货币）没有太大差别，中国已经有世界最先进和最大的移动电子货币系统支付宝和微信支付，不需要陪国外玩这样的新技术	数字法币和电子货币大不相同，数字法币以共识为基础，改变世界金融系统、市场和流程，例如清结算就大不相同，新技术里面，多方共识后不需要对账，也不再是由一个单位决定一切。到底哪种方式对多元社会比较有竞争力？根据脸书 Libra 币国会听证会报道，这次脸书稳定币的一个目的就是想要和中国支付系统竞争，以“新科技”对付“旧科技”
6	使用这些稳定币，世界金融风险大大增加，洗钱的事像比特币一样泛滥	这是误解区块链就是比特币，误解这些稳定币就是比特币。实际上这些稳定币是洗钱的克星，使用稳定币后监管力度大大增加，金融风险大大降低。如果许多国家都用区块链金融，不使用区块链的国家金融风险会增加。2019 年，日本宣布预备成立基于区块链技术的跨境支付中心，以取代 SWIFT。日本认为使用区块链技术可以降低金融风险，反洗钱
7	世界央行包括美国央行美联储反对脸书发稳定币，会给脸书制造麻烦	美联储支持脸书稳定币是因为他认为该数字法币是美元的“小弟”、“先锋”和“护城河”。有了这些小弟，美元更加稳定。哈佛大学教授认为脸书的稳定币是前菜，后面数字美元是正菜
8	美国不会放弃 SWIFT，因为这是美国处理国际事务的工具	事实上，区块链比 SWIFT 监管还要严格，美国采用区块链是正确的，现在稳定币项目都可以取代 SWIFT，而且 SWIFT 正在改变现在的方式

第九章

区块链未来10大研究方向

1. 为什么金融交易是一个重要研究课题？（可以参考Fnality和脸书Libra的交易科技材料，Fnality相关内容见本书附录1，Libra的相关内容见本书第十六章）

2. 为什么有金融专家认为区块链没有改变金融或是货币，而哈佛大学罗格夫教授在2019年的短文里面根本不讨论这个问题，直接说会有巨大的改变？（可以参考美国区块链产业布局材料）

3. 为什么英国下一代沙盒计划GFIN连“监管”这个名词都不存在？这说明什么？（可以参考沙盒材料）

4. 有人说，区块链不会改变货币理论，也有人认为区块链会改变货币理论。他们的观点的差异在哪里？

最近和一位媒体人谈话时谈到，为什么我们在区块链科技发展起步阶段对区块链的发展如此重视，同样是新技术的互联网、人工智能和大数据，都是在大学都已经研究和教学多年以后，且许多公司也都已经部署后的基础上，国家才推出相应的发展计划。互联网历经40多年，人工智能历经60多年，大数据历经10多年以上，经过这么久，国家才推出相应的这些项目。

"我们要把区块链作为核心技术自主创新的重要突破口"，"要强化基础研究，提升原始创新能力，努力让我国在区块链这个新兴领域走在理论最前沿、占据创新制高点、取得产业新优势"。这表明中国不能一直学习和跟随国外区块链技术，要有创新，不但要有创新，还要能够有话语权。那么，中国需要发展什么样的区块链技术呢？

本章将提出区块链10大研究方向。前面三个研究方向属于计算机相关的基础理论和系统范畴，但是和区块链系统和应用相关；第四个关系到一个重要应用领域，金融交易科技领域；第五个是美国特别看重的监管科技；第六个关系到经济理论；第七和第八个和法律相关，金融和法律是区块链两个最重要的应用领域；第九个和其他应用领域相关；第十个和标准及沙盒相关。

① 区块链软硬件：基于区块链的软硬件改变现有的软硬件；

② 互链网：互链网是下一代的互联网，是中国重大科技突破口；

③ 安全隐私协议：隐私计算会是区块链的重要科技；

④ 基于区块链的交易科技：以共识为基础的交易科技，会取代传统金融系统，国外已经证实几乎所有金融系统都可以使用区块链技术；

⑤ 基于区块链的监管科技：美国认为监管科技是美元第一道防线，而新型监管科技是嵌入式和实时性的，不同于目前的监管科技；

⑥ 基于区块链的新经济理论：2019年9月以后，欧洲央行和美联储

都开始密集研究和学习新数字货币理论；

⑦ 基于区块链的计算法学：区块链改变法学和法律实践；

⑧ 基于法律的智能合约：智能合约不再只是可执行的代码，还是有法律效力的合同；

⑨ 区块链产业科技：每个领域都会有其独有的区块链产业应用科技，包括医疗、能源、法律、金融、货币；

⑩ 区块链标准和沙盒：区块链标准、区块链系统标准和区块链产业标准，这些标准都用产业沙盒进行验证和开发。

一、新型计算机软硬件架构研发：区块链软硬件

自 2018 年以来，我们多次提出区块链会带来科技革命，观点一直没有变过，经过沉淀，许多新思想又出来了。

计算机软硬件研究是区块链的基础。很多人说我们不需要新数据库（包括大数据）、新操作系统、新服务器和云，因为现在的计算机软硬件可以支持区块链应用。现在的计算机软硬件确实可以支持区块链系统，但效果非常不好，比如服务器对区块链的加解密计算的支持很差，我们在开发高速区块链时，发现 90% 的计算力居然都在做加解密，大部分计算力都花在共识上，在过去的实验中，加解密计算多次让服务器、网络或数据库瘫痪。大家可以想想，假如服务器 90% 的算力都在做加解密，只有 10% 的算力来做其他功能，对于现在的系统来说，区块链应用真是一项痛苦的任务！应该是 90% 的算力做应用，而加解密功能只占 10% 的算力才合理。另外以后的区块链和现在的区块链也大不相同，如果现在的区块链计算力分配不合理，更不要说以后的区块链系统了。

这就是在现有的软硬件的基础上很难做出高可信、高容错、高性能和

可监管的区块链系统的原因。因为现有的数据库和操作系统都不是专为区块链设计的，而且现有的区块链设计根本没有考虑监管（公链居然还被设计用来逃避监管），现在的服务器也不是专为共识机制设计的服务器。不要相信一些广告说，现在的一些区块链系统是新网络操作系统，它们最多只是网络应用，不是网络操作系统。

中国需要高可信、高容错、高性能和可监管的区块链系统，必须坚持这个方向，国外已经着手研究这样的系统。2012 年麻省理工学院开始研究数字社会，提出新型计算机系统的概念，该系统以“安全隐私”为第一优先。该系统和传统系统不大相同，因为传统系统是以“算力”为第一优先的系统，具体对比见下表。它们的设计未被大量使用不是因为理念不好，而是因为它们的系统和现在系统的兼容性不佳。

传统系统与新型系统对比表

传统系统	新型系统
计算力优先	安全隐私优先
进程管理，I/O、文件系统为底层支持	传统底层加上区块链功能，例如共识、加解密、监管机制
兼容各种传统系统	新系统不但自己兼容，也要兼容各种传统系统
不考虑金融监管机制	监管机制会是底层功能

美国科技预测者 George Gilder 在提出密码学十大定律（10 Laws of Cryptocosm）时，也包含类似概念，即计算应以安全为第一优先，明确指出如果系统架构不能支持安全为第一优先，架构就不对，同时每一个步骤都需要维持安全。这和笔者在实验室得到的结论一致。

国外这些项目都才刚刚开始，而且区块链是有主权概念的系统（即贵阳市政府提出的主权区块链的概念），中国只能用自己开发的系统。为什么区块链会是主权区块链？有两个重要原因，一是区块链上的智能合约归属于中国辖区，由中国法律治理，代表中国主权；二是区块链上使用的加解密算法是国产的，也代表中国主权。

所以说，区块链的发展是中国的机会，是科学技术新突破口，目前正是开发安全第一的新大数据平台、新操作系统、新服务器、新架构和新软件的黄金时期。另外，这些系统全都可能会处理政府和金融业务，监管是必须的，而现在的区块链系统根本没有考虑如何进行有效监管（公链还考虑如何有效逃避监管），当在新系统设计中考虑监管问题时，一套全新的软硬件系统就出现了。

现有的软硬件系统，都是国外花了30多年或是40多年才开发出来，例如操作系统、数据库等，重新建立一套中国的系统必然需要花费大量时间。单纯使用国外发展的开源代码，只会使用或是订制，并不一定适应中国的需求，只有中国自己设计新系统，才能知道关键问题在哪里。当别人做出来后，使用别人的开源代码或是设计当然容易得多，但是在国际上就没有话语权。

二、区块链互联网——互链网的研究

现在的网络协议以通信效益为第一优先，但对于区块链而言，安全为第一优先。主权区块链（在上面执行符合中国法规的智能合约）需要高性能、高容错网络，但是现在的网络协议已经超过40多年没有改变了，而且现在的网络协议受延迟影响，这是让人非常诧异的事。互联网时代，技术发展日新月异，居然还在使用40多年前的协议，这一问题我们已经讨论过多次。

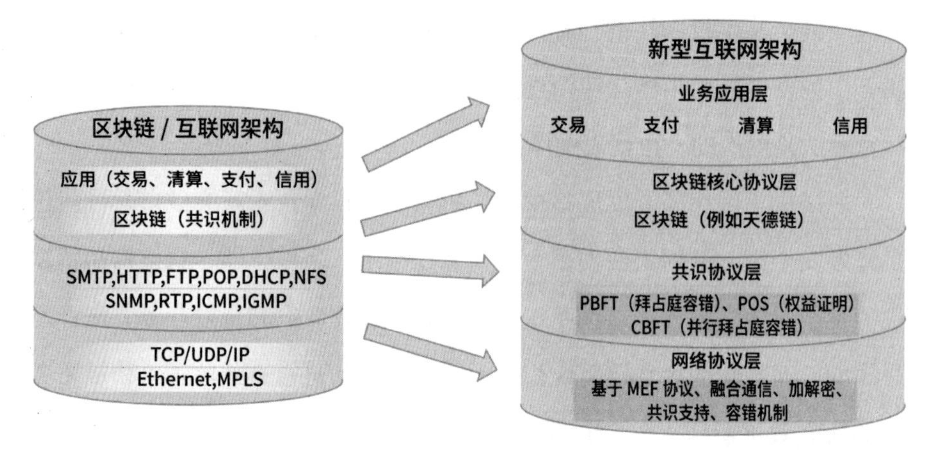

新计算机和网络架构

融合共识与加密，更改互联网协议

国外的新思想

国外已经开始研发新型网络架构，也公开发表了相关文章，许多新思想都是在 2019 年提出来的。他们提出的新区块链互联网架构有丹·伯宁格（Dan Berninger）和互联网传奇人物朱塞佩·戈里（Giuseppe Gori）提出的 COSM 系统。这是新一代区块链，可扩展到能与 Visa 卡媲美的交易速度，同时通过 5G 支持的高级 Wi-Fi 形式提供超级链接。它基于链接到私钥设备标识的全局公钥地址，该公钥地址替换易受攻击的 IP 地址系统”。（A start for a new internet is the COSM system proposed by telco visionary Dan Berninger, now working with Intel, and internet-legend Giuseppe Gori. This is a new generation blockchain that scales to Visa card transaction speeds while offering "super-connectivity" through advanced forms of Wi-Fi enabled by 5G. It is based on replacing the vulnerable IP address system with global public key addresses linked to private key device identities.①）

① https://Cosm.trchnolony/2019/severing-the-Link/.

Gori 又说："重塑区块链是一项浩大工程，但概念必须保持简单，并具有精确的目标。随机加密网络（stochastic crypto-network）必须提供以互联网为基本组件之一的分布式操作系统（Distributed Operating System）。此加密网络必须提供个人唯一身份，作为个人声誉和自由贸易的基础。它必须为存储、移动或任何使用的地方提供绝对的隐私和强大的安全性。它必须在当前和可预见的未来为客户提供运行新应用程序和使用新服务的灵活性。最终，我们必须为人们提供更好的工具和智能设备，让他们相互重视和支持，而不是保护自己，也不让自己置身于人工智能的阴暗面。"（"Reinventing the blockchain is a big endeavor, but must remain conceptually simple, with precise objectives. Stochastic crypto-networks must provide a new distributed operating environment with the Internet as one of its basic components. This crypto-network must provide individual unique identity as a base for individual reputation and freedom of trade. It must provide absolute privacy and strong security of information stored, moved or consumed anywhere. It must provide flexibility for running new applications, new services and convenience for customers today and for the foreseeable future. Ultimately we must provide people with better tools and intelligent devices to value and support each other instead of defending themselves from each other and from the dark side of AI." ①）

他继续说："在这个过程中，COSM 将用私钥（你和你的生物特征）持有者控制的公钥取代由政府控制的 IP 地址。"

"当传统互联网被这种以自下而上的安全优先为基础的互链网重构时，这种公私钥系统将会出现。"

---

① https://gilderpress.com/2019/10/04/Glockchain-pavves-the-wery-for-trust-and-Seeurity/.

"In this pursuit, the COSM will replace IP addresses controlled by governments with public keys controlled by the holders of the private key, which means you and your biometrics.

This system of public and private keys will emerge during the internet reboot as a bottom-up foundation of security first."

我们并不认为这些新思想以后一定会成功。事实上，以后会不会成功并不是最重要的。麻省理工学院提出的数字社会项目后来就没有被大量采用，但是他们的思想却留了下来。本书提到的许多新思想其实都可以追溯到麻省理工学院数字社会的思想，这些新思想，以及 Gori 的新思想，已经冲击到传统计算机和传统网络架构，可能会极大地影响中国和世界以后的区块链技术的发展，新型操作系统、数据库、体系结构、网络协议以及互链网将来必定会出现。

三、新型加密隐私协议研究

加密隐私计算是经典研究课题，已经研究了许多年，现在还在发展。该领域包括数论、线性代数、算法设计、复杂度分析以及网络协议，在过去有非常大的发展，例如非对称加密、安全多分计算（MPC）、零知识证明（Zero-Knowledge Proof）以及同态加密等，这些领域诞生了许多图灵奖获得者，有的课题还有多人获得图灵奖。

安全多分计算、零知识证明和同态加密现在在速度上还是有局限的，因此他们都还不能用在需要高性能的应用上。但是区块链系统最终都会到互链网上运行，不一定到全国性互链网，也非常可能运行在区域性互链网上。今天许多区块链应用都需要很多单位上链，因此性能的需求会越来越高，同时每个参与单位和人员还要求能更好地保护隐私，监管单位也会要求更快更完整的监管机制。

如今，研究课题不只是算法或是协议，而且还包括如何在区块链上进行应用，这些算法或是协议在区块链环境下非常有可能会有改变。不同区块链有不同共识、不同结构、不同跨链技术、不同扩展机制、不同交易方式、不同可监管性以及不同结算机制，隐私协议和计算在多变的环境下必定不同。参与的节点越多，隐私保护越难进行，例如在区块链底层，传统隐私计算并没有假设这些隐私计算的平台，而 Libra、天德链、以太坊以及超级账本在共识、整体系统架构、性能以及扩展性等方面都不一样。超级账本使用通道来保护隐私和支持扩展，天德以 ABC-TBC 来保护隐私和支持扩展。

隐私协议不能只是解决隐私问题，而需要在可靠容错的环境下进行，协议可以扩展，而且在可监管环境下运行，隐私协议和监管协议都能被监管。这样可保证隐私协议不会出卖客户，而且如果隐私协议在运行的时候出错，不会泄漏隐私信息，也不会使整个系统瘫痪。

在应用层有两个不同的世界。传统数字代币在代币市场消沉后，以分布式金融或是“去中心化金融”（DeFi）出现，在这个世界，还是要高举保护隐私来推动该产业，需要平衡隐私保护需求和监管需求。

	制度监管	科技监管	备注
已经部署的公链	建立防火墙，禁止逃避监管的交易所和银行	因为是公链，交易记录在链上，可以大数据分析	因为已经部署，可以在上面运行隐私协议，只能围堵机构，追踪数据
还没部署的公链	或是进展公链，如果批准公链，制定公链制度使监管方可以参与且能实时监管，主导交易	任何在链上的隐私协议都设计有后门，监管方参与，例如零知识协议就不是传统零知识协议	由于公链交易延迟长，延迟时正好监管
联盟链	监管方可以参与节点，任何隐私协议监管方都需要参与	开发监管网，连接联盟链，保证机构和机构之间隐私强保护，机构内参与客户的隐私都保护	由于可能是实时交易，监管工作任务重

欧盟的通用数据保护条例 GDPR 也是一个问题，上面提的隐私保护和区块链隐私机制不完全一致，如何解决？

例如在 USC（Utlity Settlement Coin）数字法币系统上，每个央行都可以看到自己法币的交易，一个跨境支付两个央行都可以看到，参与的多个商业银行也会看到，这样的数字法币系统可以让需要隐私受到高度保护的客户接受吗？

四、基于区块链的交易科技研究：改变国家货币政策

我们在研究英国数字英镑计划的时候，发现英国已经在 2016 年开始布局，2016 年到 2018 年，英国央行一直在研究全额支付系统 RTGS 系统：

- 提出基于区块链的 RTGS 蓝图，而且连续两年都推出；
- 开放英国央行 RTGS 给参与单位实验；
- 和加拿大央行、新加坡央行合作提出基于 RTGS 的全天候数字法币交易系统。

虽然英国央行和这些报告上说“这些计划并不一定要采用区块链技术”，事实上，这些报告满满都是区块链思想，区块链技术实质上是不可替代的。

另外，实验结果也是惨不忍睹，因为问题太难，英国几个团队都没有完成，但是在“失败”的实验中，居然发明了“一币一链一往来账户”这一新设计。该设计后来成为英国公司 Fnality 稳定币的基础设计。

为什么他们提出“一币一链一往来账户”？问题出现在哪里？这一设计就是用来解决 2008—2009 年世界金融危机出现的问题的。如果当初金融危机出现时有这种设计，许多国家就可以避免“卷入”那场全球金融危机。他们被拉进金融危机，是因为他们交易对手出了问题，造成流动性风

险。本来银行账户有资金（所有往来账户加起来资金充足），但是因为流动性不足（每个往来账户资金池小），金融系统阻止了交易，当许多交易都被阻止的时候，一些账户就会因拖欠资金而被清算，这些被清算的账户会造成更多流动性风险，继续使更多账户被清算，这样，一个国家的金融危机就传播到其他国家。这是系统没有设计好造成的问题，而不是资金不够的问题。于是英国提出将往来账户集中起来以大大增加流动性，个别账户再进行细分。

那为什么是一链？那是因为央行只需要控制一条链就可以完全控制货币发行，监管所有交易。但是由于只有一条链，该链必须可以支持大量的实时交易，这也是英国央行发展基于区块链的 RTGS 的原因。

金融交易系统设计影响到国家货币政策

现在系统的问题	技术解决方案	结果	影响
许多往来账户导致交易流动性问题出现，而流动性问题就是造成 2008 年金融危机的部分原因；多链架构造成监管困难，因为需要管理多个支付系统	1）一币一链：央行只需要控制一条链（支付系统）； 2）一币一往来账户：因为只有一个往来账户，等于把全国可以流通的货币都集中在一个账户上，交易后再细分，解决流动性问题； 3）一数字法币有对应法币存在央行	1）由于一币一往来账户，上次世界金融危机中出现的流动性风险很难再出现； 2）由于数字法币有对应法币在央行，没有信用风险，交易量增加； 3）该链设计需要支持大量实时交易，实时结算； 4）一币一链央行可以完全控制货币发行和交易监管，包括外汇管制	1）由于 1–1 数字法币和法币对应，完全控制数字货币发行和交易监管，国家货币政策不需要因为数字法币的出现而改变； 2）数字法币交易量是国家货币竞争力的重要指标，根据 2019 年提出的理论，这是竞争世界储备货币的要素

这一设计的交易科技，不只是注重交易，相关方面都需要一起解决，例如①任何相关的风险问题。信用风险、流动性风险、操作风险等；②监管问题。不论是交易前、交易中还是交易后都需要监管。交易前需要注意

身份认证和反洗钱等问题，交易中需要注意交易的合规性，交易后需要清结算正确，以及如果需要交易可以正常回滚；③数字法币发行；④和其他数字法币的交互问题，例如跨境支付和贷款。

该白皮书还提出了许多惊人的想法，例如现在的金融系统几乎都可以被区块链系统取代，并且直接指出 CSD（Central Security Depository，中央证券存管）系统可以被区块链系统取代。CSD 是重要的金融系统，如果该系统可以被区块链取代，几乎所有金融系统都可以被区块链取代。下图就是 CSD 被取代前和取代后交易所的系统设计。

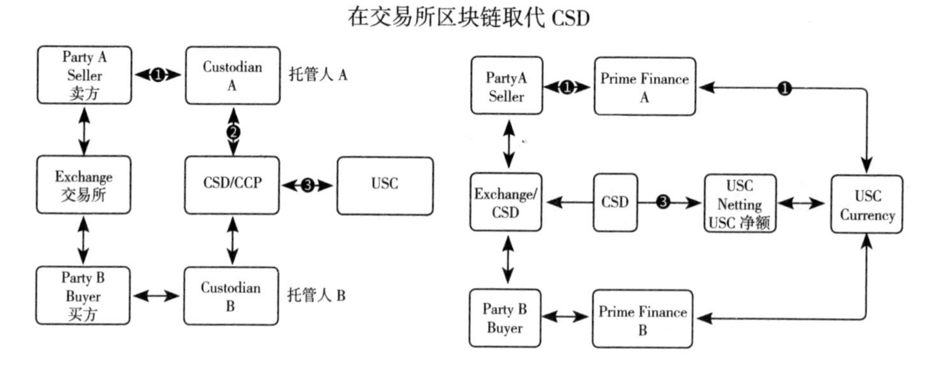

左边是取代前交易所的系统设计，右边是取代后的系统设计

以前，很少有人会相信 CSD 系统会被区块链系统取代。早期，普遍认为，比特币系统、以太坊系统以及超级账本系统等可以颠覆金融系统的想法太过乐观，产生这种认识的根本原因就是因为不了解金融交易科技领域相关的知识。

如果大家研究 Fnality 白皮书（本书附录 1 提供 Fnality 的详细解读），研究相关背景，就会发现该系统有四年研究结果作支撑。金融交易科技相关的设计只出现在 Fnality 系统，其他区块链系统没有这些设计，Libra 系统也没有这些设计。

了解了相关金融交易科技知识后，还会发现，当金融系统可以被区块链改造后，金融市场甚至货币政策会相应地受到影响，实时全额支付系统RTGS就是例证之一。当英国央行提出实验RTGS的时候，世界其他央行都没有表示愿意跟随。笔者几次和学者谈话，他们大都认为英国央行在这方面有一点过，没有必要去更改央行的重要系统RTGS。

下图是英国央行、加拿大央行和新加坡央行于2018年发表的跨境支付系统设计。可以发现，每个支付系统后面若有RTGS，就可以实时结算。而且这个系统可以实时交易，打破现有金融系统的限制。下图就是他们的一个研究成果。

跨境支付服务的可用性有限

- 跨境付款受截止时间限制，这降低了付款指令能在同一天被接收和处理以及付款发送到收款人或代理行的可能性
- 在截止时间之后收到的付款指示将在下一个工作日处理
- 跨境付款服务可能在周末不可用

终端用户（发送者和受益人）

L
- 付款交易完成并存入资金时限制周围的可用性（和感知的灵活性）
- 降低营运资金效率并优化现金流

商业银行

H
- 必须确保代理银行账户中有足够的流动性，以在截止时间内（如果当天）履行付款义务
- 由于资金占用时间更长，可能限制银行流动性的有效部署
- 服务时间与其他司法管辖区的限制重叠
- 相关运营成本增加（例如资产负债表管理）

中央银行

M
- 可以消除银行之间的结算风险有限的窗口，可能会导致系统中累积风险
- 由于流动性配置效率低下和劳动资金效率降低，可能对整体经济活动造成拖累

- 跨不同辖区和时区的RTGS系统和商业银行系统的运行时间不匹配
- 跨多个辖区的跨境支付和结算依赖多个中介机构

三国（英国、加拿大、新加坡）央行2018年研究报告

另外，该报告还提出了基于多个法币的同一数字法币（Universal W-CBDC）的系统，如下页图所示。相信大家不会忘记英国央行行长2019年8月23日在美国的演讲，他提到使用基于多个法币的“合成霸权数字

法币”。

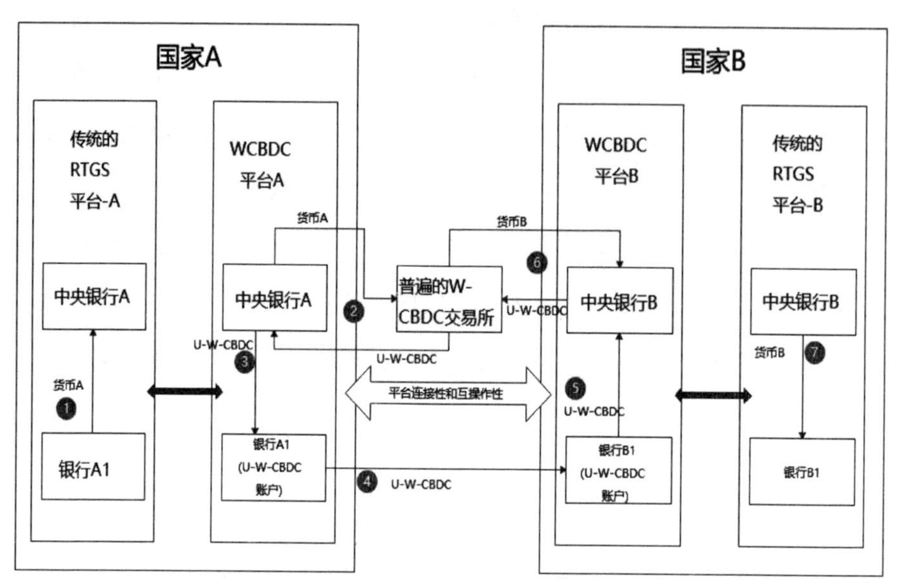

基于多个法币同一数字法币的全天候的跨境支付系统（来自三国央行报告）

综上所棕，表明金融交易科技可以改变国家货币政策。而且使用基于区块链的金融系统后，金融交易流程也会改变，例如清算会改变，监管机制也会改变。这一研究方向现在在区块链界还处于早期，属于原始森林时代。

五、基于法律和区块链的智能合约研究

2018 年美国期货交易委员会明确指出，现有智能合约机制不智能，不合法。有些智能合约和区块链没有关联，因为运行在非区块链（例如类似区块链）系统上。我们已经提过这些类似区块链系统和区块链系统的差别，就好像“狗”和“热狗”的差别，名字很接近，但是系统机制完全不同。

智能合约分类

选择	运行系统	特性
不考虑成为有法律效力的合同	运行在非区块链系统上	代码（没有法律效力）
	运行在区块链系统上	链上代码（没有法律效力）
考虑成为有法律效力的合同	运行在非区块链系统上	代码（监管难，很难有法律效力）
	运行在区块链系统上	智能合约（合同即代码，可以有法律效力）

2017 年加拿大央行提出，央行如果从某系统不能得到所有信息，该系统就不能为央行所用。但是有些区块链共识机制是随机选择投票节点的，这会造成监管困难。可能有人说，该问题容易解决，因为平台可以通过计算找到信息。真是这样吗？当英国央行提出 RTGS 的时候，表明交易会是实时的，而监管也会是实时的，事实上，交易的时候有时间到每个节点去寻找数据（数据被放在随机的节点上），然后再处理吗？一个区块链，每个数据都在每一个节点上，不需要访问其他节点就可以找到。

当一个智能合约在执行的时候，系统能够找到实时监管数据吗？如果使用类似区块链系统，这个能保证吗？

现在的趋势是建立有法律效力的智能合约系统，但这是一个长远计划，可能需要 10 年到 20 年，甚至更长时间。几千年来，立法、司法和执法使用的都是自然语言，而智能合约则是以代码的形式出现。该概念不同于过去美国哈佛大学教授 Lawrence Lessig 提的“代码即法律”（code is law）概念，而是“合同即代码”（contract is code），“法规即代码”（law is code）的概念。这不是说所有合同以后都会是代码，而是以后会有大部分合同以代码的形式出现，而且合同可以经过计算机形式化方法进行分析，包括一致性分析（consistency analysis）、逻辑分析（logic analysis）、完整性分析（completeness analysis）、依赖性分析（dependency analysis）、时间分析

（temporal analysis）、数据流分析（data flow analysis）、关系分析（relational analysis）、路线分析（path analysis）、组合分析（combinatorial analysis）、知识图谱分析（knowledge map analysis）以及机器学习（machine learning）等。这些分析都可以自动处理，大大提升传统法律分析效率。

美国已经提出使用机器学习分析方法用于合同制定，并对收集的数据进行分析以研究如何制定最好的合同，这其实是一个“智能合约”（a real smart “smart contract”），是预言式的合同监造（predictive contracting），综合利用可计算的合同、自然语言处理、机器学习及大数据平台来制作下一代合同。合同的高科技化已经是将来的重要趋势。

在法律界，还可以建立监管链、证据链、公证链及司法链，这些链都可以在全国部署，运行在互链网上。美国斯坦福大学（Stanford University）和麻省理工学院（MIT）都在研究这个方向，英国帝国大学也在研究这个方向。例如斯坦福大学的 CodeX 项目、英国的逻辑合同项目等，也推出一些产业标准例如 LegalRuleML，以及多家研究机构的合作项目 LSP（Legal Specification Protocol）。许多这样的项目都是法学院、商学院、工学院和理学院合作进行开发，多学科一起推进这样的项目是一个潮流。

改变之大将会影响到立法、司法和执法，而不只是执法。过去，工学院、商学院、理学院和医学院都已经经历计算机洗礼，现在法学院也会经历这样的洗礼。

六、基于区块链和智能合约计算法学研究：改变法学和法律实践

计算法学原本是一门旧学科，40 多年前，人工智能就在研究该学科，使用逻辑学来分析法律。在这以前，还有逻辑计算的学术研究。但是这些

后来没有产生巨大的影响，其中一个原因就是逻辑太严谨，对于许多事情来说，严谨的逻辑恐怕不一定是最好的方法。

人工智能后来也改变方向，重视统计、机器学习和认知计算等新方向。但是智能合约出来后，就出现了一个新契机，即合同可以以代码方式出现。当合同可以以代码方式出现，意义就不同了，代表法规也可以以代码形式出现，当法规以代码形式出现，法学就改变了。

计算法学历史

时间	计算法学	特性
早期	逻辑分析	分析逻辑，但是逻辑分析需要大量计算力
中期	网络分析、大数据分析、人工智能分析、认知计算、自然语言处理	分析多样化，以数据为中心的分析，大量法规和案例可以存储和自动分析，包括语义分析，自动数据分类，搜寻和分析相关资料
现在	可执行的合同和法规	更加多样化，以代码和自然语言为中心，可以自动执法、仲裁，以代码语言表示法规和合同，可以使用基于计算机语言的分析方法和工具

传统计算法学以分析为主，从逻辑出发。由于逻辑只注重逻辑分析，没有考虑数据，很快就遇到困难。逻辑计算以算法为主，需要大量计算力，建模也不容易，后来大数据和人工智能作为主要工具，以数据为主来分析。但是这次基于区块链和智能合约的计算法学，是以代码科技为主要出发点，大数据、人工智能和逻辑计算都可以使用。

当代码来到法律界，就和以前的计算法学不同，以前只是分析，现在可以执行。以前是静态分析，现在可以将执行代码用到执法上，而执行比分析更加有影响力。国外在这方面已经开始，例如李嘉图合同（Ricardian Contract），就出现法律语言和代码混合的模板，表示有一天，法规可以以这样的形式出现。智能合约注重代码执行，而李嘉图合同注重法律法规

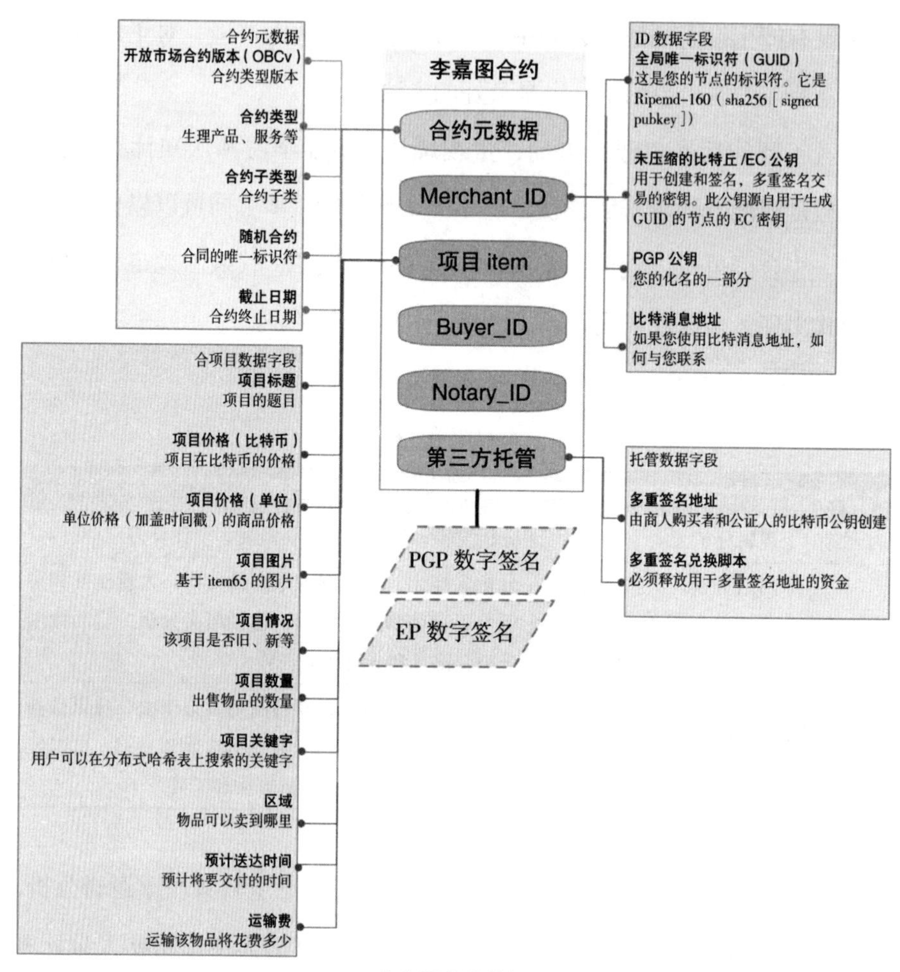

李嘉图合约模板

的依据，当李嘉图合同以智能合约形式出现的时候，法律界就改变了。

例如智能合约平台，不会只是连接区块链节点和预言机，还连接监管单位、银行和相关机构。这些相关机构都在同一时间接受同样信息（这在共识经济一章中讲过），而执行的智能合约也和代码化的法规有连接。

国外法律科技公司 Contract Vault 提出某框架，在该框架中，监管单位和金融机构都参与智能合约的计算，可以实时监管，实时交易，金融机构、律师办公室和法院等机构一同上链。

七、基于区块链的新经济理论研究：新数字货币理论

2019年，不论国内外，许多学者认为数字货币，例如合成数字法币，不能改变法币和金融市场，到了2019年6月18日前后，还有国外经济学者认为区块链不会改变任何理论。但是到了2019年9月以后，国外经济学者开始改观，包括哈佛大学的罗格夫教授。罗格夫教授不赞同支付市场可以改变世界储备货币的地位，但是他认同数字货币可以改变国家货币政策，而且会带来非常严峻的挑战，带来的挑战将上升到国家安全级别。英国央行行长在美国演讲后，美联储和欧洲央行都开办学习班，学习新理论，以前认为不会有新理论的学者不再出声，英国央行行长带给美国的震撼实在太大了。罗格夫教授提到新数字货币“战争”这一说法，而不是“竞争”，代表此事很严重。美联储2020年的演讲全部是关于这方面的内容，美国已经在为这场战争做准备了，而且开始部署了。世界真的不同了。

2019年，IMF也提出“合成数字法币会改变现有银行市场结构”的观点，商业银行必须改变才能在新数字经济中生存，详见本书附录2。

八、区块链产业应用模型研究：适应于不同产业的个性化区块链系统模型

2019年9月以前，许多学者认为区块链和数字货币没有改变金融，没有改变货币。但是英国央行行长演讲后，一下子，该理论成为显学，欧洲

央行和美联储都相继开办讨论班，也开始宣讲该理论。同样，我们可以预测，当我们开始仔细研究区块链在一个产业上的应用的时候，新理论必定会出来。例如依据美国医药供应链管理，我们导出新型共识机制，提出新互链网架构模型。我们 2017 年进行清算实验的时候，发现了嵌入式监管机制。这些都必须在实验中才能明白。我们不是爱因斯坦，他可以天马行空想出相对论，我们不行，只能在实验室里面不断实验才会知道，这也是我们过去几年一直强调中国必须实验的原因，不能总是等国外实验后，才开始行动。如果不实验，如何占据理论最前沿？如何拥有制高点？如何在国际上拥有话语权？

当美国建立医药供应链管理标准和参考架构后，我们就认为美国在这方面世界领先；当英国提出 RTGS 蓝图，而且又从事实验的时候，我们就认为英国在这方面是老大。虽然英国 RTGS 实验失败，但是英国却是世界上第一个从事这样的实验的国家，而且根据爱迪生的看法，实验没有失败的，“没有成功的项目”提供了大量的知识和经验。当我们实际研究区块链产业应用的时候，我们才知道问题在哪儿。

我们可以回顾一下数字法币发展的案例：

① 开始只是想开发一个实时可监管的支付系统；

② 后来发现需要开发 RTGS 系统，而且区块链模型不能和数字模型的数据结构一样，因为这会逃避监管；

③ 后来又发现，当这种数字法币发行的时候，国家货币政策会改变，央行－银行结构会受影响；

④ 经过多次“失败”实验，开始明白如何先避开国家货币政策会改变的问题，开发新设计，如货币储备机制，一币一链一往来账户模型；

⑤ 又经历多次实验，才开始商业化。

上述流程历经整整 5 年的光阴，应用模型多次改变，有的还是巨大改变，例如数字法币历经从零售数字法币，到批发数字法币，最后到合成霸权数字法币的演变，模型也历经从连接账户和交易的设计，到账户链、交易链和监管链分享的变化，系统多次设计和实验（先后出现比特币的RSCoin模型，三国央行报告里面的不同阶段的数字法币模型，基于多法币的联合数字法币模型），才到今天的地步。今天也不可能期望现有区块链系统用在某个产业，就可以立刻改变该产业，颠覆该市场。这里我们列举一下区块链与产业融合的原则和可能路线：

- 系统不需要挖矿，但必须有共识机制；
- 系统不需要发币，但可以有激励机制；
- 区块链和智能合约不会是唯一技术，大数据、人工智能、物联网和其他科技也重要，而更重要的是利用区块链融合这些科技；
- 市场流程和结构可能会改变；生态会不同；
- 需要长期科研和实验；
- 本书前文谈到，需要多单位参与，因此该系统终会成为互链网架构；
- 建立产业国际标准和基础设施是最后的目标。

九、基于区块链的监管科技研究

2019年，美国提出监管制度和科技是为新数字货币战争作准备，监管科技居然成为保卫美元的第一道关口。传统监管科技大都重视大数据和人工智能等技术，还没有提到嵌入式数字货币监管。我们提出数字货币，嵌入式监管是最强大的，因为可以实时监管。我们在2019年也提出数字法币监管模型，比目鱼模型，一个不对称的监管模型。区块链实时交易，实时结算，监管也需要实时，并且是主动性监管。区块链监管有下列这些方法：

一是间接监管：在金融科技发展上，监管机构落后于行业，使得一开始监管机构可以使用的工具不多，于是采取间接监管方式。

二是自动报告：这是2018年英国监管机构FCA提出的监管模型。要求金融机构在交易后向FCA自动报告交易信息。但需参与金融机构主动报告，如果后者推迟或隐瞒报告，可能会漏掉一些作弊行为。

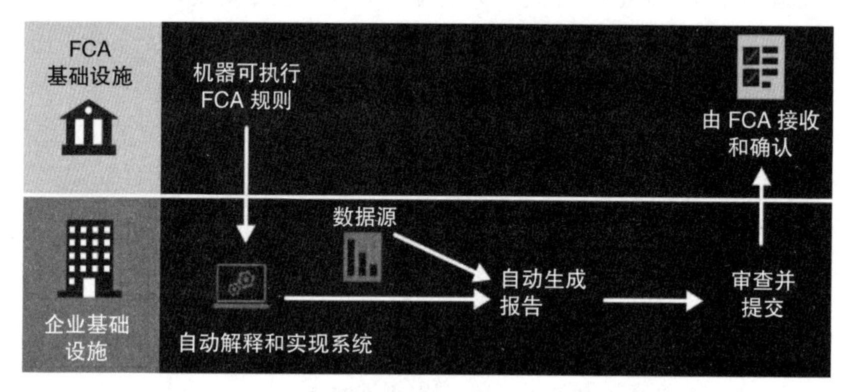

新的自动监管报告流程（来自FCA报告）

一旦区块链已经运行，其协议有可能无法改变，也无法部署嵌入式监管。例如逃避监管的比特币和以太坊，已经在世界许多地方运行，协议也定下来，就算一个国家要求下架，但是只要世界上有其他国家允许运行，这些系统就无法实时监管，只能使用间接监管。

三是嵌入式系统监管：就是在系统里，如区块链系统里收集数据，这原是区块链的一个优势，监管机构可以在区块链上有节点，直接收集数据。嵌入式监管还可以再细分为三种。

①嵌入式参与。这种机制下，监管机构参与区块链作业，但并不运营区块链。这可以解决间接监管模式明显滞后的问题，监管机构加入区块链节点，可直接收集信息。但这种方式仍存在问题，因为平台协议不是由监管机构设计的，监管机构只能参与，没有话语权。

②嵌入式部分运营、部分参与。在此机制下，监管机构可自己设计

平台，但一些平台由其他机构运营，监管机构参与。熊猫模型就属于此模式。监管机构进行整体设计，而且只运营自己的平台。因为平台协议是监管机构设计的，监管机构在其上有话语权。

③嵌入式运营。这种机制下，监管机构自己设计、自己运营平台和系统，拥有非常大的权力。这最初是英国央行提出的监管模型。为向老百姓和商家提供更优质的支付服务，英国央行提出数字英镑计划，目的就是直接和第三方支付平台在市场上竞争，并预备和美元竞争世界储备货币地位。这一过程中也产生了新货币理论。

四是使用操作系统来监管：这种方式比嵌入式更加严格，监管机制被写进操作系统内核，而且可使用硬件来处理。因为监管机制被写进操作系统内核，操作系统内核作业表示所有计算都必须经过监管，逃避监管则成为不可能的任务。

四大类监管机制对比

监管机制	监管地点	监管科技	备注
间接	交易所，银行，金融机构，SWIFT	用户注册，KYC，AML，大数据分析，包围策略	目前美国（如纽约州）和多国使用，对公链监管可能最有效，因为央行在平台没有话语权
自动报告	交易所，监管机构，需要金融机构合作	自动报告系统，大数据平台，人工智能（自动发现关系）	英国FCA在2018年提出的监管科技，可以使用在任何金融系统，但依靠大数据平台和金融机构配合
嵌入式，参与平台来监管	加入平台成为节点	在平台上收集数据	熊猫模型，央行可以制定监管政策和协议
嵌入式，运营部分平台来监管	监管机构运营部分平台，而且也加入其他平台成为节点	央行在自己控制的平台上可实时监管，参与其他平台	熊猫模型，央行的平台自己运行和监管，但加入其他平台收集数据

续表

监管机制	监管地点	监管科技	备注
嵌入式，运营平台监管	监管机构运营支付平台，不但直接和第三方支付在市场上竞争（可以获利），而且拥有平台所有数据	央行可实时监管每笔交易，因为拥有平台，所有科技都可使用	熊猫模型，英国 USC 模型（例如一币一链一往来账户模型），央行可以全面追踪交易，可以实时监管
操作系统	监管机制放在操作系统内，任何平台都可以被监管	央行完全监管，每笔交易都被实时监管，所有科技都可以使用	基于互链网的犀牛监管模型 + 熊猫模型，平台可以交给第三方运营

事实上，一个数字法币的设计，应该从监管机制开始，我们提到“可监管的区块链”。当金融系统使用区块链和智能合约的时候，监管机制也跟着改变，可以跟随资金流实时监管。下图是 2016 年希腊大学提出的监管框架，该监管框架将区块链、大数据分析、智能合约、标准化的动态交易数据文件（Dynamic Transaction Document，DTD）结构结合起来。这是穿透性监管，因为每一笔交易都可以追踪，实时建立一个资金流。这

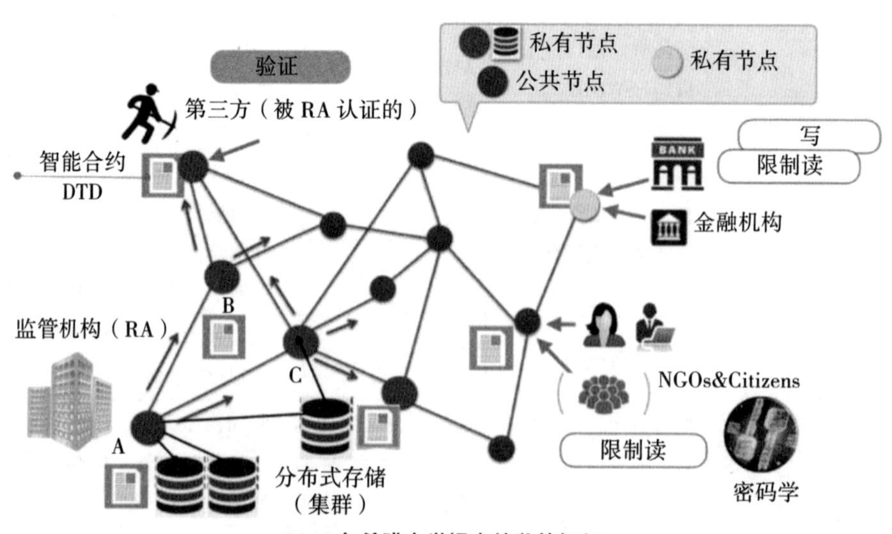

2016 年希腊大学提出的监管框架

里的监管系统也是分布式的，该分布式监管系统可以链接成为一个“监管网”。

十、区块链沙盒、标准研究：提升国际话语权和规则制定权

沙盒是中国的重要资产，因为只有有产业沙盒，中国区块链界才能“安全有序”，不再是“危险无序”。

建立沙盒实际是建立中国产业标准。现在世界上已经有许多区块链标准，但是是基于不同产业应用模型的不同沙盒，详见本书第十七章和第十八章。

本章总结

区块链 10 大方向大部分是旧课题，但是都需要新的解决方案。把金融交易科技放进区块链 10 大研究方向是创新提法，因为英国在 2016 年到 2018 年间进行了一连串的 RTGS 蓝图设计和实验，后来又进行了一系列的系统设计，这让我们认识到这是个重大方向。这些都还没有出现在美国研究报告里，只有欧洲央行、日本央行和加拿大央行曾经讨论过这些问题，Libra 就没有讨论这些。

在今天科技改变金融的时代，一个新算法，或是新架构，可能就能改变国家命运。第二次世界大战中，德国就因为密码被联军破解，使德国的军事行动都在联军的掌握下。世界经济在数字法币的经营下，哪个国家能够有更好的金融科技，更好的监管科技，哪个国家就有优势。

参考文献

［1］蔡维德、姜晓芳："不破不立 ——解读习总书记对区块链的指示"，2019.12.16。

［2］蔡维德："区块链 10 大研究方向"，2019.12.8。

［3］蔡维德、姜晓芳："复兴百年英镑的大计划 ——揭开英国央行数字法币计划之谜"，2019.10.29。

［4］蔡维德、姜晓芳："基于批发的 CBDC 数字货币重建全球金融体系"，2019.10.1。

［5］蔡维德、姜晓芳："十面埋伏，商业银行真的要四面楚歌？——解读 2019 年 IMF 的'数字货币的兴起'报告"，2019.9.21。

［6］蔡维德、姜晓芳："基于批发数字法币（W-CBDC）的支付系统架构：Fnality 白皮书解读（上）"，2019.10.6。

［7］蔡维德、姜晓芳："批发数字法币重构金融市场：Fnality 白皮书解读（下）"，2019.10.8。

［8］蔡维德："数字法币 3 大原则：脸书 Libra 带来的重要信息"，2019.8.24。

［9］蔡维德、姜晓芳："英国央行向第三方支付和数字代币宣战——以英国绅士的方式"，2019.6.27。

［10］蔡维德、姜晓芳："新货币竞争来了？没错！"，2019.6.21。

［11］蔡维德、姜晓芳："新型货币竞争 4 大要素解析"，2019.8.17。

［12］蔡维德："真伪稳定币！区块链需要可监管性"，2019.5.28。

［13］蔡维德、姜晓芳："PFMI 系列之二：清算链'设计之道'"，2019.01.5。

［14］蔡维德、刘琳、姜晓芳："区块链的中国梦之一—— 区块链互联

网引领中国科技进步”, 2018.10.29。

[15] 蔡维德、姜晓芳、刘璨:“区块链的第四大坑（中）—— 区块链分片技术是扩展性解决方案? ” 2018.8.2。

[16] 蔡维德、姜晓芳:“区块链的第五大坑（下）—— 从 PFMI 的角度谈区块链”, 2018.8.16。

[17] BIS CPMI, Central Bank Digital Currency (CBDC), Mar.2018.

[18] The Bank of England, MAS, the Bank of Canada, Cross-Border Interbank Payments and Settlements : Emerging opportunities for digital transformation, Nov.2018.

[19] The Swiss Federal Government, Legal Framework for distributed ledger technology and blockchain-An overview with a focus on the Financial sector, Dec.2018.

[20] https://www.treasuryxl.com/news-articles/csds-have-a-role-to-play-in-a-blockchain-environment/.

[21] Oxera, The debate about blockchain : unclear and unsettled ? Aug.2016.

[22] Fnality, The catalyst for true peer-to-peer financial market, June 2019.

[23] Tsai, Wei-Tek, et al. “A system view of financial blockchains.” 2016 IEEE Symposium on Service-Oriented System Engineering (SOSE) . IEEE, 2016.

第三部分

区块链产业布局

第十章

国外区块链布局思考

1. 几年前哈佛大学发表的模型预测区块链还要几年才会有重大影响。现在几年过去了，您认为区块链何时会对社会有重大影响？在哪里会有重大影响？

2. 麦肯锡模型不认同去中介化，为什么？这将挑战传统区块链的观点。

3. 研究问题，使用哈佛大学和麦肯锡模型分析一些地方区块链产业布局。

在讨论如何在中国布局区块链之前，这章先讨论国外分析师的看法。这里的三个分析都很有特点。

- 英国首席科学家报告：2016 年 1 月英国公开发布了一篇报告，报告提出区块链将会成为国家战略，英国是第一个提出这种观点的政府，报告里提出许多新概念，更重要的是里面提出英国将如何布局区块链。大家可以关注他们的顶层设计，值得中国学习和参考。
- 哈佛大学两位教授 2017 年发表文章：文中提出在商业上区块链可能会经历的路线图。这可以为政府单位和企业提供新思想。该文章出来后一直被大量引用。
- 世界著名 IT 顾问公司 2018 年的报告：该报告提出区块链应用的新思维，而且是非常重要的思维，值得多次研读和思考。

一、英国首席科学顾问给英国政府的建议

2016 年 1 月，英国首席科学顾问（UK Chief Scientific Adviser）在代表英国官方的立场发表的《报告》中明确指出：将区块链列入英国国家战略部署，并在金融、能源等领域进行推广应用。下面列举该报告给英国政府的建议：

> 分布式账本技术的算法是一种强大的、颠覆性的创新，可能会变革公共和私营服务的实现方式，并通过广泛的应用提高生产力。

建议 1：建立部长级机制，确保政府能够提供实施分布式账本技术的愿景、领导力及平台。报告再次重申：政府数字服务部门（Government Digital Service）应作为分布式账本的用户在政府内负责相关工作，而 DCMS 数字经济基地（DCMS Digital Economy Unit）应作为分布式账本技术的实施者在政府内负责相关工作。政府数字服务部门和 DCMS 数字经济基地应根据这份报告和其他部门已开展的早期活动，建立一个有预见性的路线图及相应的支持纲要计划，力求尽快实现。

建议 2：英国研究机构强调应当加强对基础研究的投资，以保证分布式账本的安全性、可扩展性并提供其内容的正确性证明。因而所使用的区块链技术必须高性能、低延迟以及高效节能。

建议 3：英国政府应该支持地方政府“建立分布式账本的演示系统”，以便建立起测试这项技术所需的基础结构，哪怕是在最小的政府层面。

建议 4：英国政府需要进一步考虑如何建立“分布式账本技术的监管框架”。书中强调，监管需要根据技术实施和应用的新情况与时俱进。

建议 5：政府需要与学术界和产业界合作，确保针对“分布式账本及其内容的完整性、安全性和隐私保护”建立可参考的标准。这些标准需要在监管规则和软件代码中同时反映出来。

建议 6：政府需要与学术界和产业界共同努力，确保为个人和机构设立最高效实用的身份认证和校验协议，并与国际标准化组织合作。

建议 7：了解分布式账本技术的真正潜力不仅需要研究，还要将它用于真实应用中。政府应该实施分布式账本技术的测试案例，以在公共部门内部获取技术适用性的第一手资料。

建议 8：除了从上到下的管理和协调外，政府内部也需要建立和完善相应的能力和技能。建议成立一个跨政府的利益共同体，将各种分析和制定政策的团体都结合起来，用于创建和发展潜在的使用案例，并在行政部门内创建一个相应的技术和知识体系。

《报告》重要观点

《报告》出自英国首席科学顾问，因此《报告》代表英国政府官方的立场。这是历史上第一个由政府发布的区块链白皮书，对区块链采取正面的态度。

《报告》内容惊天动地，例如《报告》认为区块链是会“带来改变世界的革命”。而总共才 87 页的《报告》居然有 12 页出现“革命”一词。

该《报告》的重要信息是区块链“从上到下，万业可用”，代表区块链可以进入各行各业，从最高层到最底层都可应用。区块链带来的变化也不仅局限在金融行业，还可以改变法律、影响社会，可以说人类社会和生活的方方面面都会受到影响。正如《华尔街日报》所说，区块链是人类 500 年来最大的金融科技创新，500 年前中国还在明朝！也就是说这是自明朝以来全球最大的金融科技突破，影响非常深远！

英国央行说这是 324 年来第一次法币大改革（注意：英国央行是世界第一个央行，1694 年成立，表明这是英国央行成立以来的第一次法币大改革）。金融和法币都是国家的根本，这些都将发生巨大变化，英国首席科学顾问在《报告》中把区块链的革命扩展到各行各业（包括政务、民生、国防和医疗等领域），不再只是金融领域，影响更加广大深远。

为什么说《报告》传达的信息惊人呢？这里举两个例子来说明。例如，如果把《报告》中关于法律的信息讲给法学家听，他们说不定会立刻跳起来，因为《报告》说以后法律执行会由计算机自动执行，而法律执行的改变会带来社会行为的变化。现在读者有没有体会到《报告》传达的信号确实惊人？一项计算机技术居然会影响到法律执行，并且借由法律执行的改变，改变社会行为！

再比如说，报告提到新监管框架，这代表什么？可能有人说这和我们老百姓没有关系，和银行或是金融机构有关系。但这代表政府治理或公司管理方法的改变：通过一个科学、公开、公平的技术治理框架进行监管，这和现在的人治管理完全不同！制度还可能因区块链的到来而改变，不同的制度带来不同的管理，不管是政府还是公司，其管理方式和流程都会因区块链而发生改变，与原先大相径庭。

新监管框架也代表组织架构的改变，在新监管框架下，可以大幅减少监管人员的数量，从而将这部分人力释放出来，从事真正能创造价值的工作，而不是监管工作。这是多家国外金融机构于 2015 年年初提出的设想，是机构内部使用区块链后，成本会大幅降低、利润大幅增加的原因。在新监管框架下，因为区块链有共识机制，在机构内部，各个部门都不可能藏私舞弊，不让其他部门知晓。同样，在机构外部，多家机构可用区块链相互监管，也可由政府监管单位用区块链对机构进行监管。同样，股东可用区块链来监管董事会，董事会可用区块链来监管公司管理人员，管理人员可用来监管工作人员，这些都是区块链带来的新监管红利。在这种新监管环境下，猫腻的事情不论在哪里都很难发生。

以上仅是从《报告》里摘录的两点内容，《报告》中其他内容同样惊人，读者可以自己去发现。这就是笔者过去一直推荐这篇报告作为区块链入门经典读物的原因。

短短 87 页的《报告》，从国家战略规划层次、区块链应用广度以及应用深度三个层次进行了详细阐述。具体来说，将区块链列为一项重要的国家战略，由部长牵头实施，充分凸显了区块链重要的战略价值，不仅如此，《报告》中还展示了区块链在各个行业的具体应用，包括金融、交通、能源、教育、保险、养老、公益、建筑等各个领域，几乎涉及各行各业，涵盖了社会生活的方方面面。其参与主体的广度不容小觑，从最高的政府单位一直到社团组织，包括各种类型的社团法人和财团法人，毫不夸张地说，甚至每个公民都可能参与进来，成为其中的一份子。

《报告》中多次强调，这项技术的应用一定会给英国的经济社会带来颠覆性的改变，英国为推广该国家战略，制定了详细的战略实施规划，主要从以下 10 个角度入手。

成本投入：英国政府会投入大量时间和精力来推进策略的进行和完成。

目标明确：确定一个长期的国家利益，包括国内利益和国际利益。

风险评估：全面考虑各种选择和可能性，预测潜在的风险和国家政策的设计。

政策评估：全面考虑所采用的战略选择和可能的局限性。

资源投入：全面考虑可能用来完成国家战略的资源。

人员遴选：邀请最适合的政府人员来完成该国家战略。

智囊招募：从全国寻找最杰出的业界人才来协助完成该战略。

方案可行：设计一整套体系化的方案来保证国家战略的实施。

事后监督：设计一套完整的审计、监管方案，对审计、评估战略和可能的严峻挑战进行说明，并匹配一套完善的问责制度。

事后问责：英国国会监督来确保项目问责制度的实现。

二、哈佛商学院的分析

哈佛大学讲座教授 Marco Lansiti，专门研究数字经济，特别精通公司数字化，例如人工智能、区块链等技术对商业的影响。他是哈佛大学“数字计划”（Digital Initiative）主任，该计划专门研究企业数字化的转型，数字生态，是哈佛大学的博士。Karim Lakhani 是哈佛大学讲座教授，专门研究科技管理和创新，是麻省理工学院的博士。

两位学者认为区块链改变合约、交易以及记录，而这些都是经济、法律和政治体系的核心组件。合约和交易记录保护了资产，界定组织的边界，建立并且验证身份和编年事件的真实性，管理国家、组织、社区和个人之间的互动。

但是关键工具和管理这些工具的官僚机构并没有跟上基于区块链的数字经济。在新数字世界中，必须改变原有的管理和维护行政管控的方式，而这是区块链应用面临的最困难的地方。

1. 颠覆科技需要多年才能达到颠覆的效果

他们以 48 年前推出的 TCP/IP 为例。TCP/IP 在电信环境建立了一个开放共享的公共网络，无须任何中央当局和机构负责维护和改进。开始的时候，电信公司认为这不会是问题，没有想到后来越来越多的公司，比如 Sun、NeXT、Hewlett-Packard 和 Silicon Graphics，都使用了 TCP/IP。到后来互联网出现，TCP/IP 呈爆发式发展。新技术公司迅速出现，来提供连接到现有公共网络和交换信息所需要的“管道（plumbing）”，包括硬件、软件和服务等。

一旦 TCP/IP 基础设施到达一定的规模，新一代的公司便借着低成本的互联网来创建互联网服务，并以这些服务取代了当时已有的商业服务。依靠互联网连接，下一波公司创造了新颖的变革性的应用，从根本上改变了企业创造和获取价值的方式。

因此这两位作者认为区块链大规模应用可能需要 10 年以上。TCP/IP

经过许多年后才达到颠覆的效果。如果以谷歌上市的时间算，TCP/IP 经历32 年大发展才颠覆传统电信产业。

2. 区块链采用的框架

哈佛教授使用两个维度来指导企业如何得到正确的区块链战略。

● 创新性：就是这个应用程序对于世界而言到底有多创新。一个应用越是创新，越需要更多的努力来确保用户理解这个应用试图解决的问题。

● 复杂性和对应的生态协调度：用区块链技术的时候，需要大量参与机构，社区商业活动需要协调，而且需要大量参与者，并且活动需要丰富多样。区块链必须给社区参与者创造价值。而且，区块链随应用的规模和影响力的增加，相应地需要重大的制度变革来支撑。

	创新度低	创新度高
复杂度和协调度高	使用基于区块链的机制替代现有机制，例如基于区块链的预付卡	转型式变化，例如使用自动执行的智能合约
复杂度和协调度低	单一应用，例如比特币支付系统	本地化应用，例如内部金融交易系统

两位教授根据上面两个维度提出四个象限模型对这种系统进行讨论：

● 单一型应用：复杂度低，不太需要协调，创新度也低，影响有限。

● 本地化应用：创新度高，但是因为参与者少，不太需要协调，影响只限于参与单位。

● 替代型应用：科技创新不需要高，但是可以提升现有市场的产品或是服务。

● 转型式应用：应用在大的社区，有创新的应用，影响大。如果成功，会改变经济、社会和政治体系的本质。它们需要协调许多活动，必须制定标准和流程取得生态上的一致性。

每个企业在发展区块链业务的时候，需要考虑该业务需要在哪个象限之中。可以帮助管理人员了解其面临的挑战、所需的协作和共识水平，以及所需的立法和监管工作，还需要考虑市场流程和基础设施，管理人员可以使用上表来评估区块链行业的发展现状，并评估企业区块链战略。

讨论问题

哈佛大学教授对小社区没有兴趣，为什么？

他们还对“单一应用”没有兴趣，而比特币就是这类应用。这和币圈看法正好相反，币圈很多人认为比特币是数字黄金。在哈佛大学教授眼里，比特币社区非常小，不会有实质影响力。但是这已经是数字代币里面最大的社区了。作者写这篇文章的时候是 2017 年，后来比特币社区大很多，问题是在作者眼里这时的比特币社区还是小社区吗？

三、麦肯锡区块链产业布局考量

麦肯锡报告是世界少数对区块链产业发展有务实态度的报告。不论同不同意他们的观点，该报告都值得学习。这篇文章提到的一些观点非常突出，世界少有。例如提出的 3 大观点、4 大问题，都是每个地方政府和企业领导需要反复思考的。

1. 麦肯锡咨询公司

麦肯锡咨询公司（McKingsey）是世界著名 IT 顾问公司。麦肯锡在全球 44 个国家有 80 多个分公司，共拥有 7000 多名咨询顾问。麦肯锡大中华分公司分别设在北京、香港、上海与台北，共有 40 多位董事和 250 多位咨询顾问。

麦肯锡一篇名为《超越炒作的区块链：战略业务价值是什么？》的报告，介绍了如何透过案例和市场来决定如何投资区块链，这也是本部分内容的主题，该报告的英文名称是 *Blockchain beyond the Hype*：*what is the Strategic Bussiness Value*？作者是 Brant Carson，Giulio Romanelli，Patricia Walsh，和 Askhat Zhumaev。

2. 区块链技术还没有成熟

该报告的作者认为尽管市面上有关于区块链的大肆宣传，但区块链仍然是一种不成熟的技术，而且市场仍处于新生阶段，并且尚未出现明确的成功秘诀。没有对风险价值进行战略评估，或没有可行性区块链解决方案的非结构化试验，这意味着许多公司看不到其投资回报。了解了这一点后，地方政府和企业又该如何布局？

该报告通过评估区块链对行业的战略重要性，且评估谁可以通过哪种类型的方法来捕获哪种类型的价值，以回答上述问题。该报告将深入的行业分析与专家和公司访谈相结合，列举了主要行业中 90 多个不同成熟度的案例。

3. 区块链应用 3 大观点

该报告提出 3 个关键见解：

① 区块链不一定要把中介去掉，因为中介鼓励商业活动。这点和许多人的观点不同。

② 区块链的短期价值是降低业务成本，而不是颠覆或者改造业务。这点也和许多人的观点不同。

③ 区块链离大规模应用还有三到五年的时间，因为在竞争的商业环境下建立同一标准难度很高。

4. 区块链产业发展 4 大问题

该报告认为必须对产业的痛点进行分析，分析的时候必须务实且持守怀疑态度，因为区块链的炒作太多。所以，一个企业或是政府必须注意以下 4 个问题：

① 分析区块链在一个产业的战略地位；

② 分析区块链在某产业生态会产生什么影响；

③ 分析如何建立产业标准；

④ 分析如何克服监管困难。

这 4 个问题都是区块链产业发展的重中之重。

5. 麦肯锡报告的作者列举的区块链误区

下表为麦肯锡报告的作者列举的区块链误区：

五个常见的区块链传说对技术的优势和局限性产生了误解

	传说	事实	
1	区块链是比特币	比特币只是区块链的一种加密货币应用	区块链技术可用于许多其他应用并进行配置
2	区块链比传统数据库更好	区块链的优势伴随着重大的技术折中，这意味着传统数据库通常仍会表现得更好	在参与者无法直接交易或缺乏中介的低信任度环境中，区块链特别有价值
3	区块链是不可变的或防篡改的	区块链的数据结构仅是追加的，因此无法删除数据	如果控制了超过 50% 的网络计算能力并且重写了之前的所有交易，则可能会篡改区块链，这在很大程度上是不切实际的
4	区块链是 100% 安全的	区块链使用不可变的数据结构，例如受保护的密码学	总体区块链系统安全性取决于相邻应用程序，这些应用程序已受到攻击和破坏

五个常见的区块链传说对技术的优势和局限性产生了误解			
	传说	事实	
5	区块链是“事实机器”	区块链可以验证所有完全包含在区块链中以及原生于区块链中的交易和数据（例如比特币）	区块链无法评估外部输入是否准确或链中实块链无法评估外部输入是否准确或链中以及原生于区块链已有数据和交易

6. 麦肯锡报告中提到的区块链应用

关于区块链战略价值的三大核心见解

		用例	含义		实例	
记录保存：静态信息的存储	1	静态注册表	分布式数据库，用于存储参考数据	地名	食品安全与来源	专利
	2	身份识别	具有与身份相关的信息的分布式数据库 由于大量特定身份案例集，因此将静态注册表的特殊情况视为一组应用	身份诈骗	民事登记和身份记录	表决
	3	智能合约	满足这些预定义条件时，记录在区块链上的一组条件会触发自动执行的操作	保险索赔支付	现金股权交易	新音乐发行
交易：可交易信息注册	4	动态注册表	在数字平台上交换资产时更新的动态分布式数据库	部分投资	药品供应链	
交易：可交易信息注册	5	支付基础设施	参与者之间以现金或加密货币付款方式更新的动态分布式数据库	跨境点对点支付	保险索赔	
	6	其他案例	由先前的几个小组组成不适合任何先前类别的独立案例	初始代币发行	区块链即服务	

7. 区块链不需要去中介即可创造价值

现有机构和多方交易可以使用适当的区块链体系结构，从交易复杂性、成本的降低、交易透明性、欺诈控制的改进中受益。抓住价值机会的经济动力正在推动企业利用区块链而不是被区块链所取代。因此，被许可的是在短期内最有可能成功的商业模型，而不是公共的区块链。像比特币这样的公共区块链没有中央权力，被认为是完全破坏性的去中介化的推动力。许可的区块链托管在私有计算机网络上，访问和编辑权限受控。

私有、经许可的区块链使大小企业都可以从区块链实施中获取商业价值。占主导地位的参与者可以维持其在中央政府中的地位，或者与其他行业参与者合力来获取和分享价值。参与者可以获得安全共享数据的价值，同时自动控制共享内容、共享对象和共享时间。

对于所有公司而言，获准使用的区块链可以开发出十分巨有商业价值的方案，并在规模扩大之前进行小规模试验。例如，澳大利亚证券交易所，正在部署区块链系统进行股票清算，以减少其成员经纪人的后台对账工作。IBM 和世界上最大的船运公司马士基航运公司（Maersk Line）建立了合资企业，以将区块链交易平台推向市场。该平台的目的是给参与全球航运交易的用户和参与者提供安全、实时的供应链数据和文书交换。

不能简单地消除区块链成为受信记录、身份和交易的新开放标准协议的潜在性。区块链技术可以解决管理、存储和资助数据库的需求。真正的点对点模型在商业上是可行的，因为区块链能够用“代币”（专用密码资产）支付参与者的贡献，并使他们在未来任何价值增长中都享有一定的股份。然而，这种模式需要的思维转变和商业中断是巨大的。

如果行业参与者已经适应了他们的运营模式以从区块链中获取更多价值，并且最重要的是将这些利益转移给了消费者，那么激进的新进入者的门槛将变低。从长远来看，现有企业适应和整合区块链技术的程度将成为决定非中介规模的因素。

8. 区块链近期价值在于降低成本

区块链可能具有破坏性潜力，最初，其影响是提高运营效率，通过消除中间人，以及消除记录保存和交易核对的管理工作，从现有流程中节省成本，通过捕获损失的收入并为区块链服务提供商创造新的收入，以改变价值流。通过分析 90 多个货币影响的量化情况的实例，报告作者估计短期内区块链约 70%的价值在于降低成本，其次是创收和资本减免。

区块链对行业的影响

	收入	支出	资金	社会
农业	中	高	无影响	高
艺术与娱乐	低	有限	无影响	低
汽车行业	高	低	无影响	低
金融服务	中	高	低	低
卫生保健	高	高	无影响	中
保险	低	高	无影响	中
制造业	无影响	低	无影响	无影响
矿业	无影响	低	无影响	有限
产权	高	高	无影响	低
公共部门	高	高	无影响	中
零售业	低	低	低	中
技术、媒体、电信	高	低	无影响	低
运输和物流	有限	中	无影响	低
公益事业	中	高	低	中

区块链解决方案会特别适合某些行业，以下这些行业目前获得了最大的价值：金融服务行业，政务行业，医疗保健行业。区块链的核心变革极

大地影响了金融服务的核查，金融信息和资产的核心功能。当前的金融主要痛点，例如跨境支付和贸易融资中的痛点，可以通过基于区块链的解决方案来解决，资本市场交易后的结算和监管成本可以实现进一步的节省。大约 90%的澳大利亚、欧洲和北美等国家和地区的主要银行已经在试验或投资区块链，他们的试验和投资情况充分证明了上述说法。

政务记录、保存、验证等功能可以通过区块链来实现，从而节省大量管理费用。在政府机构之间以及企业、公民和监管机构之间，公共数据通常很孤立，而且不透明。在处理从出生证明到税收的数据时，基于区块链的记录和智能合约可以简化与市民的互动，同时提高数据安全性。许多公共部门的应用程序，例如基于区块链的身份记录，将成为整个经济的关键解决方案和标准。超过 25 个政府正在积极运行由初创企业支持的区块链试点项目。

在医疗保健领域，区块链可以释放数据可用性，并在提供商、患者、保险公司和研究人员之间提供交换价值的关键数据。基于区块链的医疗记录不仅可以提高管理效率，而且还可以使研究人员访问对医疗研究进展至关重要的历史。智能合约可以使患者更好地控制其数据，甚至可以实现数据访问的商业化。例如，患者可以向制药公司收费，以为他们的药物研究提供他们所需的数据。区块链还与 IoT 传感器相结合，以确保药品、血液和器官冷链（低温存储和分配的物流）的完整性。

随着时间的推移，区块链的价值将从推动降低成本转变为启用全新的业务模型和收入流。最有前途和变革性的用例之一是创建一个分布式的、安全的数字身份，用于消费者身份和商业知识、客户、客户流程以及与之相关的服务。 但是，由于当前的可行性约束，实现这一目标将需要长期的努力。

9. 大规模应用需要三到五年的时间

只有能够大规模部署商业的解决方案，才能实现区块链的战略价值。报告的作者对 90 多个潜在应用进行了评估，其中 4 个关键因素决定了实例在特定行业中的可行性：标准和法规，技术，资产的类型和生态系统（见下页表）。尽管许多公司已经在进行试验，但由于几个关键原因，有意义的规模仍需要 3~5 年的时间。

每个行业中区块链的可行性将取决于资产的类型、技术成熟度、标准和法规以及生态系统

	资产	技术	准则和法规	生态系统
农业	低	中	低	有限
艺术与娱乐	有限	低	低	低
汽车行业	低	低	低	有限
金融服务	高	有限	有限	有限
卫生保健	中	低	低	低
保险	中	低	低	有限
制造业	低	低	低	中
矿业	低	低	低	低
产权	中	有限	低	有限
公共部门	中	低	低	有限
零售业	中	低	低	低
技术、媒体、电信	中	低	低	有限
运输和物流	中	有限	低	有限
公益事业	中	低	低	低

10. 几个需要解决的问题

标准至关重要：缺乏标准和清晰的法规是现在区块链最大的限制。但是如果有政府机构可以强制确立区块链的法律地位，则可以相对轻松地建立标准。例如，政府可以使区块链土地注册合法化。如果没有这样的单位，而多个参与者需要合作时，建立这样的标准相当困难，但也更加必要。

科技必须进步：现在的区块链技术非常落后，以前大都是发币的公链，但是它们逃避监管，现在需要开发可监管的区块链系统。

资产需要能够数字化：这个问题一直困扰美国、英国等国家的监管单位。2018年，这些国家的监管单位都许可数字资产交易，可是到了2019年，只听见雷声没见到雨点，许多公司都非常失望。数字资产交易是新数字金融的巨大挑战和机遇。

合作—竞争关系必须处理好：生态一直是个问题，在生态环境下，竞争对手有时候必须互相帮助才能建立其生态。区块链的主要优势是网络效应，但是潜在利益随着网络规模的增加而增加，协调复杂度也随之增加。

四、专注于特定有希望的应用

区块链有很多应用，公司在寻求机会时面临艰巨的任务。但是，他们可以通过务实的怀疑主义采取结构化的方法来缩小选择范围。第一步是确定应用有足够的风险价值，通过严格调查来发现产业真正的痛点，则公司可以避免开发一个没有解决产业痛点的解决方案。

然后，公司需要评估开发的区块链应用是否有助于提高公司的市场竞争力。如果在某市场没有竞争力，直接避开该市场。

根据市场地位优化区块链策略

一旦公司确定了有希望的应用，他们就必须根据自己定的目标来制订公司策略。除了管理技术和资金，作者提出使用以下两个市场因素来决定公司策略：

- 市场支配地位——参与者影响使用关键方的能力

● 标准化和监管壁垒——监管部门批准或协调标准的要求

区块链的价值来自其网络效应和互操作性，各方都需要就一个标准达成共识，以实现这一价值。但是每个公司必须了解一个事实：

● 共同参与一个标准；

● 各自发展自己的区块链标准。

作者认为，各自发展各自的区块链标准没有意义，这和传统数据库一样，每个公司有自己的数据库，各自经营，不交互。而且市场最后还是会出现产业标准，所以能够分辨哪个标准能够活下来非常重要。

讨论问题

> 这里作者提出一个非常重要的概念，就是市场最后还是会出现区块链产业标准。这也是美国和英国的区块链产业布局的重点。中国在这方面还有很长的路要走。

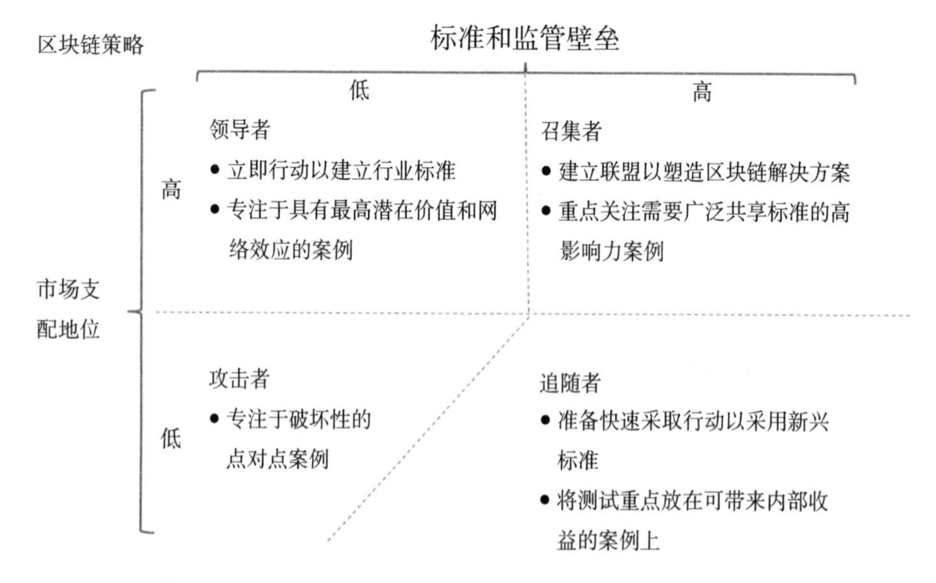

每个案例的最佳区块链策略取决于市场地位以及影响标准和监管壁垒的能力

领导者

市场领导者应立即采取行动，以保持自己的市场地位，并抓住机会制定行业标准。一些主要参与者追求对协调和法规批准要求较少的案例，以此为依据建立市场解决方案，这些公司最大的风险是没有作为，这将使他们失去增强竞争优势的机会。

召集人

召集者需要推动产业，形成新标准的对话和联盟，这些新标准将破坏当前的业务。尽管他们是主要参与者，但由于面临更大的监管和标准化壁垒，他们无法一手指挥区块链的应用。相反，他们可以定位自己以塑造和获取新区块链标准的价值。高价值的应用例如贸易金融需要广泛共享的标准才能实现。

追随者

追随者应仔细考虑并实施适当的区块链策略。大多数公司没有能力影响所有核心参与方，尤其当区块链的应用需要高度标准化或监管批准时，这样的公司应该密切关注区块链的发展，并迅速采取行动以采用新兴标准。正如企业已经开发出采用基于云服务的风险和法律框架一样，他们应该集中精力制定战略，以实现和部署区块链技术。

攻击者

攻击者通常是新进入者，没有要保护的现有市场份额，因此他们需要寻求破坏性或变革性的业务模型和区块链解决方案。攻击方可直接向客户提供服务，但是不经过中介方是最具破坏性的方式。从金融到保险再到财产的大多数应用程序都属于此类。

本章总结

这一章出现了许多重要概念，而这些概念都将改变区块链发展路线：

- 英国首席科学家肯定区块链技术是颠覆型的科技，因为区块链带来了新科技、新金融模型。
- 区块链百业可用，目前最大的改变发生在金融和法律（监管和可执行的合同）领域。
- 英国首席科学家提出由政府带头成立实验项目最为重要。区块链是集成实践科技，需要多方合作。
- 哈佛大学认为区块链的确颠覆世界，因为区块链改变合约、交易以及记录机制，而这些都是经济、法律和政治体系的核心组件。区块链革命是真实的。
- 关键工具和管理这些工具的官僚机构如果没有跟上，会延迟区块链颠覆市场的时间。区块链最大的阻力在于现在的管理体系，因而管理体系必须发生改变。
- 一个地方政府或是企业可以使用两个维度（创新度、复杂度）来调整区块链战略。哈佛大学教授对于小社区的区块链应用没有兴趣。
- 区块链的出现必须解决产业痛点，不能解决产业痛点就是白白投资。
- 区块链产业不需要“去中介化”，大家包括中介都可以合作促进产业发展，这和传统区块链思想正好相反。

- 近期区块链产业最大的价值在于降低成本，因为区块链减少了对账的工作，区块链有公司机制。区块链大规模的颠覆将会来临，但是颠覆可能需要3~5年，或是更长时间，例如10年。上次颠覆性的科技颠覆市场经过了37年。这和传统区块链想法相反，传统区块链一开始就以“颠覆者”的角色出现。
- 每个产业有不同区块链应用属性，需要单独评估。
- 金融服务、政务和医疗保健是美国咨询公司最推荐的三大区块链应用领域。
- 区块链和现在的市场商业模型有巨大差异，区块链需要在产业有共识的标准，才能产生巨大能量。如果一个产业，每个公司都推出自己的区块链标准，这个产业将不会成功。但是最终，在一个产业必定会有产业标准出现，每个公司能不能知道自己的定位非常重要。领导者如果不领导会失去领导地位，跟随者如果不跟随，在市场上会被主导者排挤。
- 区块链产业标准需要强而有力的单位出面带头联盟制定（不是独家制定），但会面临激烈的国际竞争。中国如果只推自己的标准，区块链产业将会局限在中国。

参考文献

[1] Cryptocurrency market value is subject to high variation due to the specific volatility of the market.

[2] Deep shift: Technology tipping points and societal impact, World Economic Forum, September 2015, weforum.org.

[3] "Blockchain startups absorbed 5X more capital via ICOs than equity financings in 2017," CB Insights, January 2018, cbinsights.com.

[4] "IBM invests to lead global Internet of Things market - shows accelerated client adoption," IBM, October 2016, ibm.com.

[5] "ASX selects distributed ledger technology to replace CHESS," ASX, December 2017.

[6] "Maersk and IBM to form joint venture applying blockchain to improve global trade and digitize supply chains," IBM, January 2018, ibm.com.

[7] Jay Clayton, "Statement on cryptocurrencies and initial coin offerings," U.S. Securities and Exchange Commission, December 2017, sec.gov.

[8] "Roadmap for blockchain standards," Standards Australia, March 2017.

[9] "Change Healthcare announces general availability of first enterprise-scale blockchain solution for healthcare," Change Healthcare, January 2018, changehealthcare.com.

[10] "Toyota Research Institute explores blockchain technology for development of new mobility ecosystem," Toyota, May 2017, toyota.com.

[11] "Power Ledger token generation event closes with A$34million raised," Power Ledger, October 2017, web.powerledger.io.

第十一章

穿山甲区块链发展模型：中国区块链产业发展三阶段

1. 什么是中国供给侧改革？中国参考美国20世纪80年代提出的供给侧改革思想，提出了自己的供给侧改革，并在美国思想的基础上做了许多改进。哪里不同？中国改进的思想主要在哪里？（提示：中国在理论方面有不少改进，例如重视质量）

2. 区块链可以“为推进供给侧结构性改革……提供服务”，解释区块链如何在质量管理上可以有重要贡献。以一个产业实际案例来描述，例如医疗、电力、交通等产业的实际案例。

3. 除了品质管理外，区块链在供给侧改革方面如何贡献力量？

上一章我们学习国外区块链产业布局思想，得出以下几个结论：

- 社区越大越好；
- 产业布局，需要考虑产业社区大小和机构能量；
- 开始时注重学习实验，主要目的是降低产业成本；
- 等产业明白区块链如何应用，且区块链技术成熟后，才考虑产业转型；
- 区块链技术应将促进产业转型做为长远目标；
- 制定国家区块链产业标准，获得话语权。

现在整个中国区块链应用仍处在早期阶段，许多地方政府都在讨论如何布局区块链，但是缺乏在区块链方面真正有经验的技术人才，对国外的现状和发展趋势也不是很了解，甚至使用了基于国外伪链改造的底层架构。因此，本章讨论区块链项目发展模型及国外部署案例，供我国发展区块链产业参考。

一、三个模型

中国发展区块链要强化基础研究，提升原始创新能力，努力让我国在区块链这个新兴领域走在理论最前沿、占据创新制高点、取得产业新优势。加强区块链标准化研究，提升国际话语权和规则制定权。这些目标都很有挑战性，但可以达到。

为达到这些目标，我们提出区块链发展三部曲：简单模型、深度融合模型、转型模型，可供地方政府或公司发展区块链时参考。

三种模型对比

	简单模型	深度融合	转型模型
目的	1. 学习实验 2. 广告推广 3. 清理战场	1. 基础设施 2. 国际市场 3. 海纳百川	1. 产业金融 2. 国际标准 3. 巩固地盘
技术	现有区块链	互链网	链满天下
价值	低	中	高
风险	高	中	高，但是如果第二阶段成功完成，风险变低
重点	1. 设计顶层制度 2. 沙盒推动产业 3. 建立生态环境 4. 政府领导扶持 5. 突破监管问题	1. 重新定义产业流程和标准 2. 设计区块链产业基础设施	1. 制定国际标准，领导世界区块链产业 2. 建立国家监管标准，实现实时数字资产交易监管 3. 部署区块链产业基础设施
社区	本地或是现有社区	扩大社区	国际社区
研究	学习区块链技术，研发区块链基础技术和地方性应用	国际合作，研发前沿区块链技术，开发创新区块链技术	在一些领域领导世界区块链研发

1. 简单模型

① 目的

直接在应用上部署一条链，如在金融场景下部署区块链。简单模型有两个目的：首先是宣传地方政府对区块链重视的态度。由于以前币圈留下许多误区，如“去中心化”、“区块链没有新技术”、“区块链只能发币才有经济利益”、“伪链也安全”、“区块链需要挖矿”、“区块链非常耗能”等，需要时间才能破除这些误区，建立清晰的认识。其次是清理战场，重新建立一个新的区块链体系。中国从上海开始清理币圈，中国区块链产业也从过去的地下经济走向正式的合规舞台，这当中难免会遇到挑战。一方面过去发币炒币的不法行为应该立即停止；另一方面，过去认为区块链都是扰乱金融的机构也需要改变态度。最重要的是一起学习和研究合规区块链技术和应用。

在这个阶段，最重要的是制定区块链制度，建立开源持续成长的生态环境，同时也清理市场，停止过去违法违规的发币活动。

② 广告宣传

区块链应用到领域里可能是有价值的（也可能没有价值），区块链技术有没有助益也不一定清楚。但肯定有宣传效用，公司或地方政府可以宣布已经有的区块链项目，尤其是做得非常成功的项目。但一般来讲，这种简单模型价值低，风险高。因为大部分是尝试，许多项目方对区块链是什么都不是十分清楚。

③ 实验学习

许多机构认为区块链非常成熟，可以马上应用。这不符合实际。区块链不只有算法和架构，还有实际系统。而区块链许多算法早已成熟，但是有算法只是系统的开始，离实际系统还有一大段距离。笔者团队仅在实验室阶段，就进行了不下 20 次改进，算法都没有变过。从实验室到产品，还要再经历 40 次左右的更新。所以如果认为有算法就有系统，是远远低估了区块链系统的难度。

许多应用项目需要多次实验后才能成功。美国 DTCC 从 2016 年就开始实验，做了几次实验才宣布成功，2017 年，还宣布和世界重要科技公司合作，但是结果失败。世界著名金融机构 SWIFT 也实验多次。所以前几次实验失败是正常的，但是如果没有准备好就实验，失败就是咎由自取。

这就是笔者自 2017 年起一直翻译和解析国外实验报告，而且认为当时国外技术领先于中国的原因。笔者团队解析加拿大央行、欧洲央行、日本央行、SWIFT、英国央行、南非央行、新加坡央行、DTCC 以及其他研究机构的实验报告，并将结果发表以贡献给中国区块链界。我们研究时，就发现有些出名的链存在问题，而且到今天有一些早已发现的问题仍然没有解决。是否会出现争议？或是否要提出实际例证？

2017 年以后，国内很少有相关大型实验，就算有实验，也没有相应的实验报告，无法进行分析。没有大型实验，没有实验报告，国外不会认为中国领先于世界。一直有人认为中国在区块链技术上遥遥领先于世界。笔者认为中国曾在币圈走得太远，但是在区块链技术上处于初期发展阶段。中国已经有 3 年没有发布大型实验报告，如何领先于世界？连不是科技大国的一些国家在两年前都已经发表区块链实验报告了。

2016 年，麻省理工学院开 W3C 国际标准会议的时候，一位区块链专家公开表示，他对任何没有实验报告的系统都持深度怀疑的态度。

④ 建议

建立区块链制度、沙盒及生态。

- 建立区块链研究院，制定地方和产业区块链标准，应建立可行动的区块链标准，不只是可参考的标准，这两种标准差别很大。
- 建立地方产业沙盒，和汽车、电子、食品或政务等产业一起建立产业区块链标准和沙盒，从而发展相关产业。
- 制定地方区块链实践制度，所有实验用或商用的区块链都需经过产业沙盒测试，并对这些链是否发过币进行考察。
- 通过协会或高校，建立线上公开通信渠道，收集资料和看法，理清问题和解决方案。这是学习国外监管沙盒的经验，从 2018 年起，国外监管沙盒被学术界批评得很厉害。其中一种批评是监管沙盒不公平，因此建议建立一个公开交通管道，有兴趣的业者、高校、研究机构、金融机构及政府等都可以参与讨论，了解现状和趋势。“相关部门及其负责领导同志要注意区块链技术发展现状与趋势”，这句话在任何地方都适用，用定期开会、发布指南和公开演示来鼓励、支持区块链产业。

● 开启地方区块链实验，从实验中学习，同时建立区块链产业标准和沙盒。实验结果公开。

● 学习美国波士顿 FinTech Sandbox 公司和英国巴克莱银行加速器，让客户方在产业沙盒上提供支持，包括场景、数据及软件支持，扶持区块链产业。美国 FinTech Sandbox 公司，提供多家公司数据（例如云数据）、软件和计算力（例如云）支持，让区块链系统可以做实验。在美国和英国，参与这些实验都是免费的，不但免费，开始的时候还给予一笔小资金支持。巴克莱银行还指派专家免费指导参与的科技公司。但是科技公司必须申请才能进入，如必须经过审核和科技尽调。这些是地方政府支持区块链产业发展的制度。美国 FinTech Sandbox 公司和英国巴克莱银行，都不从事公益活动，他们依托沙盒可以找到投资团队，方便早期投资获利，减少投资风险。

● 地方政府支持区块链产业发展，不能只是在房地产上，还应该建立有竞争力的制度，为应用提供沙盒、场景、数据、软件以及项目。

● 地方政府还可以开放课题给企业、高校、研究机构，研究区块链科技和应用，并且要求这些机构贡献产业沙盒给地方政府，使地方产业沙盒也成为地方重要产业之一。地方产业沙盒可成为地方区块链产业孵化器，建立地方区块链生态。

● 建立快速有效的区块链专利制度，鼓励申请区块链专利，但同时也对区块链专利的内容进行严格审查。国外专家研读部分中国区块链专利后，认为其中水分太大。这种没有真材实料的区块链专利无法在国际上参与竞争。举办区块链专利发布会，鼓励高质量的区块链专利。

● 整个过程可能需要一到三年时间。

⑤ 项目风险与注意事项

切记不要因为不明白区块链技术，就胡乱找老师。如到外面买书，从网上看消息，这些信息多半是来自币圈，这样的学习最终很容易沦为学习发币和炒币。

不要随意开放项目给一些没有实际内容仅会宣传的区块链团队。比如有些团队，挂着中国区块链研究院的名义，有上亿资金投入，宣称有高水平的区块链技术，但是网站却被网安关闭，也没有在网信办注册过，也没有政府授权成立该研究院。这些机构提供的链多半是开源的伪链或是发过币的链。赞助方不知道这些链与真链的区别，还大力宣传，等明白过来后，就处于非常被动的状态。

还有些区块链项目所用技术太差，系统后来无法升级，最终只能将原区块链系统撤销。

这些情形过去曾已经多次发生。自 2016 年开始，一些机构赞助一些区块链项目，现在这些项目有不少都已停止。这些赞助机构有的还是一些重要机构，后来都急忙撤消息，但早已被币圈利用进行宣传以抬高币价。

过去是币圈的天下，有些币圈得到收益，就捐钱给地方政府或是高校，包括国外高校。但是如果这些资金来自发币，一旦纠纷成立，如果不退投资款则有刑事责任。投资币圈造成家破人亡的事情常常发生。地方政府或基金不需要有这样的风险投资。

⑥ 价值和风险

在简单模型阶段，区块链项目价值低，但是风险高。因为该阶段需要清理战场，而且许多机构或是地区，都没有区块链专家。请来的专家，还可能会误导项目。

2. 深度融合模型

① 目的

在这个阶段，已了解清楚合规的区块链技术和应用，再研究如何在传统或是新兴产业上应用区块链技术，区块链可能给产业带来的益处和市场变化，即区块链如何与产业深度融合，这也需要一些时间。可先成立研究院，深入探索整个产业 + 区块链的融合发展模式，这一点非常重要。区块链产业需要和地方产业深度融合。英国已经建立了地方区块链制度，区块链产业已经有初步试验和结果。

该阶段主要目的在于开始建立基础设施，预备进入下一阶段。由于参与机构多，而且每个机构都有自己内部的流程、标准和人员，以建立宽松但是可行动且兼容的标准为第一目标。

② 深度融合方法

许多人问如何使区块链和产业深度融合？这里先讨论将来的场景：

• 没有灵丹妙药，不需要寻找最佳方案：许多人总想找到最佳解决方案，准备拿到方案后立刻执行。在前文我们已经阐述目前这一点还不可能实现，因为区块链科技远没有成熟，现在的方案不会是最佳方案，只是早期方案。以后必定会有更好的方案出现。实体产业必定会因为区块链而改变，区块链应用方案也会随之改变。所以现在不需要追求最好的方案。

• 从现状预测将来：既然没有人有灵丹妙药，我们都在做尝试或预测。一个重要的预测方法，是鬼谷子在两千年前教导的，也是美国著名科技预测家 George Gilder 经常使用的，即观察现在的情景来预测未来。而日本软件银行集团董事长孙正义也谈到时间机器，先了解发达国家的情况，等时机成熟再回到中国，就像坐上“时间机器”一样。这就是笔者在本书列举了美国和英国区块链的布局的原因，为中国的区块链产业发展提供参考。

• 从国外布局预测将来：非常清楚，美国和英国的区块链科技都和产业有深度融合，如和民航组织、医药供应链管理、海关、金融支付和交易系统等领域融合，他们都提供了清楚的布局方案。“相关部门及其负责领导同志要注意区块链技术发展现状与趋势”，应该包括了解国外区块链技术发展现状和趋势。即使某些产业国内外没有可参考的经验，我们也应积极尝试，进行布局。

③ 国外布局特色

• 公开讨论：不论是美国或是英国，都公开讨论。例如，2018 年美国在情人节（中国春节）公开讨论区块链，英国央行多次公开演讲，公开发布研究和实验报告。

• 接受不同观点：在美国的多次公开讨论，两派持不同看法，公开辩论。

• 研究，研究，再研究：英国央行从 2014 年开始，一直发布研究报告，就算后来研究失败，其实也没关系。英国央行第一个数字英镑模型就失败了，RTGS 实验又失败了，但是这又如何？英国还是世界数字法币的老大哥，比美国还厉害。创新就是容许试错，提供试错的机制，不盲从，以科学为最高指导。比如钱学森回到中国的时候，政府的指示是在科学上他的地位最高，遇到冲突，如果是科学问题，以他为主。

• 实验，实验，再实验：区块链是综合、集成、实践以及多学科科技，不是单一理论科技。这表示区块链必须有实验。如果只有算法和数学证明，表示项目实践上还没有真正开始。加拿大央行从 2016 年就开始实验，现在还在进行实验。因为只有实践才能出真知，如果没有前面的实验，后面的实验也开启不了。既使实验结果可能失败，但这一点也不可耻。美国爱迪生就说过：每次实验都是成功的，就算这次实验目的没有达到，也为下一次实验提供前车之鉴。

• 制定标准：在没有达成共识前，不采取行动，但是一旦达成共识，就要开始制定标准。标准也是“可行动”（actionable）的标准，该标准可以自动化，包括应用（矛）和验证（盾）。

• 制定法规：美国纽约州带头制定加密科技法律，制定监管政策；英国也制定了相关法规；瑞士在这方面是最积极的国家之一，已经起草了完整的数字资产监管框架，在法规制度方面世界领先。

• 国际合作：英国和英联邦国家有长期合作关系，英国许多区块链制度也在英联邦国家实施，例如英国监管沙盒在 50 多个国家或是地区实施。英国下一代沙盒计划 GFIN（Global Financial Innovation Network）也是国际合作项目。区块链本来就是一个融合技术，必须和其他国家合作。中国如果不与国际合作就没有国际话语权。

• 全球视野：美国和英国都采取全球视野来布局区块链。例如美国进行医药供应链管理一开始，就预测如果美国先建立该医药供应链管理框架，其他国家必定会追随。英国开启数字英镑计划的时候，还与欧元、日元、加拿大币和美元使用统一合成数字法币技术，但是可以基于多国法币。他们在开启项目时都有全球视野。

• 矛和盾一起发展：英国央行一开始时，沙盒（盾）主打，而且大势宣传，希望多方参与，同时开启金融系统蓝图（矛），第一次没有成功（2016 年），第二年再来一次。

• 权威组织带头：不要相信"去中心化"的思想，从英国和美国的布局可以看出，都由权威组织带头。英国数字英镑由英国央行带头，英国央行下面还有英国金融监管机构 FCA。

• 监管机构负责监管，科技公司负责科技：经过前几年的实验，英国央行放弃自主开发科技，而把这项工作交给科技公司完成。英国数字英镑计划由央行监管，技术方面则向科技机构开放。美国也一样，美国股票监管机构 SEC 也表示他们不会进行技术研发，只负责监管。国际货币基金组织也持同样的看法，建议各国央行只负责监管，而由科技公司发行数字法币。

• 生态合作：美国金融科技沙盒公司（Fintech Sandbox）提供了一个

好的案例，该公司集数据公司（例如股票数据）、金融客户公司（银行等）以及平台公司（例如亚马逊云平台）于一体；同时又有领域专家提供产业知识和指导，还有基金提供资金以扶持新型金融科技公司。

④ 互联网思维，全球竞争

当区块链和地方产业融合的时候，一个新场景出现了。区块链（互链网）就是下一代互联网。而互联网事业都需要为全球竞争做准备。例如在中国南方有一个城市做的某区块链产业，中国北方也做，长江三角洲也做，四川成都也做，一下 4 个地方都做同样的区块链产业。这 4 个地区的区块链产业，最后可能只会剩下一两家，其他可能变得非常小甚至关门。因为建立这样的产业后，就有竞争性。这会使某些地方产业面临风险，一旦经营不善就会关门。

我们看看美国汽车产业，以前美国有一千家汽车公司。现在美国有几家汽车公司？没有几家，这是市场竞争的结果。今天一窝蜂发展区块链产业，可能以后大部分要关门。如何在这种环境下生存才是关键。

讨论问题

区块链技术的发展应与产业深度融合。因此只到第二阶段就可以了吗？

⑤ 建议步骤

• 研究，研究，再研究：学习美国和英国，鼓励和赞助科研机构、高校和企业继续研究区块链基础科技和应用科技。

• 实验，实验，再实验：学习加拿大央行、英国央行、欧洲央行、日本央行、新加坡央行和南非央行，鼓励和赞助科技机构和监管机构与企业合作进行大型区块链实验，公开实验报告。

• 建立国家级孵化器扶持科技公司：集合客户群（银行、金融机构、商家）、基础设施业者（云服务业者，数据提供商）、专家和基金，培植中国新兴区块链企业。

• 建立国际合作机制：鼓励和赞助企业、高校及科研机构参与国外合作项目，包括和国外监管机构、孵化器、客户及科技公司合作。

• 建立国际合作区块链平台：提供区块链系统、数据、应用，和国际高科技机构公开切磋的平台。

• 设立国际级区块链应用项目和平台：主要的区块链研发中心应研究国际重点项目，集合科技团队、高科技公司、基金、客户和地方政府一起建立国家级区块链项目。

⑥ 价值和风险

在此阶段，价值比前阶段高得多，但还远远不够。风险也大大降低，但是还不是很低。过去一种急功近利的思想在区块链界存在，主张放弃自主研发，只是想“学习”国外技术。在过去几年，有些专家一直在说“中国有区块链科技”，其实是指中国可以从开源社区拿到国外区块链软件，这不是“理论最前沿”，更不是创新制高点。

中国已经有泰山沙盒，可以检测软件是创新还是模仿。创新不容易，经常明明有创新，但是害怕创新，都不敢拿出创新结果。

3. 转型模型

什么是转型？就是在区块链和产业深度融合后，使整个产业转型更迅速、更有效，而且可以从产业的最佳实践出发，总结区块链产业标准，并沿着“一带一路”向全球输出。制定国际标准，牢牢把握话语权，从而领导世界。区块链要为推进供给侧的改革提供支撑，这一目标若实现将会产生重大变革，因为当产业转型时，产业已被区块链变革，这是一个巨大的变革。

转型模型是最深的模型，和区块链要为推进供给侧改革提供支撑相符。在此阶段，有三个步骤。有人问，已经深度跟地方产业融合了，例如汽车产业、零售产业，就一定能够成功？不一定。如果没有到转型模型阶段，就还不一定行。该阶段是一个重要突破口，但不是很容易完成。

① 泛金融化。什么是泛金融化？几乎任何非金融性的产业都可以泛金融化，例如说卖大米的以后可以做支付，也可以做产业供应链金融；开电影院的也可以做支付，也可以做供应链金融等。当一个产业建立起来以后，就可以泛金融化。但这个必须有大型基础设施做支撑才行，当数量不够大时，该产业就会萎缩，没有竞争力。因为区块链产业必须能够赚钱，如果不能赚钱，就会慢慢萎缩，不能在市场上跟其他类似的区块链产业竞争。

② 建立世界区块链产业标准。例如建立产业协议，“要加强区块链标准化研究，提升国际话语权和规则制定权”，当一个区块链产业遇到国际竞争对手，需要和国际竞争的时候，大家就会发现，谁制定标准，谁就是老大。

③ 建立区块链产业集团、帝国和联合国。除了有话语权，区块链产业需要建立国际大型集团。该大型集团建立产业的基础设施，就像高速公路、高铁、机场一样，全球产业发展都需要基于该基础设施，也就对建立基础设施的大型集团产生强烈依赖，就像今天的通信产业依赖华为一样，那么全世界的产业就牢牢地和该大型集团联合了。

④ 价值和风险

在这一阶段，价值最高。风险也大大降低，是最低的。

二、美国区块链应用案例

3 年前，美国政府开始使用制造零配件的区块链溯源项目，在进行一段时间后，和 3D 打印也发生关联。这对一些产业而言非常重要，如飞机零配件、汽车零配件、精密仪器零配件等。

1. 美国医药供应链管理系统

美国医药供应链管理系统是重要的区块链应用，其目的也是溯源。这是一个庞大的计划，由美国政府 FDA（美国食品药品监督管理局，US Food and Drug Administration）联合产业协会合作开发。从 2017 年起就开始讨论是不是需要使用区块链。经过将近一年的公开讨论，才决定使用区块链。讨论的重点是区块链到底算不算核心技术？如果区块链不是核心技术，什么才算核心技术？例如大数据、人工智能、物联网、云计算，可不可以解决溯源问题？ 最后认定区块链是核心技术，因为只有区块链可以保证数据不能被更改。而其他技术不能解决该溯源问题，只能算支撑技术，而不是核心技术。

在证实区块链是核心技术后，又经过半年研究，美国才制定医药供应链管理标准，并于 2019 年开始实验。该标准不是区块链标准，而是区块链产业应用标准，包括以下特性：（1）有整体应用框架；（2）有接口定义；（3）有验证算法；（4）没有区块链功能或是性能标准；（5）没有区块链参考架构；（6）可行动（Actionable）。第 6 项“可行动的标准”表示具备这一标准后，商家可在同一标准上开展公开、公平竞争。比如说，有验证算法，任何机构可用同样的算法验证自己的系统能否通过检验，基于这一标准，相关企业都可参与。这不同于一些区块链参考标准，只能参考，不能行动。而且标准是开放的，没有固定的部分，可以发展创新，以后系统也可以迭代。

第4项和第5项特征可能会让人觉得奇怪，区块链应用标准居然没有确定区块链系统标准！

其实这是很聪明的做法，因为区块链仍在不断发展，以后可能会与现在大不相同。笔者2020年2月7日发表的《从大数据时代走向区块链时代：互链网新思维和新架构》一文中写得非常清楚，下一代区块链系统和现在的区块链系统差异非常大，包括系统整体架构、功能、性能、安全等方面差别都很大。现在就制定区块链标准是不合适的，会影响区块链的发展。但区块链在应用上的接口、功能和性能必须定下来。

该系统初始就定位在“深度融合模型”阶段，预备向“转型模型”阶段演进。由美国政府机构FDA指导，在其领导下，众多机构加入，具体可参考《2018年美国版“统一度量衡”——链网医药供应链管理》。

2. 政务和公共业务是区块链优先应用场景

政府和公共事务是我们认为区块链最重要的应用领域之一，也是应最先部署的领域之一。海关就是一个例子，美国海关2019年开始实验，实验结果以一句话来概括：“无缺点”（no drawback）。美国海关认为使用区块链后：

- 海关和交易方可同时间得到信息，作业方便许多；
- 提高工作效率，收据处理方便；
- 业务处理迅速完成；
- 大量减少手工文件处理，复制容易；
- 提早发现问题，容易找到需要调查的对象；
- 和进口商直接联络；
- 容易找到过去的文件。

上述医药供应链管理区块链也是重要的政务项目，由美国政府领导，同时也是民间项目，既可盈利，又可保证人民生命安全。2012年，美国发现假药时，已有几百人因假药伤亡，引起美国政府高度关注，开始建立医药供应链管理系统，整合制药商、医院、物流公司、药房、批发商、保险公司、相关金融机构，要求所有相关机构必须上链，统一管理。这是第一步（深度融合模型）。第一步完成后，基于此开展供应链金融，不只是保障生命安全，还能产生经济价值。该系统建立以后，保险业务更加便利，出事风险更低，这是第二步（转型模型）。美国经过将近三年的公开讨论、研究、实验（从2017年开始），直接进入深度融合模型，而不经过简单模型。

有人认为政务没有经济价值。国外的分析与此刚好相反。政务链打通以后，经济价值是最高的。比如上述美国医药供应链管理系统，原来是保证生命安全的，初看好像没有盈利性。当供应链管理系统建好以后，保险公司风险降低，保健机构虚报情形减少，供应商可以融到资金，国税局可以收到应收的税金，经济价值凸显。正是看到其巨大的经济价值，美国著名投资公司高盛集团已投资该项目，这是一个重要的风向标，投资公司的嗅觉都是很敏锐的。美国有6万家药房、几千家大医院、几千种药品、几百家制药商，还有众多物流公司都要上链。2019年，美国光是医生处方药费用就超过3600亿美元，2013年立法要求，在2023年前，美国所有医药都必须上链。医药供应链管理链的经济价值显著。一旦该项目开始运行，其他国家也会加入，这样会建立国际标准，市场会更大，会产生全球影响力。这也是笔者一直谈的无币区块链应用的巨大价值，而且没有炒币风险。因为只有产业深度融合后，价值才能凸显出来。

不论是海关还是医药项目，都由政府组织，没有“去中心化”思想，而且和产业深度融合。医药链保护病人，海关链和走私、假货正面作战，都利国利民。

本章总结

本章提供一个区块链发展三部曲的框架。比前文哈佛大学的框架更广，也可融合麦肯锡框架，例如可用麦肯锡方法来评估在某地应先行发展哪个产业。

可以看到简单模型，价值不大，风险又高，但却是必须走的第一步。深度融合模型，价值中等但还是有风险。到转型模型时，风险反而是最低的，且价值也最高。

1. 从一个阶段升级到下一个阶段，区块链技术需要提高

我们看到，从简单模型到深度融合模型，再到转型模型，每升一级，区块链科技水平都必须提高。在简单模型中可能用超级账本或以太坊就能应付，但到深度融合之后，你就会发觉，这些技术已经无法支撑，会出现严重问题，到了转型时，区块链技术就必须升级到区块链互联网或互链网，才能避免出现重大问题，而且要做跨境支付和供应链金融，这些技术水平还要再提高，安全性要更高。

如果机构上马的项目是直接拿链部署的（简单模型），恐怕只能成为一个“学习型”项目。简单模型的项目如果不能提升至深度融合模型阶段，前景堪忧。本章 253 页的表中列出的重点工作如果没有进行，就有可能始终在原有模型阶段中徘徊。

区块链应用主要是商业行为、经济活动。最终必须盈利才能持续，要盈利必须有竞争力。在区块链产业上，竞争非常激烈。为什么？因为区块链本来就是运行在互联网上，竞争是全球性的。所以我们建议一个地方就集中精力着力发展几个有竞争优势的区块链产业，其他地方发展其他有更强竞争力的产业，以避免地区之间的恶性竞争。

要具备全球竞争力，不是在某某地方，接了某某大牌公司的链，建立某某区块链产业，搞个区块链联盟那么简单的事。如果是这样发展区块链产业，日后必定会被迫进行调整，这种情况已经发生过了。一些两年前宣传的区块链项目，已经在暗中寻找替换方案。一些链在重要应用领域部署后，却发现是伪链，机构感到责任重大；另一些链部署后，功能和性能都出了问题；也有些链部署后，不能升级。这些问题的出现，部分原因是这些链本身就是为炒币宣传而用。为了拉高币价，对链的功能和性能夸大其词，经常还隐瞒发币的行为，有的链在国外还被告上法庭，这都已经众所周知。这些以后都是问题。

地方区块链产业竞争力如何？例如能不能竞争过深圳相同区块链产业？再进一步，能不能竞争过国际如伦敦相同区块链产业？如果只是为了发展地方产业，大批资金投入后却没有竞争力，这是浪费资源。所以要事先做好战略规划，从一开始就为日后可能的全球竞争做准备。

区块链发展三部曲中每部曲都需要投资，区块链技术也要提高，产业也会改变，区块链产业发展是长远项目，不是短期项目。

2. 问题检查清单

许多人都在思考如何在此次新型冠状病毒疫情防范上使用区块链。事实上，疫情上报系统在中国早已开发部署，但没有使用区块链技术。大家可以用下面的问题清单进行检查，看看自己的计划有没有持续的生命力，该清单是从本书253页的表格推导出来的：

① 是否有顶层制度设计？项目需要有长期计划，最后成为转型项目，在理论上有最前沿的技术，拥有创新制高点，可以建立国际标准。

② 是否有足够动力使相关方如政府机构、企业、高校、基金积极参与？项目对相关各方都有好处，可以“发挥区块链在促进数据共享、优化业务流程、降低运营成本、提升协同效率、建设可信体系等方面的作用”。

③ 是否有建立生态圈的计划？区块链产业发展项目中包含哪些政府部门、企业、金融机构、高校？可以“加强人才队伍建设，建立完善人才培养体系，打造多种形式的高层次人才培养平台”，可以“打通创新链、应用链、价值链，构建区块链产业生态”。

④ 是否有相关法规支持？是否建立产业沙盒开源查验区块链项目？可以“加强行业自律”，也可以“落实安全责任，把依法治网落实到区块链管理中，推动区块链安全有序发展”。

⑤ 是否有合规区块链技术，将来是否有技术升级的计划？会不会使用发过币的链或是伪链技术？可以“使区块链技术在建设网络强国、发展数字经济、助力经济社会发展等方面发挥更大作用”。

⑥ 现在是否有足够的基础设施支持？是否有建立新产业基础设施的计划？可以使“我国在区块链领域拥有良好基础，要加快推动区块链技术和产业创新发展，积极推进区块链和经济社会融合发展”。

前几年区块链项目遇到很大困境，我们不需要再经历一次。第6个问题“需要新技术”，像美国大型医药供应链管理区块链项目一样，还需要两种新技术：①新共识机制（穿透式共识）；②互链网（区块链互联网）技术，还有待开发。

我们不能为了区块链而区块链，如果没有解决产业痛点，没有科技的突破，这种系统未来必定会被放弃。同时，还需要做大量商业模式研究，因为区块链项目需要盈利，而且要成为中国发展重大突破口，并对外输出我们的区块链技术和产业标准，让其真正走出国门，打开全球市场。

本文初次截稿于2020年2月，每年2月第三个星期六是穿山甲日，人们可以注意到穿山甲的生存困境，因为穿山甲非常容易捕杀，每年在走私货品中被捕杀的穿山甲无数，从2020年穿山甲日开始，让我们保护好穿山甲，我们的区块链发展模型成果也以此命名以兹纪念。

附录：美国 FinTech Sandbox（金融科技沙盒公司 fintechsandbox.org）

FinTech Sandbox 公司是美国波士顿一家非营利组织，它提供数据与基础设施环境给金融科技公司，让这些公司在上面做实验。该沙盒公司有70个初创公司加入，46个合作伙伴，其中30家公司提供金融数据，4家提供基础设施，12家提供加速器。

据报道，FinTech Sandbox 现有2300多个会员，参与者不需要付费。费用由赞助者提供，赞助者包括 Fidelity，Thomson Reuters，Silicon Valley Bank，Intel，State Street Bank 等。

虽然 FinTech Sandbox 是非营利组织，但是为什么赞助公司愿意出钱给科技初创公司加入 FinTech Sandbox 沙盒公司并且不收费呢？为什么 FinTech Sandbox 愿意免费提供服务、数据和基础设施给这些科技初创公司呢？其实这样的非营利组织是有盈利模式的。当赞助公司发现一个科技初创公司确实有好的新技术，可以被金融公司运用时，他们就会投资该科技初创公司。这样他们的投资风险大大降低，因为该科技初创公司的技术已经在真实环境下测试成功。可以说赞助费就是投资金融公司的预付款。

这种投资比传统投资只看 PPT 更加准确，因为软件测试过，而且是在真实环境下做的实验。这些科技基础设施公司也希望许多初创公司使用他们的设施来完成解决方案。

第十二章
美国区块链布局

1. 美国区块链布局是整体的，全面的，而且是市场化的，政府主要通过立法和出台政策进行布局。中国在哪些地方可以学习美国的布局?

2. 今天中国已经有许多区块链标准，而美国基于区块链的医药供应链管理系统标准竟然没有限制任何区块链技术，即完全以结果来评估区块链系统，而不以区块链系统架构来评估。讨论不同区块链标准定义的好坏。

3. 如何设计中国版的医药供应链管理系统?

一、美国区块链整体布局

目前，美国仍是全世界科技最发达的国家之一，美国不但科技先进，管理也是非常强。但是关系到政府决策方面，由于美国政治结构的原因，美国的行动常常落后于欧洲。例如，每次有新医疗器材产品需要上市，美国公司常常让这些新产品先上欧洲市场，欧洲市场成功后，才会进入美国市场。欧洲监管单位比美国开放，因而美国技术研究往往领先于欧洲，但是新科技产品却是欧洲先行。同样，区块链科技发展，数字法币发展，相应的监管制度，也是欧洲先行。但是一旦美国出手，力度又会远远胜过欧洲。例如，虽然英国和欧洲先提出数字法币计划，但是一直到 2019 年 6 月 18 日，美国脸书出手的时候，世界才感到震惊，过去英国央行推数字法币的时候，虽然引起了许多国家的密切注意，但是影响力远远不够。

另外美国政治思想分两大派：共和党和民主党，共和党一直相信“小政府”主义，就是政府只出政策，民间进行具体的操作和实施。美国共和党里根总统就是这个政策的支持者。在这种环境下，美国许多产业发展都由民间公司来完成，例如美国要发展电动汽车，政府只出政策，而由民间公司例如特斯拉来完成。

本章讨论美国区块链如何整体布局区块链发展。我们先讨论近期美国的布局。美国近期的大布局是从 2019 年 11 月开始的，到 2020 年本书截稿的时候还在进行。

1. 2019 年 11 月美国将区块链技术提升到国家安全级别

美国的大动作从 2019 年 11 月开始。那时哈佛大学教授肯尼斯・罗格夫（Kenneth Rogoff）写了一篇文章，文章虽短，但是观点犀利，一针见血。该文发表以后，许多文章也相应发布，但是都是罗格夫教授观点的延伸。

罗格夫是美国政府智库成员之一，他的观点经常代表美国官方的观点，特别是美国官方不好说的话，罗格夫可以公开说。罗格夫是哈佛大学的 Thomas D.Cabot 讲座教授。2001 年至 2003 年，罗格夫担任国际货币基金组织（IMF）首席经济学家。他的文章应该是基于以下发生的几个大事件：

① 2019 年 6 月 18 日，美国脸书发布区块链白皮书，震动了世界各国央行和许多商业银行。这次事件也改写了区块链历史，从此以后，区块链走上世界金融舞台。脸书白皮书出来的时候，美联储对整个货币市场特别是对美元仍有强大信心，例如认为比特币根本不会影响美元在世界的地位。该观点笔者在 2019 年 7 月 26 日发表的《世界正在走一条没有走过的路：美国总统不支持脸书 Libra，真的吗？》一文中讨论过。

② 脸书美国听证会直接表明该计划的目的是为了和中国支付系统进行竞争。世界各国对此都表示震惊。但是脸书开发 Libra 币，不仅只是想和中国支付系统竞争，也有盈利目的，这也是美国主流科技公司进军区块链产业的标志。

③ 2019 年 8 月 23 日，英国央行行长居然到美联储面前，提出使用基于多个法币的合成霸权数字法币来取代美元，这一行为对美国和美联储来说是严重的挑战。

④ 2019 年 10 月 25 日，习近平总书记作了关于区块链的讲话。

这 4 件事情加起来，美国态度就变了。2019 年 8 月美国听到英国央行行长的话以后，他们还不以为然，一是他们看不见英国央行的愿景和英国央行自 2015 年以来的准备，二是当时他们看不懂这样的技术和制度是否真的可以取代美元。

肯尼斯·罗格夫（Kenneth Rogoff）教授发表了一篇关于数字货币的文章，从文章的第一句话即可看出美国对此事的看法已经定调：

“正如科技改变了媒体、政治和商业，科技正破坏美国本国货币能追求其更广泛的国家利益的信心。”（Just as technology has disrupted media, politics, and business, it is on the verge of disrupting America’s ability to leverage faith in its currency to pursue its broader national interests.）

罗格夫教授这句话表明，世界新局势已经渐渐出现，一些长期有争议的观点已经尘埃落定，不需要再讨论了：

- 科技（区块链、数字货币）改变金融市场；
- 科技（区块链、数字货币）影响国家法币（美元）；
- 国家法币（美元）影响到国家利益，已经达到国家安全级别。

但美国毕竟是全球学术界最创新、最领先的国家之一，也是人才最集中的国家之一，他们很快就发现英国这次是来真的。《复兴百年英镑的大计划》就提到这些观点。这次如果英国不来挑战美元，下次也可能是其他国家来挑战。

本来完全由美国掌控的环境，现在可能变成一个竞争激烈且不可控的状况，而且还可能直接挑战美国最重要的资产（美元）。由美国哈佛大学教授肯尼斯·罗格夫带头，美国智库和舆论界立场开始大变。

数字货币战争，不是数字货币竞争

罗格夫教授认为世界正在开始一种新型的数字法币战争。他还用了“战争”这个名词，在过去，笔者都是用“竞争”这个词，就是数字法币竞争，可是罗格夫教授用了“战争”一词，就是说新的数字法币战争会出现，且非常激烈。

2019 年 11 月，哈佛大学进行了国家安全会议模拟实验，模拟主题就是“数字法币战争：国家安全危机模拟”。这次模拟汇集了政府老兵、职业外交官和学者们，将一个非常真实的前景戏剧化—— 一种加密数字法币的崛起，将颠覆美元的主导地位，且能使美国的经济制裁无效（美国目前正对十多个国家实施金融制裁）。美国前财政部长、哈佛大学前校长 Lawrence Summers 也参加了这次模拟。

这次国家安全模拟会议不是真实的会议，只代表政府老兵和学者们在这方面的观点，但这次会议带来的信息非常重要：

• 数字法币关系国家安全，而且改变国家政策，模拟里多次提到数字法币对美国的影响，还提到数字人民币。

• 哈佛大学团队认为 SWIFT 已经失去大部分的功能，美国需要其他方法才能推行国家政策。这一点其实美国在 2018 年已经意识到了，当时 IBM 发行稳定币时，直接说使用稳定币跨界交易不会经过 SWIFT。不只是美国，日本也有这样的计划，日本正在建立自己的基于区块链的跨境支付系统。

• 参与模拟会的麻省理工学院数字法币项目主任也直接指出任何挑战美元的计划都属于国家安全级别的问题。

• 参与者认为美国在这方面的技术一定要领先，否则会对美国金融帝国产生影响。贝尔弗科学和国际事务中心主任扮演国防部长，他们指出，不能容忍中国人利用这一货币作为武器来打击美国传统上的优势。中国在整个亚洲和非洲的影响力日益增强，美国必须以某种方式加以处理。

罗格夫教授文章重要观点

• 过去科技改变媒体、政治和商业，现在将改变美国法币（美元），而美元是美国的根本，当科技改变美元生态的时候，将产生巨大变化。（备注：这一观点英国央行已经讲了 5 年，国际货币基金组织自 2017 年起讲了 2 年，美国人终于接受这一观点了。）

• 脸书 Libra 稳定币出来后，改变了现在的美国监管制度，而且对以后其他国家发行数字法币会有更大的影响。（备注：这表示美国承认传统使用SWIFT来制裁和监管世界经济将不再有效。)

● 脸书Libra稳定币的操作是合法的，可以征税的，可以监管的。

若其他国家发行数字法币，美元在世界的地位可能会下降，美国可以使用的制裁机制不再有效。

● 现在不论哪个国家或是单位以后都有可能获得主导数字法币的地位（备注：这里有两个惊人的信息：这是不是表示英国在这方面领先于美国？另外一个信息是美国担心将来在数字货币方面不能主导世界。如果是，表示美国承认在这方面的科技没有领先世界。）美国应该计划如何尽量减少这些事件可能带来的负面影响。

● 许多加密货币地下经济非常活跃，例如货币可能用于恐怖组织活动，美国不允许这样的事情发生。

● 美国将所有加密货币纳入美国政府监管范畴，包括合规的（数字法币，例如其他国家发行的数字法币，或是合成数字法币）或是不合规的（例如数字代币），只要在美国市场交易，都要被政府监管。数字法币是CBDC（Central Bank issued Digital Currency），合成数字法币是由央行出监管政策，由民间公司发行的，基于传统法币的数字货币。

● 美国如果不欢迎某些国家的数字法币（或是合成数字法币），可以用监管方式阻止这些数字法币在美国流通。

● 即使是那些不合规而且逃避监管机制的数字代币，美国也可以以其他方式来监管，例如以银行和零售机构的限制来阻止那些逃避监管的数字代币在地下经济中活动。

● 脸书Libra稳定币会在瑞士监管机构的支持下完成，美国会和瑞士在这方面进行合作。

● 美国会监管脸书Libra币的活动，透过这样的监管机制，美国可以有好的洞察力。美国法律规定，凡是以美元作为货币进行的交易，美国都有权监管。(备注:这代表脸书 Libra 币是美元的先锋。这和笔者在 2019 年 6 月提出的新概念观点一致,即这些基于美元的稳定币,就是美元的二军,是美元的先锋,也是美元的护城河。)

- 美国会对 Libra 币和其他合成数字法币进行监管,像监管传统货币一样,使用同样的法规和制度。
- 随着脸书 Libra 的出现,世界各国央行都会推出数字法币,世界将进入一个新的数字法币战争时期。
- 新的数字法币战争主要取决于政府监管和征税的能力。(备注:美国目前没有把握在这场数字法币战争中一定会获得主动地位,美国只要能够监管在美国市场的数字法币的活动并收到税金就可以。)
- 脸书 Libra 不能解决全部数字法币战争引发的问题,2019 年 12 月它公开提出,美国一定会推出基于美联储的数字法币。
- 这次巨变来源于科技进步,美国应该积极开发相关科技。

新型数字货币战争不是传统货币战争

这是一场新型货币战争,该战争不是坦克车的战争,也不是飞机的战争,而是科技战争。该科技战争就是要以科技在金融领域进行竞争,金融科技竞争涉及三大研究方向:科技,市场,监管。这三个研究方向,以科技最为重要,因为科技会影响到市场,也会影响到监管。在货币战争中,事实上最重要的科技是"监管科技"。罗格夫教授直接讲到,美国以后会用监管科技来对付其他国家的数字法币。

英国首席科学家 2016 年 1 月提出监管科技这一新概念,2017 年 7 月中国人民银行也开始进行监管科技的研发,而到了 2019 年 11 月监管科技居然成为国际数字法币战争的利器。

数字法币的三个关键

① 科技

目前，区块链可以广泛应用于所有金融系统，证实了 2015 年 1 月《华尔街日报》所说的，区块链将带来 500 年来最大的金融科技革命，也证实了英国央行在 2016 年说的，基于区块链的数字法币是 320 年来最大的货币改革。

什么是改革？用一套新系统就是改革？不是，改革就是旧的技术被全部替换，包括基础设施，例如说以前用油灯，现在都使用电灯和电灯需要的电力系统，等于出现一个新型产业，所以大家应该赶快撸起袖子加油干，发展区块链新技术，走在理论最前沿，占据创新制高点，取得产业新优势。

② 市场

数字法币必定带来新产业和新知识，即新型宏观经济学。传统宏观经济学不能解释现在已经发生的现象，比如数字货币竞争。现在数字货币的流程和传统货币交易的流程不同，传统宏观经济学教科书所说的利息、汇率等政策，在新型的基于区块链的数字法币的环境之下，不能解释 Libra 和英国央行提到的影响，表示传统理论已经不够（但还会存在而且有用），需要发展新型理论。

当 Facebook 发布白皮书时，美国没有提高或是降低利息，没有改变美国国家货币政策，其他国家也一样，世界经济活动目前还没有受到什么影响，Libra 也还没有发行。事实上，Facebook 没有任何活动影响到实体经济。但是 Facebook 发表白皮书时却像美联储宣布有重大政策改变一样，世界各国和央行都感到震动，还开启各种计划来进行对抗，这不是传统宏观经济学所能解释的。如果以传统宏观经济学来看，没有对实质经济有任何影响的事发生，根本不需要做出任何反应。这清楚地表明宏观经济学需要发展新理论。

假如 2020 年 Facebook 开始发行 Libra 币，美联储不会改变美元政策，但是很可能其他国家会改变国家法币政策来进行对抗，这表示新型数字货币战争还可能会引发传统货币战争。

宏观经济学是解释现在市场行为的一门科学，即在实际环境之下观察宏观经济现象并分析其经济运行规律的一门科学，传统的宏观经济学很难解释为什么数字法币会对银行、金融界、央行以及国家产生这么大的影响。

③ 监管

国外开始假设中国必定会使用数字人民币，而他们可能会用监管的方式禁止数字人民币在其他国家使用。罗格夫教授也提到世界会分成两大经济体系，一个是合规经济体系，另外一个是灰色或黑色的经济体系，灰色跟黑色的经济体系是正规市场的五分之一，虽然比正规市场小，但也有五分之一的市场，他认为数字法币有可能会在两大经济体系中同时运行。

Facebook 首席执行官马克·扎克伯格向美国国会表示，美国对下一代支付技术的监管没有垄断地位。他用了很多篇幅企图说服美国国会，比起 Facebook 的 Libra，有着全球雄心的中国数字法币也许只有几个月就会诞生。美国应该更不喜欢后者。

罗格夫教授认为，中国数字货币即将崛起，且会削弱美元在全球贸易和金融中的主导地位，这些数字货币至少大部分是合法的，征税的，并且受到监管。他表示美国监管机构不仅对本国金融机构拥有巨大的监管权力，而且对需要进入美元市场的任何金融公司同样拥有巨大的监管权力。这清楚地表明美国会以监管科技来对付其他国家的数字法币。

2. 美国布局以立法开始

自从哈佛大学罗格夫教授于 2019 年 11 月发表相关文章以后，美国立刻开始布局，从立法开始。美国国会于 2019 年 12 月发布“2020 年加密货币法案”（Cryptocurrency Act 2020）。该法案为美国提供一个清晰的法律框架，例如建立数字资产定义协议，以应对数字货币的发展。

半年前，我们团队还问过美国监管单位何时会立法管理数字资产，当时他们的态度是这方面不着急，因为立法非常复杂。现在因为 2019 年的一系列事件，这些都变成高优先权的法案，因为事情紧急，再复杂也要立法。下面的表格就是现在我们知道的美国立法法案，立法条款中的第一类和第二类法案中的理念很多来自罗格夫教授关于数字法币的文章。

Categories of Publicies Addressed In Legislation by the 116th Congress	22
Use of Cryptocurrency by Terrorists，Money Launderers，Human / Sex Trafficking	8
Policy Addressing Cryptocurrency Use For Evasion of U.S. Sanctions	1
Policy Addressing Cryptocurrency Use For Human / Sex Trafficking	2
Policy Addressing Cryptocurrency Use by Terrorists / Money Launderers	3
Policy Exploring Blockchain Technology Use By Law Enforcement / Bank Exank Examiners	2
Regulatory Clarity for Cryptocurrency And Blockchain Companies	9
Policy Addressing Blockchain Token Treatment For Businesses	3
Policy Addressing Consumer Protection	2
Policy Addressing State Money Transmission Licenses	1
Policy Addressing Taxation of Blockchain Tokens	1
Policy Addressing Facebook’s Libra Coin	2
Use of Blockchain Technology In Government	5
Policy Exploring Bockchain Promotion Across All U.S. Government Agencies	1
Policy Exploring Blockchain For Hospital Data Security for Endemic Fungal Disease Research	1
Policy Exploring a Blockchain Study In Export Import Bank On Supply Chain For Exporters	1
Policy Exploring Blockchain For Increasing Investments by Lower Income Individuals	1
Policy Exploring Blockchain For Use by the Department of Defense	1

第一类法案：对恐怖分子、洗钱、贩运人口和性（地下经济）的监管

- 加密货币在躲避美国经济制裁方面的法案（Cryptocurrency Use for

Evasion of US Sanctions)；

• 加密货币在人口和性贩运方面的法案(Cryptocurrency Use for Human /Sex Trafficking)；

• 加密货币在恐怖分子和洗钱者方面的法案(Cryptocurrency Use by Terrorists /MoneyLaunderers)；

• 区块链于执法和银行审计员中应用的法案(Blockchain Technology Use by Law Enforcement/Bank Examiners)。

第二类法案：对加密货币和区块链公司的监管

• 区块链代币在商业上的法案(Blockchain Token Treatment for Business)；

• 消费者保护法案(Consumer Protection)；

• 州资金传输许可证法案（State Money Transmission License)；

• 区块链代币抽税法案（Taxation of Blockchain Tokens)；

• 脸书 Libra 币法案（Facebook Libra Coins)。

第三类法案：区块链在政府中的应用

• 区块链在所有美国政府应用中的法案(Blockchain Promotion Across All U.S. Government Agencies)；

• 区块链用于确保地方性真菌病研究医院数据安全的法案（Blockchain for Hospital Data Securing for Endemic Fungal Disease Research)；

• 进出口银行在出口供应链方面的区块链研究法案（Blockchain Study in Export-Import Bank on Supply Chain for Exports)；

• 区块链提高低收入人群收入的投资法案(Blockchain for Increasing Investments for Lower-Income Individuals)；

• 区块链在国防部应用的法案(Blockchain for Use by the Department of Defense)。

这 22 个法案涉及三种不同类型的数字货币，代币 – 加密货币、加密证券和加密货币。根据该法案，加密证券涵盖所有基于区块链的衍生品、股票和债务工具。现在拟议法案显示，美国证券交易委员会（SEC）监督加密证券，美国商品期货委员会（CFTC）监督加密货币，而财政管理署（FinCEN）将创建一个追踪加密货币交易的框架。根据该法案，这三者都将在“联邦加密监管机构”或“联邦数字资产监管机构”的赞助下运作。

根据该法案，三个联邦监管机构将公布美国加密市场参与者的详细许可和认证要求清单。这三个机构还将相互联络，为加密货币法规提供强有力的保障。这一特殊方式类似于货币主计长办公室（OCC）、美联储和联邦存款保险公司（FDIC）共同管理主流金融市场的方式。

讨论问题

美国从不着急制定相关法规（美国区块链界从 2018 年 2 月一直等到现在，等了 22 个月），到 2019 年 12 月，哈佛大学罗格夫教授发表和区块链相关的文章以后，急忙推出 22 个法案，因为这些法案关系到国家安全。这些法案，一方面放松监管来推进产业，另一方面却加强监管。这是个非常好的学习案例。而且这次不是以行政指示出现，而是以立法形式出现。立法布局比行政指令更强大，在法规指导下，美国政府和企业可以在区块链领域上推进许多年，而不需要更改法律。就算美国政府换了领导，这些法规还存在，必须继续执行（除非法规更改）。美国这次显示出强大的企图心，预备在区块链科技领域大力发展。许多中国法律界学者应该有研究兴趣美国新推出的这一系列法案，这些材料提供在中国区块链立法的原材料中。

3. 美国 2018 年的布局

一直没有什么大动作的美国，2018 年却开始布局，以打造美国数字经济和金融的帝国。美国不论在金融市场或是数字法币领域，还是在监管法规方面，都有发展。

- 美国需要合法合规的金融产品：以 Bakkt 公司为首；
- 美国需要数字美元：该数字美元由美国政府进行担保，成为数字经济的承载货币，最初由美国科技巨头 IBM 于 2018 年 7 月启动，摩根大通银行于 2019 年 2 月跟进，2019 年 6 月脸书也跟进，还有其他金融公司也都发行稳定币；
- 美国需要数字经济的监管制度：以美国证券交易委员会（SEC）、美国商品期货委员会（CFTC）、纽约州金融服务局（NYDFS）为领导；
- 美国许多单位从事大型实验，例如美国信托清算公司（DTCC）；
- 美国还举办多次公开辩论。

数字经济的产品和交易所

2018 年 7 月 Bakkt 公司成立，建立了合法的数字货币交易所和数字货币公共基金。Bakkt 的老板是纽交所（New York Stock Exchange）的老板，这件事震动了国外金融界。Bakkt 重视和大型科技公司的合作，也得到政府支持，在监管环境下，基金、金融公司及个人都可合法地进入代币市场，大型基金、退休基金、银行和证券商也都可以合法地投资 Bakkt 上的金融产品。

截至 2019 年 12 月 9 日，全球股票市场总价值约 82.2 万亿美元，债权市场总价值 100 万亿美元，房地产市场总价值 230 万亿美元，此门一开，如此大的资产（400 万亿）都可以以证券代币的方式进入合法的 Bakkt 代币市场。而且，公司既可以在传统市场上市，又可以在代币市场上币，美国 Overstock 公司就是一例，公司股票上市，系统 tZero 申请上币。所以有人说 Bakkt 事件是人类股票历史上一次大变革。

数字美元承载数字经济

美国第二条路线是允许科技公司发行稳定币，2019 年稳定币被许多单位认同为是合成数字法币。2018 年 7 月 18 日，IBM 联合恒星 Stellar 开始发行稳定币（合成数字美元），第一次数字货币或数字稳定币有政府的担保，也正因此，它会成为数字货币市场的硬货币。该硬货币可以给金融机构提供服务，如银行可购买大量数字美元。这表明美国政府开始接受数字经济和代币市场，并将数字美元作为新经济的承载货币。

这是人类历史上第一个由公司发行但是由政府担保的合成数字法币，是一里程碑事件。

2019 年 2 月，摩根大通银行宣称要发行稳定币，这是世界上第一个由银行发行的数字稳定币，以前都由科技公司发行（包括 IBM 发行的数字美元）。该稳定币主要用作跨境支付，在摩根大通银行内部应用，约 170 家国家银行愿意合作。摩根大通银行早就有跨境支付系统，并且是实时系统，在功能上不需要一个新实时跨境支付系统，为什么它要这样做？这和区块链帝国有关系。

2019 年年初英国监管单位 FCA 宣布要将稳定币当成货币，用“货币法”来监管稳定币。这等于是将数字稳定币和央行发的法币等同为货币，而不是将稳定币当作金融产品。这意义非凡。2017 年 9 月，国家货币基金组织（IMF）在英国央行演讲时提到在法币已经不管用的国家，数字代币将成为那个国家的实际法币。而现在这些稳定币在英国被当作是货币，可能成为一些国家的法币，它们比价格不稳定的数字代币强得多。

2019 年脸书（Facebook）宣布要发数字稳定币。该事件震动了世界央行和商业银行。

美国监管制度

美国第三条路线就是监管。从 2018 年 2 月开始，美国监管单位在现有的金融法律框架内，一直发布新的监管法则，而非出台新的法律，并且批准合法合规的证券代币上市，批准合法合规的交易所和相关金融产品。同时还表示要严厉打击传统数字代币和相关活动，例如交易所、钱包等。这代表美国对于数字代币的整体发展已经有了一个法律框架：

在这个法律框架下，可以合法合规地做生意；但如果超出这个法律框架，美国监管单位将会予以严厉打击，在美国相关法律还没有出台前的一些商业活动除外，美国监管的态度是既不鼓励也不支持，但也并不明文禁止，让其在市场上自生自灭。

美国证监会（SEC）也一再声明，数字代币不是法币，并且除了特别的代币（比特币和以太币）外，其他数字代币都应该是证券代币，由证券法来管理。最近，美国 SEC 还发表意见，如果不是证券代币，就无法出现在任何代币市场上，要赚钱只能走证券代币路线（即数字代币都将被美国 SEC 监管）。这对传统数字代币的支持者而言是个坏消息。

美国 SEC 这一行为，造成美国有两个股票市场，传统股票市场（以纽交所为代表）和新证券代币市场（以 Bakkt 为代表）。

美国监管制度下的代币市场

合法 / 不合法	市场	评语
合法	传统金融市场，基金、共同基金、养老基金、期货以及 ETF，货币是美元，商业银行是最终资金存放的地方，由美国政府担保	目前规模最大，以金融为主，科技服务
	正规数字代币金融市场，基金、共同基金、养老基金、期货以及 ETF，数字代币除了比特币和以太币之外都会是证券代币，货币是数字美元，数字美元放在数字银行（例如 IBM），数字银行和传统银行合作成为资金存放的地方，由美国政府担保	目前规模最小，但会高速成长，金融和科技融合
不合法或是还没有合法化	没有注册的数字代币在没有被监管的交易所上交易，基础是比特币，钱包或是交易所是资金存放的地方，没有政府担保，并且可能受到政府监管	目前处于寒冬期

二、美国区块链产业布局

1. 医药供应链管理布局

美国第一个区块链产业的布局是 2018 年美国食品药品监督管理局（FDA）启动的项目。FDA 隶属于美国联邦政府。

医药品是性命攸关的物品，美国通过《药品供应链安全法》(The Drug Supply Chain Security Act，DSCSA) 以应对假药威胁。根据世界卫生组织 WHO(World Health Organization) 报告，发展中国家 10%—30% 的药品可能是假药，联合国毒品和犯罪问题办事处 (UN Office and Drugs and Crimes 或是 UNODC) 认为这是个严重的问题。美国 FDA 积极推动区块链供应链，制定区块链相关数据标准，开展数据结构的定义工作，推动整个产业的发展。

2. 启动项目的原因

2012 年美国出现一种假药，该假药居然在美国 1000 多家医院出现，造成重大伤亡。美国早已经建立医药保障制度，在美国医院里面出现假药是罕见的（多半假药都是在互联网或是路边销售的），而且在这次事件中美国伤之人数不少。

3. 调查出事原因

美国政府追查了此次事件，发现假药从国外合规的经销商（就是被当地政府监管的经销商）经过多家合规的经销商，最后送到美国。因为该假药经合规经销商进入美国，而这些合规经销商都保证他们提供的药都是真的。

假药先进入埃及合规经销商，然后经埃及合规经销商把假药送到瑞士合规经销商手中，后又历经丹麦合规经销商、英国合规经销商，最后到美国合规经销商手中，随后该药进入 1000 多家美国医院，被大量病人使用，造成几百人伤亡，损失重大。

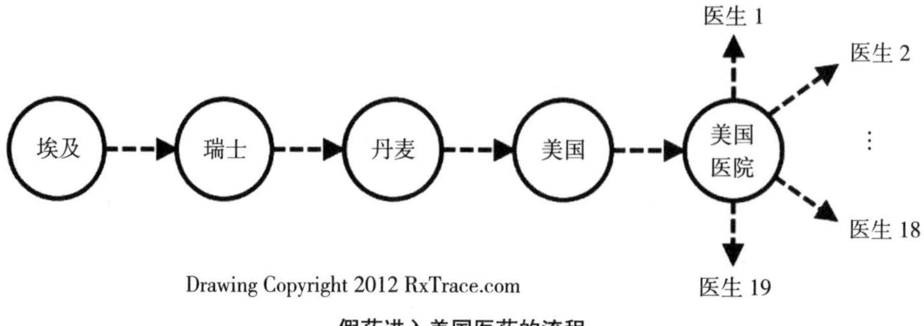

假药进入美国医药的流程

4. 立法解决

为了预防这类严重事件再次发生，美国国会建立法案 Drug Quality and Security Act（医药品质以及安全法案），该法案第二节 Drug Supply Chain Security Act（医药供应链安全法案）就是用来保护消费者的。其中（医药供应链安全法案）涵盖药品的全生命周期，包含制造商、物流、批发商、药房和医院全供应链。

立法后，不论是哪个党派当美国政府领导，都必须遵守该法规。

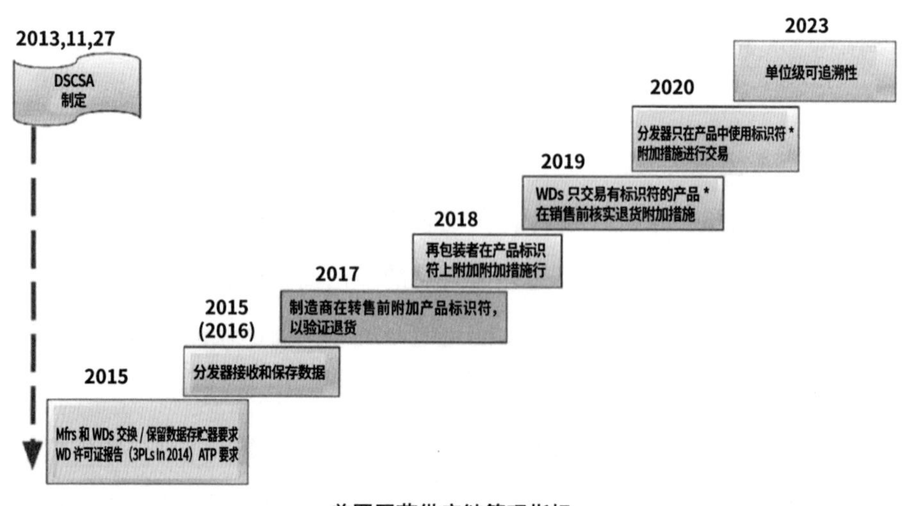

美国医药供应链管理指标

5. 讨论解决方案

美国食品药品监督管理局（FDA）和供应链研究中心（Center for Supply Chain Studies）共同研究区块链在医药供应链中的应用，研究中一个重要的讨论问题就是区块链是不是必要的科技。这个公开讨论持续将近一年，美国一直在讨论区块链是不是解决方案？如果是，那么是不是最好的一种方法？该问题一直困扰着许多人，一开始，美国大部分医药相关机构都犹豫要不要使用区块链。他们的困扰主要有以下三点：

① 现在没有区块链基础设施，使用起来不方便；

② 现在没有区块链标准，准确地说，没有“可以行动”（actionable）的区块链标准；

③ 不相信区块链这个“信任机器”技术可以建立能够被信任的医药供应链。

第一点是正确的，现在区块链基础设施还没有广泛建设，或是还没有足够的基础设施。第二点也是正确的，因为现在区块链标准大都是“参考模型”。参考模型可以参考，可以讨论，但是没有统一的行动细节或是流程。例如许多区块链标准都表示要有共识机制，但是没有表明共识机制应该要有怎样的细节机制，以及如何验证该机制，就算算法相同，也可能有多种不同的架构和实践。在这种情形下，一些弱链和伪链就出现了。例如超级账本使用的共识是 Kafka 共识机制，但是该机制居然还是中心化的共识机制。

第三点主要是大众认知和心理问题，因为大部分医药参与者都不了解区块链，该问题可以用教育来解决。另外一个很重要的问题是，大多数人认为，区块链业务最重要，技术不重要。如果使用链，就用开源的链，例如超级账本，虽然大家都知道这是伪链，只要监管单位不否认它，那么就用伪链。问题是今天我们讨论的是使用区块链系统查验药品，使用弱链或是伪链，万一出事，人命关天的事情谁负责？医药供应链公司？区块链公司？批准使用伪链的监管单位是不是也要负责？假药可能造成众多伤亡，这样的事情发生得还少吗？

6. 讨论结论是区块链是核心技术

为什么最终还是使用区块链技术？如果不使用区块链技术，那么还能使用什么其他技术或者工具吗？美国在这方面展开了大量讨论，并且提出了一些其他技术，如物联网（IOT）和大数据等技术。

物联网是一种很重要的工具，可是物联网本身并不能保证数据不可篡改，所以物联网跟区块链可以结合。在医药供应链上，只有物联网可以搜集数据，但是数据有可能被更改。

另外大数据可以做分析、处理和预测的工作，可是大数据不具有数据不可更改性，所以只有大数据的系统是不能通过药品的全程追踪来保证医药的安全性的。

所以无论是大数据或者是物联网，他们都不是解决问题的核心，核心还是需要区块链技术。除了数据无法更改外，区块链还有一个非常重要的概念——使用区块链能解决监管科技现有问题。

最后的结论是，区块链是必要核心的技术，没有其他技术可以取代。但是该系统还需要其他技术。

7. 区块链提供共识相互监督

区块链参与者可以达成共识后才将数据放在链上。在共识的时候，参与者实际上在互相监督对方。

而且达到共识之后，数据就不能更改。“互相共识监督＋不能更改性”是区块链系统和之前的系统大不相同的地方。以前每个单位都维护自己的数据，单位之间可以用文件或是邮件来沟通。如果后来发现有作弊现象，参与者可以用自己的数据来辩护，可是沟通文件要么“自然消失”或“自然模糊”，要么被更改。但是“互相共识监督＋不能更改性”使这种作弊现象不能成功。 物联网和大数据没有“互相共识监督＋不能更改性”的机制，不能成就医药供应链系统。

8. 医药供应链交易种类

医药供应链上可以有种类不多的交易，但是最主要的有两种：

交易：是指从一个单位把药品转送给另外一个单位。例如从制造商到运输公司，虽然是运输工作，可是在供应链上这是一笔交易，这笔交易由制造商将货品交给运输公司。

退还：只限于可以使用的药品。例如一种药品，还在保质期内，也没有被使用过，那么这种药品就可以退回给制造商或者转给其他药房或是医院。那些不能再使用的药品就丢弃。

9. 提出大概解决方案

美国供应链研究中心（Center for Supply Chain Studies）用下面的图来解释区块链可以解决假药的问题。2023 年后，美国医药供应链上的每个单位在交易的时候都必须记录和追踪，以保证可以查询整个链条上的信息。例如在下页图上，可以查到某个药品供应链上从制造商到医院或药店的所有交易信息。

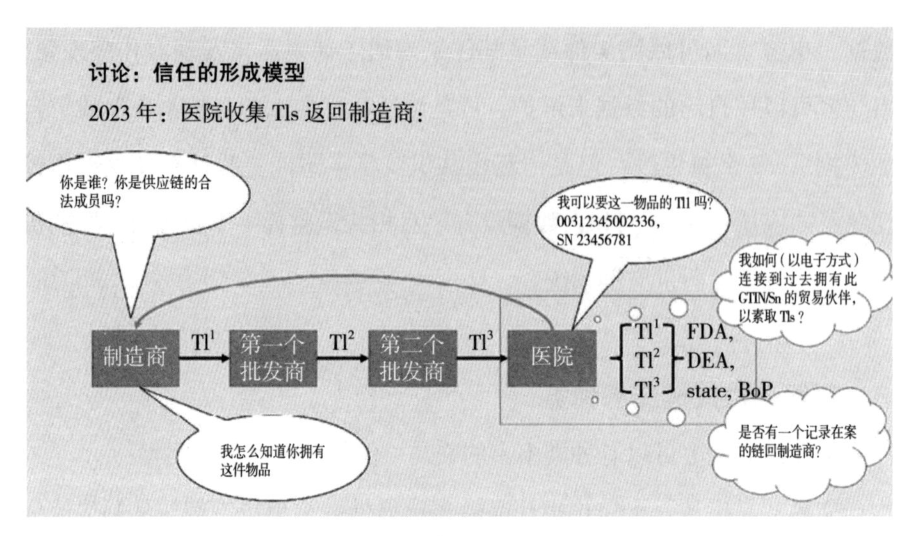

新的医药供应链流程

10. 提出产业标准模型

前文只是提出区块链布局的方案，但是这些方案还需要成为一个产业标准才能发挥作用。但是制定标准不是容易的事情：

- 标准可以被许多参与单位接受，包括制药商、医院、物流、仓库和药房；
- 标准可以有扩展性，因为参与单位非常多；
- 鼓励竞争和创新，所以标准不能定得很细。例如使用不同商业的区块链都可以采用；
- 关键的地方一点都不可以马虎。例如这些系统只有两种交易：进货，退货。

一种解决方案是，某个医药供应链上的相关单位必须能看到这种药品的所有信息，包括参与该供应链的单位和他们交易的信息。例如在一个医药供应链上，制造商可以看到物流公司、批发商、药房和医院的信息。假如哪天有大量的药从一个单位到另外一个单位，即使这个单位不认识相关物流或者医院，该药品在哪里物流，哪里零售，哪里使用，都能够被追踪。

11. 提出医药供应链参考模型

这三个模型没有制定区块链标准，也没有要求区块链需要具有什么功能，只定义了药品的交易信息和交易文件。

这样有什么好处呢？好处是可以使用任意种类的区块链，今后面对新的区块链或者不同的结构甚至是不同的基础设施，仍然能够使用区块链进行追踪，追踪是从制造商到医院的全程追踪。这个过程经历了激烈的讨论，因为有人认为区块链不能很好地解决全程追踪问题，但是最终依旧决定使用区块链。

第一个参考架构是把交易信息和交易文件都放在区块链上，下图是它的整套流程。

REFERENCEMODEL 1(DSCSA TI LEDGER)POSTING PROCESS　　Center for Supply Chain Studies

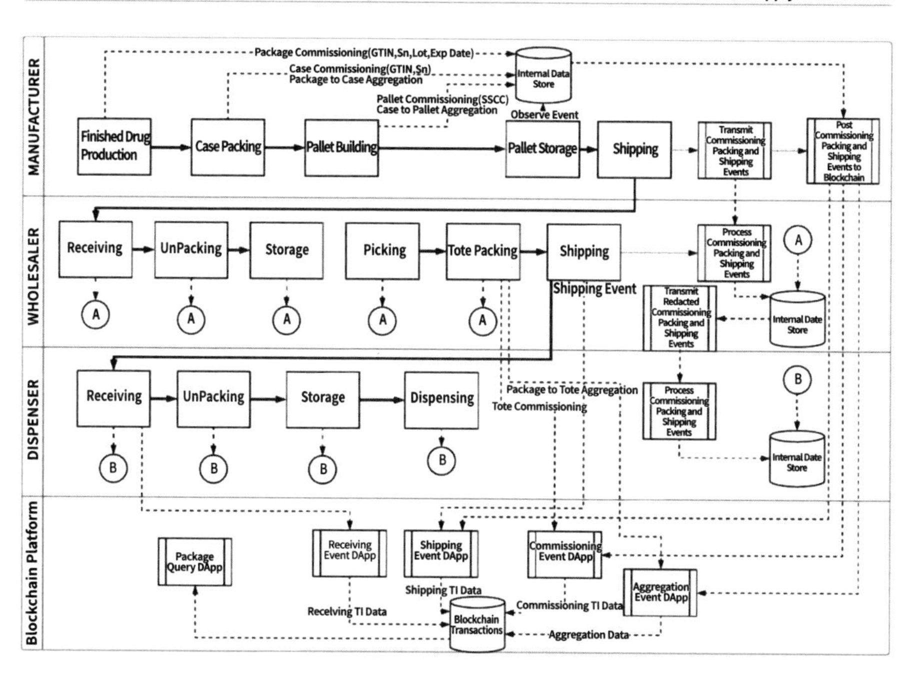

Figure 5:

ReferenceModel 1 – *DSCSA TI data on the blockchain*

参考模型

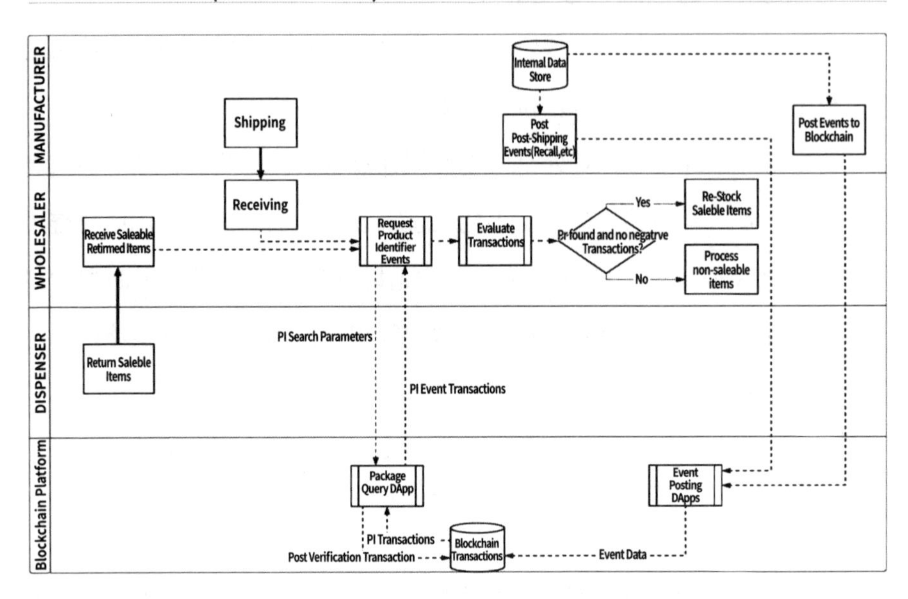

Figure 6:
ReferenceModel 1 – *Verification Process*
验证模型

可以看出来，这份参考模型有细节，而且主要是定义数据结构，这和一些区块链参考架构不同，具体有以下几点：

- 参考模型定义接口数据，这样可以允许多个区块链系统出现；
- 数据互通，不论哪家医院、生产商、零售商以及物流都必须遵守这个数据规矩；
- 有数据和验证细节，这一点不同于其他没有细节和验证流程的区块链标准。倘若没有这一特点，对 FDA 来说该项目就是浪费时间。FDA 的目的就是要验证药品的真假，这一过程需要获得相关公司和单位的认可，因此必须要准确，不可以模棱两可。

过程中可以使用不同系统，但是存的数据必须一致。相关公司包括医药商、IT 公司和药房等是不同性质的公司，但是 FDA 认为在医药领域中都是同类公司（医药相关公司），必须受到同样的区块链监管。如果FDA提出的参考架构细节模糊，相关公司使用不同区块链系统，虽然功能都一样，但是还是无法验证也无法交互。所以我们过去不断强调要建立区块链帝国。FDA建立的美国医药区块链帝国，将使有意参与的单位可以在美国合法做生意，而无意参与的单位可能无法在市场生存。这也是主权区块链的概念，即美国医药区块链的帝国。

这些标准还会经过多次更正，但是美国建立了世界第一个实用的医药区块链参考架构，其他国家可能会跟随。

这三个参考架构有一些差距，例如第一个是把数据放在区块链上面；第二个是把一些数据的哈希值放在区块链上面；第三个不保存数据或是哈希值，而是将智能合约处理之后的相关信息放在区块链上面。

这个项目是多家相关企业（制造商、物流和医院等）于2017年开始的，整个工作历经半年的时间。显而易见的是，这三个参考架构只是初期工作，以后还会有更改，但是这些架构一旦被使用，有可能会成为世界标准。

12. 发现第一个科技问题

在这个解决方案中，需要共享信息，也需要保护隐私。但是，假如这个药品不是你制造或者运输的，那么你就不能看到相关的信息。这是一个极端的对比现象：

- 如果你跟某一种药品有关系，那么你就必须能看到这个药的整个供应链的流程。

- 如果你跟这药没有关系，那么你就什么信息都不能看见，这是医药方面的隐私保护。

为什么一旦有关系，必须看到全链条信息？因为万一后来出事，上述的参与单位必定会极力把问题推给其他单位，因此每一个相关单位必须能看到同样的信息（全白）。而其他无关单位是不可以看到（全黑）相关信息的。这是关键，也是传统计算机系统中没有的：

［**全白数据共享**］针对一个物件，在其生命周期里，任何处理过该物件的单位可以看到完全的信息。例如，一种药品从制造商（A）到物流公司（B），再从物流公司到批发商（C），最后从批发商到医院（D），A、B、C、D都可以看到完整信息，例如所有交易日期，产品名称和编号，收件人和其他相关的信息，等等。因为A到B先发生，B到C后发生，但是A可以知道C的信息。如果A发现C那里出现问题，A可以立刻发出预警。例如一种药品放在批发商太久，药品快要过期，制造商可以通知批发商。当批发商送货到医院D，D会看到A发出来的预警。

［**全黑信息隐私**］针对同一种类但不同流程的药品。例如，一种药品从制造商（A）到物流公司（B），再从物流公司到批发商（E），最后从批发商到医院（F）。因为这是不同流程的药品，A和B可以看到这两段流程信息，但是E和F看不到第一段流程的信息，同样C和D也看不到第二段流程的信息。虽然A和B可以看到两段流程的信息，但是不能将信息分享出去，因为泄露商业机密是违法的。

这种"全白+全黑"的数据处理模式和传统系统不同。每个公司都有自己的数据库，用于存储交易双方的交易信息，例如交易双方都会存储一份交易合同或者交易信息。比如说一种药品的制造商把货交给一个批发商，药商和批发商存有信息，批发商又和药房交易，批发商和药房都有这条信息，但是药商可能就没有这条信息。也就是在这段流程中，只有直接交易的双方有交易信息，而链上的交易信息是不会自动传给链上参与者的。

在传统追踪系统中每个单位只追踪前面一个单位和下面一个单位。如果使用这种系统，假药就不能被发现。但是使用"全白＋全黑"模型的追踪系统，假药可以轻易被发现。假如在2012年美国的假药事件中使用了"全白＋全黑"模型的追踪系统，那么药品的流向及参与者的信息都将清楚地记录在案且不可篡改，参与者随时都能调取数据查看，因此在经过了多个批发商之后，医院依然可以追查药品是否真实。"全白＋全黑"模型和传统模型的差距如下：

"全白＋全黑"模型与传统模型的差距

	全白＋全黑	传统
供应链数据分享	在一种药品的供应流程中，所有数据都应分享给流程的参与者，不论流程多长（全白）。	每个单位只保存直接上家或是直接下家的交易信息。
制造商	拥有和自己药品相关的物流公司、批发商、药房和医院的信息，但是不知道其他药品制造商的任何信息。	拥有自己所有药品的直接下家的交易信息，不知道其他药品制造商任何信息。
物流	拥有自己送过的所有药品的信息（包括制造商、物流、医院信息），但是不知道其他物流公司的任何信息。	拥有自己送过的所有药品的直接上家和直接下家的信息，但是不知道其他物流公司的任何信息。
批发商	拥有自己处理过的所有药品的信息（包括制造商、物流、医院信息），但是不知道其他批发商的任何信息。	拥有自己处理过的所有药品的直接上家和直接下家的所有信息，但是不知道其他批发商的任何信息。
药房	拥有自己处理过的所有药品的所有信息（包括制造商、物流、医院信息），但是不知道其他药房的任何信息。	拥有自己处理过的所有药品的直接上家和直接下家的所有信息，但是不知道其他药房的任何信息。
医院	拥有自己处理过的所有药品的所有信息（包括制造商、物流、药房信息），但是不知道其他医院的任何信息。	拥有自己处理过的所有药品的直接上家和直接下家的所有信息，但是不知道其他医院的任何信息。

下图表示"全白＋全黑"模型中参与单位之间的关系。可以看出，制造商可以往前看，物流可以往前和往后看，医院可以往后看，但是制造商、物流公司和医院都不能往旁边（其他制造商、其他物流公司和其他医院）看。

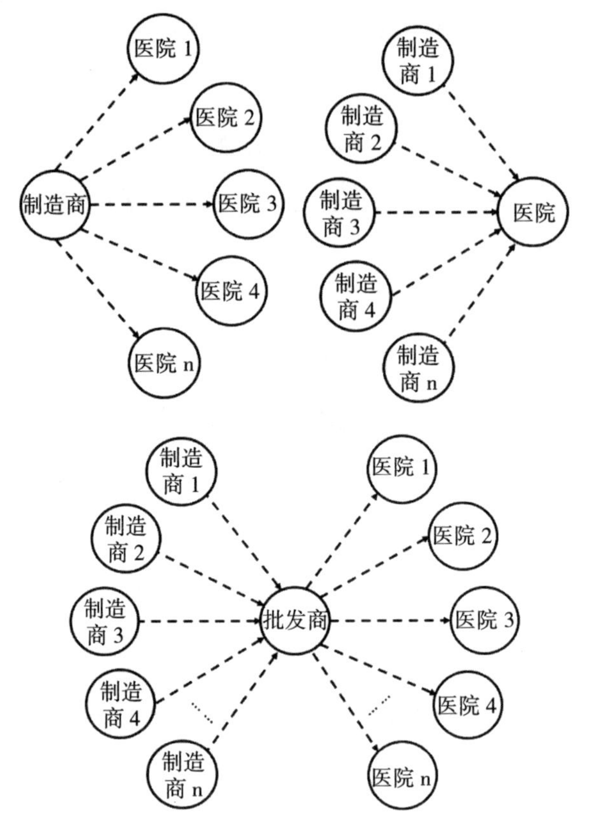

制造商、批发商及医院的药品流向示意图

可以看出“全白+全黑”模型有下列特性：

- 使用区块链共识机制，保证参与方只能在共识后才将数据放进区块链数据库。这保证每一条供应链都有同样的数据，也解决了 2012 年假药事件的核心问题。因为该概念是新的，所以笔者以“供应链一致性”（SupplyChain Data Consistency，SCDC）为名，和“业务一致性”（Transaction Consistency）不同。如果每条供应链只有两个参与者，这两个定义会有一样的结果，但是一旦一条链有三个或三个以上参与者，这两个定义就不同。
- 在区块链中，数据不能更改，从而保证每个参与单位不能作弊。
- 当上述两点特性都能达到时，应该尽量保护好每个单位的隐私。

13. 提出新科技解决方案

数据一致性是传统计算机数据库的问题。在之前的文中提到了数据一致性与区块链的关系，在供应链中数据一致性也影响供应链的强弱。

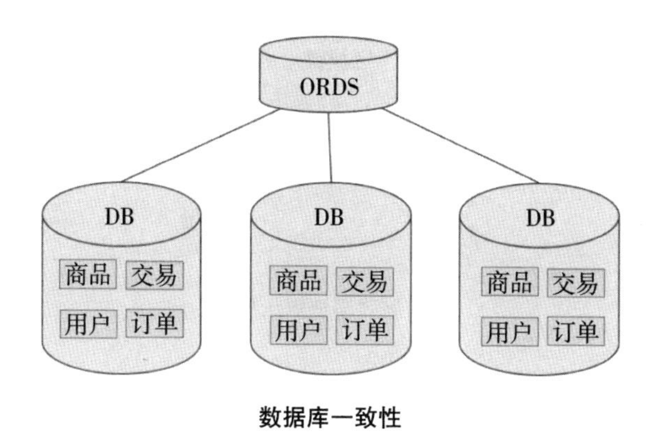

数据库一致性

共识机制：“供应链一致性”的共识机制和传统区块链共识机制不一样。传统区块链达成共识需要（1）大部分投票者同意链高度；（2）大部分投票者同意这次交易信息。但是“供应链一致性”在传统区块链共识基础上还需要；（3）这次交易的信息和以前交易的信息一致，特别是这次交易的编号和来源等信息必须和以前交易的编号和来源一致。如果不一样，这次交易就会失败。例如制造商送出一批药，到了批发商，从批发商到药房的时候，发现这批药的信息和制造商送给批发商的信息不一致，就表示这批药可能是假的，不能从药房到医院。

弱链：使用了数据库一致性协议，是节点之间相互信任的协议，例如Paxos 算法、Raft 算法等。在这类协议中，不存在恶意节点，不会向其他节点发送虚假消息。

真链：使用拜占庭将军协议作为共识机制，至少需要三轮投票。节点与节点之间独立，互不信任。该协议提供了（n−1）/3 的容错性。

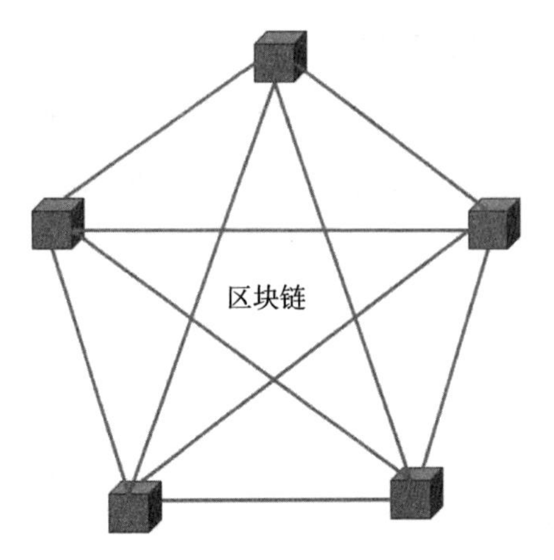

拜占庭将军协议一致性

供应链弱一致性：在“全白+全黑”模型的追踪系统中，使用的是数据库一致性协议。也就是说供应链中使用的是弱链，不能保证数据的不可篡改性，不能有效达到反追踪的效果。

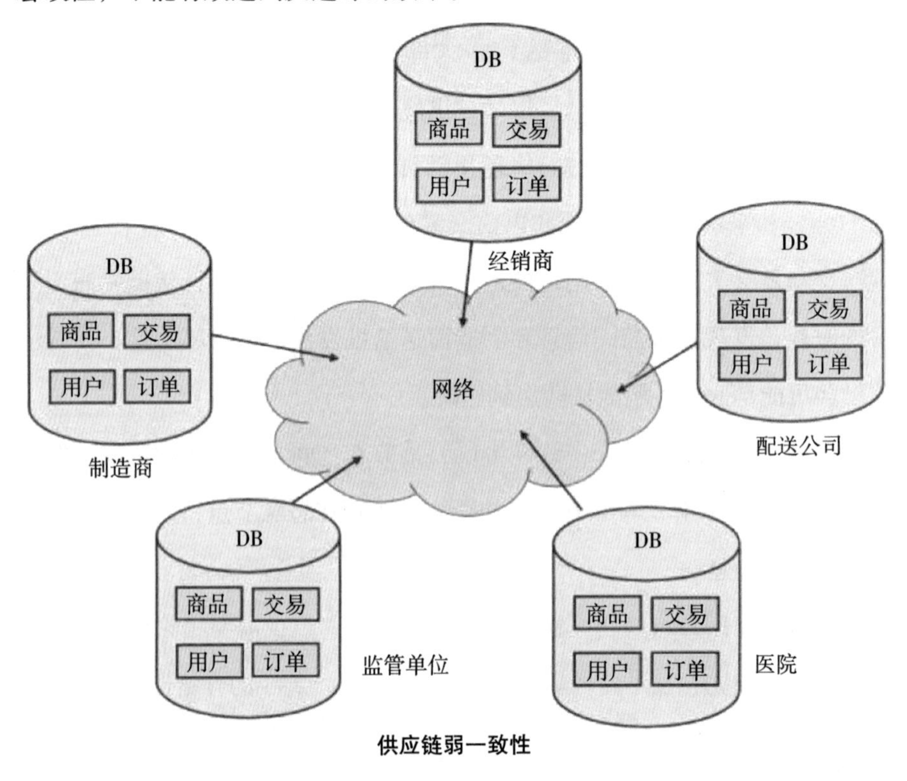

供应链弱一致性

供应链强一致性：在“全白＋全黑”模型的追踪系统中，使用的是拜占庭将军协议一致性协议，严格按照协议中的三轮投票完成共识，有效防止链上数据被篡改。

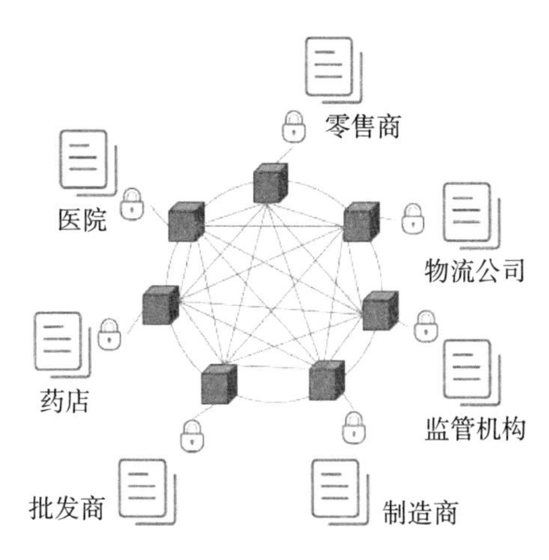

供应链强一致性

	一致性	协议
弱链	数据库一致性	“刘关张”共识协议
真链	拜占庭将军协议一致性	拜占庭将军协议
供应链弱一致性	数据库一致性	“全白＋全黑”一致性，但每次交易使用数据库一致性协议
供应链强一致性	拜占庭将军协议一致性	“全白＋全黑”一致性，但每次交易使用拜占庭将军一致性协议

所有参与者投票模型：每次交易的时候，所有参与这链条的参与者都参与投票，因为投票是即时的，所有单位都同时收到信息。

问题是该供应链有可能是动态的，即药品出发的时候，不知道会被送到哪个批发商、药房或是医院，而且还可能被退还或转到其他单位去。所以一开始投票的时候不知道哪个单位会参与。这和每个银行跨境支付不一样，一开始就知道哪个银行会参与，因此可以建立通道让所有参与者投票。医药供应链不一样，出发的时候，可能不知道会经过哪个单位，通道必须一边走一边建立。如果一种药品在供应链上走的时间长，转的单位多，参与投票的单位会相应增加。

为了支持该模型，区块链系统需要一个“动态供应链建立和投票”机制，就是投票节点一直运行的时候，投票者在变，而且只有“增加”没有减少。

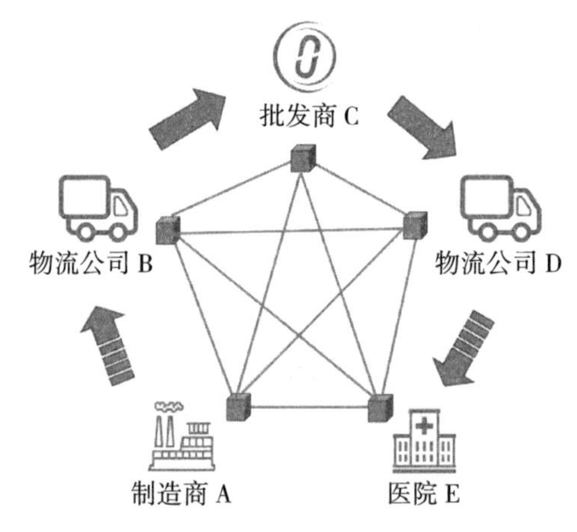

所有参与者投票模型

交易双方投票模型：每次交易的时候，只有交易双方参与投票，以前参与者是事后通知。因为以前投票的单位，不能改变以前的投票记录，所以他们在当次投票的时候，必须投“赞同”票，不然这笔交易不会发生。另外相关数据和投票记录也都记录在区块链上不能更改，所以以前投票的单位不需要再次投票。这样每次交易的时候只有交易双方参与监督，而且依靠区块链系统的不能更改性来维持供应链的完整监督。

如果他们当次不投票，他们不会立刻知道这次投票结果。可是医药供应链的终点是医院，医院可以看到这链条上的所有信息，而且这些数据不能更改。如果还不放心，可以和制造商联络再确认。链上的制造商和其他单位可以随时查看这链条的信息，例如可以每小时查询在区块链上的某些数据。

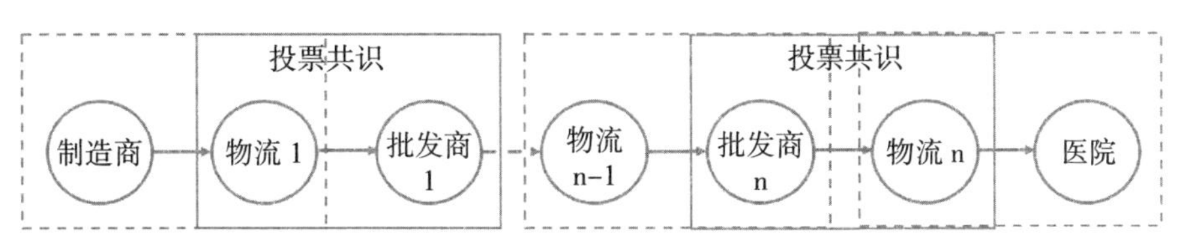

交易双方投票模型

14. 发现第二个科技问题：系统庞大

仔细看这个参考架构就会发现，整个医药供应链系统数据量庞大。这是根据一个交易所完成的，例如说每一种药品跟每一个制造商，每一个仓库，每一个物流，每一个药房，每一个医院，每一个病人，那些都是乘法，乘起来就是一个巨大的数字。

根据 Drugbank.ca 网站（drugbank.ca）的统计数据得知，现在市面上有大概 12000 种药品，其中 3700 种是政府批准可以使用的，还有 5700 种药品正在做实验。美国一共有 8400 所医院或诊所，其中医院 5627 所，美国有医药制造商超过 200 家，药房 67000 家，于是我们有了下面的组合：

$$医药数目 \times 制造商 \times 医院数目 \times 药房 = 3700 \times 200 \times 8400 \times 67000 \approx 4 \times 10^{14}$$

这还不包括物流交易的数据。并且上面的数据是一个种类药品的数据，可是实际交易则是每一单位药品。一种药品可能经过多次交易才会到达病人手中。这些情况都没有在上述模型中，所以上面的模型数据结果远小于实际结果。

我们看看 2018 年 3 月世界著名的金融机构 SWIFT 和 IBM 合作做的实验，34 个国际银行参与合作做跨境支付。跨境支付使用的货币多半是几种重要货币，例如美元、英镑、欧元、日元和人民币，在欧洲可能加上瑞士法郎。所以很明显交易的物品种类比医药供应链（该项目涉及药品约 3700

种）少得多，参与单位也少得多（该项目参与单位只有 34 家银行）。该项目花了千万美金，SWIFT 实验结果表示超级账本不能支持这样的工作量。34 家银行交互组合数目是：

（银行数目 - 1）×（银行数目 - 2）/ 2 = 528（个）

在实验的时候，一个组合用一个通道，即需要建立 528 个通道。在这次实验中，超级账本不能支持 528 个通道，SWIFT 说如果需要将所有参与银行都放在区块链系统，一共需要超过 10 万个通道。

如果医药供应链也用一个通道来实践一个组合，那数目就太大了！这表示医药供应链比 SWIFT 系统（10 万个通道）大 4×10^8 倍（4×10^{14} / 1000000），即 4 亿倍，比 2018 年 SWIFT 的实验大 757 亿倍。这不是任何某一条链可以解决的，也不是多链可以解决的，只有互链网才能解决！

① 哈佛大学模型分析：产业转型项目

哈佛大学以两个维度来评估：

◎**创新性高**：因为该系统发现了新理论问题，也有新解决方案。

◎**复杂性高和协调度高**：因为参与的药品、制药商、药房、医院和物流公司非常多，涉及药品关系人命，非常重要。参与单位多，参与地点多（全美国），参与人员多，参与商品多，活动时间是一年 365 天，一天 24 小时作业，这样对协调度要求非常高。参与人员包括监管单位人员、医生、运输人员、药房职员和病人。

根据哈佛大学的评估方法，这是一个高价值转型式的项目，也是改变产业的项目，是值得投资的项目。

② 麦肯锡布局模型评估：美国 FDA 采取正确路线

分析区块链在一个产业的战略地位：美国 FDA 已经作了分析，该战略意义在于提高医药体系安全性，减少病人出事的可能性。而且作了近一年的评估，没有发现其他技术可以取代。

分析区块链会给某一产业生态带来什么影响：该项目影响非常大：（1）提高医药安全；（2）保护相关产业（包括药房、物流、制药商、医药、保险公司）；（3）带动美国医药界走进区块链世界。

分析如何建立产业标准：该项目花费了许多时间分析产业的痛点，找到许多相关产业中可以合作的地方，将进货和退货的收据电子化及区块链化，并且在进货和退货的时候使用智能合约。

分析如何克服监管的困难：该项目由监管单位带头领导，也由监管单位发起。

合作—竞争关系必须处理好：这个问题在区块链项目中并不困难，因为监管单位参与，事实上，等于强迫相关单位参与。在事关人命的项目中，参与方都是相互合作的。

科技进步领导新科技基础设施：该项目引发两个重要问题：（1）共识机制和传统区块链不同，需要开发新机制；（2）系统庞大需要开发互链网。互链网可以成为基础设施，对美国来说是一项投资，可以提供服务给其他产业，长期来说对美国有好处，是非常好的投资项目。

美国食品药品监督管理局 FDA 是市场绝对领导者：根据麦肯锡模型，FDA 是市场领导者，所以他们应立即采取行动，以保持自己的市场地位，并抓住机会制定行业标准。他们也这样做了。而且在报告里面，他们认为这是能领导世界的项目，当美国建立后，世界其他国家必定加入。这时国际标准必定是美国的，美国取得该领域的话语权。2012 年假药事件最大的原因是 FDA 没有作为，但是他们这次将区块链技术和模型引入行业的战略举措没有犯错。

项目价值在于降低成本：短期内，该项目不会降低成本，但是可以提供医药安全性，因为生命是无价的。

资产需要能够数字化：这里的“资产”是进货和退货的收据，可以很容易数字化。

解决产业痛点：这里的产业痛点是参与单位太多，例如物流、医院、药房、制药商，1 天 24 小时，1 年 365 天作业，且又人命关天，这些都是产业痛点。

不需要去中介化：原来的参与单位都还在，没有任何单位被踢出。

医疗产业：根据麦肯锡模型，医疗产业是最好的应用之一。

因此，根据麦肯锡模型，这是个非常好的项目。

③ 区块链产业第三个阶段模型分析：现在是深度融合模型阶段，可以进入转型模型

该模型是一个深度融合模型，没有先经过第一个阶段。事实上，美国花了将近两年时间筹备该项目，公开讨论，制定标准，和许多单位讨论，2019 年又公开找自愿者参与实验，可以说已经做了许多：

- 建立研究院：美国 FDA 找了供应链协会，一起研究该课题；
- 建立产业沙盒：在标准里面有验证算法，这就是产业沙盒的雏形；
- 制定区块链实践制度：由美国 FDA 带头，是全国制度，不是地方性制度；
- 使用网站：大量使用网站，讨论问题，出报告；
- 开启地方区块链实验：从 2019 年开始小区实验；
- 公开讨论：大量的讨论可以在网上读到；
- 研究，研究，再研究：两年的公开讨论，辩论；
- 实验，实验，再实验：2019 年年初开始实验；
- 制定标准：规定项目可以行动的标准；
- 国际合作：项目允许国外公司参与，一些制药商是外国公司；
- 全球视野：项目一开始，就以国际标准为目标；
- 矛和盾一起发展：项目矛和盾同时发展，验证算法就在标准模型里面；

● 权威组织带头：由美国 FDA 权威单位带领，也和协会合作；

● 监管单位负责监管，科技公司负责科技：FDA 和协会制定标准后，后续交给科技公司完成；

● 生态合作：在 FDA 带领下，美国相关单位都可以也一定会参与。如果不参与，将不能参与这方面的业务。例如，一个物流公司，如果没有参与项目，就不能运输医药；

● 互链网思维，全球竞争：项目是服务于美国区块链医药产业。麦肯锡准备他们的报告的时候，美国 FDA 也在开启该项目，项目又是公开讨论；

● 转型模型：项目可以成为转型项目，只要有金融活动就可以。

◎**金融活动**：这个已经在准备了，美国保险公司已经准备使用该平台，建立医保计划，这样该医药供应链管理平台可以马上成为医药供应链金融平台。

◎**建立世界区块链医药标准**：这也非常容易成为全球标准，有话语权。

◎**建立美国医药区块链产业的帝国**：该系统需要 3—5 年才能完成（如果没有遇到科技难题，而事实上已经有三个难题出来，不清楚美国有没有解决方案），一旦建立，在该领域美国就是老大。

第十三章
英国区块链布局策略

1. 研究问题：2020 年 3 月英国央行发布零售数字英镑报告，表明英国计划推出零售数字英镑。而英国央行也多次表示发行零售数字英镑会影响英国商业银行。为什么英国央行预备发行零售数字英镑？这一举措有没有照顾英国商业银行的利益？英国商业银行应该如何布局来应对？英国央行是不是认为发行数字英镑后，对英国商业银行更有利？

2. 英国央行认为比特币没有信用风险和流动性风险（这就是为什么英国央行提出的第一个数字英镑模型和比特币模型非常类似），但是在设计数字英镑的时候，还是要考虑这两项因素，为什么？是数字英镑设计不对？还是数字英镑没有使用到比特币的特殊技术？英国央行的考虑因素是什么？

3. 为什么英国央行要开启 RTGS 项目？RTGS 在支付上的功能是什么？

英国的布局方式跟美国的布局方式截然不同，英国的布局由英国央行带头。为什么美国由多家机构来布局，包括美国中央政府、国会、美联储、SEC、CFTC 以及纽约州政府等，是因为英国监管单位隶属于英国央行。英国央行制定国家货币政策，也做监管，还支持英国企业。例如英国监管单位 FCA（Financial Conduct Authority）隶属于英国央行，但是也监管沙盒推广英国金融科技公司。

英国和美国实际情况差距较大。美国的重心在产业，而英国的重心在金融基础设施。英国资源比美国少，所以英国将资源集中在一个项目上，而且英国央行负责货币政策，也负责监管。在这种情况下，英国最好的博弈策略就是将力量集中在一个重点项目上。

数字英镑非常创新，根据哈佛大学理论，越创新，实现的时间越长。经历了 5 年多的研发，数字英镑计划才有一点成果。但数字英镑改变了太多，例如：

① 改变银行结构和作业方式：例如在原先的零售数字英镑计划中，英国央行成为大央行，主导企业和个人银行业务；后来的批发数字英镑计划中，银行交易流程相应改变，并带来金融市场大改革；

② 改变全球支付系统：不再是传统外汇市场和 SWIFT，但也不是传统第三方支付系统，更不是比特币这样的支付系统，而是有监管的数字法币系统；

③ 改变世界金融系统设计和架构：英国央行的研究和实验证实大部分现有金融系统都可以使用区块链，这将开启金融系统的一次大改革。这里的“系统”，不是组织和流程上的系统，而是计算机和通信系统，将会带来世界科技大改革；

④ 改变世界储备货币制度：英国央行行长在美国的演讲透露了 5 年前英国央行计划的初衷，也因此，开启了新的世界货币战争，而不是传统

货币战争，是科技战争，是数字法币战争，而且监管科技负责保护国家主权。该货币战争影响的不只是经济，还影响国家主权。

本章只讨论英国发展数字英镑的途径和历史。数字法币系统的设计和新经济理论将在后文进行讨论。虽然英国央行公开研究、实验、出报告，但是他们不解释项目的前因后果，以至于许多国家虽然清楚他们的企图，但是都认为那是英国央行的白日梦。

讨论问题

（1）区块链的知识包括共识和交易；（2）金融市场的知识；（3）国家货币的知识；（4）金融交易的知识包括金融风险；（5）经济学包括宏观经济学、数字经济学、新区块链数字经济学；（6）法律法规和监管。如果以比特币的眼光来解读，反而会误导思想。

一、英国央行发展数字法币的历史

我们对英国央行长达5年的计划进行研究，并根据他们的实际行动来分析其目的和结果。下面列出英国区块链发展的历史历程。

- 2014年，英国央行发布《支付技术创新与数字货币的出现》（*Innovations in payment technologies and the emergence of digital currencies*）报告；
- 2015年2月，英国央行提出“一个银行的研究计划”（One BankResearch Agenda），其中把数字货币作为重要项目。该计划中第5项“对根本性变化的反应”（Response to fundamental change）就出现了数字货币；（备注：国外一般很少用“fundamental”这个词，这表示有巨大变革会出现。）

- 2015 年，英国央行提出数字法币（CBDC）的概念；
- 2015 年，英国推出沙盒计划，以监管沙盒、产业沙盒以及保护伞沙盒来支持数字英镑，监管沙盒主要目的是让英国央行学习新科技；
- 2016 年年初，英国公开世界上第一个数字法币模型 RSCoin，各国央行都开始研究该模型；
- 2016 年，英国央行发表世界第一篇基于数字法币宏观经济学论文；
- 2016年9月，英国央行Ben Broadbent提出数字法币会改变银行结构，而最先改变的是清结算系统，区块链可以取代现在复杂的清结算系统；
- 2016 年 9 月，笔者在伦敦听到英国央行报告，英国央行认为央行数字货币 CBDC 是320 年来最大的一次法币改革，英国央行要服务英国银行、商家和老百姓。这就是英国提出的大央行主义，央行取代商业银行部分业务，直接服务商家和个人。在同一个会议上，笔者也听到英国央行出的数字法币宏观经济学演讲；
- 2016 年 9 月，英国央行公布实时全额支付系统 RTGS 蓝图；
- 2017 年 5 月，英国央行推出第 2 版 RTGS 蓝图；
- 2017 年 10 月，FCA 发布报告《监管沙盒经验总结报告》（*Regulatory Sandbox Lessons Learned Report*）；
- 2018 年年初，英国央行宣布不再进行数字法币项目；
- 2018 年，英国央行再次发表数字法币研究论文；
- 2018 年，英国央行推出下一代沙盒计划全球金融创新网络（GFIN，Global Financial Innovation Network），这一代沙盒计划竟然没有监管，也没有沙盒；
- 2018 年，美国实践监管沙盒制度后，认为英国监管沙盒制度有问题；
- 2018 年 11 月，英国央行、加拿大央行和新加坡央行合作完成跨境支付系统的研究报告，提出基于区块链的跨境支付。这份报告提的解决方案使银行系统可以实时交易；

• 2019 年，英国央行再出监管沙盒成果报告；

• 2019 年，美国、澳洲、欧洲和中国香港出报告，再次认为监管沙盒制度设计不是为监管而设计，学习新科技不应该是出台监管政策的理由；

• 2019 年 5 月，英国 Fnality 公司推出 USC（Utility Settlement Coins）白皮书，有世界 16 家国际重要银行参与（中国只有 4 家银行可以参与，但是都没有参与）。这份白皮书提出的架构和解决方案是英国央行多年累积的成果；

• 2019 年 8 月，英国央行行长在美国演讲，认为世界储备货币不应该还是美元，而是“合成霸权数字法币”；

• 2019 年 11 月，美国对英国央行行长于 2019 年 8 月的演讲作出激烈反应，并将相关问题提高到国家安全级别。

英国央行一系列计划

从上述英国区块链发展历史可以看出，为了实现区块链英国梦，英国央行提出下面一系列计划：

① 开发数字法币运行模型 RSCoin，并且进行实验；

② 建立和发展数字法币宏观经济模型和规则；

③ 设计可以服务数字法币的下一代 RTGS 系统和实验；

④ 开启监管沙盒计划，让英国公司能在监管下从事法律法规不允许的实验。

这些计划都是由英国央行公开宣布的，监管沙盒计划的主要目的是让英国公司在特许下开展现行法规不允许的实验，培养新科技公司。这的确是一个重要理由，但更重要的理由是给英国央行“学习”新技术的机会。

二、英国数字英镑的起源

英国数字英镑源于数字英镑支付系统，这项工作从 2014 年 12 月开始。

那时英国央行有一群学者在研究比特币，突然发现比特币没有国家支持，没有央行支持，没有商业银行支持，没有牌照，没有公司支持，没有客服，没有地址，没有电话，什么都没有的情况下却有大把资金在上面进行交易。这已经非常令人惊叹了，但是更令人惊叹的是该支付系统没有信用风险，也没有流动性风险，所以当时把英国央行的一些科学家吓了一大跳。

这些央行学者随即公布了一份重要报告《支付技术创新与数字货币的出现》(*Innovations in payment technologies and the emergence of digital currencies*)，作者是 Robleh Ali，John Barrdear，Roger Clews，James Southgate。文中说现在的中心化金融系统有 3 个风险：

- 信用风险（Credit risk）：银行关闭或是欠债，无法支付；
- 流动性风险（Liquidity risk）：银行有钱，但是当前没有现金可以支付；
- 操作风险（Operational risk）：系统出问题，不能支付。

数字代币系统例如比特币没有信用风险和流动性风险。可能大家会问这两个风险有什么特别？正是这两个风险把 2008 年美国金融危机，变成了全球金融危机。美国本土的金融危机借着这两个风险传到了世界其他国家。

信用风险：简单地说，即银行或机构是否有足够的钱进行支付。百度上的定义是："信用风险又称违约风险，是指借款人、证券发行人或交易对方因种种原因，不愿或无力履行合同条件而构成违约，致使银行、投资者或交易双方遭受损失的可能性。银行存在的主要风险是信用风险，即交易对手不能完全履行合同的风险。这种风险不只出现在贷款中，也发生在担保、承兑和证券投资等表内及表外业务中。如果银行不能及时识别损失的资产，增加核销呆账的准备金，并在适当条件下停止利息收入确认，银行就会面临严重的风险问题。”

流动性风险：就是说这个银行明明有钱，但是因为口袋里面暂时没有现金，因而暂时没有办法支付这笔钱。百度上的定义是：“流动性风险指商业银行虽然有清偿能力，但无法及时获得充足资金或无法以合理成本及时获得充足资金以应对资产增长或支付到期债务的风险。”

讨论问题

经过分析，他们认为比特币不存在前两个风险（只要有比特币存在，就能够完成交易，不需要银行），但系统有操作风险。而且数字代币系统可能非常庞大，一旦系统被攻破，整个系统都会出问题，因为是全网记账。另外他们发现几乎所有资产（股票、债权、房地产）都可用同样的技术来处理。

这奇怪的数字货币，固然逃避监管，可是居然没有信用风险和流动性风险，1 年 365 天，1 天 24 小时，可以实时交易。这样没有央行也没有商业银行支持的货币，应该是没有人理睬的货币，竟然没有这两大风险。

根据传统的思想，这种数字代币没有任何价值，没有国家担保，没有商业银行担保，没有保险公司或是金融公司担保，风险应该极大，但是比特币居然活下来了。当时英国央行对比特币支付作了非常深入的研究，并和现在银行跨境支付进行了对比：

银行跨境支付与比特币支付对比

	数字代币例如比特币	现在金融基础设施
交易完成时间	以小时计	以天计，速度慢很多
参与单位	没有	央行，多家商业银行，金融机构，SWIFT
交易时间	实时	每个央行或是商业银行都有作业时间，下班后不作业
清结算	自动处理，交易完成时清结算也完成	交易完成后，还有清结算流程，多家银行和央行参与
客服	没有	商业银行或是金融机构提供
负责单位	没有	相关金融机构负责
货币通用型	全球使用，使用同一货币在跨境支付上，不需要兑换货币	各国用自己的法币，由金融机构换其他法币完成跨境支付
监管	逃避监管，使用P2P网络协议，没法以关闭服务器来封杀	多次在流程上监管，关闭SWIFT对应的服务，可以对一些国家实施经济制裁
用户体验	快，容易，有手机就可以	慢，复杂，必须亲自到金融机构或是银行才能申请
交易数据	永远不能更改	可以更改

这个发现改变了英国央行对数字代币例如比特币的看法。所以英国央行认为，假如将这样的技术用在英国法币（英镑）上面，世界就会颠倒过来了。

注意

英国央行虽然支持数字英镑，但是没有支持比特币这种数字代币，只是支持比特币后面使用的区块链技术。简单来说，英国央行认为区块链技术改变金融，而不是比特币改变金融。

三、数字英镑第一个目的就是拿回英国主权

此外，英国央行还看到在当时的英国，大部分本国支付交易已经不在英国央行的监管下，而且这样的支付系统（例如电子支付和比特币支付）还在迅速发展，传统支付（在英国央行监管下）或是没有增长，或是使用的人越来越少，这对英国而言是非常严重的事。这种情况必须改变。

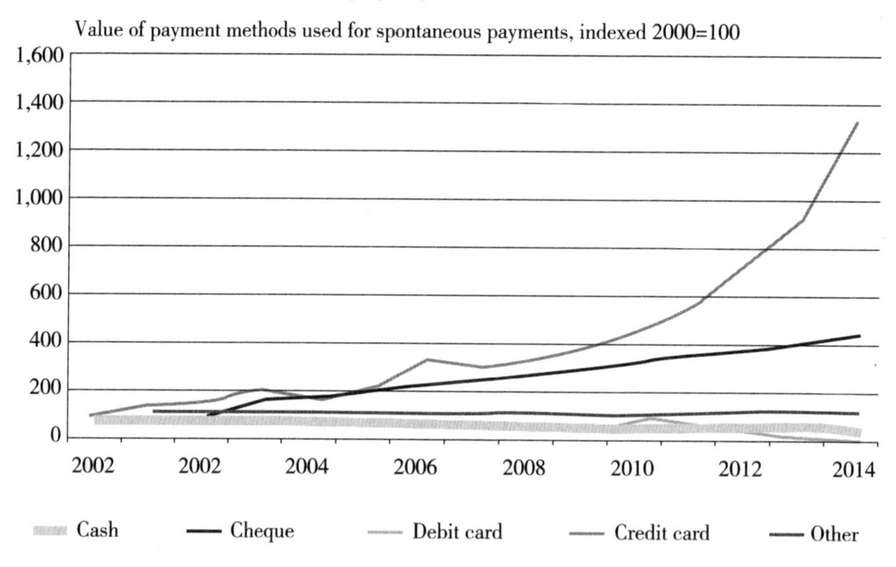

2016 年的时候英国大部分支付不在英国央行监管下

数字法币不是为穷人，而是为监管

世界各国央行和很多机构（例如脸书），都说发行数字法币或稳定币是为了帮助穷人，提供数字法币或是稳定币给没有银行服务的人们。一个国外银行家用两个骂人的词语来评论这一说法：垃圾、无聊（rubbish）。因为这些单位根本就不是想要帮助那些没有银行的人，而是准备监管那些金

融业务，准备赚老百姓的钱！如果他们真的想帮助穷人，他们应该到世界最穷的地区去，或是参与扶贫计划。

思考问题

● 英国央行自2014年年底以来一直在发展数字英镑的原因，在2014年英国央行的报告里面出现过。该技术强大到有国家信用担保，在央行和商业银行强大的制度和系统的支持下，现在法币的交易，例如在央行、银行和股票交易上，还有这两个风险，而比特币许多年来在没有国家担保以及没有金融系统支持的情况下，都没有出现这两大风险。这表示现在的国家货币（法币）制度和交易方法还有巨大进步空间，这是许多经济学者没有察觉到的，让数字代币没有这两大风险的技术就是区块链技术！

● 英国央行是世界第一家央行，于1694年成立，成立的那年，就发行英镑。一直到2015年，英国央行宣布数字英镑计划。英国央行认为这是英国320年来（也是世界）最大一次货币大改革。

使用数字法币时，所有交易都放在区块链上，要作弊真的很痛苦。如果有人想要在数字法币上洗钱，无异于在警察局里犯罪。想要偷鸡摸狗的人，碰到数字法币就会放弃了。这与比特币刚好相反，所有交易都是实名制，所有事情都看得非常清楚，数字法币就是洗钱的克星，可以实施非常强的监管。大家要担心的问题应该是“数字法币监管是不是太严了？”而且，如果“不用数字法币”，金融风险反而会增加！

四、数字法币风险和传统法币风险不同

人们经常把电子货币和数字货币混淆，电子货币就是现在银行系统里的货币，也是支付宝和微信上的货币，这样的系统没有共识机制，是中心化的系统。如果使用支付宝，那就是支付宝说了算。因为是中心化的处理，所以需要对账。

以前人们以为数字货币会导致金融风险，如果这个数字货币是比特币，那么这句话正确，如果这个数字货币是数字法币，则情况正好相反。数字法币没有信用风险，但是电子货币有。

区块链是分布式的系统，有共识机制，有共识后就不需要对账。而且有共识之后，其他问题都可以解决。现金是最容易洗钱的，其次是电子货币（即银行系统的货币），数字法币则别想了。因此日本在2019年宣布建立自己的跨境支付平台取代SWIFT时，认为这会“降低”金融风险。

现金、电子货币、数字法币的区别

	现金	电子货币	数字法币
信用风险	真钞没有信用风险，必须能辨别钞票真伪	有，主要风险来自参与的金融机构，例如银行倒闭	如果使用Fnality模型，没有，有对应法币在央行内
流动性风险	真钞没有该风险，必须能辨别钞票真伪	有	如果使用Fnality模型，几乎没有
操作风险	交易期间发生事故才会有	有，但是少	如果区块链或是其他系统出错，就有该风险
洗钱风险	高	有	非常低
监管	难	容易	强监管，每一笔交易都记录在案，无法更改
清结算	不需要	需要	如果使用钱包模型，不需要
速度	最慢	中等	最快
跨境支付	非常慢	慢	最快

数字法币或者稳定币表面上看有国界，但国界只是在于在某国注册，受注册地的地方法律管辖。可事实上在互链网上的稳定币没有国界，除非某些国家有强大的监管科技，例如美国必定会研发这样的监管科技。在没有这样的监管科技的情况下，每种稳定币都会以无国界的形式出现，既使注册地不同且法律有地方性。这会是一个新常态。

英国央行宣布不再做数字英镑

2018 年，英国央行宣布不再做数字英镑，全世界都认为英国央行不做数字英镑了。一些追踪英国央行计划的央行也跟着放弃自己的数字法币计划。可是虽然英国央行不做了，但事实上却把它们交给了民间公司继续做。

英国央行认为制定英镑政策的单位不应该做科技开发，他们的职责是制定国家货币政策，而科技发展应该交给国家或是民间科技单位或是公司来负责，其发行的数字法币由央行来监管。如果央行既发行数字法币，又监管数字法币，央行的职责太重了。

其中一个发行数字货币的民间公司就是Fnality，它在2019年6月宣布，预备发行批发数字法币，发行基于美元、英镑、欧元、日元和加拿大元五种法币的数字法币。

五、英国央行希望数字英镑成为世界通用货币

英国央行之所以提出数字法币计划，有以下三个目的：

① 向英国百姓提供支付机制，并且以央行信誉保证支付双方的权益。这样，服务品质超过（不合规的）比特币和（合规的）支付宝系统。

②把第三方支付监管权拿回来，包括支付宝和比特币支付上面的

交易监管权。

③推动数字英镑成为全球通用货币（像比特币成为世界数字货币一样）。只要有手机，任何人在任何国家、任何时候都可使用数字英镑，而且所有交易都在英国央行监管之下，这可能使英镑在支付领域上取代美元，通过数字英镑和传统美元在该领域竞争。

2016 年，笔者在伦敦参加多国央行会议的时候，英国央行对数字英镑成为世界通用货币只提及一次，而且只是一句话稍稍带过，“我们希望以后数字英镑成为世界储备货币”。

美国经济学者 Bordo 和 Levin 在 2017 年发表文章，认为数字法币是央行重要项目，如果不做会影响到国家经济。这说明数字法币以后可能是国家经济的命脉。这个观点 2019 年被证实了。

很明显，数字英镑和数字代币比特币非常像，差别在于数字法币需要监管，而比特币逃避监管。但数字英镑会是全球货币，像比特币一样，实时交易，实时清结算，快到几秒完成交易，所有交易信息都记录在案不能更改。

为了使数字英镑成为全球通用货币，英国央行主动提出大央行主义（零售数字法币），即央行直接服务商业银行、商家以及个人。如果数字英镑只服务英国商业银行，就不是全球货币，只能是英国国内货币。这就是英国大央行主义的由来。

六、合成数字法币概念的出现

合成数字法币（synthetic CBDC）是由央行制定政策和监管，但是由科技公司发行的数字法币，合成数字法币这一概念是由美国人先提出来的。2018 年 7 月，IBM 宣布发行稳定币，并且和美元挂钩，有一对一的美元在商业银行里面，而该商业银行由美国政府 FDIC 担保。这样就成为合成数字美元。

合成数字法币这一名词出现在 2019 年国际货币基金组织报告中。在这之前，大部分学者都认为只有央行出的数字法币，才是数字法币，国际货币基金组织则不那么认为，央行只负责货币政策就可以，数字法币项目需要高科技，这不是央行的专长。事实上，美国和英国都是这样操作的，美国的 IBM 公司以及英国的 Fnality 公司负责数字法币的技术和发行，合成数字法币成了“先上车后买票”的场景。

当概念出来后，被央行监管的稳定币就成为合成数字法币。

七、批发数字法币是发展数字法币的第一步

数字法币又分成两类：零售数字法币 rCBDC 和批发数字法币 wCBDC，这些都可以是合成数字法币。英国前央行行长马克·卡尼（Mark Carney）说现在的金融科技改革始于支付系统。的确如此，批发数字法币就是银行间的支付系统，而零售数字法币需要服务银行、金融公司以及个人，客户群大得多。客户越大，风险越大，因为可能出错的地方越多。

相对来说，批发数字法币系统比零售数字法币系统小，而且在试运行的时候，可以和传统系统并行使用，由传统系统检验基于区块链的新系统有没有出错。两套系统一起运行可能会是实际部署的一个策略。

批发数字法币现阶段有许多益处，因为金融系统上大的批发数字法币可以先行，当该技术成熟的时候，再一步一步扩展到零售数字法币。该想法在 2019 年很快被许多央行接受。例如欧洲央行就认为他们应该先开展批发数字法币。2017 年加拿大央行的实验就从银行之间的支付开始，这也是批发数字法币的第一个实验。后来欧洲央行和日本央行也从事类

似实验。

八、下一代 RTGS 蓝图支持数字英镑实时结算

数字法币是实时结算的，而现在央行系统里 RTGS 是实时结算的重要系统，所以英国央行开放 RTGS 让科技公司实验，从事数字法币的结算。RTGS 是国家重要系统，如果系统出现问题，国家大部分经济活动都会受到影响。英国央行 RTGS 一天的交易额是英国一年 GDP 的 1/3。

2016 年，英国央行宣布向科技团队开放 RTGS 进行合作实验。英国是世界上第一个也是现在唯一一个开放央行 RTGS 给外面团队实验的国家。

讨论

英国央行从 2015 年开始就大肆宣扬要发展数字英镑，而且多次开启 RTGS 做实验，出了两版的新一代 RTGS 蓝图。可是到 2020 年，还没有第二个国家跟随。当英国央行行长在美国演讲时提到要用合成霸权数字法币取代美元的时候，美国才开始警觉，认为这是新型“战争”，可能会动摇到美国国本。出现在英国公司 Fnality 出的白皮书里面的技术，其实就来自英国央行 RTGS 实验，因此过去我们团队一直出文认为，没有大型区块链实验，技术很难进步。

2016 年 9 月，英国央行发布文章《英国的新 RTGS 系统：安全保障稳定性，鼓励创新》（*A new RTGS service for the United Kingdom*：*safeguiding stability*，*enabling innovation*），里面谈到新一代 RTGS 的需求，表示需要和区块链连接。“一旦包括分布式账本技术在内的新技术成熟成为市场的主

流，新 RTGS 服务必须能与其相连接。支付技术近期有很多进展，例如即时零售系统 Faster Payments，移动和网络银行以及外汇交易净额计算，包括 CLS。”［原文为“the new RTGS service must be capable of interfacing with a range of new technologies being used in the private sector, including distributed ledgers, if/when they achieve critical mass. Payments technology has already advanced materially in recent years, with the adoption of real-time retail systems such as Faster Payments, mobile and internet banking and foreign exchange netting services, in particular CLS.”］

英国央行后来觉得 2016 年的版本还需要提升，2017 年 5 月，英国央行再度发布新版的下一代 RTGS 的蓝图（“*A blueprint for a new RTGS service for United Kingdom*”）。蓝图中的重要条件见下表。

RTGS 蓝图的重要条件

服务特性	保留当前 RTGS 的特性	增强特性
弹性： 增强 RTGS 的弹性和应急反应的灵活性	1. 明确的恢复目标 2. 日常双站点操作 3. 应急事项第三方结算平台	1. 进一步增强弹性架构 2. 增强应急消息通道和与通道无关的设计
可访问性： 促进金融机构和基础设施更直接地获得中央银行的资金结算	1. 广泛的结算模式：实时全额结算、证券结算平台的“交收对付”以及零售支付系统有无预融资的延期净结算 2. 直接访问高于价值阈值的机构所需的 CHAP	1. 符合 RTGS 结算账户资格的非银行支付服务提供商（须遵守适当的保障措施） 2. 优化测试、连接和上线要求 3. 通过优化连接和应急需求降低了访问成本 4. 能够为寻求直接访问 CHAP 的机构提供技术连接的第三方聚合器 5. 具有系统重要性的机构需要直接访问 CHAP

续表

服务特性	保留当前 RTGS 的特性	增强特性
互操作性： 促进与关键的国内和跨境支付系统的协调和融合	RTGS 不取代私营部门的零售支付或证券结算基础设施	1.ISO 20022 消息 2. 有助于后期跨境和跨账本同步模块的引进 3. 促进时间关键型零售支付的替代处理安排
用户功能： 支持在变化的支付环境中新出现的用户需求	1. 流动性储蓄机制（LSM）和日内抵押 2. 实施货币政策的广义准备金账户功能 3. 简单的商业智能接口	1. 近 24×7 的技术能力，可升级到真正的 24×7 级别 2. 获取支付和流动性数据的应用程序编程接口 3. 有助于跟踪 RTGS 付款的功能 4. 远期和定时付款提交 5. 分析是否需要进一步的功能来促进全球流动性管理

上面的蓝图充满了区块链思想。读者千万不要因为英国央行在报告上说“不一定会使用区块链系统”就被忽悠了，认为英国央行还没有决定使用区块链。仔细看内容，这根本就是“基于区块链的 RTGS 蓝图”。例如“可访问性：促进金融机构和基础设施更直接地获得中央银行的资金结算”就是英国央行使用区块链来发行数字英镑的计划。“不一定要使用区块链系统”其实就是“此地无银三百两”。

2018 年 3 月英国央行开放 RTGS 给 4 家科技公司实验，仅为了证明央行 RTGS 可与区块链系统连接。2018 年 3 月英国央行报道称：“尽管我们认为分布式账本技术还不够成熟，不足以提供下一代 RTGS 的核心，但它高度重视确保新服务能够与分布式账本技术进行接口，并在更广泛的英镑市场上进行开发。”［原文为“Although the bank has concluded that Distributed Ledger Technology（DLT）is not yet sufficiently mature to provide the core of the next generation of RTGS, it placed a high priority on ensuring that the new service is capable of interfacing with DLT as and when it is developed in the wider sterling markets."]

英国央行制定的 RTGS 蓝图目的是希望让数字英镑成为世界通用货币。下面列出新蓝图中的五个需求：

① 增加可靠性（准备让英镑成为可靠的世界通用货币）；

② 扩展 RTGS 业务支持非银行机构（再度提到大央行主义和数字代币服务全球用户是一样的思路，准备让数字英镑成为世界通用货币）；

③ 连接（央行外）区块链系统（预估未来央行外围系统将会是许多区块链系统，准备发行世界通用货币）；

④ 实时服务（和数字代币思想一样，全天交易，为让英镑成为世界通用货币做准备）；

⑤ 实时监管，减少风险（为英国央行监管实时数字英镑交易而准备）。

以上需求都是基于区块链的 RTGS 系统需求。这次是英国央行、商业银行和科技公司合作：

① 央行：负责担保数字法币后面的法币，央行直接监管所有数字法币交易。一种法币只用一条链控制，央行借这条链进行监管；

② 商业银行：主导数字英镑（和其他国家数字法币）交易业务，参与数字法币的链上运作；

③ 科技公司：负责建立和维护该系统，以及其他相关研发工作。

九、开发数字法币运行模型 RSCoin

英国央行提出数字英镑要服务所有人，包括商业银行、商家及用户，实时服务，高速支付运行。那时候，英国央行最可以学习的货币就是比特币，并且受其影响甚大，提出 RSCoin 模型使用比特币的数据结构 UTXO。

但放弃全网验证的工作量机制（PoW），只要部分节点验证即可，这样就可以有比较好的扩展性，但也增加了监管的复杂度。

讨论

该项目没有成功，英国央行后来没有再谈此项目。失败的原因我们已经谈了多次，该模型太像比特币，是逃避监管的，扩展性有问题，虽然该项目最初设计时的目的是可以扩展。后来英国央行的批发数字法币项目也没有用到该技术。但是可以看到英国对自己国家出的技术是支持和公开的。2016年，英国央行公开表示这是英国央行数字法币的模型，这样全世界央行和科研机构都来研究，此模型是好是坏很快可以知道。这等于是众包研发方式，全世界都来为英国央行免费打工。而且同时英国央行和英国伦敦大学学院（开发这一模型的研究机构）也收获很多名誉。

同时，中国也有数字法币模型（熊猫模型）出来，日本也有非常漂亮的模型（卫星模型）出来。笔者认为这两个模型比英国模型好得多。

后来R3 CEV的Corda学习RSCoin，许多设计都类似，包括使用UTXO模型。RSCoin和Corda都不是区块链系统，是类区块链系统。2017年加拿大央行做了实验，认为Corda不符合央行的需求，也不符合金融市场基础设施（Principles of Financial Market Infrastructures，PFMI）原则。

十、数字法币的博弈

各数字法币的区别

	加密货币	公司稳定币	商业银行批发稳定币	央行批发数字法币
案例	比特币	Libra	摩根大通币	USC
发行单位	非银行	非银行	商业银行	央行和商业银行
抵押物	无	大家购买稳定币的法币，存在商业银行。因为部分法币会用来投资，有风险	商业银行存款（商业银行存款后面有央行支持，但只有部分保证金在央行）	100% 法币存在央行
用户	大众	大众和合作公司伙伴	商业银行，金融机构	商业银行，金融机构
监管	逃避监管，但政府有其他方式来监管，例如交易所注册和对应的银行账户管理	多政府政府监管，这些政府有不同想法，用监管制度来平衡国家利益	注册国家监管，但是参与银行如果在外地，当地政府会选择监管，来保护各国金融主权	各国央行对本国法币监管，各国监管单位也监管在本地作业的商业银行
风险	货币没有实际价值担保，价值来自对系统的需求（例如外汇和洗钱），有操作风险	稳定币价值来自存在银行的法币以及其他资产，和来自对系统的需求（例如外汇），有操作风险	稳定币价值来自存在商业银行里面的法币，而这些商业银行（例如摩根大通银行和参与银行）有信用风险，如果摩根大通币倒闭，稳定币价值会有问题，有操作风险	100% 数字法币价值来自存在央行的法币，央行没有信用风险，而且只有一个往来账户，几乎没有流动性风险，有操作风险
法律框架	大部分国家不认这是货币，而是商品，出台新法规来管理	需要新法规来管理	需要新法律框架	现成法律框架就可以

数字英镑大部分会留在海外，因为海外市场比英国本土市场还要大，数字英镑和英镑可以由不同货币政策来适应不同环境。

英国这次数字英镑计划，一开始主战场就不在英国本土，而是在全球支付、贸易金融、股票市场和其他金融领域。全球通用货币才需要服务。

十一、模型分析

1. 哈佛大学模型分析：产业转型项目

哈佛大学以两个维度来评估：

① 创新性高：数字英镑创新性非常强，经过多年的研究，这些研究发现许多新理论，也有新解决方案；

② 复杂性和协调度高：因为参与的单位非常多，包括多国央行、多国商业银行、多个金融机构，如果是零售数字英镑，还有个人，复杂度和协调度都非常高。

根据哈佛大学评估方法，这是一个高价值转型式的项目，也是个改变国家货币的项目，值得投资。

2. 麦肯锡布局模型评估：英国央行采取了正确路线

分析区块链在一个产业的战略地位：英国央行是英镑的老大，当英国央行使用区块链的时候，全英国都受影响，连其他国家也受影响，可提高英镑在国际货币舞台的地位；

分析区块链对产业生态会产生什么影响：该项目影响非常大：（1）提高英镑的使用率、安全性、可监管性；（2）带动世界央行和商业银行走进数字法币世界；

分析如何建立产业标准：该项目应用于现有金融系统存在的问题有：（1）信用风险；（2）流动性风险；（3）无法实时交易；（4）跨境支付流程

非常复杂、缓慢；（5）被应用的金融系统可以被用来洗钱；

分析如何克服监管的困难：英国央行就是监管单位，不需要克服自己，但是可能需要克服监管政府、银行、金融界以及老百姓的困难；

合作－竞争关系必须处理好：这个问题在项目中不难，因为监管单位参与，事实上，等于强迫相关单位参与；

科技进步领导新科技基础设施：这个项目引发许多科技问题，例如往来账户的设计：（1）共识机制和传统区块链不同，需要开发新机制；（2）系统庞大需要开发互链网，开发出来的互链网可以成为基础设施。

英国央行是英国市场领导者，但不是国际市场领导者：根据麦肯锡模型，英国央行是英国金融市场的领导者，所以他们应立即采取行动，以保持自己的市场地位，并抓住机会制定行业标准。他们也这样做了。而国际领导者美国却没有什么行动，根据麦肯锡模型的理论，如果领导者没有行动，以后领导地位可能不保。因此当英国央行宣布行动的时候，美国的反应非常激烈。在国际舞台上，英国是什么角色？

英、美在国际舞台上的角色的分析

	国内领导者	国际召集者	国际追随者	国际攻击者
英国的策略	英国是英国市场领导者，已经采取行动以保持自己的市场地位，也已经制定行业标准。	现在英国当召集者，聚集美元、英镑、欧元、日元和加拿大元，建立基于不同法币统一数字法币USC。	英国没有机会当追随者，因为美国没有反应。如果美国以Libra当作美元工具，英镑应该参与，而英镑的确参与Libra。	英国没有机会当攻击者，因为英国在国际市场还是有一点地位。但是英国可以直接和潜在客户做生意，而不需要经过老大的系统，例如SWIFT，这会影响美元的地位。

续表

	国内领导者	国际召集者	国际追随者	国际攻击者
美国的策略	美国在英国不能当领导者，也不能当召集者，只能当追随者或是攻击者，美国已经加入USC，追踪英国标准；同时，美国可以使用Libra或是后来的数字美元在英国市场竞争。但是英国必定会以监管科技来对抗。	美国是现有法币的领导者，但是在数字法币上刚醒过来，应该立刻在USC外再建立一个新国际数字法币支付标准与系统，成为国际数字法币和法币的领导者。	美国是现有法币的领导者，但是在数字法币上刚醒过来，应该立刻推进Libra，并且推出建立一个基于纯美元的数字法币，和国家支付标准与系统，成为国际数字法币和法币的领导者。	美国是现有法币的领导者，但是在数字法币上刚醒过来，应该制定基于SWIFT的数字法币系统（新旧混合系统），以及建立一个新国际数字法币支付标准，成为国际数字法币和法币的领导者。

从上面的表可以看出，这有可能是数字法币“战争”，不只是“竞争”。

项目价值在于降低成本：短期内，项目不会降低成本，但是可以提供高速跨境支付，提高英镑在世界的地位，这些是无价的；

资产需要能够数字化：这里的“资产”就是英镑，可以轻易数字化；

解决产业痛点：该项目解决英国支付系统的痛点：（1）拿回英国的监管主权，目前，大部分英国支付活动不在英国监管之下；（2）大大提高现在的跨境支付速度；（3）大大提高反洗钱的能力；（4）实现实时作业；（5）大大减少信用风险；（6）大大减少交易时的流动性风险；（7）提高英镑在国际舞台的地位。这些都是英镑产业的痛点；

不需要去中介化：原来的参与单位都还在，没有任何单位被踢出；

金融产业：根据麦肯锡模型，这是最好的应用之一。

数字英镑是个非常好的项目。

3. 区块链产业三阶段模型分析：现在是转型模型

该模型就是一个转型模型，因此需要花费很长时间来筹备：

● 建立研究院：英国央行有研究院，而且有英国多个大学和智库支持；

● 建立产业沙盒：英国央行有监管沙盒，可是没有产业沙盒。以前一些实验也失败了，但只要有实验，就有可能成功；

● 制定区块链实践制度：由英国央行带头，制定数字英镑制度；

● 使用网站：大量使用网站，讨论问题，出报告；

● 开启地方区块链实验：2019 年开始小区实验；

● 公开讨论：大量的讨论可以在网上读到；

● 研究，研究，再研究：该项目已经研究超过 5 年；

● 实验，实验，再实验：该项目一直在实验；

● 制定标准：英国央行 RTGS 蓝图可以作为标准；

● 国际合作：数字英镑和加拿大央行、新加坡央行以及许多英联邦国家合作，也邀请 16 个国际大银行参与；

● 全球视野：该项目目标之一是成为国际标准；

● 矛和盾一起发展：该项目矛和盾同时发展，验证算法就在标准模型里面；

● 权威组织带头：由英国央行权威单位带领；

● 监管单位负责监管，科技公司负责科技：英国央行是监管单位，制定标准后交给科技公司完成；

● 生态合作：在英国央行带领下，多家国际银行参与；

● 互联网思维，全球竞争：该项目就是预备在网上和其他法币或是数字法币竞争；

● 转型模型：该项目本质就是金融项目。

◎ **金融活动**：该项目一开始就是金融活动；

◎ **建立世界数字法币标准：**英国央行是世界重要金融机构，可以建立全球标准，有话语权；

◎ **建立数字英镑的帝国：**系统需要 3—5 年才能完成，数字英镑可以是英联邦的通用货币。数字英镑在和美国竞争中也有竞争力。

本章总结

英国的布局跟美国的布局大不相同，英国的布局由央行自己带领，英国央行对比特币和现代银行系统，做了很多的观摩和实验，提出了新宏观经济理论，实施新的金融交易标准 RTGS，开发了下一代的沙盒系统（GFIN），重视合作和创新。

整个英国的布局最主要的做法是改变了现有金融系统的架构和组成，整个金融的基础设施都改变了，由金融市场入手打金融或者货币战争。我们看到一件事情，当英国人觉得他已经有把握了，于是在 2019 年 8 月 23 日对美联储说“世界储备货币不应该还是美元，而是合成霸权数字货币”。

英国的布局在金融市场，是深度布局，不是肤浅布局，而且是非常深度的布局。下了 5 年的苦功夫所做的布局，不是一件简单的事情。

第十四章

世界储备货币的竞争
——新宏观经济学出现

1. 普林斯顿大学教授为什么预测世界数字货币市场会分裂？该观点英国前央行行长也同意，为什么？这对货币战争有什么影响？

2. 为什么哈佛大学把世界金融市场分为合规市场和地下市场？针对这两个不同市场，他提出什么不同政策来进行货币战争？

3. 哈佛大学认为科技是数字货币战争最重要的因素。您认为哪些科技重要？如果这是新型货币战争，哪些技术中国可以直接借鉴运用国外已有科技或系统？哪些技术中国只能自己开发？

4. 监管是新型货币战争的一个重要手段，而且需要监管政策和监管科技。数字货币上的监管科技是什么？和传统监管科技相同的地方和不同的地方在哪里？监管政策应该如何？

英国央行行长2019年8月23日的演讲在世界范围内引发了很多国家对世界储备货币的问题展开了一系列的讨论。例如瑞银集团2019年10月做了一次调查，发现60%的世界央行还是认为美元以后还是储备货币，但是居然有40%的央行认为世界会是多中心的储备货币，而认为最有可能是三中心储备货币：美元、欧元、人民币。这不是英国央行想看到的结果，但是多中心的世界储备货币也的确是英国央行提出来的。本章我们将研究英国央行的理论基础是什么。

一、数字法币发展和各种观点

数字法币简要发展史如下：

• 2015年到2016年，英国央行提出数字法币概念，并且启动4大火车头项目。

• 2017年到2018年，加拿大央行、欧洲央行、日本央行后来加上英国央行做了大量研究或实验，实验研究报告非常详细，奠定了数字法币的基础。

• 2018年2月，英国央行宣布放弃数字法币计划，只是放弃由央行完全主导，并且开始与科技公司合作。英国央行采取与科技公司合作的方式，而不是完全放弃。

• 2018年3月，国际清算银行（Bank for International Settlement，BIS）发布报告《央行数字货币》，提出零售数字法币和批发数字法币。批发数字法币是银行间的一种代币，“批发”概念注重“银行间支付系统”而不是消费者支付，可以“提高结算效率和风险管理”，这和我们提的速度、安全、监管要素一致。BIS建议先开发批发数字法币，因为批发数字法币简单，问题可能是零售数字法币的十分之一或者百分之一。

- 2018 年 7 月，IBM 公司发行稳定币，由美国政府支持，认为是数字美元。
- 2018 年 11 月，英国央行、加拿大央行、新加坡央行联合发布跨境支付报告（以下简称“三国央行报告”），最后提出一个方案，即通用批发数字法币（Universal wCBDC），有共同稳定币 USC，各国央行控制自己的法币。
- 2018 年 12 月，瑞士政府发布数字货币的监管框架，提到一个重要概念，支持央行和民间合作的数字法币模式。
- 2019 年 2 月，美国摩根大通银行发行稳定币。
- 2019 年 6 月，Fnality 发行批发数字法币（包含五种法币美元、英镑、欧元、日元、加拿大元）。
- 2019 年 6 月，脸书发布 Libra 白皮书。
- 2019 年 7 月，国际货币基金组织（IMF）发布《数字货币的兴起》，提出合成数字法币 sCBDC，和商业银行激烈竞争，未来商业银行面临 3 个可能场景——共存、互补、取代，商业银行大改革开始。
- 2019 年 8 月 23 日，英国央行行长在美国发表演讲，提出用合成霸权数字法币取代美元，给美国敲响了警钟。
- 2019 年 9 月，欧洲央行公开讨论英国央行行长 2019 年 8 月的演讲和普林斯顿大学的理论，观点和英国央行一致。
- 2019 年 11 月，哈佛大学罗格夫教授发表文章，表示这是新数字货币战争，而且对美国极其重要，提出多项建议。
- 2019 年 11 月，哈佛大学进行国家安全会议模拟实验，主题为“数字法币战争：国家安全危机模拟”。
- 2019 年 12 月，美联储表示数字货币属性会和平台相关。
- 2020 年 1 月，美国国会预备建立关于数字货币的法案《2020 年加密货币法案》(*Crypto-Currency Act of* 2020),大部分内容都是在哈佛大学罗格夫教授2019年11月的文章里提到的。

• 2020年2月,美联储理事发表演说,引用普林斯顿大学和IMF理论,说明支付科技改变世界金融和货币市场,第一次表示数字美元计划是可能的。

时间	阶段	重要理论或是系统	特性
2008—2014年	萌芽期	• 数字代币共识算法 • POW机制 • 逃避监管 • 数字社会概念出现	• 地下经济
2015—2016年	英国独角戏期	• 联盟链出现,不再逃避监管 • 高速共识机制出现 • 数字法币概念出现 • 数字银行概念出现 • 基于区块链的RTGS蓝图出现 • 数字英镑模型提出和没落 • 熊猫数字法币模型出现 • The Dao事件	• 英国早已为数字英镑成为世界通用货币做准备,全面布局,但是外人不清楚他们的企图,因为还没有部署,影响力有限 • 还是地下经济
2017—2018年8月	理论发展期	• 大型实验出现(加拿大央行开启世界第一个实验,欧洲央行和日本央行接棒) • 许多著名区块链项目在实验中证实需要进步 • 批发数字法币理论出现 • 互链网概念和模型出现 • 中国金丝猴模型出现 • 智能合约开始认真研究	• 区域经济 • 研究理论和实验为主 • 币圈大涨大跌,市场震动 • 监管单位出手管理币圈 • 合规商家出现经营数字代币业务

续表

时间	阶段	重要理论或是系统	特性
2018年8月—2019年6月	数字法币雏形期	● 多家稳定币出现，又和政府、央行、商业银行挂钩，不再是“野鸡”队伍 ● 3国央行报告出现，全天候数字法币交易前进一大步 ● 合成数字法币概念出现 ● 合成数字法币挤压银行理论出现 ● 区块链中国梦出现（科技、数字社会、可执行法律、监管） ● 英国开始研究如何将区块链和智能合约应用在英国法律系统 ● 瑞士发布新监管框架	● 平台经济出现 ● 数字代币开始走下坡路
2019年6月—2019年8月23日	数字法币高速发展期	● 大型稳定币出现，世界央行和银行震动 ● 新货币竞争模型出现	● 国家级经济以及大地区经济
2019年8月—现在	新数字货币战争期	● 新世界储备货币竞争理论出现 ● 支付科技改变金融市场理论出现 ● 美国政府震动，全国部署，开始立法 ● 美联储、欧洲央行讨论和学习新数字经济竞争 ● 监管制度和科技成为国家重器 ● 监管机制放进操作系统，逃避监管将会是不可能的	● 国际经济和市场 ● 合规经济和地下经济并存

二、英国央行行长理论基础

英国央行行长2019年8月23日的演讲提到由于美元是国际储备货币，美国货币政策会影响全球，但是他用数据证明这不是世界最好的格局，因为美国在世界经济中所占比例越来越低，他举例说到2030年发展中国家经济将占世界经济的75%，美国国家货币政策在全球的影响力在下降。针对这一局势，他提出分三个阶段来解决问题。第一阶段，依旧保持原状，在现行体系下各央行各自行动；第二阶段，在原来体系下改革；第三阶段就是全盘改革。

他认为，在第三阶段有两个选择：一是改用人民币为储备货币。但他认为人民币离成为世界储备货币还有一段距离。二是创造一种基于多个法币的数字法币作为储备货币。在这样的新体系下，几个大国央行可以“共同管理”世界货币政策，而不是仅仅美国说了算。这让美国人不能接受。在他的演讲之后，很多国家的央行都在讨论这种可能性。

英国央行行长演讲引用了美国普林斯顿大学的数字货币理论。英国央行行长聪明，他在美国的演讲引用美国学者在2019年的最新理论，而不是引用从2015年开始英国央行已发表的无数研究报告。可能他就是想表明，该理论是美国创造的，我们只是跟随者。这也是我们分析普林斯顿大学论文的原因。普林斯顿大学教授在2019年发表了多次演讲和论文。其中一篇2019年7月发布的短文译文附在文后。

普林斯顿大学教授2019年9月的文章也引用了英国央行行长、哈佛大学Rogoff教授及国际货币基金组织（IMF）首席基金学家吉塔·戈皮纳特（Gita Gopinath）的观点。这些专家互相引用观点，但彼此观点还是有差异。英国央行的观点是全面的，Rogoff教授的观点注重税收和数字货币的关系，Gopinath研究交易和主流货币的关系。

英国央行行长2019年8月演讲后，普林斯顿大学的理论受到世界多国央行的重视，包括欧洲央行和美联储。美联储在2019年10月还公开举办研讨会讨论该课题，邀请了普林斯顿大学布伦纳梅尔教授演讲。后来在2020年2月5日，美联储公开演讲就提到该理论，并且引用和指明该理论主要源于普林斯顿大学。欧洲央行也计划发行数字欧元，也是以该理论为数据。

三、普林斯顿大学理论

马库斯·布伦纳梅尔（Markus Brunnermeier）是普林斯顿大学爱德华兹桑福德分校的教授，普林斯顿大学经济学系的教员，普林斯顿本德海姆金融研究中心的主任。他曾是几个咨询小组的成员，包括欧洲系统风险委员会、IMF、纽约联邦储备委员会、联邦银行和美国国会预算办公室等组织。他还是国家经济研究局的研究助理，CEPR 和 CESifo 的研究员，经济计量学会的研究员，国际经济贝拉焦小组的成员。他的研究重点是金融经济学、宏观经济学和货币经济学。

哈罗德·詹姆斯（Harold James）是普林斯顿大学历史和国际事务专业教授。他在剑桥大学接受教育，在彼得霍斯大学当了 8 年研究员，1986 年来到普林斯顿大学。他的研究内容包括德国的战争间萧条、德国的萧条（1986 年）、分析德国民族认同的变化特征、1770—1990 年德国认同（1989 年）以及布雷顿森林体系以来的国际货币合作（1996 年）。他也是《德意志银行：1870—1995》（1995 年）的合著者，该书于 1996 年获得《金融时报》全球商业图书奖。

他还撰写了《全球化的终结：来自大萧条的教训》（2001 年）和《欧洲的重生：1914—2000 年的历史》（2003 年）；《家庭资本主义》（2006 年）；《罗马困境：国际秩序规则如何创造帝国政治》（2006 年）；《价值的创造和毁灭：全球化周期》（2009 年）。他的研究成果《建立欧洲货币联盟》已于 2012 年秋季由哈佛大学出版社出版。2004 年，他被授予赫尔穆特·施密特经济史奖，2005 年，他被授予路德维希 – 埃哈德经济学奖。他目前的工作涉及欧洲货币联盟的历史。他是普林斯顿欧洲政治与社会中心主任。他还是欧洲大学研究所的玛丽·居里客座教授，每月为辛迪加项目撰写专栏。

Jean-Pierre Landau，职业生涯中的大部分时间都在法国财政部和法国央行担任高级职务，曾是法国央行副行长。他担任过法国在 IMF 和世界银行的执行董事。Jean-Pierre Landau 先生也曾在华盛顿约翰·霍普金斯大学高级国际研究学院担任客座教授，并在巴黎政治研究所担任过副教授。他的主要研究领域为货币政策、金融监管和国际宏观经济学。

数字货币区（Digital Currency Areas，DCA）新货币理论

美国普林斯顿大学经济学者提出，数字货币带来新的思想框架，和传统货币思想大相径庭。货币三个功能在不同场景下有不同的意义，因此成为世界储备货币的条件也不同。正是在这个理论支持下，英国央行行长认为基于一篮子的霸权数字货币将取代美元成为世界储备货币。

传统货币有计量、储存和交易三个功能，三者需要同时存在。而数字货币和传统货币不一样：（1）这些功能可以分开；（2）数字货币有平台（传统货币没有平台），平台在互联网上，没有传统货币的一些限制，如跨境支付需要通过银行和 SWIFT，但银行一天只营业 8 小时；（3）平台可提供其他功能，例如脸书的 Libra 币，除了进行交易和计量外，还有社交功能；（4）平台也创造一个封闭环境，在其上可以使用平台币来交易，并且驱逐其他货币，包括其他数字货币。这个封闭环境就是 DCA。下面是笔者对 DCA 的定义：

“我们将数字货币区（DCA）定义为一个网络，在该网络中，使用特定于该网络的货币以数字方式进行支付和交易。‘特定’是指具备以下两个特征之一或全部：

（1）网络运行着一种支付工具，只能在参与者内部使用的一种支付媒介。因此，即使网络仍然使用官方法定货币作为记账单位并支持支付工具，该工具也不能用于网络外的交易和交换。通常，当一些大型电子货币发行商的系统无法与其他系统互操作时，情况就是如此。腾讯和蚂蚁金服都开发了这种网络，拥有数亿用户，但却没有相互连接，或没有互操作性。

（2）网络使用自己的记账单位，区别于现有的官方货币。例如，脸书最近宣布推出 Libra。它被设计为一篮子现有货币的数字表示，因此这是一个新的记账单位。

DCA 和现有机制不同，既可跨境，也可在一国之内，还可有自己的法规和协议。而该封闭式环境还可以非常大，甚至比国家还大。这和我们在 2018 年提出的“区块链集团、区块链帝国、区块链联合国”概念类似（注：一个区块链项目因为有自己的规则，相当于一个集团；集团变大就成为一个帝国；帝国和帝国可以合作成为联合国，每个帝国都有自己的规则，因此区块链联合国就需要跨境技术）。可以使用平台上的智能合约管理平台上的交易，保证合法合规、没有双花，进行身份认证以及证据保存。

当这个集团或平台足够大时，就可以和真正的国家分庭抗礼。这也是为什么脸书 Libra 出来后，世界央行和商业银行都感到震惊的原因。这个观点 IMF 也作了讨论，可以看本书附录 2。

既然数字货币以平台为主体，那就不是以银行（除非这平台公司就是数字银行）为主体。这两套货币运作逻辑和思想不同，下图源自普林斯顿大学的文章，其观点和 IMF 观点一致，在数字经济上，银行不再是世界金融中心，而平台才是。IMF 认为银行必须改变才能在数字经济时代生存。

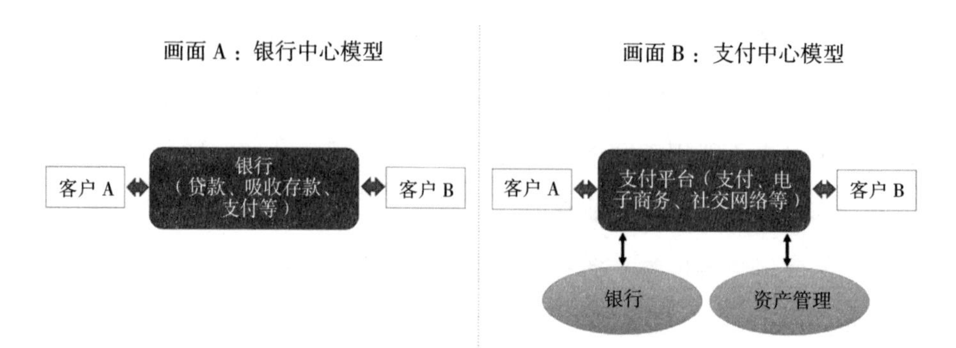

数字货币以平台为中心，和传统金融以银行为中心不同

但平台还要遵守法律，因为是跨国平台，所以平台会被多国监管。如脸书，母公司在美国，子公司在瑞士，哈佛大学认为美国和瑞士应合作一起完成脸书 Libra 币的监管工作。如果 Libra 币在其他国家运营，这些国家也会参与监管。这是英国央行的态度，美国也持这种看法。任何国家的数字法币，只要在美国运营，美国监管机构必定监管。这是哈佛大学提出的以阻止美元失去世界储备货币地位的制度之一。因为数字货币在互联网上，要执行，还需要科技，就是监管科技。这就是为什么哈佛大学认为科技、市场、监管是三大竞争之地的原因，而且以科技为主。

四、新货币理论带来新数字货币竞争

普林斯顿大学认为数字货币竞争将与传统货币竞争不同。它将不再主要以传统宏观经济（通货膨胀）为主要考量。例如哈耶克（Hayek，1976）认为，宏观经济表现是决定该货币应用的最重要因素，但数字货币竞争不是。DCA 将在许多方面展开竞争，某些网络可能会提供不同类型的自动条件支付（例如“智能合约”）或与其他金融服务的互操作性。数字货币之间的竞争将成为每个网络提供的信息服务捆绑之间的竞争。

IMF 认为人们会选择最便捷快速的金融系统，消费者不会在乎传统银行给消费者传递的信息：银行比网络公司更安全可信。当银行服务比数字银行差时，消费者会自动转向数字银行。这是IMF向现在的商业银行传递的重要信息。

综合普林斯顿大学IMF、英国央行和其他学者的观点如下表所示。

传统货币与数字货币比较

	传统货币	数字货币
主体	银行（包括央行和商业银行）	平台公司（但这公司也可以是数字银行）
货币	法币	数字法币（可以基于一篮子法币，或是基于一个法币）
国家属性	国家货币（法币）	可以是法币数字化（数字法币），也可以是跨国的数字货币，例如Libra
交易速度	比较慢	快
跨境计价	使用两种参与法币计价，通常一种为主，例如美元	以平台币计价
跨境交易媒体和换算	通常需要两种法币，需要换算	使用同一数字货币，不用换算（全球通用货币）
价值存储	首先由商业银行担保，后面还有央行或是政府机构（例如FDIC）担保	首先由平台公司（数字银行）担保，后面还有银行，和最后央行担保，例如USC稳定币最后担保机构是参与国央行
交易限制	根据当地工作时间，一天几小时，周日休息	实时交易
使用范围	主要在本国，但世界有几个通用货币，例如美元	全球通用
环境	开放式（但是有物理空间限制，大部分法币只能在一个国家内使用）	封闭式（限制在平台，但是这平台运行在互联网上，平台是全球的）
货币竞争关键	通胀	方便（速度）、监管、安全（隐私）、利息政策
货币竞争工具	利息，外汇	新科技，新服务，新监管制度，新安全机制，利息

当数字货币以本位币作为价值计算时，该数字货币才成为完整的货币。例如一个数字货币和美元挂钩，就不是独立完整的数字货币，因为还依靠另一个货币。例如支付宝和微信支付就不是完整货币，因为它们都是以人民币来定价的，离开平台，有钱也不能花。

数字货币通常有法律保证支付的完整性。假如出问题，平台公司第一个负责。

数字货币的一个重要功能就是隐私，隐私也是数字货币竞争的指标。DCA 的货币可以通过网络管理用户数据的方式来相互区分。一些网络会利用或出售用户的数据，而另一些网络会优先考虑绝对隐私。

欧洲、美国和中国的监管方式截然不同。不同的监管框架可能使网络运营商难以充分利用大数据提供的规模和范围经济。有可能在不同的司法管辖区使用相同的数字货币。这也是哈佛大学提出数字货币战争的一个工具：美国将会把具有威胁性的数字法币踢出美国市场。

综上所述，新数字货币竞争四要素为：速度、监管、政策、安全（包括隐私）。

五、数字法币进可攻退可守

可以渗透到传统法币无法到达的地方（攻）：普林斯顿大学教授认为“现有的跨境系统目前是纯粹的基础设施。他们使用本国货币作为交换媒介和记账单位。不过，这种情况可能会改变。如 Libra 的例子所示，可能会创建私人网络，使许多国家的人们能够使用新的和特定的账户机构。即使是法币，如果有强大的数字网络支持（例如数字法币），也可能逐步渗透进其他国家的经济。”

这与我们的观点一致。①像 Libra 这种稳定币，是数字法币的二军，是国家法币的工具。②它们可以到达传统法币不能到达的地方。这和前文讨论的观点是一致的。

可以保护本国法币（守）：普林斯顿大学教授认为，一个国家开发数字法币，会使本国货币适应新的技术状态，并在此过程中保护本国货币免受基于数字优势的外部竞争。数字法币保护国家，是国家法币的护城河。

六、世界储备货币的条件

普林斯顿大学教授认为货币可以通过两种方式实现国际化：通过成为储备的全球价值存储工具；或用于国际支付，作为一种交换媒介。他认为这两个角色已逐渐融合。这一区别在数字环境中变得相关和重要。成为储备资产的要求很高，因为它特别意味着资本项目可完全和无条件地进行兑换。然而，如果能够通过贸易获得国际地位，一个拥有大型数字网络的国家可以通过利用 DCA 的整合效应，为其货币国际化找到新的途径。数字货币上，能够作为贸易支付的工具才是关键。

普林斯顿大学教授还提出，一种与若干不同账户机构挂钩的合成国际货币可以在弥补安全资产短缺方面发挥作用，因为以多种官方货币计价的债务价值将随着合成货币的价值而波动。然而，没有任何一种官方货币是完全安全的，这意味着以合成货币计价的债务发行人如果其资产以当地货币计价，可能承担汇率风险。

如果国际贸易是以合成数字货币的记账单位开具发票的，全球贸易流量的相关性也会降低。目前，国际贸易价格在美元上具有黏性，因此美国的冲击和货币政策在刺激或阻碍国际贸易方面的作用是巨大的。在一个拥有合成货币的世界里，这种对美元的冲击会造成对贸易效率的较小偏离。当然，合成货币会从对其支撑货币的冲击中产生溢出效应，但如果各国面临特殊冲击，多样化可能会抑制这些溢出效应，这清楚地表示数字货币在市场上和法币竞争的场景。

传统思想认为一个国家法币要成为世界储备货币，该国必须有非常大的市场规模（size)、深度（depth）和流动性（liquidity)。文中认为："一种货币在21世纪获得国际地位的途径和策略是不同的。"在分析美元目前在国际货币体系中的主导地位时，一些经济学家认为美国金融市场的规模、深度和流动性，使美元作为世界储备货币，而价值储存发挥最大的作用。

但是IMF首席经济学家Gita Gopinath更加重视其在国际贸易和交易的计价和结算中的作用。Gita Gopinath从普林斯顿大学拿到博士学位，在成为首席经济学家之前，Gita Gopinath与人合著了一篇哈佛大学的研究文章《银行业、贸易和主导货币的形成》（*Banking*, *Trade*, *and the Making of a Dominant Currency*），文中探讨了这个确切的话题："货币作为计价决策的记账单位的作用与其作为价值安全存储的作用是互补的。"

在决定使用何种货币时，考虑的因素是流动性、稳定性和可兑换性。然而，Gita Gopinath认识到，未来，由于对数字货币的隐私和安全问题的担忧，发行国的技术优势可能变得非常重要。（备注：英国央行在2016年和2017年连续两年推出下一代RTGS的蓝图就是要解决这个流动性问题。）

国际地位可以通过贸易实现，数字网络是货币国际化的一个手段，这是《复兴百年英镑计划》的观点。也是英国央行从2015年开始一直推进数字英镑的原因。因为英国在市场规模上无法和美国、中国相比，连在欧洲也只排行老三。英国必须以新战略来提高英镑的地位。

英国央行行长在演讲时表示世界储备货币应以交易媒介来决定，因为需要多国参与，才使用数字货币。他的原话是："历史表明储备货币的兴起是建立在其作为交换媒介的效用上，它降低了国际支付的成本，增加了国际支付的便利性。货币其他功能，记账单位和财富储存，是后来添加的，这些功能强化了支付的功能。”（History shows that the rise of a reserve currency is founded on its usefulness as a medium of exchange, by reducing the cost and increasing the convenience of international payments. The additional functions of money–as a unit of account and store of wealth–come later, and reinforce the payments motive.）”这清楚地表明英国央行早就有了新经济学概念，而且在技术上也有阶段性成果。

世界储备货币比较

	传统世界储备货币	新世界数字储备货币
条件	规模，深度，流动性	国际交易媒介和记账
货币	传统法币	基于一篮子法币的数字货币
基础设施	现在央行和银行系统，SWIFT 系统，金融公司系统	数字货币系统，区块链系统，跨境支付系统，互链网，监管网
最大功能	价值储存	交易媒介

这意味着在国际贸易上，主流数字货币会是新世界储备货币。而如果没有全球通用的数字法币，连入场券都没有拿到。这和互联网思维一样，如果没有网站，就还没有入场。

七、激烈辩论

IMF 的 Gita Gopinath 在 2020 年 1 月加入讨论，认为数字货币取代美元成为世界储备货币的日期还非常遥远。这其实不用争论，因为连提此概念的英国央行行长都说需要三个阶段，现在还在第一阶段。而她反对的依据是认为支付技术和全球储备货币的需求是两个独立的主题，认为以支付方式成为全球储备货币的途径不太可能。她还提出参与“世界霸权货币”计划的国家因为各自利益，不会同心同德，所以该计划成功的可能性很小。

而且欧元已经实验过，挑战美元没有成功。

1. 网络效应

普林斯顿大学提出了另外一个观点——网络效应。该观点支持支付是数字货币成为世界储备货币的途径。一个商家一旦使用数字货币，往往会留部分资金在这个数字货币上，方便下次交易使用，避免另行换算。因此数字货币区就会设计激励机制来鼓励商家留下资金。而一个大国可以利用大型数字货币区鼓励世界贸易使用该数字货币。这也是我们提出的数字货币是法币工具的理论。根据该观点，大国应该支持民间发行（被监管的）数字货币，建立“数字货币区”。以他的观点来分析，现在想来和美元竞争的货币还很小，但是世界伟大的项目，包括帝国的建立，都是从小开始。只有该科技吸引人，比旧科技强，以后的发展才可能出人意料。欧洲央行后来也使用这款系统来监测 Libra 基金的规模。

2. 现在数字法币系统各自法币已经独立作业

另外，Gita Gopinath 可能没注意 2018 年英国央行、加拿大央行、新加坡央行合作的数字法币报告（三国央行报告）。该报告提出各国控制自己的法币，各自独立，但联合发行数字货币，可以快速、安全开展跨境交易，实时结算，没有流动性风险和信用风险。既然在这一框架下，每个法币都已经各自独立，不同心同德又如何？各国法币如果要自己行动，行动就是了，其他国家管不了，但是联合储备货币不会更改，只要各法币能够交互就可以，框架还是留存。若不加入此框架很不明智，因为自己不加入，而其他重要国家加入，表示自己在国际重要舞台上就会缺席。

英国公司 Fnality 提出的 USC 系统和结构 即“一币一链一账户”结构，也是基于这一思想：联合数字货币，但是每个参与法币只有一条链控制，各国央行控制自己的数字法币发行和交易，每个法币也只有一个往来账户，见下图。

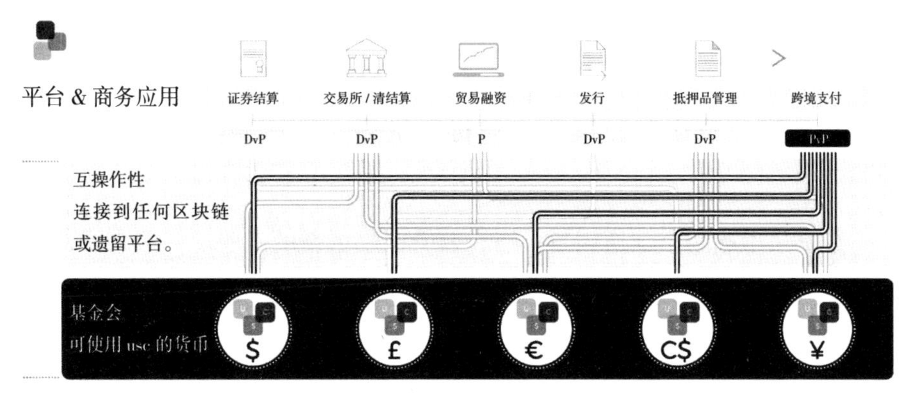

英国提出的联合数字法币架构，参与各法币独立自主

3. 不同系统设计导出不同数字货币属性

英国央行行长在美国演讲时没有解释合成数字法币如何运作，只讨论世界储备货币的需求和条件。对他观点的批评来自传统金融系统、数字代币系统（例如比特币）或稳定币（像 Libra 币）三个方面，但是这些都不是英国央行设计的思路。例如现在 Libra 币设计还没有考虑流动性风险、信用风险和实时结算需求带来的系统设计难题，但在几年前，英国央行报告里就对此问题讨论或实验过。每个国家都可以发行自己的数字法币，但是数字法币后面的不同系统设计会形成不同货币属性。这也是我们一直认为发展数字法币需要实验，也需要研究金融交易科技的原因。金融交易科技是金融科技和监管科技的一部分，研究基于区块链系统在金融交易上遇到的问题，属于区块链十大研究方向之一。

这个理论才刚开始，辩论就已经很激烈，因为结果会影响到大国国运。哈佛大学罗格夫教授的观点非常清楚，该理论是否正确先不判断，但美国必须马上行动。因为理论如果正确，对美国影响会很大，可能会是一百年来美元遇到的最大一次挑战；即使该理论不正确，美国至少发展了科技，而且建立了新监管制度，继续了美元霸权。以美国科技的实力、市场的体量和经验来看，美国应该很快就可以在相关科技上超过英国。

八、数字货币平台具有不对称的优势（比目鱼模型）

数字法币成为全球通用货币后，监管面临了新的考验。一般来说，数字法币由国家发行，由国家信用保障兑付。即使使用国际货币基金组织提出的央行－民间合作方式，数字货币仍然是一国央行和在该国注册的公司合作的金融产品，其他国家不可能拥有监管权。英国开创数字英镑的重要原因，就是要拿回监管权。如果完成数字英镑，该货币如果成为世界通用货币，其他国家会担心自己的货币金融体系受到了威胁。

因此，对这种非对称监管关系，可能会有以下几种情形出现：

（1）主权独享式：单个国家完全享有监管权，原因是这是由单个国家发行的数字法币，该国央行支持，由该国货币储备保障运行。其他国家、商家或是个人使用，都必须遵守该国法律。但作为全球货币，这种制度渗透和金融霸权模式必定受到其他国家的拒绝，Libra 受到德法两国的坚决抵制就是典型的例子。同时，以德国为首的各国都开始在区块链和数字货币领域建立自己的战略部署，建立各国自有的数字法币系统，并不特别说明数字法币是潜在的全球货币，鼓励各国的商家和个人注册和交易，等到米已成粥，才将制度、监管和法律问题一并抛出。该机制以国家主权为第一优先，称为主权式。

（2）完全共享式：发行国和参与国完全共享监管权，这是另外一个极端。数字法币发行国和参与国家共享数据。但这种体系本身也有很多不平衡性，在发行基础设施方面的投入和使用量最大的都是发行国，如果所有交易让所有参与国都可以看见，安全机制和经济利益上都无法说服发行国接受，其他的参与国也可能产生异议，我们称之为完全共享式监管。

（3）部分共享式：发行国可以看到全部交易信息，而参与国只能看到和该国相关的交易信息。这样参与国可能可以接受，而发行国也可以接受。但是这样的监管机制会导致系统十分复杂。例如，该系统有100个国家参与，每个国家的监管机制一定会有各种各样的差异性，对应需要建立100套监管机制，核心运行的是一个系统，但是对应100套监管机制，系统将无法负荷这样的复杂性。要解决这个问题，需要参与国建立联盟式监管机制，建立一个“大监管机制”来包容许多国家的监管法规。但是这种“大监管机制”是否能够顺利完成，在什么条件下可以实现，这些都是数字法币发展中必须考虑的问题。这种机制事实上在美国医药区块链上已经使用，但是这样的机制不涉及主权，只涉及被监管的药。另外，如何确定交易属于哪个国家监管还是一个尚需研究的问题，监管的对象是物理地址还是网络地址仍然有待商榷。在现有网络架构下，如何解决多物理地址和多网络地址问题，并且确保在现有机制下如何保证参与国能够收到应该收到的信息，同时看不见其他国家的交易信息。但是在这种机制下，参与国有理由怀疑发行国作弊，故意不发一些重要信息。因为这一机制下的参与国都只能获得部分信息，所以我们称之为部分共享式。

（4）分层分片式：发行国和参与国都只能看到和该国相关的交易信息。这个机制的公平性大大提高，但新的问题出现了，谁是最合适的信息传输主导者？可能又回到现在SWIFT的环境，由一个中心来主导信息。发行国必定要成为自己数字法币的主导者，不太可能主动出让和分享主导权。但是如果发行国非常想要大力推行自己国家的数字法币，可能会同意该机制。因为这个机制可能会给一个国家的数字法币带来极大的边际效应，大到在其他方面做出大量让步都值得。而机制的设计对信息进行了权属分层和数据切片，使得每个国家只能看到自己的相关信息，通过权属申请可分享的信息，各国在数据分享中各行其志，规避了完全共享中涉及其他国家数据分享的问题，我们称之为分层分片式监管。这个是最靠近对称性的监管机制，但这个还不是对称性。发行方还是有更多的权力，因为系统操纵在发行方。

在部分共享式和分层分片式中，都需要有一套机制来调节和决策信息的分享能力和权属程度。因为交易是高速的，也是实时结算的，相应的监管机制必须是实时的、自动化的。在西方国家，通常会成立一个委员会，由委员会来制定规则，然后交给软件系统自动处理。在区块链领域“代码就是法律”（Code is law），软件自动执行智能合约内容，因此制度的制定至关重要，委员会的会员拥有很大的权力。在数字法币委员会上，发行国在委员会占据大部分的席位，就像Libra中的初始发起会员一样。因此，发行方在整个机制运行控制上还是拥有非常大的权力。

类似的问题也会出现在脸书Libra币的监管中，目前世界各国都在讨论Libra是否能纳入本国监管制度的合规体系。相比之下，一个更重要的问题是各国如何“共同”监管Libra币的运行。区块链中心思想是共识机制，但是主权监管本身是中心化决策，共识型的监管如何在各国金融体系中落地实现，将会是一个难题。

开源能够解决这些问题吗

2015年，Gartner已经提到数字货币和区块链是未来，同时也提出这些需要开源。上面的不对称关系，开源能够解决吗？明显不能。在开源世界，有集权主义和民主主义，一个开源项目，代码开源，但是行政上可以是集权式，其他人可以看代码，若要改代码需要中心同意。数字货币平台开源，可以使参与国家放心，系统应该不会作弊（还是有非常小的可能性作弊的）。但是系统的规则可能由开放单位或是国家来制定。如果一个国家要加入，可以研究这些规则，如果认为可以接受，就加入，不愿意，就不加入。数字货币，不论是数字代币，还是数字法币，规则都还可以是中央集权式定下来的，只是定下来的规则可以非常民主。例如比特币，开始定规矩的时候，是采取民主制度吗？没有。是中本聪一人定的。这是世界上最集权的制度决策过程。定下来的规则民主，任何人都可以参与，代码可以公开。

这样集权式定规则的方式，一直被许多学者批评，还有学者认为这是历史上最集权的方式，因为比特币一成立，就在国家主权之上，系统运行不受国家监管单位控制。国家能够控制的只是比特币上面的交易，而且是靠监管比特币交易所和银行来进行监管，国家都管不了比特币的运行，管也管不了，只好在比特币外面建立一个防火墙。

美国还是非常聪明，既然管不了，就让比特币在正规市场交易，一旦在正规市场交易，价格就好控制。这是美国市场的公开秘密，因为在美国市场，有些单位可以无限买空，只要可以无限卖空，市场价格就可以控制。这是在美国 Bakkt 筹备交易数字代币的时候，美国分析师提出的重要观点。

九、美国可能采取的防御政策

在哈佛大学的短文里面，除了美国会开发数字美元外，还提到几个重要防御政策：

限制其他国家数字法币在美国运营：罗格夫教授提出美国会用监管来限制其他国家发行的数字法币在美国和美元市场流通。也是因为这一点，我们一直提世界数字法币的竞争，重点是“监管科技”的竞赛。如果只有法律明文禁止，但没有对应的监管科技，法律限制效果就非常差。这里可以分已经被监管的数字法币项目，比较好监管，美国政府可以直接和发行单位签约，限制这些数字法币在美国的活动。如果这些数字法币和美元有关系，例如基于美元的数字法币，就算发行单位是国外机构或是其他政府单位，根据美国法规，美国都可以监管。

但是如果是逃避监管的数字代币（例如比特币），美国只能在交易所和银行进行限制，等于只是间接监管。这些间接监管非常严厉，如果这些数字代币想要兑换成美元，或是想用美元兑换成数字代币，若经过银行进行兑换，美国政府就可以监管到，可以以收税或是其他法规的形式来处理这些事。因为美元在外汇市场占比很大，这样间接监管，力度很大。

提到 Libra 币是美国监管单位的工具：罗格夫教授说“Libra 币将盯住美元的事实将给美国当局带来更多的洞察力，因为（目前）所有美元清算都必须经过美国监管单位。”［原文是 The fact that Libra will be pegged to the U.S. dollar will give U.S. authorities additional insight，because（at present）all dollar clearing must go through U.S.-regulated entities.］这次他非常清楚，美国会以脸书的 Libra 币来监管。“带来更多的洞察力”这种表述说明，美国会对数字货币进行强监管。

他还说“但这场战争不仅仅和印刷货币的利润相关……归根结底，要取决于政府监管经济活动和征税的能力。”（原文是：But this battle is not simply over the profits from printing currency… Ultimately，it is over the state's ability to regulate and tax the economy in general，and over the U.S. government's ability to use the dollar's global role to advance its international policy aims.）这表示不但要监管，还要抽税。Rogoff 教授的理论就是以收税来治理数字货币。

实时支付和结算系统：2019 年 10 月，美国国会发信给美联储，希望他们开发数字美元；2019 年 11 月，美联储认为时机还没有成熟但是他们正在研究（2017 年，美联储已经说在研究数字法币，还开了几次会议，邀请相关专家出席演讲）；2020 年 2 月 5 日，美联储的态度明显积极了。他们特别提到美联储的实时结算系统 RTP（Real-Time Payment，实时支付系统）、FedNow（实时结算系统）。

FedNow 系统是 2019 年宣布的项目，和英国央行的 RTGS 系统目的相同，实现实时支付和结算交易，筹备在 2023 年或是 2024 年出台，给美国所有银行提供服务。当时宣布立项的时候，美联储提到美国许多商家抱怨不能实时结算。的确，不能实时结算是数字货币界一直在谈的话题，美联储终于公开承认美国需要这样的机制。

十、抵御外来数字法币的最佳方法是发行自己的数字法币

货币竞争成为平台竞争，是新型货币战争的结果。这也是我们多次提出数字法币在金融领域是兵家必争之地的原因。谁先做，谁就有优势。现在英国先提出这一平台，美国也同意参与英国的平台，因此英国已占先机。从哈佛大学教授的短文来看，美国可能会以 Libra 币做数字法币的先锋，事实上，美国国会 2020 年 1 月准备的立法居然有以 Libra 为名的法案，可见美国现在确实需要 Libra。这是平台的竞争。

防止数字美元取代本国货币的最好办法可能是各国创建数字法币（CBDC），但是发行数字法币不是唯一的目标。用哈佛大学罗格夫教授的话，这是全面性的战争，不只是开发数字货币系统，这个竞争包括科技、市场、监管，需要全面启动。美国以登陆月球带动美国科技的发展。此次则是美元保卫战，美国会以金融科技和监管科技引领科技前进。

美国国会是第一个启动的机构，美国国会和监管机构过去对区块链立法没有兴趣。2019 年，在美国相关业者大力请求下，美国监管机构 SEC 仍然坚持使用现有法规来治理，不肯建立新法规。但在哈佛大学发表文章之后，突然于 2020 年 1 月提出 22 项相关法案。

在科技竞争上，美国在 2018 年也提出新区块链架构，认为这会彻底改变现在的互联网架构。

十一、稳定币盈利机制

2018 年我们一直在公开演讲，认为稳定币的出现必定改变世界经济。但是当时大部分人认为稳定币价值稳定，无法盈利，因此都没有兴趣发展。没想到到 2019 年 6 月 18 日，大家突然发觉稳定币能改变世界，连世界央行和商业银行都被震动到。问题是稳定币如何盈利？稳定币盈利是靠交易费用，还有利息。国家货币基金组织认为稳定币对应的法币如果存储在央行，就会成为合成数字法币。

稳定币利息政策和盈利模型

有人说稳定币是不需要支付利息的，其实以后稳定币支付（正）利息是必然的。今天我们已经看到很多稳定币的项目筹备派发利息，但英国央行 2016 年却说数字英镑要负利息（就是存钱在英国央行，不但没有利息，取出来的时候还需要给英国央行支付处理费用，资金减少），到底数字法币应该是无利息、正利息还是负利息？

	例子	特性
合成数字法币或是稳定币不发利息	脸书稳定币	（1）对参与商家：脸书客户群大，足够给付钱的商家取得市场优势，收每家参与商家千万美金入会费；（2）对脸书用户：付法币换脸书币，以脸书币低价从事本土和跨境支付；（3）脸书：拿到稳定币拥有者的法币及每个参与商家的千万美元，这些资金投资收入不分给客户和参与商家，因为现在没有银行从事脸书币清结算，脸书成为“Libra 银行”从事 Libra 币的清结算。

续表

	例子	特性
合成数字法币或是稳定币发利息	新型稳定币	（1）客户：付法币给稳定币项目方，以稳定币低价从事本土和跨境支付；（2）项目方：拿到稳定币拥有者的法币，这些资金投资不分给客户和参与商家。以收来的法币做生意，生意收入分享给稳定币拥有者，因为现在没有银行从事该稳定币清结算，项目方成为“稳定币银行”从事稳定币清结算。项目方以高利息来和Libra币竞争。
合成数字法币或是稳定币不发利息	?	这是避险工具，经济危机发生时，人们会到央行数字法币兑换股票和其他资产，央行稳定性比商业银行大，央行数字法币没有利息，很多人会愿意将钱存在有利息的商业银行（电子货币）。
合成数字法币发利息	?	这会造成央行直接和商业银行竞争，央行数字法币利息应该比商业银行稳定币低，以保持市场平衡。
央行数字法币负利息	英国央行?	这是避险工具，经济危机发生时，人们会卖掉股票和其他资产，换成数字法币。负利息鼓励大家把资金留在市场。

如果没有利息，稳定币项目方事实上会大赚特赚稳定币购买者的钱。脸书稳定币一方面赚购买者的钱，又赚参与商家的钱，还会赚商业银行清结算的钱，然后说该项目是为穷人服务的。

货币竞争中的利息策略

在我们看来，一军（由央行直接发行的法币）和二军（合成数字法币）不一样的，二军应该付利息（正利息），拼的是以利息多少来吸引客户，但一军可以是负利息（拥有者支付央行利息来保守资产），以安全作为竞争的杀手锏。有些国家，可能只有二军，因为一军工程太大，央行有可能做不出。2020年Libra宣布可以给所有央行提供资本服务。下面我们列出了几种货币竞争状况：

1. 稳定币和稳定币竞争：

a. 一军（央行数字法币）和二军（科技公司或是银行的合成数字法币）的竞争；主要是安全方面的竞争，没有发生经济危机的时候发利息的二军有优势，但发生金融危机的时候，一军有优势。

b. 二军和二军的竞争：是利息、安全、监管、市场方面的竞争，例如脸书的稳定币比小公司出的稳定币要有优势，小公司的稳定币以高利息或是其他因素的突出特性来竞争。

c. 一军和一军的竞争：例如美国央行数字法币和英国央行数字法币之间的竞争，这会是综合性的竞争。

2. 法币和稳定币（二军）的竞争：例如脸书 Libra 和法币竞争，这会是速度、安全、监管、政策上的竞争。小国的法币不能和大型稳定币（Libra）竞争。

3. 法币和央行数字法币的竞争：小国没有办法对抗大国的稳定币（二军），更不可能对抗大国央行的数字法币（一军）。

4. 真稳定币和假稳定币竞争：真稳定币有政府、央行或是银行担保，在安全稳定上有优势，而假稳定币逃避监管方面有优势，假稳定币以后有可能从市场上消失。

本章总结

数字货币开启新宏观经济学，就算是市场规模小的国家发行的数字货币，如果交易额大、有稳定性的盈利，也可以胜过规模大得多的货币，所谓四两拨千斤。因为这场新货币战争，决胜之道不在规模，而在科技。

这是我们研究英国央行的报告推导出来的结论，而远在几千里之外的普林斯顿大学教授从不同的角度进行分析，以基础货币论为出发点，推导出新数字经济学理论——数字货币区（DCA）。一东一西，研究出发点完全不同，但导出的结论相似。

区块链带来新宏观经济学，这也是我们推荐的区块链十大研究方向之一，另外一个重要研究方向就是金融交易科技。2019年8月23日后，世界许多经济学家、货币学者都开始进行积极研究。普林斯顿大学2019年年初就发表相关文章讨论，英国央行更是早从2015年就持续发表研究报告，IMF自2017年起开始积极研究，北航数字社会和区块链实验室从2016年就一直关注数字法币在这方面的发展，提出中国第一个可扩展可监管的数字法币模型熊猫模型，也是世界第一个同质区块链互联网（互链网）模型。

宏观经济学还需要金融交易科技学，传统宏观经济学不需要考虑计算机系统问题，但是新宏观经济学以平台为出发点，不同平台系统会导出不同经济模型。基于以太坊系统的数字法币模型、基于Libra的数字法币模型以及基于熊猫链的数字法币模型在性能、功能、安全、监管、隐私、支付机制上都不同。如果这些系统有基于区块链的RTGS支持则更加不一样。当数字货币成为大系统时，一些在小系统中不会出现的问题此时就可能出现，大都是因为系统和金融交易交互产生的问题。对这些问题的研究大部分还没有启动，因为合规的区块链金融应用最近才刚刚开始，而逃避监管的技术不能用在合规市场上。

附录

数字货币区

Markus K. Brunnermeier，Harold James，Jean-Pierre Landau

2019 年 7 月 3 日

由于数字化，我们现在可以在手机上存钱，并实时将财富转移到几乎世界每个角落。可以在几毫秒内在智能手机上兑换货币，人们可以在数字钱包中同时持有多种货币。本文讨论了数字化将如何影响国际货币体系，并提出了一种新型的货币区域，通过数字互连将这些数字货币结合在一起。这些数字货币领域将跨越国界，增加货币竞争，并在此过程中可能会重新定义国际货币体系。

数字化从根本上改变了社会、经济和信息互联的本质，数字时代也彻底改变了货币和支付系统。现在，我们可以用手机持有资金，并通过点对点网络将财富转移到世界任何地方。这些发展可能会打破定义传统货币区的壁垒。

什么是数字货币区?

定义

我们将数字货币区（DCA）定义为一个网络，在该网络中，使用特定于该网络的货币以数字方式进行支付和交易。“特定”是指以下两个特征之一或全部：

● 网络运行着一种支付工具，只能在参与者内部使用的一种支付媒介。因此，即使网络仍然使用官方法定货币作为记账单位并支持支付工具，该工具也不能用于网络外的交易和交换。通常，当一些大型电子货币发行商的系统无法与其他系统互操作时，情况就是如此。腾讯和蚂蚁金服都开发了这种网络，拥有数亿用户，但却没有相互连接，或没有互操作性。

- 网络使用自己的记账单位，区别于现有的官方货币。例如，脸书最近宣布推出天秤座（Libra），它被设计为一篮子现有货币的数字表示，因此这是一个新的记账单位。

与传统OCA概念的异同

显然，DCA与文献中定义的OCA（备注：OCA就是一个物理区域的货币，欧元就是一个例子，用在欧洲多个国家）有很大不同。OCA通常以地理上的接近性以及参与者免除汇率作为调整工具的特点为特征。反过来，这意味着宏观经济冲击的一些共性和足够的要素流动性。相比而言，DCA通过数字互连连接在一起。当参与者共享同一种形式的货币时，无论是否以自己的记账机构进行计价，都将形成强有力的货币联系。网络内部的价格透明度更高，价格发现更容易，并且转换为其他支付工具的可能性更小，但有时这在技术上是不可能的。这些货币联系进一步刺激了网络货币余额的积累。

但是，除了这些差异之外，DCA和OCA具有很强的相似性。它们之所以出现的根本原因相同：将交易成本降到最低，或者说，是将交易中的摩擦降到最低。

DCA是如何出现的，什么使它们保持在一起？

在数字经济中，DCA往往出现在集成的、多方面的商业和社交平台。这些平台的商业模式基于密集的数据开发以及不同活动之间的互补性，来创造规模经济和范围经济。

增加支付功能会显著增强这些互补性，因为支付、社交和消息传递活动都依赖于相同的网络外部性。事实上，一种通用数字货币可能是网络参与者充分利用互联优势的唯一途径。

当网络允许参与者之间直接转账且购买商品和服务不受限时，决定性的演变将会发生。这些双边支付是通过移动技术实现的，借记卡和信用卡（即使非接触式）也只能用于购买，它们不允许个人之间直接转账。移动支付却可以做到，这就是技术的关键所在，移动支付的出现大大推动了数字货币的发展。

数字化与国际货币体系

数字网络体系庞大，实际上比许多国家的经济体系都要庞大，它们不受国界的限制。将来，国际货币体系可能会以数字货币为核心来构建，即使这种情况没有发生，数字化也会通过增加货币竞争和货币国际化的途径重塑国际货币关系。

新货币竞争

在数字世界中，（新的或现有的）货币竞争会更加激烈，因为由数字网络支持的货币能迅速获得国内外的广泛接受，且转换成本（货币竞争的传统障碍）更低，移动设备上有可用于管理货币转换的程序。一些金融科技公司已经开设了账户，用户可以在账户中用十几种货币进行兑换和支付。现有的和将来的应用应允许简单、即时地计算相对价格，将货币余额从一种货币转换为另一种货币，并自动套利。

数字货币竞争将与传统货币竞争完全不同。它将不再主要以宏观经济（通货膨胀）表现为基础，哈耶克（Hayek，1976）认为，宏观经济表现是决定该货币应用的最重要因素。DCA 将在许多方面展开竞争。某些网络可能会提供不同类型的自动条件支付（“智能合约”），或提供与其他金融服务的相互操作。数字货币之间的竞争实际上是每个网络提供的大量信息服务之间的竞争。

一个特别重要的方面是隐私。DCA 的货币可以通过网络管理用户数据的方式来相互区分，一些网络可能会严重利用或出售用户的数据，而另一些网络可能会优先考虑绝对隐私。

数字货币领域可能导致不稳定的货币体系。如果转换成本很低，那么人们可能会同时成为多个不同 DCA 的一部分，将每个 DCA 用于特定目的，即使它们都附加到同一记账单位。尽管从数字货币转换到其他货币很容易，但数字网络提供的附加信息和社交连接促进了 DCA 的更大凝聚力，超越了传统货币领域的凝聚力。在经济活动网络中，交换媒体之间的竞争可能不再是“赢者通吃”，至少在初期阶段是这样的。

货币国际化

简而言之，货币国际化可以通过两种方式实现：作为存储工具成为全球价值储备；或作为交换媒介用于国际支付。从历史上看，这两个角色逐渐融合。但是，一种货币在 21 世纪获得国际地位和使用的途径和策略是不同的。一些经济学家在分析美元目前在国际货币体系中的主导地位时，根据美国金融市场的规模、深度和流动性，认为应强调美元作为储备资产的功能，而另外一些经济学家（如 Gopinath 等，2016）则更重视美元作为储备资产在国际贸易和交易的计价和结算中的作用。

这种区别在数字环境中变得相关且重要。成为储备资产的要求特别高，因为这特别意味着资本账户可完全和无条件地进行兑换。如果可以通过贸易实现国际地位，那么拥有大型数字网络的国家可以通过利用 DCA 的整合效应，为其货币获得国际认可找到新的途径。因此，数字化可成为一个强有力的工具，使一些货币作为交换媒介国际化。

数字货币取代本国货币（Digital Dollarization）

相应地，其他国家可能会因为跨境支付网络面临来自外国货币的更激烈的货币竞争。

现有的跨境系统目前是纯基础架构。他们使用本国货币作为交换媒介和记账机构。但是，这可能会改变。如 Libra 的例子所示，可以创建专用网络，该专用网络将使许多国家的人们可以使用新的特定记账单位。如果有强大的数字网络支撑，甚至是官方货币也可能会逐渐渗透到其他国家的经济中。

重要的是，小型经济体（尤其是那些国内通货膨胀率高或不稳定的经济体）容易受到稳定的数字货币带来的传统美元和数字货币取代本国货币的影响，但对向大型 DCA 进行经济或社会开放的经济体而言，特别容易受到数字货币取代本国货币的影响。随着数字化交付服务重要性的增加，社交网络与人们交换价值的方式关系越来越紧密，大型 DCA 在较小经济体中的影响力将越来越大。

最佳防御方法可能是各国通过创建中央银行数字货币（CBDC），以数字形式发行自己的货币。人们从货币政策和金融稳定的角度针对 CBDC 这一主题展开了激烈的辩论。但是，它们可能有更为根本的理由：使本国货币适应新的技术状况，并在此过程中保护它们免受来自外部数字货币领域的激烈竞争。

国际货币体系的新边界：一个悖论

有人可能认为数字化将导致一个悖论，中央银行数字货币（CBDC）以数字形式发行自己的货币。人们从货币政策和金融稳定的角度对 CBDC 进行解读。数字货币涵盖了广泛的支付和数据服务，在不同国家，提供这些服务将面临不平等的监管类型。一个关键问题是隐私问题，欧洲、美国和中国的监管方法大不相同，不同的监管框架可能使网络运营商难以充分利用大数据提供的规模经济和范围经济，不同的司法管辖区可能无法使用相同的数字货币。

这可能是数字化的终极悖论。从技术上讲，数字化将打破壁垒，跨越国界。但是，由于其许多不可分割的方面，它最终可能导致国际金融体系更加分裂。

参考文献

[1] Adrian, T. (2019), "Stablecoins, Central Bank Digital Currencies, and Cross-Border Payments: A New Look at the International Monetary System," remarks at the IMF-Swiss National Bank Conference, Zurich.

[2] Brunnermeier, M. K. and D. Niepelt (2019), "On the Equivalence of Private and Public Money", Journal of Monetary Economics (forthcoming).

[3] Gopinath, G., E. Boz, C. Casas, F. J. Diez, P-O Gourinchas, and M. Plagborg-Moller (2016), "Dominant Currency Paradigm", NBER Working Paper No. 22943.

[4] Hayek, F. A. (1976), Choice in Currency.

[5] Issing, O. (1999), "Hayek-Currency Competition and the European Monetary Union", BIS Review 1999/66.

[6] Mundell, R. A. (1961), "A Theory of Optimum Currency Area", American Economic Review 51 (4): 657-665.

[7] Landau, J-P and A. Genais (2019), Digital Currencies: An Exploration into Technology and Money, Report to the French Minister of Economy.

第十五章
数字法币竞争是平台竞争

1. 数字货币平台是不是传统意义上的银行？有什么差距？例如数字英镑平台，Libra 平台，这些平台是不是银行或是影子银行？影子银行不是银行机构，但是又确实发挥实际银行的功能。（提示：可以参考附录 2“数字货币的兴起”）

2. 数字货币平台竞争指标是什么？是科技（系统安全性）还是体量（例如参与单位的数目）？消费者会如何选择平台？

3. 如果数字货币出现，什么技术是重要的？哪些技术可能会被淘汰掉？

普林斯顿大学数字货币区理论认为以后金融市场不再以银行为中心，而以平台为中心。这样，数字货币竞争也成为平台的竞争。这到底会不会成为事实？这是许多学者都关心的问题。如果是，如何竞争？

我们先讨论以后金融市场有没有可能以数字货币平台为中心。该问题其实 IMF 和央行都已经作出了回答。IMF 的回答就是 2019 年发表“数字货币的兴起”那份报告（见本书的附录 2）。在这份报告上，商业银行都有可能被严重影响到不得不改变作业，因为在刚刚开始阶段，商业银行还可能和数字货币在市场上共存，而在后面阶段则可能被“取代”。如果商业银行都可能被取代，影响还小吗？因此 IMF 的回答是“是”，他们谈论的主题是合成数字法币，而合成数字法币项目方则会成为金融市场中心。

英国央行认为既然数字货币平台那么强大，我们也加入，而且是以英国央行的地位参与，并且强力主导。我们不要私人单位主导数字货币，我们央行来主导，并且加上强监管机制。央行支持的数字货币平台可以成为金融市场的中心。因此英国央行的回答也是“是”，而他们希望数字英镑平台上的数字英镑成为金融市场中心。

所以这两个机构都认为未来的金融市场有可能以数字货币平台为中心。如果是，平台和数字货币的关系是什么？数字货币的先行者数字代币例如比特币，是因为有比特币网络平台的出现而出现，比特币可以在该平台上面安全交易。即使参与交易的双方都不认识，也没有经过金融机构的风险评估，双方就愿意交易，所有交易信息都记录在区块链上。在没有央行支持，没有银行担保的情形下，有了平台就可以有数字代币交易，这是第一个关键。

后来这些数字代币也可以在交易所上交易，像商品一样，说明这些数字代币的流动性也可以好起来。这是第二个关键。

后来这些数字代币也被当成资金使用，可以投资其他项目，这就是疯狂的 ICO 时代。不论是在交易所交易，或是成为资金，数字代币的平台仍然必须存在，没有平台，数字代币就没有价值。这是第三个关键。

后来就是 DeFi（分布式金融，也有人使用“去中心化金融”）时代，大家使用平台上的智能合约从事金融活动。这里平台竞争突然出现另外一个重要因素：智能合约。智能合约可以做金融交易，也可以做监管。智能合约概念在 2013 年就被提出来了，但是其优势在 DeFi 时代才显现。大部分智能合约平台都是开放平台，平台方只是提供编程和执行的平台，而实际应用由参与者开发，但是在平台上执行。由于参与者可以在不同业务上使用数字货币，因而平台上的竞争就成为平台上智能合约的竞争。这是第四个关键。

这种竞争就好像苹果手机系统和安卓系统的生态竞争。有没有平台可以使用，如果没有平台，连入场券都没有。但是有了平台后，竞争的是平台上的应用（APP）。应用越多，平台越强。而苹果手机上的应用一直比安卓系统的应用有优势。数字货币的平台对应的是手机操作，而上面的智能合约应用对应的是手机上的 APP。所以数字货币的平台的竞争就是：

- 有没有平台？没有平台，就不需要考虑下面事项；
- 平台的交易性、合规性、安全性、隐私性、性能包括扩展性；
- 平台参与单位或是人；
- 平台上金融应用（智能合约）的种类、质量、贡献单位数量；
- 应用（智能合约）的平台的交易性、合规性、安全性、隐私性、性能包括扩展性。

英国央行就是看到数字代币可以在平台上交易，没有信用风险，也没有流动性风险（对于比特币而言），因而开始了数字英镑的计划。一开始，也是设计数字英镑的平台。没有平台，就没有数字货币。因此，没有数字货币的竞争，也就是后面平台的竞争。

本章第 1 节讨论传统数字经济理论，这些理论是根据互联网发展出来的经济理论。这些现在看起来很常见，大家习以为常。可是开始的时候，这些理论长期被批评违反传统经济理论。当时，笔者在美国，就读到和听到许多学者的公开批评，但是这些理论还是被肯定了。互链网（下一代互联网）出来后，这些理论还可以有发展空间；第 2 节讨论各种数字货币和竞争模式；第 3 节讨论 DeFi 和合规稳定币的竞争；第 4 节讨论合规数字货币和 CBDC 平台竞争；第 5 节讨论 CBDC 各种设计和竞争模型。

一、传统数字经济理论

数字货币就是一种数字经济活动，传统的数字经济的特性非常可能会在数字货币上出现。传统数字经济有下面这些特性：

● 快捷性：突破传统国家地区的界限，被网络连为一体使整个世界联合起来，使地球变成一个村落，突破时间的约束。

● 高渗透性：就是信息服务向第一、第二产业扩展，同时也向第三产业扩展。

● 自我膨胀性：随网络用户的增加而呈指数形式增长。

● 边际效益递增性：边际效益成本递减，数字经济具有累计的增值性。

● 外部经济性：每个用户从使用产品中得到的效益和用户的总数有关，用户越多得到的效益越高。

● 可持续性：不是一次性。

● 直接性：经济组织趋向扁平化，处于网络端点的生产者和消费者可直接联系。

基于区块链的数字货币经济也有类似特性：

● 快捷性：突破国家、地区、时间界限，全球通用货币，跨境交易用同一数字货币，“货币 + 商业”模型取代传统商业模型，改变金融市场生态，商业银行需要改变。

● 高渗透性：数字货币可以到达法币不能到达的地方，渗透百业，不只是金融界。特别是零售 CBDC，零售 CBDC 可以像现金一样在各行各业使用。

● 自我膨胀性：数字货币使用单位越多越有价值，大型数字货币将会为世界通用。

● 边际效益递增性：边际成本递减，参与商家越多越有增值性。

● 外部经济性：每个用户从使用数字货币中得到的效益和用户的总数有关，用户越多得到的效益越高。数字货币参与商家和人数越多，效益越大。普林斯顿大学理论就提到这一特性。

● 可持续性：数字货币有长久持续性。

● 直接性：数字经济组织趋向扁平化，处于网络端点的生产者和消费者可直接联系。

数字经济趋势

传统的数字经济有下面几个特殊的趋势：

● 第一个趋势是迅速，速度是竞争的关键要素；

● 第二个趋势是跨企业合作；

● 第三个趋势是行业断层、价值链重构以及供应链管理：由于数字经济快速发展，一些行业商业原则改变，使得行业里面生态出现断层。有新的供应商出现，也即新竞争对象，这对行业中的领先单位产生了挑战。这会产生一种新型竞争的方式，有一些行业有可能会重新洗牌。一个明显的例子就是亚马逊，刚刚成立的时候只是卖书，后来却什么都卖，而且还欢迎竞争对手在亚马逊开电商盈利。

● 第四个趋势是大规模的量身订制。许多电商可以从网络收集客户信息，而提供订制化的服务。

基于区块链的数字经济，也有类似的趋势：

- 迅速。例如说现在的跨境支付如果使用区块链技术的话，比现在银行的跨境支付，要快许多倍。

- 跨企业合作：区块链有一个特性，就是不同机构需要同时上链，区块链不但跨企业而且可以是跨境的。

- 行业断层：价值链重构以及供应链管理：数字货币出来后，改变了现在的金融生态。脸书 Libra 币就是一个明显的例子，由于 Libra 的出现，多少央行急着出台新计划和数字货币，反应最明显的是欧洲央行。欧洲央行一直对数字货币感兴趣，而且也从事不少实验，但是 Libra 1.0 出来后，欧洲央行发表的演说和报告令人震惊。美国的改变，是从 2019 年 8 月开始，他们的改变是由英国央行引起的。

- 大规模的量身订制：也是区块链的特性，监管是非常重要的，在传统的数字金融里面，监管是不太需要考虑的，可是区块链许多应用则是在强监管之下。

我们可以比较一下传统的数字经济以及基于区块链的数字经济，有四个相同点，有三个不同点：

传统的数字经济与基于区块链的数字货币经济之比较

传统数字经济	基于区块链的数字货币经济
速度是关键竞争要素	速度是关键竞争要素
跨企业合作	跨企业和跨境
行业断层、价值链重构、供应链管理	行业断层、价值链重构、供应链管理
大规模量身定制	大规模量身定制
	安全
	监管
	货币政策

数字货币的平台就是网络（互链网）平台，而网络平台也和传统数字经济模型有类似特性。本书第一部分提到互链网就是一个以安全为优先的互联网，而又因为数字货币会运行在互链网上，数字经济的特性将会来到金融界。

二、数字货币和其平台

在今天，多种数字货币或是系统已经出现：

- 不合规的数字代币，例如比特币等；
- 不合规的基于数字代币的 DeFi（分布式金融）；
- 合规的稳定币，例如脸书的 Libra；
- 合规的基于稳定币的可编程金融，例如 Libra 基金会组成的数字金融体系；
- 央行出的 CBDC；
- 基于央行的 CBDC 可编程金融。

第一项和第二项都是基于数字代币平台，而且许多数字代币的平台都是以以太坊平台为基础平台。

通过上述分析可以看出平台竞争就是以下三大类平台的竞争：数字代币平台（第一项和第二项）、稳定币平台、数字法币平台。现在第一类平台已经出现，社区还在活跃，而合规稳定币（Libra）还没有完成（这是第三和第四项）。央行的 CBDC（第五和第六项）还在研究实验阶段，还没有出台。现在可以比较这些平台的竞争：

数字货币平台竞争

	平台 1	平台 2	注解
1	数字代币平台	合规稳定币平台	由于数字代币没有实质担保，但是有地下经济的需求，数字代币会比稳定币市场小
2	DeFi 可编程金融平台	合规稳定币的可编程金融平台	由于稳定币有实质抵押物，市场规模又比较大，DeFi 平台会有限制
3	合规稳定币可编程金融平台	合规稳定币可编程金融平台	这主要是商家之间的稳定币平台竞争。平台使用人越多越有利。如果该稳定币是合成数字法币，相当于两个法币在竞争，因为一个法币可以有多个合成数字法币，这些数字货币也有合作关系
3	合规稳定币平台	央行 CBDC 平台（本国）	Libra 2.0 表示愿意自动放弃和任何国家央行的数字法币竞争，也愿意提供平台为其他国家的数字法币服务。这是弃币保链的思想，表示 Libra 2.0 不会和其他国家的法币竞争
4	合规稳定币平台	央行 CBDC 平台（其他国）	存在竞争关系。将在第 3 节进行讨论
4	合规稳定币可编程金融平台	央行 CBDC 可编程金融平台（本国）	由于央行 CBDC 还没有推出，稳定币平台还在开发，因而脸书 Libra 平台非常可能是数字美元的前身或是先行者。这也表示这里不会有竞争关系
5	央行 CBDC 可编程金融平台（本国）	央行 CBDC 可编程金融平台（其他国家）	类似法币和另外一个法币的竞争关系
6	零售央行 CBDC 可编程金融平台	批发央行 CBDC 可编程金融平台（本国）	国家发行 CBDC，也会有不同考量，因为零售和批发 CBDC 有不同影响

下面我们讨论各平台之间的竞争。

三、DeFi 平台和合规数字货币平台竞争

最近，DeFi 倍受关注，很多人认为 DeFi 会有好前程，因为 DeFi 纠正

了许多数字代币的错误，ICO时代过去了，DeFi成为币圈的新出口。DeFi的目标是建立一个多层面的金融系统，以区块链技术和密码货币为基础，重新创造并完善已有的金融体系。

DeFi金融应用包括支付、金融衍生品、借贷、稳定币、交易所、钱包、保险、预测市场等。在大部分情形下，DeFi都是在模仿现在金融体系的流程，但是由于参与者可能不会出示真实身份，三者流程还是不同。例如贷款需要抵押物，而DeFi可能要求更高的手续费，因为参与者不一定出示身份，风险更大，因而贷款所需费用更高。

DeFi认为他们提供更广泛的全球金融服务，跨境支付，保护客户的隐私，且可以逃避政府的监管，这些都吸引从事地下经济的人们。传统金融系统会根据历史数据给用户评估一个信用等级，而DeFi的历史数据都存在区块链上，大部分DeFi产品没有做身份上链，使用者基本都是匿名或是半匿名状态。

在DeFi上一切资产都Token化，由于系统运行在区块链上，特别是运行在逃避监管的公链上，其功能和性能都受制于底层公链。现在大部分DeFi项目都建立在以太坊网络之上，因此有监管单位领导认为以太坊才是万恶之源，不是比特币。

有些项目一直在宣传其公链的速度，其实公链最主要的目的是逃避监管，不是速度。如果速度提高，但是不能逃避监管，那原来公链的目的就消失了。有些新型公链共识算法，只需要少数的节点就可以投票决定，这也代表攻击方只要控制好这些少数节点，该系统就可以被控制。对于地下经济从事者，他们会选择速度慢但是能逃避监管，还是会选择速度快，但政府可以控制的平台？对于他们而言，信息披露得越少越好，如果要选择，恐怕都会选择极端地保护隐私。

这里的数字货币竞争就是基于DeFi的平台和合规数字经济平台的竞

争。大部分 DeFi 平台建立在以太坊上，合规数字货币例如 Libra 2.0 建立在 Libra 平台上，下表对这两个平台进行比较。

DeFi 平台与合规平台（Libra）

	DeFi 平台（以太坊）	合规平台（Libra）
基础货币	以太币（无中生有，由地下经济的需求支持）	Libra 币（有对应法币支持）
监管态度	逃避监管	接受监管，和参与国家监管单位合作
机制	使用 P2P 协议逃避监管	使用协议层监管机制
可编程金融体系	基于以太坊智能合约平台和机制（Solidity 是智能合约语言）	基于 Libra 智能合约平台和机制（Move 是智能合约语言）
社区	以太坊和 DeFi 社区	Libra 社区，金融界，监管单位
智能合约功能	金融交易	金融交易和监管

现在 DeFi 有三大局限，除非这三大局限有所改变，否则 DeFi 在将来还会是高风险的经济活动：

● 不合宜的储备金或是抵押品：DeFi 多使用数字代币例如稳定币当储备金，而这些稳定币应该有对应的法币在后面支持。但是现在流行的稳定币，到底有没有法币支持还是令人怀疑的。这可能是这些 DeFi 公司的“原罪”：由于平台本身就不合规，上面的稳定币也不可能合规，这个原罪使 DeFi 公司一直处于劣势。国外早有报道这些稳定币过去有监守自盗的嫌疑，而且不在国家监管之下，不愿意透露背后法币的价值。这些稳定币组织若是银行，银监会早就已经采取行动了。2020 年稳定币价钱高涨，因为 DeFi 投资价格下跌，投资方需要补押金，只能购买平台的稳定币来填补。往往代币市场下跌的时候，许多人都需要补抵押金，这样就造成稳定币供不应求，价钱只好高过参考价，而这样对投资者不利，因为需要多付押金，这种情况是错误的储备金造成的。

重要信息：错误的储备金导致巨大的金融风险。金融危机发生时，例如2008年，央行需要和其他央行合作，商业银行不能相信其他商业银行。世界大型投资银行几天前才宣布美好的收入和资产，几天后却因没有流动性关门。在那个时候哪个机构会信任不透明不合规的稳定币？

- 不合宜的金融交易流程：DeFi大都是使用智能合约模仿现在的金融流程。问题是现在的金融流程虽然慢，但是灵活，且因为有人工处理环节因而可以协调。但是一旦自动化，没有了这种协调的机制，流程就会出错，使用区块链也不能解决这个问题。ISDA标准报告一直在提这个问题，以前流程可以是高层流程，因为有人可以协调，但是一旦自动化（机械化），问题将会出现。最近DeFi出现的许多问题都可以追溯到这个原因。

重要信息：将金融交易流程自动化不是最好的方案，部分流程为人工是优化过的，这些“灵活性”没有写在交易流程中。因此智能合约只能自动化“更新版的金融交易流程”，而这些主要考量是关于法律的。

- 不合宜的监管机制：DeFi有平台的规则，例如抵押物价格大跌的时候，平台发现后就会要求投资人购买平台稳定币来补仓。但是这样的规则不是政府监管机制，规则由平台方制定，参与者可以不出示身份，资金来源可能不合规，当平台方知道某些经济活动可能是地下经济活动时，则可以收取高额费用。现在DeFi的目标还是逃避监管（抗审计），以宣扬没有政府监管来吸引资金。一旦出现问题，由于缺乏监管，参与者只能自求多福。2020年币圈出现首次公开要求中国监管单位介入调查一些项目的现象，就是因为出现了参与人多、损失惨重、项目方跑路的大规模事故。这表示过去一味地推崇“对抗审计”不是好的选择，问题一出现，“韭菜”就会要求监管单位介入，但是开始的时候，项目方和参与方却以“抗审计”的名义把监管单位排除在外。

重要信息：参与地下经济活动是存在高风险的，没有监管就没有保障。不要认为有区块链和稳定币就可以解决问题，这些可能还是问题的来源，不是问题的解决方案。英国监管单位认为大部分（78%）的公链是彻头彻尾的骗局（就是没有链），一些出名的链被发现不是区块链，而且有些实际系统性能指标居然还达不到公布的性能指标的百分之一（有些系统竟然不到公开指标的万分之一）。这些都是融到大笔资金的项目，世界币圈名人带领的项目，不是无名的小项目。美国 SEC 最近对一著名项目提出了 2.5 亿美元的和解费，而该项目融到的资金比和解费还要低，这表明了 SEC 对该项目的态度，说明投资人和客户都可能有风险。

Libra 2.0 的设计就避免了上述问题，使用公开的“法币 + 债券”储备机制及合宜的监管（传统监管加上协议层监管机制），还可以使用 ISDA 标准流程来建立可编程的经济体系。Libra 2.0 还使用混合金融体系，由现有的监管体系作为第一道防线，在参与的金融单位使用。通过后，才能上链交易，在交易中还有协议层监管，而链只是从事金融机构之间的交易，这样 Libra 链的监管就非常严格，比现在的金融监管机制还要严格，详见本书解读 Libra 2.0 相关的内容。

2020 年 5 月欧洲央行估计 Libra 2.0 平台会有 3 万亿美元的资金，由于大部分使用者都会留一笔资金在这些平台上，欧洲央行认为 Libra 2.0 的平台上留的资金会比留在微信支付和支付宝上的资金还要多，因为 Libra 2.0 用户会更多。

由于 Libra 2.0 平台是合规的，其市场就比地下市场大，因此 DeFi 和合规数字平台竞争很明显对 Libra 2.0 有利，虽然 Libra 2.0 平台还没有建立，而 DeFi 平台（以太坊为基础平台）已经建立。不论在参与单位、资金还是科技方面，Libra 2.0 平台都比 DeFi 平台强。DeFi 平台因为有地下经济支持，也会存留，但是体量不能和合规稳定币相比。

四、合规数字货币平台和央行 CBDC 平台的竞争

2019 年 6 月脸书发布白皮书的时候，各国央行担心的问题是 Libra 币会取代各国央行的法币，学术名词就是 digital dollarization（数字货币取代）。原来大家害怕美元取代当地法币，现在害怕 Libra 会取代当地法币，而且还害怕以后的 CBDC（例如数字美元）会取代当地法币。

后来 Libra 2.0 退让，脸书还表态愿意提供他们的网络系统，让各个国家的 CBDC 在上面运行。脸书（Libra 2.0 白皮书）表示愿意为任何国家的 CBDC 提供平台服务，货币竞争没有了，却开启了平台竞争。

这其实是十分诡异的，这等于对一国央行说，"你有完全的铸币权，我完全尊重，但我是印钞机和交易平台，你决定要印多少货币，我帮你印，而且印出来后，在我的平台上交易。"你也不用开发你的平台了，使用我的平台就可以了。这相当于 Libra 平台可能就是（多个国家的）CBDC 的前身。

2017 年美国两位经济学家 Bordo 和 Levin 预测如果国家不发展 CBDC，国家的金融风险就会比较大。下面是他们的原话，出现在《中央银行数字货币与货币政策的未来》（*Central Bank Digital Currency & the Future of Monetary Policy*）中：

"鉴于支付技术创新步伐之快以及比特币和以太坊等虚拟货币的泛滥，央行在处理 CBDC 问题时采取消极态度可能并不明智。如果央行不生产任何形式的数字货币，就有失去货币控制的风险，出现严重经济衰退的可能性更大。因此，各国央行在考虑采用 CBDC 时应行动迅速。"

这两位学者早已预测"失去货币控制的风险"，如果连国家央行 CBDC 交易平台都控制在他人手中，表示国家法币已经失控。哪一天平台关闭该国的 CBDC 交易，那么这个国家大部分经济活动岂不停止？

五、央行 CBDC 平台的设计

CBDC 设计一直有一些根本问题需要解决：

- 第 1 个问题：是零售 CBDC 还是批发 CBDC 优先，这两个平台设计大不相同，支付、清算、监管都不同。
- 第 2 个问题：CBDC 应基于钱包还是基于账户，这和隐私与监管机制相关；
- 第 3 个问题：商业银行在 CBDC 环境下的功能，不同 CBDC 作业，会出现不同的经济模型。

而这些问题都会影响到 CBDC 的竞争。

1. 零售 CBDC 还是批发 CBDC 重要？

从 2015 年开始，英国央行就提出，央行如果发行 CBDC，就会和商业银行竞争存款，对商业银行形成冲击。特别是金融危机发生时，人们会把银行存款转为 CBDC，这样银行存款就会减少，以至于无法以贷款方式产生货币。其后几年，英国央行、美联储和相关学者都作了大量研究，设计了多个方案来解决这一问题。美联储 2018 年也发布了一些研究报告，如 2018 年 David Andolfatto 的《评估央行数字货币对民营银行的影响》（*Assessing the Impact of Central Bank Digital Currency on Private Banks*），认为发行 CBDC 不会让商业银行陷入困局。各个国际组织也积极参与这些研究，如国际清算银行（BIS）2018 年发布了《央行数字货币》（*Central Bank Digital Currency*）报告，提出 CBDC 应该从批发型 CBDC（Wholesale Central Bank Digital Currency，wCBDC）开始。

如果央行要发行 CBDC，必须有 CBDC 平台，该平台如何运作呢？如果只是到银行或是金融机构，则为批发 CBDC；如果个人或是非金融机构可以拥有 CBDC，则为零售 CBDC。批发 CBDC 由于参与者较少，比较容易建立，但是如果是零售 CBDC，参与单位和人多，比较难开发和管理。

但是最近却出现了一些变化，一些重要单位改变了他们的看法：

- 英国央行 2020 年 3 月的报告先提的是零售型 CBDC，而不是批发型 CBDC。有英国学者提出，让所有银行存款都成为 CBDC，这样世界会更加美好，传统商业银行的流程和功能就彻底改变了。

- 欧洲央行 2020 年 5 月公开认为应该发展零售型 CBDC，认为批发型 CBDC 只对相关商家有益，对社会整体作用不大。不清楚欧洲央行是不是指脸书的 Libra 2.0 计划。该计划弃币保链，链只做批发交易。欧洲央行 Mersch 表示 CBDC 发行不应该依靠银行存款，这和美联储 2020 年 6 月的研究报告的观点一致。世界两大央行都同意此观点。

- 美国“数字美元项目”（Digital Dollar Project，DDP）提出零售数字美元计划。DDP 的主席还公开演讲认为现在金融市场基础设施的规则和技术已经太陈旧了，有的居然还有上百年的历史，在数字经济时代，这些都是应该淘汰的恐龙，必须改革。DDP 的主席是美国商品期货交易委员会（CFTC）前主席 J. Christopher Giancarlo，他在美国地位很高。他这样高调地演讲，认为金融市场需要改革，引起了大量关注。

欧洲央行的观点很实在。Libra 2.0 放弃零售稳定币，而改为批发稳定币，表示稳定币平台最大的利益属于参与的金融公司，不是普通老百姓。批发数字货币平台只需要服务这些参与的金融机构，再由这些机构服务老百姓。例如一个机构可能分配到 9000 万美元的 Libra 币，再由该机构分配给注册的老百姓客户。在平台区块链上，该 9000 万美元记录的主人实际上是该金融机构。脸书在 Libra 项目上可以盈利，是最大的获利者。脸书一直说该系统是帮助穷人的，但是一些穷人恐怕还没有智能手机可以上线进行 Libra 币交易。因此欧洲央行认为各国央行应该注重零售 CBDC。

批发 CBDC 的监管需要融合传统监管机制和新型协议层的监管机制，而监管零售 CBDC 却需要更高的技术才能完成，因为规模大得多。这样批发 CBDC 只是零售 CBDC 的一个过渡方案，最后 CBDC 方案都需要到达零售 CBDC 的阶段。而 Libra 2.0 也会是一个过渡方案，因为 Libra 2.0 的链现在只是设计成用来做批发交易。

2. CBDC 应该基于代币体系还是基于账户体系？

这是平台竞争的一个重要的关键问题。如果是基于代币（token），“传统”上隐私比较好保护，而世人多喜欢隐私保护好的 CBDC。例如美国多次表示，美国 CBDC 的隐私权会像现金一样受欢迎，这是哈佛大学罗格夫教授在 2019 年 11 月说的。这里再介绍一个美国项目 DPP。

DPP 由一个由前政府官员组成的小组领导，Giancarlo 就是领导小组的成员，他是美国加密货币之父（Crypto Dad），一向支持加密货币技术。DPP 网站描述该项目目标包括“教育政策制定者，组织关键的行业利益相关者，并提出美国 CBDC 战略”。该项目认为 CBDC 应该采取代币机制。

代币模式仅在 CBDC 用户展示了对加密值的知识（如数字签名）时才兑现债权，下图描绘了这种支付机制，交易双方可直接交易，不经过第三方。

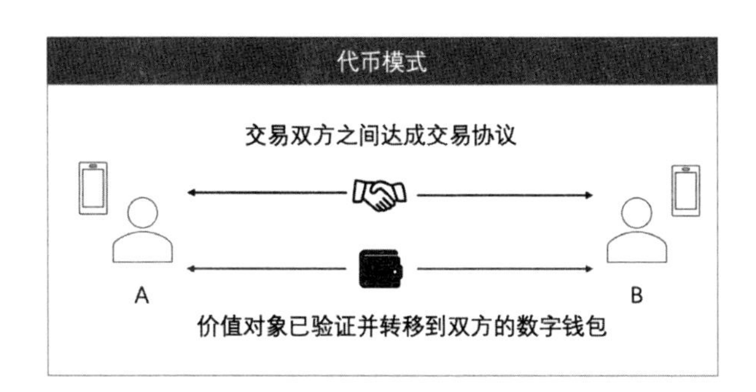

基于账户的数字美元，所有权与身份相关联，并且交易通过标识来授权。机制如下图所示，这种机制仍需要中间机构参与，如商业银行或央行。

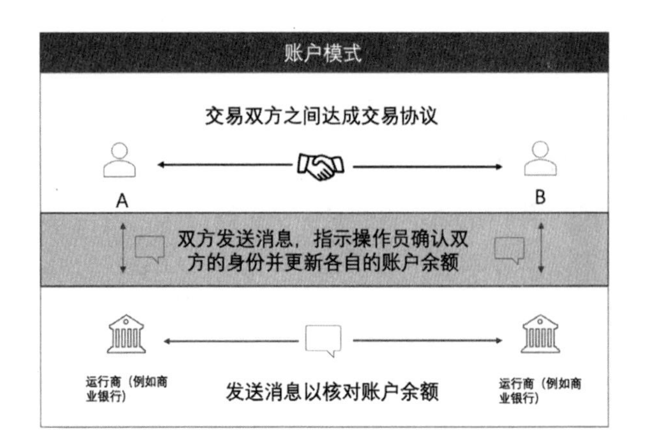

这两种方式，不但改变了现在的支付机制，也改变了清结算、监管等机制，同时这两种模型的机制大不相同。代币模式重视隐私，而账户模式重视监管。代币模型是根据平台的模型，不经过银行或是其他金融机构；而基于账户的模型，也是基于区块链平台，但是银行参与。

基于账户和基于代币的 CBDC 各有优缺点，如下表所示：

基于账户和代币的 CBDC 的优缺点

	基于账户	基于代币
优点	● 安全 ● 易于监管	● 普惠（任何人都可以获得数字签名） ● 保护隐私 ● 弹性，可以允许对每个代币和交易实行单独的可编程，而非对整个账户或基础设施进行统一编程
缺点	● 取决于所有账户持有人的“强”身份——将每个人映射到整个支付系统中一个且只有一个标识符的方案。在某些地区会受到挑战，没有账户的享受不到服务 ● 个人或公司隐私容易受到侵犯	● 如果最终用户无法对其私钥保密的话，可能会损失资金 ● 难于监管，在为这种系统设计有效的 AML / CFT 框架时会遇到挑战。与现金一样，执法机关在寻求确定债权人或追踪资金流向时会遇到困难 ● 如果代币系统没有设计好，单独代币可以被攻破。攻击 CBDC 区块链系统需要很多次解密（由于区块链使用“持续加密”机制），可是攻破一个代币只需要几次解密

过去几年，英国央行和加拿大央行一直表示发展 CBDC 就是为了拿回监管权，如果是这样，他们选择基于账户的系统的可能性比较大，而美国和欧洲等国家一直认为隐私重要，这样可能会选择基于代币系统机制。

美国数字美元项目认为如果采取代币模型，数字美元在国际 CBDC 竞争上会有优势。因为这样的数字美元，几乎像美元现金一样，隐私性强。隐私性越强，数字美元的需求就会提高，这样美元会越强大。

但是问题不是那么简单，因为这两套系统的配套机制不同，例如监管机制不同。即使是现金，上面还有编号，可以从现金编号追踪路线。例如在基于代币的系统方面，美国在 2018 年年初国会开会的时候就提出要监管数字钱包。如果连数字钱包也被监管，那基于代币的 CBDC 系统有多少隐私可以保护？这和基于账户的 CBDC 系统有差别吗？

国外讨论时还是认为基于代币的 CBDC 可以享受传统数字代币（例如以太坊）的隐私场景。我们认为以后如何发展还不清楚，有可能实际情况不是这样。例如建立基于代币的 CBDC 后，反而可能会有多家托管机构出来保护 CBDC 私钥，好像现在银行的保险库一样，现金和珠宝存在保险库里，而且存在保险库里的多半是大额价值的东西，这样岂不引起监管单位的注意？

因此如果有人认为基于代币的 CBDC 可以有比较好的保护隐私机制，以后可能会失望。以后数字钱包技术必定和现在的数字钱包技术大不相同。以现在的钱包技术来决定 CBDC 的设计不一定是明智的。

在互链网上，连操作系统和网络协议都会改变，何况在互链网上运行的数字钱包？数字钱包只是一个应用，还不是基础设施。如果在互链网上的基础设施都可以被改变，何况是在上面的应用呢？互链网上的每一笔交易，都会记录在区块链上，不论是数字钱包或是账户模型，这些交易对监管单位来说都没有差别。

如果人们需要隐私，应该使用现金，不要使用 CBDC 或是任何数字货币！就算使用代币机制，数据库上还是会有记录，大数据平台一分析，还是会得到相关信息。CBDC 是非常容易被跟踪的，特别是 CBDC 会基于区块链，交易记录还不能篡改。基于区块链的 CBDC 最后都会是强监管的。数字美元项目认为基于代币的 CBDC 比较好的原因是他们没有互链网概念。

3. 国家是否应该发展自己的 CBDC 项目？

各国是不是需要发展自己的 CBDC？要么放弃，要么发展。如果发展自己的 CBDC，就会建立 CBDC 平台。如果不能自己开发 CBDC 平台，还是要加入 Libra 或是类似平台。根据美国经济学者 Bordo 和 Levin 2017 年的研究报告，如果一个国家不发展 CBDC，而其他国家发展，则会出现下列四种情况：

CBDC 发展策略四象限对比

	国外 CBDC 失败或没有启动	国外 CBDC 启动并且成功
不发展自己的 CBDC	1. 国家节省许多资源和时间，可以往其他方向发展；国外浪费大量资源来开发无用的系统。 评估结果： 本国：+ 国外：--	2. 国家面临重大金融危机。由于数字货币会取代 SWIFT 系统，跨境金融更容易控制。而且根据达维多理论，世界 50% 以上的数字数据经济会控制在国外手中。如果不加入国外数字货币联盟（例如 Libra 联盟），还有可能会出现（数字）美元荒。最坏的结果是国家经济倒退到多年以前。国外商业银行需要转型。 评估结果： 本国：--- 国外：+++

续表

	国外 CBDC 失败或没有启动	国外 CBDC 启动并且成功
发展自己的 CBDC	3. 对本国有利，对其他国家不利。可以向不能开发自己 CBDC 的国家提供同样的服务，共享平台，但是本国商业银行需要转型。国际金融地位大洗牌。 评估结果： 本国：+++ 国外：---	4. 新型数字货币战争，是平台的竞争、商业竞争，不是军事战争，各国争夺世界储备货币和国际金融地位。这是科技、货币、市场、监管等方面的大竞赛，参与竞争的国家各方面都会获益。各国商业银行也都会转型。 评估结果： 本国：++ 国外：++

既然 CBDC 的发展势不可当，即使短期内还存在实验失败的情况，但是长期来看，终有一天会成功的。所以，各国不得不选择发展自己的 CBDC，因为如果不发展，只能等着看其他国家成功与否。如果其他国家不成功，不发展还可以，但如果其他国家发展成功，不发展 CBDC 的国家在国际金融上必定处于劣势地位。

如果采取发展路线，也有两种情形，成功或失败。如果失败，等于没有发展。但是如果自己成功而其他国家不成功，则对本国有利。

用博弈论的理论，可以推导出两个国家之间的博弈组合，（发展 CBDC，发展 CBDC）就是这个博弈的策略组合，是这个博弈的均衡解。不论开始的时候大家采取什么路线，最后都会选择同样的决定。这也是哈佛大学 2019 年 11 月提到的新型货币战争。

如果各国都发展自己的 CBDC，随着时间的推进，CBDC 成功率增大，最后逼近于 1（就是大家都会开发 CBDC）。在此情况下，新型数字货币战争必然发生，在这场战争中，每个国家都只能赢不能输，因为落后的国家在新数字经济上存在大风险。这场货币战争的重点是平台和协议，会基于数字经济模型，即网络效应，或是外部经济性，使用者越多效应越大，形成赢者通吃效应。根据达维多定律，第一个部署的平台会占市场一半以上的份额。

因此 CBDC 的竞争，会成为平台的竞争，而平台的科技会越来越强。平台的科技竞争主要体现在三大方面：（1）监管科技；（2）可编程金融体系（智能合约）；（3）基础设施。

参考文献

［1］蔡维德、姜晓芳：《忽略批发数字法币产生的后果——解读美国经济研究所“应该由谁发行 CBDC”报告》，2019 年 10 月 18 日。

［2］https://www.bankofengland.co.uk/paper/2020/central-bank-digital-currency-opportunities-challenges-and-design-discussion-paper.

［3］蔡维德、姜晓芳、刘璨：《中央银行数字货币与货币政策的未来》，2019 年 10 月 16 日。

［4］蔡维德、姜晓芳：《如何成为未来世界储备货币？——新宏观经济学出现》，2020 年 2 月 10 日。

［5］蔡维德、姜晓芳：《数字法币战争：英国仁兄“大闹”联储，哈佛智库模拟战争》，2019 年 12 月 26 日。

［6］蔡维德、姜晓芳：《新型货币竞争 4 大要素解析》，2019 年 8 月 17 日。

［7］蔡维德、姜晓芳：《复兴百年英镑的大计划 ——揭开英国央行 CBDC 计划之谜》，2019 年 10 月 29 日。

［8］蔡维德、姜晓芳：《十面埋伏，商业银行真的要四面楚歌？ ——解读 2019 年 IMF 的“数字货币的兴起”报告》，2019 年 9 月 18 日。

［9］蔡维德、姜晓芳、马圣程、向伟静、杨冬、王帅：《互链网——

重新定义区块链》，2020 年 4 月 28 日。

[10] 蔡维德、何娟：《区块链应用落地不是狼来了而是老虎来了》，2019 年 6 月 16 日。

[11] 蔡维德等：《美元数字法币横空出世，你准备好了吗？》，2018 年 9 月 1 日。

[12] 蔡维德：《国外数字法币的发展》，2019 年 10 月 23 日。

[13] 林佳谊：《各国监管围攻 Facebook“发币”，独美联储声援！这会是一场怎样的战争？》，2019 年 6 月 20 日。

[14] 蔡维德、姜晓芳：《新货币竞争来了？没错！》，2019 年 6 月 21 日。

[15] 蔡维德、姜晓芳：《英国央行向第三方支付和数字代币宣战——以英国绅士的方式》，2019 年 6 月 26 日。

[16] 蔡维德、姜晓芳：《基于批发数字法币（W-CBDC）的支付系统架构 : Fnality 白皮书解读》（上），2019 年 10 月 6 日。

[17] 蔡维德、姜晓芳：《批发数字法币支付系统重构金融市场 : Fnality 白皮书解读》（下），2019 年 10 月 8 日。

[18] 蔡维德、姜嘉莹：《从 Libra2.0 白皮书深挖新型数字货币战争韬略——从监管与合规入手》，2020 年 5 月 4 日。

[19] 蔡维德、姜嘉莹：《平台霸权——打赢新型数字货币战争的决定性武器 Libra 2.0 解读》（下），2020 年 5 月 9 日。

[20] Libra White Paper v2.0，https://libra.org/en-US/white-paper/.

[21] BIS CPMI, Central Bank Digital Currency（CBDC）, Mar.2018.

[22] The Bank of England, MAS, the Bank of Canada, Cross-Border Interbank Payments and Settlements: Emerging opportunities for digital transformation，Nov.2018.

[23] The Swiss Federal Government, Legal Framework for distributed ledger technology and blockchain – An overview with a focus on the Financial sector, Dec.2018.

[24] https://www.treasuryxl.com/news-articles/csds-have-a-role-to-play-in-a-blockchain-environment/.

[25] Oxera ,The debate about blockchain: unclear and unsettled?Aug.2016.

[26] Fnality, The catalyst for true peer-to-peer financial market, June 2019.

[27] Kenneth Rogoff.The high stakes of the coming Digital Currency War. November 12, 2019. https://www.stabroeknews.com/2019/11/12/features/project-syndicate/the-high-stakes-of-the-coming-digital-currency-war/.

[28] https://ussanews.com/News1/2020/06/22/philly-fed-report-says-central-bank-digital-currencies-could-be-dangerous-to-traditional-commercial-banking/.

[29] https://think.ing.com/articles/central-bank-digital-currencies-challenges-for-commercial-banks/.

[30] https://www.cryptopolitan.com/ecb-to-focus-more-on-retail-cbdcs/.

[31] Lael Brainard. The Digitalization of Payments and Currency: Some Issues for Consideration. February 05, 2020. https://www.federalreserve.gov/newsevents/speech/brainard20200205a.htm.

[32] David Andolfatto . Assessing the Impact of Central Bank Digital Currency on Private Banks.2018.

[33] Ulrich Bindseil .Tiered CBDC and the financial system. ECB Working Paper Series. January 2010.

[34] Jesus Fernandezvillaverde, Daniel R Sanches, Linda Schilling, Harald UhligCentral Bank Digital Currency: Central Banking for All?2020.

[35] https://blogs.imf.org/2019/12/12/central-bank-digital-currencies-4-questions-and-answers/.

本章附录 1：数字美元项目（DDP）的原则

DDP 项目提出八条 CBDC 原则（简称 DDP8）：

一是代币化：数字美元将是美元的代币化形式。

二是代表 CBDC 的第三种形式。数字美元享有美国政府的全部信用和信誉，将与现有的法定货币和商业银行货币并存。它将反映出实体货币的许多特性，包括其能与现有的基于账户的系统一起工作的能力。

三是维持双层银行体系。数字美元将通过商业银行和受监管中介机构的现有双层体系架构分配。商业银行（以及可能与美联储直接打交道的其他受监管中介机构）将使用储备交换数字美元，以最终发行现钞的方式分配给最终用户。中国央行和欧洲央行的 CBDC 都采用这种架构，希望这样对现有的银行体系影响最小。BIS 在 2018 年提出的批发型 CBDC 也支持这种架构。

四是隐私。数字美元将支持个人隐私权与必要的合规性和监管程序之间的平衡，这是由政策制定者决定的，并最终体现了《宪法第四修正案》的判例（就是决策人可以以场景决定）——承认个人的隐私权，尤其是联邦政府保护隐私的权利，是美国宪政形式发展的核心原则，在《宪法第四修正案》中最为突出。

五是货币政策中立。数字美元不会影响美联储影响货币政策和控制通胀的能力。数字美元可以作为一种新的政策工具。

六是功能需求驱动的技术决策和设计选择。数字货币的政策和经济考量将为基础技术和最终设计选择提供信息。这表明，不是技术决定货币政策，也不是技术决定经济模型。BIS 在 3 月的报告《零售型 CBDC 技术》（*The technology of retail central bank digital currency*）中就提出了一个将消费者需求映射到央行的相关设计选择上的四层金字塔模型。此方案形成一个层次结构，其中较低层代表设计决策，这些决策将反映到后续的更高层次的决策中。

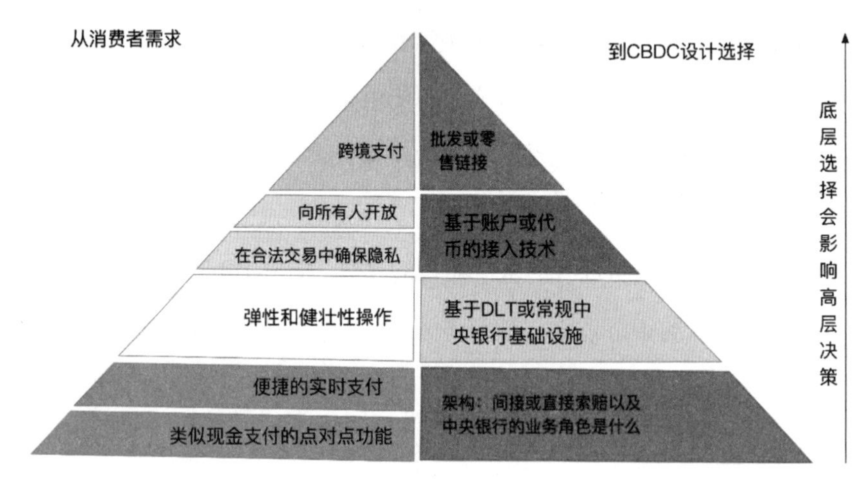

BIS 提出的金字塔模型

金字塔的最底层是 CBDC 的基本设计考虑：运营架构的选择以及它将如何平衡消费者对 CBDC 的需求。这是由消费者的两个需求（像现金一样的安全性和使用便利性）导致的。

第二层是基础设施架构，选择基于传统的中央控制数据库或者基于 DLT（这种技术的效率和针对单点故障的保护程度不同）。

金字塔的第三层是对 CBDC 的访问，访问或者绑定到身份系统（即账户模式）或者通过不需要身份验证的加密方案（即代币模式）进行绑定。

金字塔的最高层在设计级别，可以通过基于目前系统的批发级的技术连接或是基于零售级新颖的连接，即允许消费者直接持有外国数字货币。对应的最终消费者需求是 CBDC 应用于跨境支付。

七是系统验证需要灵活的架构。数字美元系统的技术架构必须是灵活的，可以支持不同的货币政策和经济模型。

八是支持民间持续创新。数字美元将促进私营部门和市场创新，是创新的催化剂，而不是阻止民间创新。这和英国央行和 IMF 的观点一致。

DDP 项目的观点和美联储报告的观点不一致，例如美联储的报告是基于账户的系统，而 DDP 却提出基于代币的系统。美联储认为当数字美元流行时，人们将把资金从商业银行转到央行，但是 DDP 却不同意这一观点，因此认为商业银行还会保留，考虑混合模型——传统银行 + 数字美元一起运行，保留的商业银行可以通过增值服务来吸引资金。

仔细看这 8 条原则，会发现它们相互间存在一些矛盾，例如，第 1 条原则就和第 6 条原则冲突。第 1 条原则可以是政策的制定，但也是科技的选择。比特币和以太坊等数字代币系统，就是基于代币的系统。这一选择会影响到系统设计、货币政策、作业（如支付、清结算）、隐私等。一开始就确定数字美元是基于代币的模式是一个大胆的决定。下表是我们对这 8 条原则的讨论：

DDP 八原则讨论

	原则	讨论
1	数字美元是代币化（tokenization）	这是 8 条原则里有争议的一个，这代表数字美元就是“现金数字化”，系统只认代币不认身份，谁拥有代币，谁就有对应的美元。一旦代币密码遗失，就有可能失去代币。交易、结算和清算容易，可以一步到位，代币放在数字钱包里可以随身携带，既方便又保护隐私，但缺点是过度保护隐私，而监管权变弱（这本来就是数字代币逃避监管的机制），和英国央行原来的目的相冲突
2	数字美元与美元现金和银行电子货币并存	美元以三种形式出现，数字美元不取代现金（保护隐私），也不取代商业银行货币（透明、可监管），这代表一个混合的货币体系出现，新数字货币经济和传统货币经济体系同时存在。在这种情形下，人们可以有两种方式洗钱——现金和数字美元。在机场、海关可以用检测器发现大量现金，但如果是数字美元，除非打开数字钱包才知道有大量数字美元预备过境

续表

	原则	讨论
3	维持央行 – 银行两层体系	由于电子货币存在，银行仍需存在，这样减少对现在经济体系的改变
4	弹性的隐私保护	美联储最近表示不愿意使用数字美元来监管。但以前英国央行和加拿大央行却认为 CBDC 的一大功能就是监管。如果不是为监管，就不需要发展 CBDC
5	数字美元不影响国家货币供给政策	这和英国 Fnality 项目的目标一致，央行决定货币供给政策，CBDC 只是一种发行方式。但是这一观点还是存在争议，英国学者认为 CBDC 流动性增大，货币需求会因此改变
6	功能的需求决定科技和设计的选择	这和第 1 条原则冲突，因为科技可以决定货币政策
7	灵活的架构	由于数字美元需要大量的研究和实验，系统必须是灵活的才能持续创新
8	支持民间持续创新	美国的生态就是鼓励民间创新，而政府只是维护合规环境。DDP 项目可能认为现在美国政策太严，以至于创新较难

而 DDP 的长远目标还不是货币，而是可编程的经济体系。这和德国银行协会的观点一致。数字货币最终极的竞争在于“可编程的经济”，而不是数字货币本身，所谓“醉翁之意不在酒”。这些在分析 Libra 2.0 时有讨论。

第十六章

新型数字货币战争韬略：解读 Libra2.0

1. 德国银行协会认为 Libra 最大的威胁是新可编程的金融生态，但是如何建立一个新可编程的数字金融生态呢？如果英国央行发行数字英镑，英国央行会如何建立该生态呢？如果欧洲央行发行数字欧元，欧洲央行会如何建立数字欧元生态呢？德国银行协会 2019 年已经表示会支持可编程的数字欧元生态来对抗其他数字货币（就是脸书的 Libra 币）。同时间，DeFi 也在建立一个新可编程的数字金融生态，这三类数字货币（央行发行的数字法币、合成数字法币、不合规的数字货币）生态有什么差别？建立的方式有哪些不同？

2. Libra 2.0 表明会建立协议层的监管机制，这样的监管机制如何设计？这和支付实时结算有没有冲突？美国 CFTCand 和英国央行都表示可以使用智能合约来建立监管机制，如何使用智能合约来实现协议层的监管机制？

3. 国际清算银行认为 Libra 2.0 在链上还有在实体公司上都会使用净额结算，这样设计的优点和缺点是什么？这和传统数字货币（例如比特币、以太坊）有什么差别？

2019年8月23日（“8·23”事件）前英国央行行长Mark Carney在美国演讲，认为合成霸权数字法币可以取代美元成为世界储备货币，引起了很大的风波。美国重要智库的成员哈佛大学Rogoff教授在2019年11月对“8·23”事件进行回应，他认为一个新型货币战争将渐渐出现，这个战争是一个基于数字货币的战争，和传统货币战争不同，同时他还提到，美国专门针对该战争作了多项布局。

这一新型数字货币战争始于Libra协会（以下简称“协会”）发布第一版白皮书。2019年6月协会发布第一版白皮书，在圈内引起巨大反响，很快被美国国会紧急叫停。协会又在2020年4月16日发布第二版白皮书——Libra 2.0白皮书（以下简称“Libra 2.0”）。

各届对两版白皮书的发布反响差别很大。第一版白皮书发布的时候，立刻遭到世界多个政府和央行的抗议，引发了“8·23”事件，以及Rogoff教授带领美国智库模拟数字货币战争。然而Libra 2.0发布后，各国央行都出奇安静，但是市场（比如币圈、一般媒体、智库和学者）还是有不同的声音：

- 币圈：骂Libra 2.0，认为协会的区块链不是区块链，而是数据库，背叛无政府主义。因为Libra 2.0放弃公链的想法，等于和币圈分道扬镳，认为各国监管单位还会继续对Libra 2.0施压，不会接受Libra 2.0。

- 一般媒体：认为Libra 2.0是脸书向监管单位低头，跟随着各国监管单位指挥棒行走，Libra 2.0逐渐会成为类似于PayPal的传统支付公司。

- 智库和学者的分析：他们也有不同的看法。有人认为Libra 2.0会变成改良版的PayPal，是退步版，但也有人认为Libra 2.0没有退后，而在进步，计划更宏大，例如香港HashKey的分析就持这样的观点。Libra2.0会加速各国CBDC（数字法币）的进程，也是大前进的重要原因之一。有的学者从经济学的角度谈Libra货币篮子的管理与风险并提出建议。由于

Libra 2.0 可能会是一些国家数字法币的前身，而且数字法币的市场会比 Libra 币的市场大许多倍，因此 Libra 2.0（或是未来的 Libra 3.0）网络有机会成为世界数字法币的平台霸主。还有一些机构提出监管 Libra 2.0 科技构想，例如国际清算银行（Bank for International Settlement，BIS），而且提出非常好的解读。

我们认为，新型货币战争已经打响。借助对 Libra 2.0 的分析，来阐述新型货币战争可能的影响和深层意义。我们对 Libra 2.0 的分析与以上的三方的分析有诸多不同之处。我们从三个理论出发对 Libra 2.0 进行解读，一方面主要着眼于 Libra 2.0 的九大合规方案，从监管与合规的角度入手解析该新型货币战争；另一方面主要对 Libra 2.0 拟建立的混合金融科技和帝国进行讨论。Libra 2.0 不论在科技或是市场上，采取的都是混合融合的模型，这是创新的，带给数字经济学术界和产业界不少新思想。

一、从监管与合规的角度解析 Libra 2.0

我们从监管与合规的角度深挖 Libra 2.0 白皮书之中新型货币战争的韬略之后，进一步分析 Libra 2.0 的深层目的、影响和意义。Libra 2.0 主要包含四个亮点（基于单一发币的数字货币、放弃公链路线、活跃监管机制、储备金管理），这些都很重要，但是 Libra 2.0 还有其他更重要的信息被蜻蜓点水地带过，也许 Libra 协会有意避重就轻，我们将会为读者揭开 Libra 2.0 隐藏的信息：

- Libra 2.0 九大合规方案；
- 以合规机制引导新型数字货币战争；
- Libra 2.0 新型金融作业模型，采用国际清算银行研究 Libra 2.0 的报告来讨论这一模型；

- 币链分离原则和弃币保链策略；
- 避免数字货币取代（digital dollarization）的可能性；
- 追求比目鱼模型；
- 以 Libra 2.0 平台建立庞大的可编程经济体系；
- 新型数字货币竞争模型：八合院模型。

我们主要根据以下三个理论进行分析。

- 平台理论：数字货币需要平台才能运行，因此数字货币的竞争，也会是平台的竞争。例如电商的竞争（如阿里和京东），也是电商各自平台的竞争；传统数字代币（如比特币和以太坊）离开其平台无法运行，因此数字代币竞争也是平台竞争；若将来央行发行数字法币，也会运行在其平台上，因此如果平台有问题，那么竞争就会失去优势。比如早期一些数字法币平台计划部署在公链上，但是因为公链平台不适合数字法币的运行，因此这些计划很快就没有市场。国际货币基金组织（IMF）、英国央行、普林斯顿大学、美联储都表示数字法币会依托于平台，因此平台优越是竞争的最大优势。平台属性（例如速度、隐私、监管）将决定数字法币的功能、性能、安全、市场。

- 比目鱼模型：数字货币平台方具有不对称的优势，比平台参与方拥有更多信息，即使使用看似最公平的治理制度，平台方仍然拥有优势。该模型包括主权独享式（平台国家独享监管权）、完成共享式（所有参与国家都有同样的监管权）、部分共享式（参与国可以监管和自己相关的交易信息，但平台方享有全部数据）、分层共享式（所有参与国只可以看到和监管与自己相关的交易信息，但平台方享有全部数据）。即使是公平的方式（完成共享式和分层共享式），平台方还是拥有优势，因为平台方控制后台数据，而且可以使用这数据进行分析。

- 交易理论：数字货币以交易为最主要的考量，这改变了货币三大用途的平衡：交易媒介、价值存储、计量单位，通过数字货币交易，世界储备货币可以从美元换成合成霸权数字货币。该理论是由普林斯顿大学提出的，英国央行、欧洲央行、美联储都公开讨论而且引用，例如美联储在 2020 年 2 月就公开讨论该观点，参考 Lael Brianard 演讲稿《支付和货币数字化的考量》（*The Digitalization of Payments and Currency*：*Some Issues for Consideration*）。

根据平台理论和比目鱼模型，数字货币的竞争也是平台的竞争，并且平台方具有不对称的优势（比目鱼模型），因此协会会积极部署其 Libra 平台，使其合规落地，配合世界各地的监管机构和政策制定者对其数字货币进行监管。数字货币监管不只监管交易和交易主体或是个人，这些监管制度会直接影响到系统设计和作业、货币政策以及后面的金融市场。

Rogoff 教授以新型货币“战争”来形容这次数字货币的竞争有可能改变国运，因此这是一个严肃的问题，美国必须有强大而且系统性的回应，而监管策略就是他提到的重要战略之一。例如他提出，如果实在没有其他办法，美国会禁止任何其他国家的数字法币在美国使用以保护美元，这也会造成世界数字法币在世界分区的局面，英国央行行长 Mark Carney 在 2019 年 8 月，普林斯顿大学在 2019 年 7 月，都作了相似的预测，普林斯顿大学的理论还以“数字货币区”（Digital Currency Areas）命名。这也是为什么 Libra 2.0 用了很多篇幅以谦虚的姿态阐述其合规大计，也是我们为什么需要仔细研究 Libra 2.0 合规的方法和限制的原因。

1. 协会的九大合规方案

Libra 2.0 主要目的之一是为了回应世界各地监管机构对协会所从事相关活动可能引起的监管和合规问题的担忧。 Libra 项目的监管和合规问题是 2019 年秋天 Libra 项目被美国国会叫停的主要原因。针对这些担忧，协会主要从如下九个方面进行修正和回应：

• Association will create a comprehensive compliance program；协会将创建全面的合规计划；

• Association will set mandatory standards for unrestricted use of the Libra payment system；对于 Libra（不受限制的）支付系统，协会将会设定强制性使用标准；

• Association will conduct due diligence on Association Members and Designated Dealers；协会将对协会会员和指定经销商进行尽职调查；

• Association will distribute Libra Coins through regulated Designated Dealers；协会将通过受监管的指定经销商分销 Libra 币；

• Only regulated or Certified VASPs will be allowed to transact on the network without transaction and address balance limits；只允许受监管或认证的 VASP（Virtual Asset Service Provider，数字资产服务提供商）在网络上交易，而且没有交易和余额限制（其他交易者有限制）；

• Automated protocol-level compliance controls will apply for all on-chain activity；链上任何活动都会自动作合规性监控；

• Association will develop an off-blockchain travel rule protocol；协会将开发一个区块链外旅行规则协议（这是一个监管规则）；

• Association's FIU-function will monitor Libra network activity and coordinate with Libra network participants；协会的 FIU 职能将监测 Libra 网络活动，并与 Libra 网络参与者协调；

• Association will respond to identified potentially suspicious sanctioned activity, including through reporting. 协会将对已查明的潜在可疑制裁活动作出回应，包括通过报告（合适的监管单位）。

① 全面的合规计划

这个计划旨在从以下几个方面满足或者超过相关法律要求和标准：

- 指定首席合规官；
- 成立一个负责监督报告责任的委员会；
- 根据风险评估制定书面的反洗钱 / 反金融恐怖活动 / 制裁等的合规政策和程序并经协会理事会批准；
- 对所有成员，指定经销商以及受监管和认证的 VASPs 进行基于风险的尽职调查；
- 根据定期的风险评估以及不断发展的合规要求，定期修订反洗钱 / 反金融恐怖活动 / 制裁合规计划；
- 建立金融情报机构（FIU-Function，Financial Intelligence Unit-Function），以便监测潜在的可疑活动；
- 指定一个类似于内部审计职能机构，对协会的反洗钱 / 反金融恐怖活动 / 制裁合规计划进行定期的独立审查；
- 进行相关的员工培训。

② 组织管理

协会会对其会员，指定经销商，受监管或认证的 VASPs 对准入 Libra 网络设置强制性标准。

③ 尽职调查

协会将对协会会员和指定经销商进行尽职调查。尽职调查包括但不限于：

- 实体状态；
- 制裁筛选；
- 负面新闻；
- 受益所有人和控制人；
- 遵守适用的反洗钱 / 反金融恐怖活动 / 制裁合规要求的情况（如果

有的话）；

- 许可证和注册；
- 实体位置及其客户群的地理位置。

④ 发币通过指定经销商

Libra 网络将仅与指定经销商一起铸造向市场发行的 Libra Coins，并且也只从这些指定经销商处兑换 Libra Coins，这些指定经销商必须是受到监管的。Libra 网络和指定经销商一起铸造并销毁 Libra Coins，不会和任何交易所或者终端有任何合同关系。

⑤ 仅受监管或认证的 VASPs 可以没有交易或是余额限制

协会期望大多数人会通过 VASPs 和 Libra 支付系统进行交互。VASPs 为了方便用户进行交易，可能会将交易记录在其内部交易账簿上而不是 Libra 的区块链上。受监管或认证的 VASPs 在使用 Libra 交易系统时可无交易和余额的限制。但是 Unhosted Wallets（非托管钱包，协会允许的可使用 Libra 交易系统的非 VASPs 机构）会受限。

⑥ 协议层级（protocol-level）的链上活动自动合规

协会将会在 Libra 协议层级自动执行合规要求。旨在使得 Libra 区块链上的交易活动自动合规。比如在协议中自动阻止受制裁的区块链地址的交易。

⑦ 链下旅行规则协议

协会将开发区块链链下协议，通过明确受监管或认证的 VASPs 的使用旅行规则和记录保存要求，以促进合规。

⑧ FIU 功能监视 Libra 网络活动和参与者

协会将设立专门机构发挥金融情报机构的职能，以保持高水平的合规。这个机构将和政府以及服务提供者合作，以发现并阻止不当的平台使用行为。

⑨回应潜在的可疑或受制裁的活动

当协会的 FIU 机构识别出潜在的可疑和 / 或受制裁的活动时，Libra 区块链地址和其他证据可以与区块链监控服务提供商和其他网络参与者共享，并一起遵守法律。

2. 对九大合规方案的解读

（1）从回避监管到积极拥抱监管

白皮书 1.0 到 2.0 一个最大的改变是从对监管闭口不谈到积极拥抱监管。白皮书 2.0 大篇幅地阐述合规计划，体现了创新的想法要落地需要符合监管，这样才能有合规市场。

另外在符合监管要求下，仍然可以有创新，例如英国央行 2020 年 3 月提出三种智能合约架构，其中两个架构和传统以太坊智能合约的架构不同，是英国央行的创新。这可以看到，监管和创新不是冲突的，而是可以互补的。

Libra 项目想要落地，先要符合各国现行的监管框架。协会意识到这一点后，采用的方式是以谦虚和友善的态度，和各国政府、监管机构合作。比如提出要设立专门机构发挥金融情报机构的职能，随时汇报任何可疑行为；比如制定反洗钱、反金融恐怖活动、制裁等的合规政策；又如和指定经销商以及受监管和认证的虚拟资产服务提供者合作，加强审计、尽调等。

这给未来相关创新科技类项目以启示，创新是一个循序渐进的过程，现行的监管框架是绕不过去的一道坎，回避甚至逃避监管并不可行，必须合作，在已有的框架下修改和整合，提出合作的路径，才能使得创新的想法落地。当然监管也需要创新，监管不创新将会阻止市场创新。

（2）科技助力监管与合规

在具体实现合规的措施上，一个亮点是协会提出协议层（protocol

level）的自动合规。比如协会提出用协议自动监测受制裁地区的 IP 地址，并阻断和该 IP 地址交易，或者当一个交易机构是非托管的钱包用户时，协议会自动限制交易或进行余额限制。

简单地说，协议层自动合规，是把规则写在代码上（智能合约），代码的执行代表规则的执行。要实现合约层的自动合规，离不开智能合约。这或许是未来监管机构以及被监管机构（合规机构）实现监管和合规的趋势。智能合约也是 RegTech（Regulatory Technologies）和 SupTech（Supervisory Technologies）的重要支撑。RegTech 和 SupTech 的本质是采用技术手段，在监管和被监管机构之间建立一个可信、可持续、可执行的监管协议和合规性评估、评价和评审机制。

这个趋势也是美国商品期货交易委员会（CFTC）和英国央行的立场。CFTC 在 2018 年提出智能合约两大应用：一是金融交易，二是监管。这表示智能合约一方面能够自动执行交易，另一方面又能够同时监管这个自动执行的交易。其次在英国央行提出的央行数字法币项目上，执行交易的合约和从事监管的合约都由央行开发和运营。这可以清楚地看到监管单位的态度，智能合约不能随便由工程师制定而没有规范，而应在严格制度下进行开发和运营。

国际清算银行（Bank for International Settlements）的经济学家 Raphael Auer 在此思路上，进一步从技术层面提出了如何监管 Libra 2.0 及其所引发的数字货币经济。如下图所示，Auer 利用了数据湖的概念，首先把加密数据收集和集中（cryptographic aggregation），接着将这些数据分成单独交易数据、机构交易数据、宏观数据三种（如图中左侧所示），并由三类不同机构群来监管（如图右侧所示）。

嵌入式监管会是将来数字法币主流监管科技，但是国际清算银行的方案应该是初步的示意图，因为没有提供可实践的设计方案。笔者分析，这个模型在数据收集之处可能存在问题，把数据集中在一个地点，很容易受到攻击。虽然该模型提出了进行加密保护，但是攻击方还是可以切断通信，这就会使监管出现严重问题。

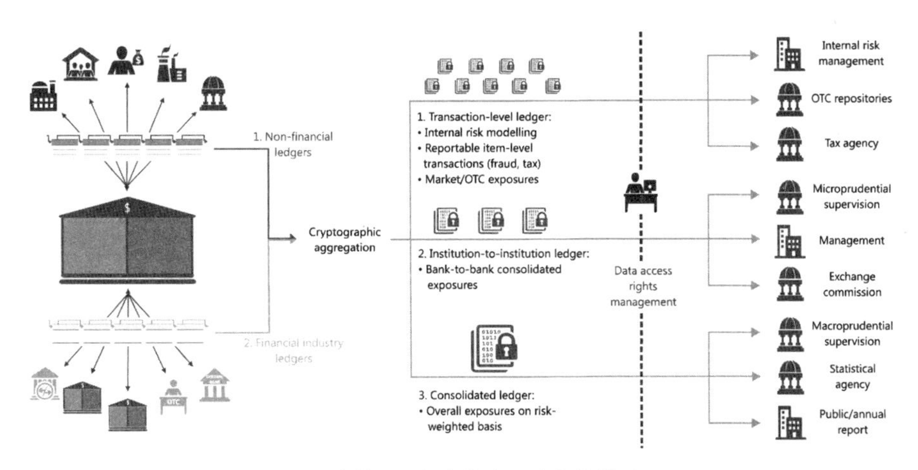

国际清算银行提出的嵌入式监管模型

针对该问题，中国熊猫模型提供了解决方案，熊猫模型的核心就是在协议层上进行监管。该模型中，监管单位在每条链都有节点，可以得到所有交易信息，不需要经过收集、集中、分类、发送到监管单位，而是直接在数据端拿到原始数据，拿到数据后，可以使用 BDL（Blockchain Data Lake 区块链数据湖）来进行大数据分析。熊猫模型使用 ABC-TBC 架构来支持扩展性，例如 ABC 链可以以分片技术来扩展，而且因为不做交易，该分片技术不会出现分片后难共识、难监管的问题。

（3）Libra 2.0 总体监管机制仍落后

虽然说协议层的自动合规是 Libra 2.0 提出的一大亮点，但没有提到这项工作的任何细节。在实践上，协会还可以考虑使用 ISDA（International Swap and Derivatives Association，国际交换交易商协会）提出的交易和监管框架，这套体系的创新是将事件处理（event processing）放进交易系统。这套 ISDA 监管体系完整、自动化且标准化，《智能合约：重构社会契约》一书对此有详细介绍，ISDA 的监管体系比 Libra 2.0 体系要完整得多。

Libra 2.0 的监管计划比熊猫模型、ISDA 和英国央行的监管计划都要轻量级得多：在熊猫模型中，监管单位直接在账户链（ABC）和交易链（TBC）上进行监管；在 ISDA 模型中，有完整、自动化、标准化的体系；在英国央行合约模型中，监管代码是由监管单位开发和运行。

Libra 2.0 除协议层监管外，其他的监管方式都通过传统机制进行。也就是说协会使用已有的监管系统和机制，而这些机制和数字货币没有关系，只是和金融活动有关系，例如股票交易、资金流转、期货买卖等。这表示目前美国在监管科技还是没有和新型交易科技同步，即美国到今天还没有对应的监管科技系统存在，这会使美国监管 Libra 2.0 出现压力。

总体监管机制落后的一个主要原因，是对新型监管机制的需求还不明确。直到 Libra 1.0 出现，该需求才变得急迫。Libra 1.0 出现之前，基于区块链的监管系统还没有被建立出来。在国际上，多半的监管论文还是集中在大数据和人工智能上面（很少区块链监管论文），并且相关监管科技的实验也非常少，甚至在一些监管科技产业报告中，区块链都没有被列入重要科技名单中。但是 Libra 1.0 出现后，这些机构纷纷改变态度，例如联合国在 2019 年立刻将区块链列为最重要的金融科技之一。而我们在 2018 年已经将区块链监管科技列为区块链中国梦之四《区块链的中国梦：RegTech 编织全面安全梦》，并且提出“监管性”是新型区块链必要的功能，在新型数字货币市场，交易会是实时的，监管也需要是实时的。实时交易，实时监管，而只有嵌入式监管可以实现实时监管。

由于大部分的监管机制使用传统方式，Libra 2.0 的出现，会给监管单位带来巨大的压力。传统监管都有时间性，交易时间有限制，清结算流程和时间也有限制，例如只有周日可以交易，而且每天交易几小时，只能在交易后从事清结算，并且可能要第二天或是第三天才完成。但是Libra 2.0 会和传统数字代币一样，实时交易，这会给现有的监管系统增加大量工作。为此，英国央行、加拿大央行和新加坡央行 2018 年发表研究报告，研究实时交易可能出现的难题及解决方案，英国 Fnality 公司后来承担此项开发工作。下表总结了目前为止几类监管的特性和现况，可以清楚地看出由于区块链监管科技还相对落后，Libra 2.0 只好使用传统监管科技。

目前几类监管的特性和现状

	特性	现况
BIS 嵌入式监管	交易信息先收集，分类，再传送到不同监管单位	早期研究
ISDA 事件处理监管（嵌入式监管）	使用分布式预言机，相关单位上链，将事件推向相关的智能合约自动执行，智能合约和预言机标准化	正在制定标准而且已经发表多项标准，但还没有开始开发
熊猫模型（嵌入式监管）	监管单位直接从交易链拿到交易信息，同时间拿到信息，没有中心化收集和处理	开发中
英国央行智能合约平台（央行直接监管）	央行自己开发和运行智能合约来维持账本和交易合规性，是协议层的监管机制	开发中
Libra 混合监管（传统监管 + 嵌入式监管）	Libra 2.0 参与方使用传统监管方式监管客户；批发链使用协议层监管	开发中，没有提实时监管方案
Fnality 监管（央行直接控制链和监管交易）	各国央行控制交易链而且拥有所有和自己数字法币相关的交易数据；平台方拥有所有数据	开发中
间接监管（非实时监管）	这是许多国家目前对数字代币采用的监管方式，例如监管银行和金融机构，严格审查数字代币账户往来资金；强监管数字代币交易所等	已经部署而且进行多时

（4）Libra 混合监管模式的难题

如前文所说，Libra 采用了混合监管机制（传统监管 + 嵌入式监管）。混合监管机制事实上也涉及跨国监管合作。传统监管模式的跨国性不难理解，如可能都需要满足所跨国家的 KYC/AML 标准，每个 VASP 需要在其所在国合规。嵌入式监管的跨国性，指的是在链上自动执行所依照的标准，也需要符合参与国的法律。

跨国合作的监管机制的实施会有诸多难题。比如数字货币涵盖了广泛的支付和数据服务，在不同国家，提供这些服务可能面临不平等的监管类型。各国的监管方法大不相同，不同的监管框架下可能导致自动执行所依照的标准难以统一。

然而以上所述仅是技术难题，混合监管带来的更深层的难题是战略难题。

正如 Rogoff 教授、英国前央行行长、普林斯顿大学所预测的，数字货币因为网络而来，但是会因为竞争而分裂。普林斯顿大学 2019 年 7 月曾表明，"有人可能认为数字化将导致'全球货币'，但事实并非如此。由于数字货币与数字网络的其他基本特征密不可分，因此它会受到特定的摩擦，这可能是数字化的终极悖论。从技术上讲，数字化将打破壁垒，跨越国界，但是，由于其许多不可分割的方面，它最终可能导致国际金融体系更加分裂。"

根据 Rogoff 教授的分析，新型货币战争有两个维度：地缘分区（国际阵营）和合规分区（合规市场和地下市场）。他提出以后每个阵营只会允许一些数字法币使用，而禁止其他数字法币使用，但是在地下市场，正好相反。例如 A 阵营的单位在合规市场只能使用数字法币（A），因为这是合法的行为；但是在地下市场，会使用数字法币（B）。为了治理经济，A 阵营就必须制定合规市场的监管体制，包括税收政策等，以间接方式禁止 A

阵营的金融机构和其他数字法币流通来治理地下经济。地下经济体量达合规市场的1/5，而且和治安有关，因此治理地下市场非常重要。

因此说，如何对一国的数字货币进行治理，变成了战略难题，互链网则可给出一个可行方案。在互链网上，操作数据库系统可以监管数字货币交易和流通，这样给数据货币的治理奠定了一个基础。这一点是传统的互联网无法做到的。

假设世界只有两个阵营（实际会比这复杂得多），则可用四合院（分四区，合规A阵营、合规B阵营、地下A阵营、地下B阵营)模型来分析，下表列出四合院模型的监管场景。

四合院模型监管场景

	A阵营货币使用	B阵营货币使用	监管策略
合规市场	允许A阵营的数字法币使用；禁止B阵营的数字法币使用	允许B阵营的数字法币使用；禁止A阵营的数字法币使用	使用智能合约自动监管数字法币的交易和自动报税
地下市场	现金、数字代币、B阵营的数字法币	现金、数字代币、A阵营的数字法币	（1）间接方式：例如限制金融机构和其他阵营的法币、数字法币以及数字代币流通；（2）直接方式：使用互链网科技阻止其他数字法币和数字代币进入区域；（3）默许方式：一些国家会合法化一些地下经济活动换取税金

协会提出的协议层的自动合规，是一大亮点，也是未来合规的一大趋势，但是其他的监管都是传统模式，仍有一定滞后性。BIS提出的监管模式，也不能够完全解决Libra 2.0运行将会出现的问题，比如数据被集中攻击的弱点。我们也提出了考虑ISDA嵌入式监管、熊猫模型和英国合约模型供参考。

Libra 2.0 在合规方面的积极动作，充分反映了协会要打造无与伦比的 Libra 数字货币平台，使其在平台竞争中处于极其优势的地位。并且利用平台的不对称优势，打造世界最大的数字货币网络。这也符合平台理论和比目鱼模型的理论。Libra 的混合监管模式，给世界上数字货币的监管带来了技术上和战略上的难题，特别是战略难题，若数字货币治理没有得到很好的解决，则可能导致更混乱的数字货币战争，使得国际金融体系更为分裂。对于数据治理这一点，互链网提出了部分的解决思路。

二、Libra 2.0 拟建立的混合金融科技和帝国

1. 关于 Libra 2.0 的一些客观陈述

在分析 Libra 2.0 的目的和影响之前，先看看 Libra 2.0 列出的几点客观陈述：

- Libra 1.0 和 Libra 2.0 白皮书都提到 Libra 协会的长久愿景，就是要为 17 亿缺少银行或金融服务的人提供服务。

- Libra 2.0 白皮书提到，一个国家或地区如果担心没有自己的稳定币，或者担心其法币被 Libra 币取代，Libra 协会会和相关央行和监管单位合作，帮忙建立这一国家或地区的稳定币，或者数字法币（CBDC）。

- 当各国在开发自己的数字法币时，这些数字法币可以直接和 Libra 网络对接并且在 Libra 网络上运行。比如，如果 A 国没有自己的数字法币（数字 A 币），Libra 协会会帮忙发行 LibraA 币，等到 A 国自己的数字 A 币出来的时候，LibraA 币就自动退出（不会和数字 A 币竞争），只留数字 A 币在 Libra 网络上。

- Libra 的金融作业在 Libra 2.0 有提及但不明确。国际清算银行对其进

行研究后，发布了 Libra 2.0 金融作业的示意图：

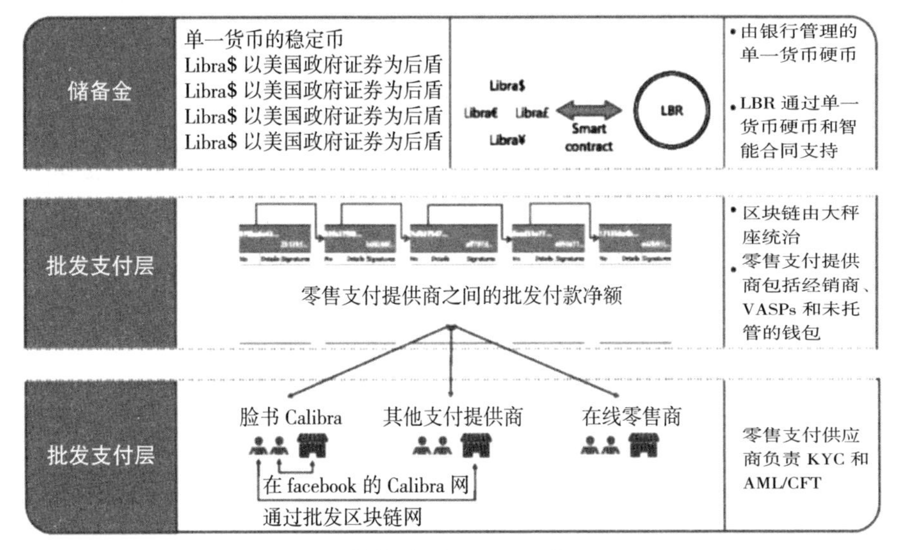

国际清算银行对 Libra 2.0 的研究

从图中和白皮书可以看到 Libra 架构的几个特点：

● Libra 币的储备货币（单一法币）主要以法币或是政府公债的形式存在传统金融机构，而 LBR 币对应的是一篮子的 Libra 币，每一种 Libra 币对应不同的法币；

● Libra 还为经济危机准备了一些多余的资金；

● Libra 区块链只是做批发支付；

● Libra 参与单位和客户交互和交易，并且从事 AML/KYC（反洗钱 AML、了解你的客户 KYC）等工作；

● 这些参与单位可以从事内部净额结算，但彼此的净额结算却是经过 Libra 的区块链；

● 该链以后还会处理其他央行出的数字法币，例如美联储出的数字美元、欧洲央行出的数字欧元等。

2. Libra 2.0 的宏大目标—— 平台霸权

平台霸权的获得是通过与各国（央行）合作，在各国主权监管之下（而非超越主权）的平台竞争中脱颖而出。这和一些学者认为 Libra 币是超主权的想法相左。我们通过以下几个方面的分析得到这个结论。

（1）布局金融基建

从表面上看，Libra 2.0 是回复各国监管单位对 Libra 1.0 的担忧，因为用了很大篇幅谈论其合规计划。但实质上，Libra 协会的意图之一是在世界各政府支持下布局金融基建，建立无可替代的数字货币平台。

Libra 1.0 和 Libra 2.0 白皮书都提到协会的长久愿景，就是要为 17 亿缺少银行或金融服务的人提供服务，因为有银行和金融服务的人群是一个很难撬动的市场。比如中国或者美国，移动支付（微信、支付宝）在中国非常普及，美国的信用卡支付服务和移动支付（苹果，PayPal）也都很便利，两国缺乏充分的动力或者会面临很大的阻碍（如现在的利益集团阻碍）去开发一个新的支付系统。因此协会要选择一个容易撬动的市场——即 17 亿缺少银行或金融服务的人群，一个拥有巨大潜力的大市场。协会要为这个市场建立支付系统和数字货币等金融基础设施，是一个巨大的实验，也是第一步。倘若这个实验成功，Libra 2.0 所提出的以新的支付方式、数字货币为基础的新金融基建就会蔓延开来，逐渐被应用到原本就有金融基建的国家。倘若新的金融基建比现行支付系统更好，那么旧的则可能会逐渐被取代。

另外，Libra 2.0 指出协会期待和各国央行合作，说明其不仅要自建支付系统和数字货币，还要和官方合作，参与国家数字法币（指央行数字法币）的建设和运行。这意味着 Libra 2.0 平台与网络有一定的官方性。发行货币是一个国家权力实施的表现，若 Libra 平台和网络在其中扮演了重要角色，这无疑是官方给 Libra 平台背书，使其在各地布局金融基建更有说服力。

（2）币链分离原则，弃币保链策略

Libra 2.0 白皮书还间接体现了协会的另一个思想——币链分离原则，即弃币保链的策略，更准确一点地说是放弃霸权币来保障霸权链的思想 。

这是 Libra 协会提出的一个创新概念。传统数字代币，若代币和平台分离，代币就不再有价值。例如比特币必须依托比特币平台而存在，若平台不见了，比特币也就不复存在，就没有价值。这种币链需要相互依存的状态存在一个很大的问题，就是任何一方难有独立价值，且限制适用场景。Libra 协会为了解决该问题，将 Libra 币和链分离。具体分如下两步走。

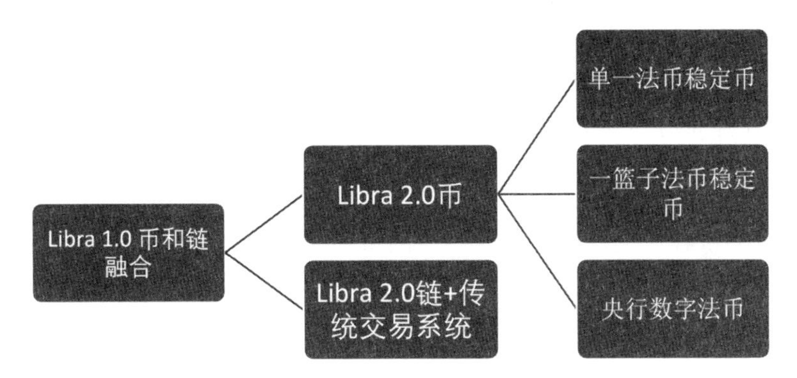

Libra 2.0 币和链分离，计划链处理多种稳定币和央行数字法币

第一步，如上图所示，允许 Libra 币（还有其他央行数字法币）在传统交易系统上交易，这是一个混合模型（混合数字货币和传统金融交易的模型）。这样 Libra 币和相关数字货币可以同时间在许多传统系统和 Libra 链上交易。

第二步，在策略上，Libra 2.0 以放弃在任何国家（包括美国）和当地法币或是将来的央行数字法币（或是稳定币）竞争的机会，来换取 Libra 2.0

平台在这些国家使用的许可权。正如 Libra 2.0 提出的，Libra 协会会和其他国家央行合作，允许这些国家的央行数字法币在 Libra 平台运行（这就是保链思想），Libra 还愿意放弃自己的 Libra 币（这就是弃币思想），而只使用当地发行的稳定币或是央行数字法币。

Libra 协会之所以采取该措施，是因为其重视链，认为币（数字货币）不是主要的创新，真正的突破在于链在协议层级传递价值，Libra 协会副主席 Dante Disparte 的原文是"Blockchain，Not Crypto，Is at Core of Facebook's Libra"。为了避免大家有不同认知，他还继续说："加密货币不是这次创新的重要的维度，真正的突破是在协议层级传递价值，这才是 Libra 最大的贡献。没有区块链作为核心技术，会非常难开发一个开放钱包和开放用户的平台"。

在链的设计上，Libra 2.0 还提出了同一链服务多种数字货币的想法。Libra 2.0 注重开发区块链的底层架构，追求该架构的有效性、低成本及可和多个数字货币、金融机构以及用户交互（interoperability）的能力。Disparte 多次强调交互性是 Libra 2.0 的重中之重，链的交互性也代表了平台的交互性。Disparte 也批评了传统数字代币（例如比特币）不是支付平台，而是单一数字商品交易平台，因为它不能和其他系统交互。

非常明显，Libra 2.0 对交互性的追求，是为 Libra 平台能够做各种金融活动做准备，而不是像比特币平台一样只有单一功能。现在 Libra 只进行数字货币交易，但当 Libra 平台可以支持数字股票、衍生品以及其他数字资产交易的时候，Libra 平台的价值会更加高涨。

（3）避免"数字货币取代"（digital dollarization）的可能性，追求比目鱼模型

"数字货币取代"这一说法经历了三个时间段。其最早出现在 2017 年，IMF（国际货币基金组织）认为数字货币会取代多国的法币，特别是在当

地法币已经弱化的地方，例如津巴布韦，并且认为这是新型货币取代理论（dollarization 2.0）。以前是一个国家法币取代另外一个国家的法币在当地使用，这里是数字货币取代一个国家的法币。

紧接着 2019 年，Libra 1.0 白皮书出现的时候，Libra 币被认为比比特币强大得多，如果比特币可以取代一些国家的法币，Libra 币有可能会取代或是弱化更多国家的法币。紧接着，出现“8・23”事件——英国前央行行长认为数字货币以后可以取代美元成为世界储备货币，美元的世界储备货币地位受到数字货币的挑战。如果连美元这种强势货币都有可能在将来被取代，世界各国法币以后都有可能受到冲击。

而 Libra 协会为了让 Libra 项目能落地，则要积极避免类似的“数字货币取代”的说法，以免引起其他国家的恐慌，不想让其他国家认为 Libra 币有取代他国法币的企图。所以 Libra 2.0 提到要积极和央行合作数字法币，或者帮助当地建立自己的稳定币或数字法币，并愿意放弃对应的 Libra 币。

但从另一个角度看，要帮助一个国家或地区建立自己的稳定币，给 Libra 平台的能力创设了无限大的想象空间，实际是想要让一个国家或地区的稳定币（甚至央行发行的数字法币）依托于它的平台。这样一来，Libra 平台会拥有其他国家数字法币的交易数据，也意味着 Libra 平台会有该国家或地区的金融信息。在未来，拥有这些数据，本身就具有巨大的优势。

另外，Libra 2.0 追求比目鱼模型理论，即数字货币平台方具有不对称优势。平台背后的国家，相比于其他国家更有优势，比如一个国家可以通过监管的方式，部分决定平台可为与不可为的行为，平台越大，对背后的国家越有利，因为掌握了更多的数据和信息，以及拥有部分可控权。

Libra 2.0 追求比目鱼模型的体现是允许政府和监管单位监管 Libra 作

业。比如允许美联储参与实时监测 Libra 链上的交易信息。同时，这一契机也让美联储对数字货币的运行具有更好的“洞察力”。正如 Rogoff 教授在 2019 年 11 月所言，“Libra 币盯住美元的事实将给美国当局带来更多的洞察力，因为（目前）所有美元清算都必须经过美国监管单位”。在美联储还没出台央行数字美元之前，Libra Coins 和 Libra 平台会是美国数字货币领域的一个很好的实验。虽然协会是在瑞士注册，但对协会的控制方（或参与者）基本都在美国。根据比目鱼模型，美国会有极大的不对称优势。除了 Libra 平台外，美国现在还没有其他大型数字货币平台。虽然美国还有 IBM 平台，摩根大通银行平台，但二者还不能和 Libra 平台相比。

（4）改变 Libra 金融作业架构

从 BIS 对 Libra 金融作业架构的示意图中，可以发现 Libra 2.0 和 Libra 1.0 的设计大不相同，主要体现在如下三点：

批发链不是批发币

从 2018 年开始，BIS 和多个央行都表示批发数字法币应该先行，而不是零售数字法币。Libra 协会明显得到同样信息，但是这和原来服务世界没有银行的人群的目的冲突。所以没有采取批发稳定币，而只是采取批发链的设计。批发链就是链只处理批发交易（金融机构之间的交易）。批发链比零售链容易做，因为要处理的账户少得多，可能只是原来 Libra 1.0 千分之一的工作量，因为每个中心先做净额计算后，才在 Libra 链上做批发净额交易，由于每个中心可以有大量账户，这样大部分交易就会发生在交易中心，而不是 Libra 的链上，Libra 链的交易比以前小得多，而且只是做净额交易。虽然个人和单位可以有 Libra 币，但是这些个人或是单位都交给了 VASPs 或者指定商来买卖和交易。如下图所示：

Libra 2.0 的分工：链和币分开

混合经济模型

Libra2.0 的分工体系代表一个混合模型，可以从下面示意图看出：

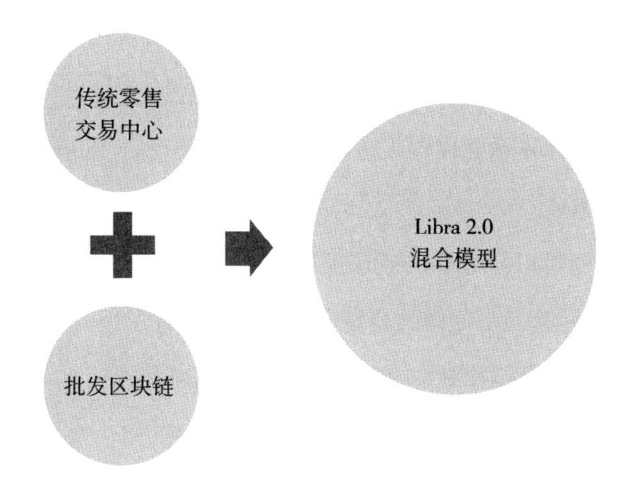

传统零售交易中心和批发区块链融合成 Libra 2.0

这个混合模型开创了一个新型的数字货币生态。该生态不是传统金融架构体系，不是传统数字代币架构体系，也不是原来英国央行提出的数字英镑架构体系，更不是币圈追求的 DeFi 金融架构体系，而是一个融合新型数字货币和传统金融市场的体系。

各模型优缺点比较

	优点	缺点
传统批发数字法币	快开发和部署，系统比零售简单，先行先试，应该已经有现成的系统，两套系统可以并行运行来证实系统	这会到达金融机构，没有到个人或是实体经济
传统零售数字法币	服务全世界客户	系统复杂难开发（主要是扩展性出问题），还在研究阶段
混合模型	试验传统金融系统，融合批发链，是一个不错的选择	交易中心不上链，以至于在交易中心会出现作弊行为

这种混合模型，如目前的中央结算中心—交易中心（或是央行—商业银行）体系，这里的中心结算就是 Libra 2.0 区块链，而参与的机构是交易中心。这样的金融体系会在国际清算银行的报告出现，Libra 2.0 白皮书都有对应的细节描述。

该混合模型可以使 Libra 2.0 快速部署，由于大部分系统已经部署（传统系统），是世界第一个这样的合规零售稳定币系统，很有可能会有达维多（William H. Davidow）定律效应和马太效应，因而可能得到 50% 的市场份额。

（5）Libra 2.0 未来可取代 SWIFT 的部分功能

Libra 2.0 的链和现在 SWIFT 的系统和功能有相似之处，比如二者都用于跨境支付。Libra 2.0 以后是不是打算取代 SWIFT？在 SWIFT 系统中，有许多 correspondent banks，其功能类似于 Libra 2.0 设计中的 VASPs 或指定交易商。此外，Libra 2.0 还多了 SWIFT 没有的功能，比如 Libra 2.0 的链可以和各国的金融机构交互，而且使用当地的数字法币，在各国都可以维持自己的法币和数字法币的前提下，Libra 2.0 的链则可能变成全球金融中心的中心。

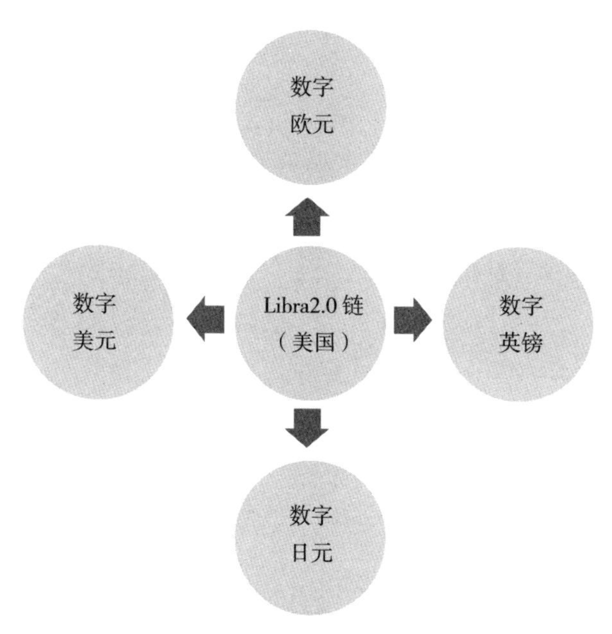

以 Libra 2.0 的链为中心的新国际金融体系

这里的数字法币可以是合成数字法币，或是央行数字法币，任何国家都可以加入，设计架构是“多币一链多金融机构”，该平台属于美国。

这和 Fnality 的金融体系不同（见本书附录 1），Fnality 平台的数字法币对应的是存在央行的法币，没有信用风险，可以高速交易，采取的设计是“一币一链一往来账户”。Fnality USC 只有一个平台，但是平台上有多个链，每个链只处理一个数字法币，所有数字法币都需要符合同 Fnality 交互协议。实际上，三国央行报告提出的构想就是同一数字货币基于不同法币的数字法币。Fnality 就是根据三国央行报告设计的系统。该平台属于英国。

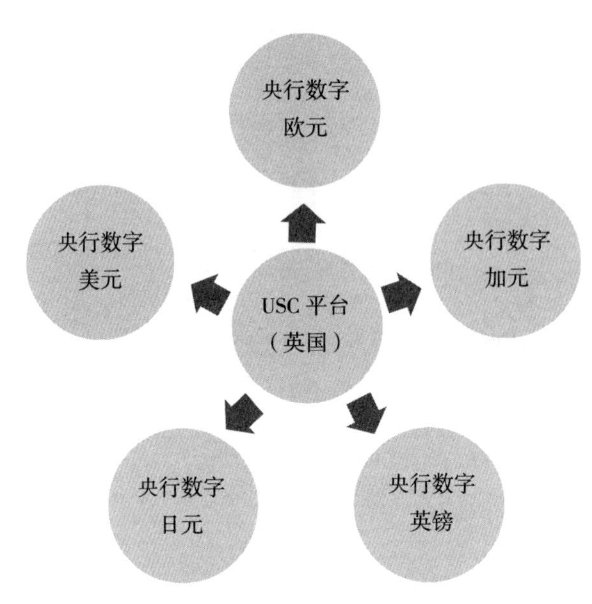

FnalityUSC 平台的金融体系

英美平台比较

	Libra 2.0	Fnality
特性	多币一链多金融机构	一币一链一往来账户
零售 / 批发货币	零售币	批发币
链功能	批发交易清结算，一链负责链上所有数字货币的批发交易	每条链只负责一个法币的批发交易清结算；多一个法币参与，多条链
预备金存储机构	银行或是投管机构，而这些银行由央行或是政府担保，但是只担保部分存款	所有数字货币都有对应的发表存在参与国的央行
参与单位	直接是金融机构、个人或是单位和这些金融机构交互	只和参与央行和商业银行合作，而且商业银行必须是全球重要商业银行（中国只有 4 个），许多国家一个也没有
特性	支持大量客户和监管，有信用风险，也有流动性风险	高速，没有信用风险，几乎没有流动性风险

（6）积极设定平台协议标准

要建立平台霸权，Libra 协会还要在 Libra 平台的协议有话语权。Libra 协会采取的策略是与各国央行合作（例如开源和帮助其他国家建立央行数字法币），以建立国际标准。

制定协议是区块链和数字法币最重要的事，美国希望成为标准的制定者。而这个标准制定，不是通过国际标准组织开会制定，而是以市场份额决定。该思想和互链网思维很靠近，当大家都使用同一协议的时候，该协议就自动成为世界标准。当脸书帮助其他国家央行建立他们自己的央行数字法币的时候，Libra 协会就拥有世界最大的数字货币平台，从而成为世界数字货币标准协议的制定者。

3. 可编程经济体系

上述的分析，说明了 Libra 2.0 意图建立具有强大竞争性的数字货币平台，是能够在新型货币战争中取胜的关键“武器”。若 Libra 2.0 实验成功，将可能会逐渐形成 一个可编程经济体系。

2020 年 4 月，德国经济学家、德国联邦财政部顾问 Philipp Sandner 教授对现在数字的可编程货币作了归类。数字货币有可执行的智能合约机制，因而数字货币是“可编程的（programmable）”。可编程数字货币可以由不同的主体发出来，比如可以是官方机构（央行），也可以是受监管的机构（比如银行），如下图所示。

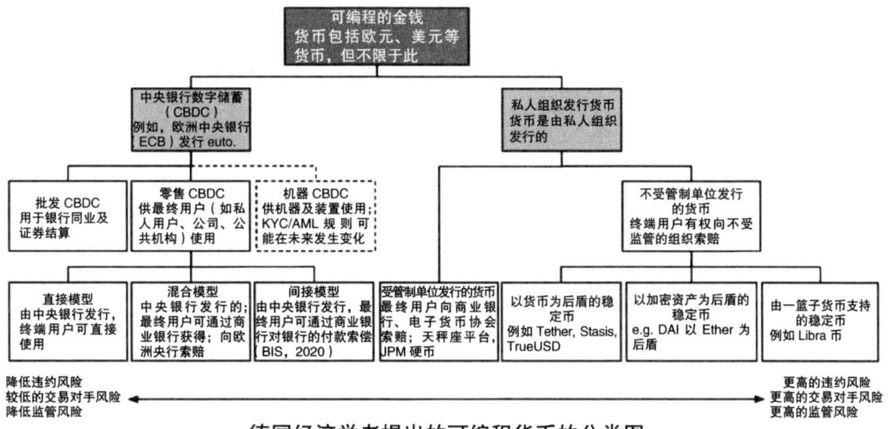

德国经济学者提出的可编程货币的分类图

可编程的数字货币，代表许多金融应用都可以使用智能合约完成。美国 CFTC 认为智能合约最大的应用是金融交易和监管。这里我们也可以从三段时间来分析：（1）2013 年，以太坊平台只有以太币，世界几乎没有合规金融机构接受以太币，但是开启了智能合约机制，2016 年 The Dao 项目融到超过 1 亿美元的投资，让当时的金融界震惊；（2）2019 年，Libra 1.0 平台出现，只有 Libra 币，但是提供开放的智能合约机制；（3）2020 年，Libra 2.0 平台出现，愿意开放平台让全世界任何国家的稳定币和数字法币来运行，也有开放的智能合约机制。

以太坊平台上的数字货币只有以太币，交易速度慢，而且是不合规的数字货币，在这样落后的平台上，都有许多单位（包括多国国家的央行，例如加拿大央行就曾经用以太坊做实验）和软件高手在研究或是开发金融应用，并建立基于以太坊的金融体系。德国经济学者认为 Libra 2.0 平台比以太坊平台大得多，而且合规，其智能合约平台也是开放生态，在这个平台上，许多传统金融体系的应用都可以数字化，例如数字股票、数字房地产、数字债券、数字票据、数字保险、贸易金融、供应链金融，都可转移到 Libra 2.0 平台上。英国伦敦金融城经济学家 Michael Mainelli 在 2016 年预测，这种跨国、跨货币、跨资产的 Libra 2.0 数字经济平台，会比基于以太坊的经济平台大 10 亿倍。

这也是 Libra 2.0 弃币保链的真正原因，没有广大的平台，Libra 2.0 愿景很难达到。可编程的 Libra 2.0 经济体系将影响深远，未来或可建立世界级的数字经济体系。

4. 新型数字货币战争场景——四合院 & 八合院模型

Rogoff 教授提出需要治理合规市场和地下市场，会禁止他国的数字法币在本国使用，我们提出未来可能的一个数字货币战争模型——四合院模型。简易的四合院模型，分别代表四个不同市场：A 阵营合规市场，A 阵营地下市场，B 阵营合规市场，B 阵营地下市场。但是世界不会只有两个阵营，会有多个阵营。

假设世界除了有两大阵营，还有中立国家，这些中立国家，有的和两大阵营都友善，允许在其国家使用两大阵营的数字法币；还有些中立国家，不允许任何其他国家的数字法币在本国使用，这就好像孤岛国家。例如德国经济学者认为 Libra 2.0 在世界合规市场和地下市场都有强大的竞争力。这样就有了八合院模型，如下表所示：

八合院模型

	A 阵营货币使用	B 阵营货币使用	C 中立阵营	D 中立阵营
合规市场	允许 A 阵营的数字法币使用；禁止 B 阵营的数字法币使用	允许 B 阵营的数字法币使用；禁止 A 阵营的数字法币使用	允许 A 和 B 阵营数字法币使用；可以使用 C 阵营的数字法币	只允许 D 阵营的数字法币
地下市场	现金、数字代币、B&C&D 阵营的数字法币都可使用	现金、数字代币、A&C&D 阵营的数字法币都可使用	现金、数字代币、D 阵营的数字法币	现金、数字代币、A&B&C 阵营的数字法币

在这样的环境下，A 阵营的地下市场可能有多种数字法币，而 A 阵营会争取 D 阵营加入，例如无偿或是提供技术服务建立 D 阵营的数字法币。同样的情形，B 阵营会争取 D 阵营加入。在这种多元环境下，系统安全高速的强大的数字货币平台，将成为这场竞争中最有力的“武器”。在 C 阵营的国家，A 和 B 两大阵营的数字货币会有面对面的直接竞争场景。Rogoff 教授的短文中，就描述了两大阵营的数字货币在世界不同区域的合规和地下市场竞争的场景。

如果世界有多个阵营，八合院模型还需要扩展。例如如果有三个竞争阵营，还有中立国家，就会有十合院模型出现。

本章总结

下图的思想路线图是我们对 Libra 2.0 白皮书进行解析的总体思路来源和理论依据。

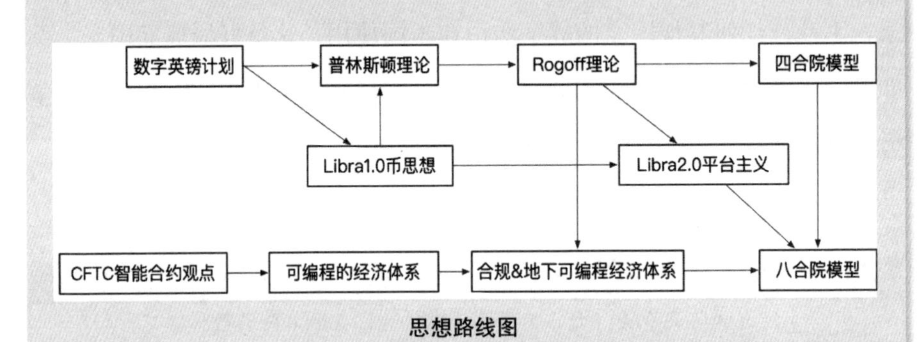

思想路线图

数字货币的思想缘起英国央行 2015 年的数字英镑计划 ，其主要思想是央行发行数字法币，实时交易，没有信用风险，也没有流动性风险。接着 Libra 协会采取行动，发布 Libra 1.0，后引起了“8·23”事件，普林斯顿大学随后提出“数字货币取代”理论，Rogoff 教授提出的新型数字货币战争观点，引起了各国政府和监管机构的担忧。为了回应这些担忧，Libra 协会发布了 Libra 2.0。在回复监管的基础上，Libra 2.0 还间接体现了平台主义思想，接着有了四合院、八合院模型，以及智能合约可建立的可编程经济体系。

我们着重分析了 Libra 2.0 所隐藏的重要信息，即 Libra 协会想要实现平台霸权，以在这场新型货币战争中取得决定性的胜利。Libra 协会要实现平台霸权主要通过五个手段：(1) 布局金融基建；(2)币链分离原则，弃币保链策略；(3)避免“数字货币取代”

的可能性，坚持比目鱼模型原则；（4）改变 Libra 金融作业架构；（5）积极制定平台协议标准。

我们也认为，若 Libra 2.0 数字货币平台落地并且运行，或逐渐形成一个可编程的经济体系，将对我们未来的经济生活产生深远的影响。

最后，我们也预测了新型货币战争的可能性场景——八合院模型。我们认为英国央行、普林斯顿大学和哈佛 Rogoff 教授的理论和想法都具有前瞻性，为我们的分析提供了一个很好的基础。当然，未来还有诸多可变因素会改变我们的分析和预测。但这不影响我们认为，Libra 项目的确点燃了一场新型数字货币战争的火药桶，无论战争输赢如何，都将掀起一场货币数字化、可编程化、区块链应用、科技法律等领域的伟大变革。

参考文献

[1] 蔡维德、姜晓芳：《如何成为未来世界储备货币？——新宏观经济学出现》，2020 年 2 月 10 日，见 https://mp.weixin.qq.com/s/yDp-4CQd-2fWA3IFGKcDbQ。

[2] 蔡维德、姜晓芳：《数字法币战争"：英国仁兄"大闹"联储，哈佛智库模拟战争》，2019 年 12 月 25 日。

[3] Kenneth Rogoff.The high stakes of the coming Digital Currency War. November 12，2019. https://www.stabroeknews.com/2019/11/12/features/project-syndicate/the-high-stakes-of-the-coming-digital-currency-war/.

[4] 蔡维德、向伟静：《智能合约 3 大架构分析：英国央行 2020 年 3 月数字

法币报告》，2020年3月31日，https://mp.weixin.qq.com/s/RjgzC7ug7iJ2ykQW4XY09w。

［5］蔡维德：《熊猫—CBDC央行数字货币模型》，2016年11月5日，见https://mp.weixin.qq.com/s/VMF1R9q2D61-2R3neo6lGg。

［6］蔡维德等：《区块链的中国梦之四：RegTech编织全面安全梦》，见https://mp.weixin.qq.com/s/YY7oZj4u-oc3vRUIk9z3rg。

［7］蔡维德等：《互链网——重新定义区块链》，2020年4月28日，http://m.xinhua08.com/share.php?url=http://fintech.xinhua08.com/a/20200428/1933522.shtml&from=timeline&isappinstalled=0。

［8］蔡维德、姜晓芳：《基于批发数字法币（W-CBDC）的支付系统架构：Fnality白皮书解读》（上），2019年10月12日，见https://mp.weixin.qq.com/s/raoNDsCB25m6CDh91uZAOw。

［9］蔡维德、姜晓芳：《批发数字法币支付系统重构金融市场：Fnality白皮书解读》（下），2019年10月12日，见https://mp.weixin.qq.com/s/fI7LcCZPi0WXq3Zw0M9-sA。

［10］蔡维德：《退役互联网，新构互链网》，2020年4月4日，见https：//mp.weixin.qq.com/s/gUYan8Es8UU_ylnSsQaZpA。

［11］蔡维德、王娟：《数字法币：非对称监管下的新型全球货币》，2019年11月12日，见https://mp.weixin.qq.com/s/TBal7zR2ryfcGVs8MUQ4Vw。

［12］Lael Brainard. The Digitalization of Payments and Currency：Some Issues for Consideration. February 05，2020. https://www.federalreserve.gov/newsevents/speech/brainard20200205a.htm.

［13］蔡维德、姜晓芳：《隐藏复兴百年英镑的大计划——揭开英国央行数字法币计划之谜》，2019年10月29日，见https://mp.weixin.qq.com/s/nAt-FBOlWBWfp1y6sma0-A。

［14］蔡维德、姜嘉莹：《从Libra 2.0白皮书深挖新型数字货币战争

韬略——从监管与合规入手》，2020 年 5 月 4 日。见 http://fintech.xinhua08.com/a/20200504/1934476.shtml。

［15］Jeffrey Tucker，"IMF Head Foresees the End of Banking and Triumph of Crytocurrency，" 2017.09.30.

［16］Christopher Jeffery，Libra's Disparate on big tech's move into digital currency. 2020.04.28.

［17］蔡维德:《世界正在走一条没有走过的路：美国总统不支持脸书 Libra，真的吗？》，2019 年 7 月 25 日，见 https://mp.weixin.qq.com/s/qpgE4GQOKXyJYj9xY2o6MA。

［18］林佳谊:《各国监管围攻 Facebook "发币"，独美联储声援！这会是一场怎样的战争？》，2019 年 6 月 20 日，见 https://mp.weixin.qq.com/s/uRV3Qi_fk54nmaLWHyE69Q。

［19］蔡维德:《保持冷静，智慧应对国外稳定币》，2019 年 8 月 20 日，https://mp.weixin.qq.com/s/PvfPh8EvDUS8JcsH3WQoxQ。

［20］蔡维德:《国外怎么看中国对 Libra 的反应以及国外现在的布局》，2019 年 8 月 23 日，见 https://mp.weixin.qq.com/s/WSyA0vp3ZobKXZHA7W6jRA。

［21］互链脉搏编辑部:《蔡维德：相较 Libra，Fnality 才真正掀起区块链金融革命　中国需要重视》，2019 年 10 月 12 日，见 https://mp.weixin.qq.com/s/byLbeakURhEOdTiQ5vRJvg。

［22］PhilippSandner，Understanding Libra 2.0：A Compliant Global Platform for the Digital Programmable EUR，USD，GBP & Co.，2020.04.17.

［23］Bank of Canada，Bank of England & Monetary Authority of Singapore，"Cross-Border Interbank Payments and Settlements，" 2018.11.

［24］HelenParte，"Blockchain，not Crypto，is at Core of Facebook's Libra，says Vice Chair，" 2020.4.28.

第四部分

沙盒

第十七章

区块链沙盒

1. 为什么中国提出英国监管沙盒不符合软件工程原则?
2. 美国 SEC 不同意监管沙盒最主要的原因是什么?
3. 美国纽约州反对监管沙盒的主要原因是什么?

2015年11月，英国金融行为监管局（Financial Conduct Authority，FCA）首创沙盒概念，并提出监管沙盒（Regulatory Sandbox）、产业沙盒（Industry Sandbox）和保护伞沙盒（Umbrella Sandbox）三种模型。FCA还带头启动监管沙盒计划，运行两年后于2017年10月发布报告《监管沙盒经验学习报告》（*Regulatory Sandbox Lessons Learned Report*），随后许多国家或地区也学习英国监管沙盒，开始主要在英联邦国家，后来也在非英联邦国家发展，如美国。2019年英国再度发布监管沙盒报告，和2017年一样，描述了在英国监管沙盒的系统和评估。

自2019年10月24日后，中国区块链研发和部署计划发生了变化，包括监管沙盒计划等。2019年10月24日前，还有许多人认为我们非常了解国外区块链发展现况，"相关部门及其负责领导同志要注意区块链技术发展现状和趋势"这句话表明中国从业者应该更深入地了解现状。要发展区块链技术，多家机构表示要启动监管沙盒，但是对监管沙盒的现状和趋势有多少了解？对国外监管沙盒情况是否有深度研究？我们在实施监管沙盒之前，是否了解现状和趋势。

笔者曾发表过多篇沙盒文章，包含沙盒制度、科技、结果、经验及沙盒经济学。我们指出因为竞争力的因素，沙盒项目会是全球性的，而不会只是地方性项目（在研究沙盒经验报告并参与国外沙盒实验后）。

本章我们梳理了国外沙盒实施经验和学术报告，特别是最近的一些报告。过去几年，我们一直怀疑监管沙盒的逻辑性和实用性。2017年贵阳数博会演讲时就提出中国应首先发展产业沙盒，而不是监管沙盒。

我们研究后发现，英国央行早在2018年就知道监管沙盒存在问题，美国在实践沙盒后，严厉批评监管沙盒，英国央行也开始着手弥补，但不公开承认。最终纸包不住火，终于2019年9月英国承认监管沙盒存在问题。而美国已直接开始实践产业沙盒，放弃监管沙盒。在这段时间内，包括中国香港特别行政区政府在内的各监管机构都在实践监管沙盒。

本章先讨论监管沙盒的历史，第 2 节回顾监管沙盒的研究，第 3 节讨论过去产业沙盒的发展历史，主要是谈 2018 年前的发展。第 4 节介绍联合国民航组织产业沙盒分析。

英国监管沙盒测试规则没有遵守软件工程原则，证实英国式监管沙盒只是一个软件演示实验，不是软件测试和评估。另外一个严重问题是法理问题，监管沙盒可以特批法律不许可的科技项目，美国认为这制度真是儿戏。 因为英国央行想学习新科技，就使用监管沙盒来管理，美国人认为如果英国央行要学习，应该自己花钱付学费学习，而不是以监管名义来学习。新沙盒制度就必须提出，取代老式英国监管沙盒。联合国国际民航组织的沙盒计划就是一种新的产业沙盒计划，最后提出取代方案。

中国是世界第一个完成产业沙盒的国家，泰山沙盒在 2017 年 12 月落地，也一直在进步。

一、监管沙盒的历史

从 2015 年开始，英国金融行为监管局（FCA）发现一些公司花费大量金钱和时间设计系统来逃避监管，那系统使用的是什么技术？就是区块链技术，特别是基于区块链的数字代币技术。这些数字代币使用 P2P 网络技术，任何地方只要有网络，网上有装有数字代币系统的服务器，该代币系统就可以在任何地方运行；而且使用持续加密机制，上传的数据不能更改；可用做跨境支付，这些交易不经过各国央行系统（包括英国央行），使英国无法监管这些交易，也不经过环球同业银行金融电讯协会（SWIFT）系统，这一逃避监管的系统挑战了现有的国际支付系统 。

但技术本身是中性的，既可以支持非法活动，也可以推动下一代金融科技，还可以是监管利器。在此背景下，2015 年 11 月，FCA 提出沙盒概念，目的是形成好的监管制度，在国家监管体系下鼓励创新。

监管沙盒提供一个“缩小”的真实市场和“宽松”的监管制度，以行政手段对金融科技进行监管，制定资格标准。金融服务公司将软件运行在模拟控制系统下，其中运行的数据只会记录在沙盒里，而不会记录到真实系统中。监管部门通过监管沙盒来选择创新公司，保护消费者。由于每个公司所提供的服务不同，进入沙盒条件、沙盒如何设置以及如何测试是一事一议的。公司进入沙盒，需具备资金和风险控制能力，进入沙盒可以免受一些监管责任，在此环境下，公司可以开展实验，可以在沙盒实验中收集产品或是服务的实际数据及用户意见，以便在正式推出前对相关产品或服务作出适当修改。有助于其金融服务创新，更快推出产品和服务，并降低成本及提高产品质量，为消费者带来福利；现在全球有多个国家和地区使用监管沙盒，例如英国、加拿大、新加坡、马来西亚以及中国香港等。

2015 年，英国提出沙盒概念，包括监管沙盒、虚拟沙盒和保护伞沙盒；

2016 年 5 月，FCA 开始启动监管沙盒；

2016 年 9 月，香港金融管理局（HKMA）发布《金融科技监管沙盒》，促进金融科技在银行业的运用；

2016 年 11 月，新加坡金融管理局（Monetary Authority of Singapore，MAS）发布了《金融科技监管沙盒指南》（FinTech Regulatory Sandbox Guidelines），确立本国的监管沙盒；

2017 年，FCA 和英国的 Innovative Finance 合作，进一步发展沙盒。Innovate Finance 提出产业沙盒（Industry sandbox）的概念；

2017 年 2 月，澳大利亚证券和投资委员会（Australian Securities and Investment Commission，ASIC）发布《监管指南 257：在未持有金融服

务和信贷许可证下对金融科技产品和服务的测试》(Regulatory Guides 257：Testing FinTech Products and Services Without Holding an AFS or Credit License)，对获批测试的金融科技公司进行金融许可豁免，由此确立澳大利亚监管沙盒；

2017年10月，FCA发布报告《监管沙盒经验总结报告》(*Regulatory Sandbox Lessons Learned Report*)；

2016—2017年，学者推崇“监管转型”和“智能监管”；

2018年，美国出现了负面意见（以Dan Quan为代表），英国雀巢基金会（UK Nesta Foundation）对此表示赞同；

2018年，FCA提出了构建下一代沙盒设想，没有监管，没有沙盒，只有全球金融创新网络（Global Financial Innovation Network，GFIN）；

2019年，多篇学术论文发表，反对监管沙盒。以前赞同和鼓励监管沙盒的学者，现在也改变看法，持反对意见。

1. 英国监管沙盒流程

下表是英国监管沙盒的准入标准。

英国监管沙盒的准入标准

准入标准	关键问题	正面指标	负面指标
在范围内	是否希望在英国金融服务市场提供受监管业务或支持受监管业务的创新?	创新针对英国市场	创新不是针对英国市场
真正的创新	创新是新的还是市场上一个截然不同的产品?	市场上很少或没有可比的产品；有越级性变化	市场上已经有许多类似产品；看起来像是人为的产品差异化

续表

准入标准	关键问题	正面指标	负面指标
有利于消费者	创新是否为消费者提供了可识别利益的良好前景（直接或通过加剧竞争）?	这种创新可能直接或间接地为消费者带来更好的交易； 已经确定了任何可能的消费者风险和建议的缓解措施；	可能对消费者、市场或金融体系产生不利影响； 看起来是为了规避法规
对沙盒的需求	真的需要在沙盒里测试创新吗？申请者无须使用沙盒工具即可满足此条件	这种创新不容易适应现有的监管框架，使得将创新推向市场是困难的或昂贵的； 使用沙盒工具在实时环境中进行测试将使您受益匪浅； 别无选择地参与 FCA 或达到测试目标；	不需要实时测试来回答您想要回答的问题（以实现测试目标）； 没有 FCA 的支持，你可以轻松地进行测试；一个专门的主管或我们的直接支持团队可以回答这个问题
准备投入测试	准备好与真正的消费者一起测试真实市场的创新了吗?	有一个完善的测试计划，有明确的目标、参数和成功标准； 到目前为止已经进行了一些测试； 有资源在沙盒里测试； 有足够的保障措施来保护消费者，并能在需要时提供适当的补救措施	测试目标和/或测试计划不明确；几乎没有做过测试； 没有测试资源； 建议的客户保障措施不充分和/或无法提供适当的补救措施
提供适当的补救措施			

资料来源：FCA 官网

“监管沙盒”的使用步骤如下：

第一步：公司向 FCA 提交使用沙盒的提案，提案需要包括新的解决方案以及它是如何满足相关标准的；

第二步：FCA 审查评估提案，如果提案符合标准，就接受该提案并将案例官员分配给该公司作为联系人；

第三步：如果提案通过，监管局与公司合作一起设置最佳沙盒选项、测试参数、测量结果、报告的要求和保护措施；

第四步：当沙盒选项正式交付后，FCA 就允许公司开始进行测试；

第五步：公司根据第三步达成的一致性意见与监管局进行磋商并开始测试；

第六步：公司提交关于测试的最终报告，FCA 审查最终报告；

第七步：FCA 审查最终报告后，公司据此决定是否会在沙盒之外提供相应的解决方案。

英国学习到许多新金融科技

英国举办监管沙盒就是要学习新科技。如英国发现传统漫长的 IPO（股票上市）流程可以在线上完成。目前，该流程需要大量的审计和律师工作介入，很难在线上完成，但是英国 FCA 清楚看到这一流程通过监管沙盒可以实现线上完成的可能性，并且发现这样的流程能使参与者（例如投资人、项目方和监管方）有更好的交互，数据更加安全，流程更加通畅。英国监管机构还发现许多现有商业流程都可以改变，包括贷款、保险、消费者保护以及机器人金融顾问等方面，都可以在沙盒里完成。

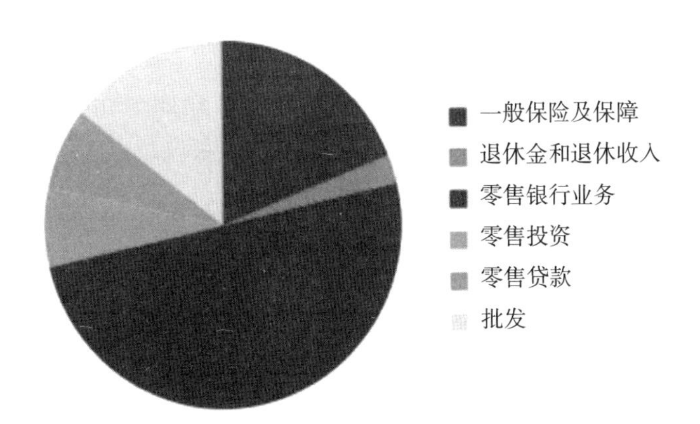

英国沙盒计划的应用分布图（来源：FCA）

前两年，共有 146 家公司申请进入沙盒项目，其中 50 家被接受，41 家在沙盒中完成测试。1/3 通过测试的公司借助沙盒改善了他们的商业计划。大部分进入沙盒的公司都从事区块链产业，许多都在跨境支付系统。根据数据，75%—77% 的公司参与英国沙盒完成测试，90% 完成沙盒测试的公司在市场上有所发展。当区块链公司看到区块链技术在沙盒里运行时，自己也了解了在金融系统中使用区块链的风险。

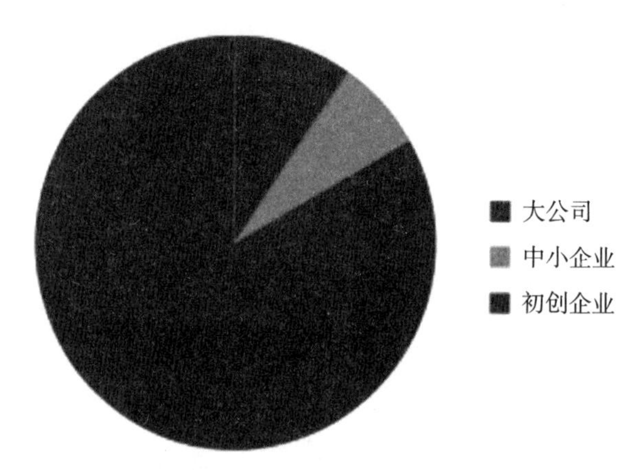

参与英国 FCA 沙盒计划的公司分布图，大部分是初创公司（来源：FCA）

根据英国 FCA 报告，经过监管沙盒的洗礼，40%的初创公司得到了融资（注意一下，60% 没有）。而且，监管沙盒对大银行也有吸引力。英国 FCA 发现想进入沙盒计划的公司包括大银行，例如 HSBC（汇丰银行）。本来该计划是给新型科技公司设计的，但通过监管沙盒的测试代表该系统有一定的质量和创新，所以银行也有兴趣参加，愿意和新金融科技公司在同一平台上竞争。

2. 香港沙盒实践

香港的监管沙盒 1.0 只有银行才能申请参与，在这种情形下，金融科技公司必须先和银行达成协议合作，由银行出面才能进入沙盒。银行实际上成为金融科技公司进入沙盒的第一道关口。这和英国监管沙盒不同，后者申请单位多为金融科技公司，且由 FCA 直接和金融科技公司对接。

很明显，虽然都是监管沙盒，与英国注重创新（FCA 主导金融机构向科技公司开放）相比，中国香港更注重监管（因为银行本来就不愿意开放应用给科技公司，在这种环境下，传统金融公司更有主导权）。中国香港的监管沙盒 2.0 也允许金融科技公司直接和监管机构沟通，并且在金融科技项目开始时，监管机构可以向银行和科技公司反馈意见。这样科技公司和银行可在同一时间得到同样信息，明显可以减少信息不对称，鼓励创新。

香港已经发布两版沙盒计划，沙盒 2.0 版有三项新功能：

（1）设立监管聊天室：在金融科技项目初期向沙盒参与者尽快提供信息和反馈；

（2）直接沟通：科技公司无须经过银行，可直接通过聊天室与香港金融管理局（简称金管局）沟通；

（3）金管局、证券及期货事务监察委员会及保险业监管局的沙盒会相互协调运作，为跨界别金融科技项目提供“一点通”切入，按实际需要接通三个监管机构。

3.“全球金融创新网络”GFIN

全球金融创新网络（Global Financial Innovation Network，GFIN）由包括英国、新加坡、迪拜、加拿大和澳大利亚等在内的 29 个国际组织组成，是由英国首创的全球监管联盟，申请参与先导跨境测试。GFIN 致力于金融创新，成立于 2018 年 8 月。大部分参与单位都是来自英联邦的国家或地区，该计划是英国下一代沙盒计划。

多个金融监管机构合作，在国际市场测试创新产品或服务，特别是跨境金融业务测试。目的是为了让创新型科技公司更有效地与监管机构进行互动，协助他们开拓业务。

4. 监管沙盒特点

根据上述对英国监管沙盒的描述，总结出现行监管沙盒的突出特点：

一是监管沙盒最重要的收获是英国央行学习了新科技。这可以从2017年和2019年英国央行监管沙盒报告看出。该报告没有评估这些科技对英国金融界带来的进步、经济效果以及对英国金融风险的减少，而一直提沙盒里面的新科技。这是监管计划，没有提风险降低，没有提带给金融界的帮助，而是提学习到的新科技，这是不是本末倒置？

监管沙盒是制度沙盒，是“人治”，一事一议，主观性强。传统监管沙盒主要关注法律和制度问题，以流程而非用科技手段来监管。没有严格流程，评估标准不具体，监管沙盒准入的5个问题，是开放式的、高层次的和简短的，可以有宽泛甚至相反的解释，不同的人来执行，结果可能不同。如其中一条“真正的创新（Genuine innovation）”，什么是真正的创新？判断标准模糊，可谓是仁者见仁，智者见智，而且随时间而变化。在英国监管沙盒里，参与机构的系统测试只需6到12个月，测试数据由参与机构提供（既非FCA也非第三方机构提供）。这不符合软件工程原则，因为其不是由第三方进行独立测试，未设测试覆盖率，也没有持续性测试。

二是监管沙盒是一种基于原则的监管（Principles-Based Regulation）。因为参与沙盒的公司被赋予灵活性和自由裁量权，使其创新符合沙盒制度的目标。其优点是监管灵活，合规成本较低，与技术发展相关联，同时在监管者和被监管者间形成更为协作的关系。但管制可能会放松（Deregulation），导致其合法性存在问题，因为是非正式且没有透明度的，除非精心设计原则，并阐述清楚原则及不坚持这些原则的后果，否则沙盒极有可能变成走后门的途径。

三是监管沙盒的主体是金融监管机构。英国监管沙盒由金融监管机构FCA 负责监测并评估全过程。因监管沙盒针对的是金融科技，需评估的产品或服务具有很高的科技含量，而金融监管机构缺乏科技人才，不熟悉科技，缺乏技术评估能力。科技评估应由国家科技机构或是第三方科技机构承担，金融监管机构应仅提供监管需求来协助这些机构进行评估，而不是自己来评估。美国监管机构 SEC 认为科技评估不是金融监管机构的责任，美国纽约州金融服务局也同意，不能通过"监管沙盒"向参与机构给予特许权。美国人认为英国监管沙盒授予的特许权，对整个产业不公平，建议如果特许一家机构某种技术，整个产业应该都可使用同样的技术。

四是监管沙盒的容量有限，作用有限。监管沙盒规模小，沙盒内实体数量通常较少，英国监管沙盒每批测试机构仅以十位数计数。通过沙盒测试的公司数量更少，即使这样少的公司还有部分面临倒闭。监管沙盒已实施 5 年之久，只有 120 家公司通过沙盒测试，通过率低，流程慢。

由于监管沙盒在世界 50 个国家和地区实践过，该计划的评估非常重要。

二、监管沙盒的研究

本小节我们讨论最近两年各方对英国监管沙盒的评估。

1. 澳大利亚—中国香港—欧洲三个地区联合研究报告

2019 年年底，三个地区科学家联合发布了一篇名为《构建金融科技生态系统：监管沙盒、创新中心及其他》（*Building FinTech Ecosystems：Regulatory Sandboxes，Innovation Hubs and Beyond*）的论文，作者为 Ross

Buckley，Douglas W. Arner，Robin Verdit，Dirk A. Zetzsche。其中 Ross Buckley 是澳大利亚新南威尔士大学教授，并担任国际金融法讲座教授。他专门研究颠覆性创新与法律的关系，如金融科技、监管科技和区块链，他关注加密货币和央行数字货币。他发表的金融科技和监管科技领域的文章下载率在同类文章中最高。

这是澳大利亚、中国香港和卢森堡合作的研究项目。文中提到，目前世界上有 50 多个国家或地区开启了监管沙盒计划，还有许多创新中心出现。

文中提到开启监管沙盒有三个主要目的：

- 宣传政府对新技术的开放；
- 鼓励技术创新；
- 给监管人员学习新科技的机会。

但达到这些目的不一定需要采用监管沙盒。事实上，这些目的可以通过创新中心（Innovation Hub）实现，而非监管沙盒。监管沙盒已实施 5 年，只有 120 家公司通过沙盒测试，数量少、流程慢（据英国官方说法，有 1500 家公司申请，说明实施 5 年后只有不到 10% 的公司通过监管沙盒）。然而，一些通过监管沙盒的公司后来居然关门了，表明监管沙盒没有提供实质性的帮助。因而美国、德国和卢森堡不再实施监管沙盒。

文中指出监管沙盒成本高，因为需要管理申请、测试，还涉及法律方面的工作。每家参与机构都需要一事一议，工作量大，费用高。

文章批评监管沙盒制度不公平，参与沙盒计划者比未参与者拥有更多信息，可以得到更优惠的待遇。在国外，这种不公平现象是不能被接受的。但是，监管沙盒的设计就是为了让沙盒里的参与者比在外面的未参与者拥有更多的信息和优惠，因为沙盒里的团队可以和监管机构直接沟通。这种不公平沟通，给沙盒参与者提供了极大市场优势，若未参与者不满这种优势，则可能会引起法律纠纷。

文中收集的数据分析显示，现在没有证据可以证明监管沙盒是金融科技最好的制度。因为监管沙盒耗费资源，他们建议应该受到重视的是创新中心，而不是监管沙盒。

文章还提出有其他方式可以达到监管沙盒的目的，比如“集体科技批准”（class waiver）方式，例如认定区块链技术可以使用，监管机构可直接批准某区块链技术在某些领域进行应用，不需一事一议。“集体科技批准”所需费用低，且公平。

2. 美国对监管沙盒制度的评估

美国版的监管沙盒和英国差不多。美国只有联邦金融消费者保护局（Consumer Financial Protection Bureau，CFPB）试过监管沙盒，而该局的监管沙盒是由 Dan Quan 领导。他在实践监管沙盒后，提出尖锐的意见。

美国金融科技监管专家 Dan Quan

Dan Quan 是美国金融科技监管领域的著名专家，在美国联邦政府实践监管沙盒，他擅长监管政策，特别是高科技监管，是多家知名智库的顾问。他是美国联邦金融消费者保护局局长的高级顾问，专门研究和实践金融科技监管。他也参与英国央行的全球金融创新网络联盟 GFIN（Global

Financidl Innouation Netyrk）项目，在这以前，他在哈佛大学和牛津大学从事相关研究工作。

Dan Quan 在尝试过监管沙盒后，在美国银行家（American Banker）还有斯坦福大学（Stanford）慈善和民生社会研究中心（Center on Philanthropy and Civil Society PACS）网站发表相关文章，下面我们分段阐述。

（1）金融监管机构不应该从事科技评估

美国 SEC 认为金融单位应该从事金融监管，不应进行科技评估，也不是科技创新单位。所以，由监管单位评估科技，像英国监管沙盒一样，就是非专业人员进行专业的工作。而且监管单位没有科技评估的责任，根本不应该从事科技评估。

观察讨论

美国批评得正确，打到英国监管沙盒的要害。问题是为什么一向遵循规矩的英国监管单位会提出这样的制度？一个原因是英国监管单位 FCA 隶属于英国央行。2015 年英国央行决定大力推广数字英镑，需要学习新科技，于是 FCA 开启监管沙盒，希望可以助力于推广数字英镑。这后来也成为其他国家严厉批评英国的原因。因为其他国家的监管单位不一定隶属于央行，没有责任学习新科技。因而认为英国在搞“阳谋”，为了学习新科技，以监管名义找企业到央行示范演示，让英国央行可以进行学习。

支持监管机构与被监管机构公开对话的美国证券交易委员会（SEC）委员海丝特·皮尔斯（Hester Peirce）担心，如果监管机构“助力或是主持沙盒计划”，监管机构实际上可能扮演科技守门人（gatekeeper）的角色，而守门人机制会减缓甚至停止创新（因为监管人员不懂科技）。这清楚表示 SEC 认为监管沙盒不一定鼓励创新，反而会降低创业者创新的意愿。

监管沙盒的主要目的是“金融科技评估”，和传统“金融监管”不同，由传统监管机构（例如美国证券交易委员会）来对他们不熟悉的科技进行评估是不适合的。科技评估应该由国家科技机构或是民间第三方科技机构评估，金融监管机构应该仅提供监管需求来协助这些机构，而不是自己来评估科技。

（2）监管沙盒不是法外之地，这样的项目犹如儿戏

前纽约金融服务部（New York Department of Financial Services）主管玛丽亚·瓦洛（Maria Vullo）2018年8月用一句名言来形容美国财政部在美国实行英式监管沙盒制度，“幼儿在沙盒中玩耍，大人遵守规则。”（Toddlers play in sandboxes.Adults play by the rules）主管玛丽亚·瓦洛认为所有公司都必须遵守已经定下来的法规，反对监管沙盒制度允许参与公司破例，认为这样的监管犹如儿戏。监管沙盒对参与单位发“弃权书”（Waivers）或不采取行动（No Action Letters）信件，就是监管单位公然违法的行为，连已经定下来的规则监管单位都可以自己放弃不遵守吗?

如果大家知道她说话的背景，就会明白她为什么那么强烈反对：

1）美国纽约州已经建立一些加密货币法规。当时为了建立这些纽约监管法规，纽约金融服务部花了大量精力和时间。这些制度的建立非常不容易。问题来了，如果实施监管沙盒，监管沙盒可以给参与公司特权，相当于刚建立的规则可以被监管沙盒放弃。这真是儿戏。

2）她这话是针对美国财政部提出的在美国实施英国式监管沙盒制度。一个地方金融监管单位，对中央政府财政部的提案，提出那么强烈的反对意见，勇气可嘉。

最重要的一件事情是，她提出监管沙盒不是法外之地的观点使整个监管沙盒制度破产。当大家了解到监管沙盒制度是法外之地的时候，监管沙盒制度就必须停止，需要建立其他制度来达到科技评估的目的。

Maria Vullo 反对监管沙盒制度，因为这会违反法纪

（3）监管沙盒没有考虑消费者利益

《金融时报》（*Financial Times*）发文称："金融科技沙盒"对消费者来说是有害的监管方式，消费者团体压倒性地反对监管沙盒。监管沙盒主要考量的是监管机构和被监管机构，消费者权益没有被认真对待。同时，美国消费者团体看到监管沙盒可能被滥用。

下面是中国对消费者的一些基本保护机制：

- 系统有具体个人金融信息保护机制；
- 金融产品和服务信息披露机制；
- 提供自动化金融产品和服务信息查询机制；
- 提供第三方金融消费者风险等级评估报告；
- 提供金融消费者投诉受理、处理机制；
- 提供金融知识普及和金融消费者教育机制，包括线上和线下活动；
- 提高内部金融消费者权益保护工作考核评价机制；
- 提供金融消费者权益保护工作内部监督和责任追究机制；
- 具有金融消费纠纷重大事件应急机制。

美国消费者反对监管沙盒的态度是明显的，为什么？只要看一下监管沙盒的目的就能明白。监管沙盒的三个目的：宣传政府的开发态度，鼓励创新，向监管人员提供学习新科技的机会。第一个目的关系政府名声，第二个目的针对企业，第三个目的针对监管人员，其中有哪个和消费者有关？（可以和上面消费者保护机制比较一下）更别提以消费者为中心，最多是边际效应而已。如果该计划与消费者无关，消费者不会愿意买单，如果英国监管机构想学习新技术，英国监管机构应该自己买单。

两份英国经验报告（2017 年和 2019 年）也是从监管机构的眼光来写，没有从消费者角度来评估。这两份报告明显地在谈新科技，代表英国监管单位认真学习了。

（4）监管沙盒制度空洞没有实际内容

Dan Quan 认为监管沙盒计划就是闪亮的玩具，虽然大张旗鼓，但没有实质内容（sandboxes are nothing but shiny toys with lots of fanfare and no substance）。监管沙盒没有科技指标，没有科技内涵，在此情形下，规定还非常宽松，不同人可以作出不同解释，甚至可以有完全相反的解释。

（5）英国监管沙盒成功案例少

美国人还发现监管沙盒成功案例远少于失败案例。英国官方媒体只报道成功的案例，但是美国却认为失败的案例比成功的案例多得多。美国人认为精心设计的监管计划应该要促进创新和保护消费者，但是由于英国的监管沙盒计划内容空洞，因此这方面起不了作用。

（6）监管沙盒注重解决边缘问题

Dan Quan 指出英国发展监管沙盒的真正原因是“监管不确定性和监管恐惧”（说白了就是监管人员对新技术没有把握，不敢作决定），但是他认为监管沙盒计划也无法降低“监管不确定性和监管恐惧”。美国人尝试监管沙盒后，发现监管不确定性的问题非常少。绝大部分问题其实有确定性。根据这些确定的因素，监管机构早就可以作决定了，其他无法确定的因素就算不明白相关科技，也可以作判断，不需要开启监管沙盒计划。为了这些少数不确定性的因素来开启监管沙盒，对被监管机构、监管机构和消费者而言，都是不负责任的社会资源浪费。

Dan Quan 认为如果监管机构对快速发展的金融科技市场缺乏扎实的了解，监管沙盒也将无法正常运作，解决不了这些问题。监管沙盒不应该狭隘地专注于发行“弃权书”（Waivers）或不采取行动（No Action Letters）的信函（这样被监管者可以进行实验和测试），现在许多人错误地认为这是监管沙盒唯一该做的事情。

（7）不能盲目跟随潮流上马监管沙盒

因为监管沙盒耗费资源大，启动和运行沙盒应该非常慎重。根据联合国秘书长普惠金融促进发展特别倡导者（UNSGSA）委托编写的一份报告，“大约 1/4 的监管机构在没有首先评估可行性、需求、潜在结果或附带影响的情况下启动了沙盒计划。”

（8）应验证监管沙盒的科学性和有效性后才进行推广

美国还就英国监管沙盒的科学性提出批评，即英国没有从事任何实验，（如果有，实验设计在哪里？）也就没有数据来证实监管沙盒有效。英国只有经验报告（里面谈的是新科技的示范），但“经验报告”不是科学实验或是研究报告。在既没有科学实验也没有数据的情况下，英国就推广该制度，这是对英国以及全世界都不负责任。如果要推行一种药品或一项制度，必须经过严格实验，有大量数据做支撑证实制度真实有效后，才投入资源大量使用；如果没有办法获得大量数据，也需要长期跟踪这些案例并详细分析。

（9）根本问题在于监管沙盒没有研究出好的规则就开始运作

Dan Quan 不仅批评，还提出了解决方案，他认为“一个灵活且有明确监管审批的路线”才是正道。如果有明确监管审批的路线，监管机构和被监管机构都可以事先评估能不能通过，并且双方可以事先进行准备。这样才能对被监管者提供指导和帮助，才是创新的最佳途径，不是简单粗暴且内容空洞的监管沙盒制度。英国 FCA 不花时间研究制定这样的制度，而只是开启监管沙盒计划，就是不负责任。毕竟，监管沙盒制度只是一个临时性解决方案，把它当成最佳监管制度是不切实际的。

（10）英国基金接受美国的批评

英国 Nesta 基金承认美国的这些批评。

FINANCE / FUTURE OF FINTECH 2019

Taking the next step in sandbox evolution

The Financial Conduct Authority's sandbox, which has successfully cultivated UK innovation in fintech, must evolve if it is to remain relevant in a fast-moving sector

BY MICHELLE PERRY – SEPTEMBER 29, 2019　　RCNT.EU/547

2019 年 9 月英国承认监管沙盒有进步空间

在文中，Nesta 认为：“虽然 FCA 沙盒制度取得了成功，但是还是受到一些批评，……质疑对通过沙盒的机构所作的评估以及之后的发展。这是全世界监管沙盒面临的问题。……在任何地方，对任何此类项目都没有有力的证据或评估。除非与参与机构交谈，否则很难发现其中的一些好处或其中的局限性。我们认为这是个大问题。”

（原文为“Despite the success of the FCA sandbox, it is not immune from criticism, ⋯ questions the level of evaluation done on firms going through the sandbox and what happens to them afterwards. But this is an issue for sandboxes around the world, he says⋯.There is very little robust evidence or evaluation that gets done on any of these kinds of programmes anywhere. Without doing interviews, it's very difficult to uncover some of the benefits or the underlying limitations. And we think that's a big issue," says Mr.Armstrong.)

仔细读后，就会发现Nesta认为监管沙盒有下面问题：

- 监管沙盒计划遭到抱怨，并且抱怨背后的问题是真实存在的；
- 不清楚在英国监管沙盒项目里，对参与机构系统到底进行了什么程度的评估；
- 不清楚通过监管沙盒测试对参与机构有什么好处，这些机构后来的发展也不清楚。事实上，一些通过沙盒的公司后来倒闭了；
- 英国没有对监管沙盒制度进行系统性的评估，但世界也没有任何机构评估过任何一个监管沙盒制度。（这也表示美国人的批评也只是美国人的"意见"，不是科学的研究报告）；
- 这些监管沙盒问题是全球性的（an issue for sandboxes around the world），不只发生在英国。

英国下一步计划就是和其他国家的监管机构合作全球金融创新网络（Global Financial Innovation Network，GFIN）。注意，英国不再用"沙盒"和"监管"这两个词，在新计划里，只重视合作和创新。

3. 监管沙盒测试计划没有遵守软件工程原则

在英国监管沙盒计划里面的测试，只需要参与机构系统测试3到6个月，但是测试数据由参与机构提供（不是由FCA提供，也不是由第三方机构提供）。这是什么测试？软件工程的测试需要：

- 由独立的第三方进行测试（Independent Verification & Validation），第三方必须有软件测试的能力，可以使用任何测试方法；
- 测试必须有测试覆盖率（Coverage Testing）的保证，而且可以有多个覆盖率指标；

• 持续测试（Continuous Testing），软件测试必须一直进行。

而英国央行的监管沙盒测试：

• 不是由第三方进行测试，测试数据由被监管的科技公司提供，这就不是软件工程定义的测试，按照软件工程定义，这只是“软件演示”。与之相反，美国波士顿的金融科技沙盒公司（FinTech Sandbox）是由客户方（这是独立第三方）提供数据来测试沙盒里的系统。这才是正确的做法。

• 没有测试覆盖率，例如美国政府NASA使用MC/DC（Modified Condition/Decision Coverage）测试覆盖率标准，如果系统测试没有达到这些指标，系统不能通过测试。系统测试如果达到这些指标，表示系统有一定的质量。这些覆盖率标准和系统都没有任何关系，只要是软件，这些覆盖率标准都可以用。FCA可以使用这些已经发布的测试覆盖率。监管沙盒没有指定测试覆盖率，代表系统通过监管沙盒测试不能代表系统有任何质量保证。

• 没有持续测试。监管沙盒只有3到6个月，就算沙盒里有严格测试，一旦参与机构的软件通过沙盒测试，沙盒就失去实际效用，因为以后的软件更改都不在沙盒内进行持续测试。

今天如果一个机构通过监管沙盒测试，拿到英国FCA沙盒证书，这能代表什么？这只代表软件可以演示，不能代表软件有质量保证，因为没有任何客观科学指标可以表示。如果以后该系统在市场上运行出了问题，谁来负责？是软件公司吗？但是软件公司会认为以前花了大代价（资源和时间）才通过FCA沙盒，FCA也发证了，如果出事，英国FCA怎能没有责任？但FCA愿意承担这个责任吗？

三、产业沙盒的发展历史

产业沙盒不同于监管沙盒，由行业自发成立，设虚拟测试环境，整个产业都可以用。可以在区块链产业沙盒上测试区块链底层和区块链应用。区块链不能只要测试，还要（在线）监测。

下图是英国 Innovate Finance 报告展示的“产业沙盒”系统，可以看到现在已完成的产业沙盒并不多。

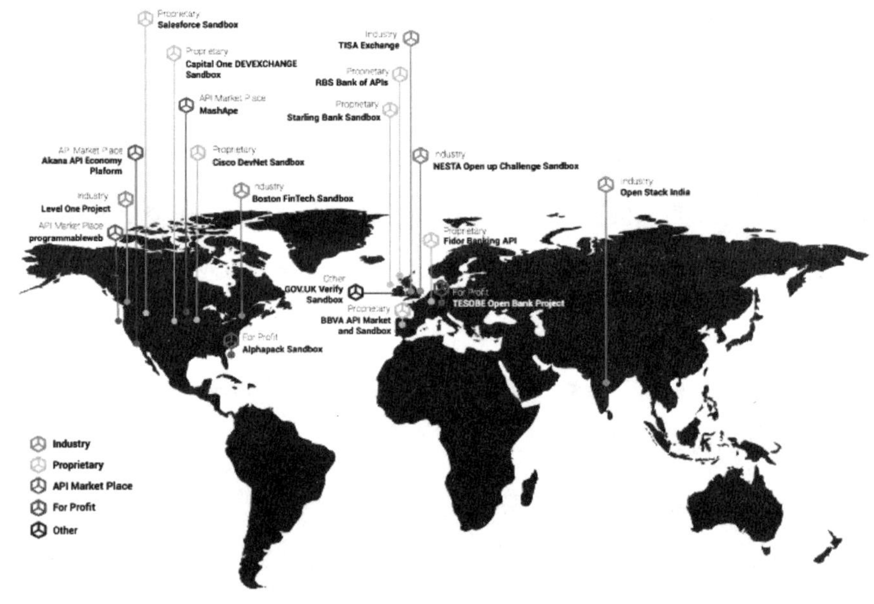

（来源：Innovate Finance ）

1.FinTech Sandbox

这是美国波士顿一家非盈利组织，它提供数据与基础设施环境给金融科技公司，让它们在上面开展实验。该沙盒公司有 70 个初创公司加入，46 个合作伙伴，其中 30 家公司提供金融数据，4 家提供基础设施，12 家公司提供加速器。

据报道，FinTech Sandbox 现有 2300 多个会员，参与者不需付费，费用由沙盒公司赞助者提供。赞助者包括 Fidelity、Thomson Reuters、Silicon Valley Bank、Intel、State Street Bank 等。该非盈利组织其实有盈利模式。当赞助公司发现一个初创公司确实有好的技术可被金融公司使用的时候，他们就会投资该初创公司。这样投资风险大大降低，因为初创公司的技术已经在真实环境下测试成功。可以说赞助费就是投资的预付款。

2. 美国 Level-One Project（leveloneproject.org）

美国 Level-One Project 公司是由微软创始人比尔·盖茨和夫人梅琳达（Bill & Melinda Gates）创立的，它用来连接通信公司、银行以及金融科技公司，能够建立一个交互协议及沙盒系统。

这个系统虽然面向全球，但主要集中在非洲与亚洲。下图展示了 Level-One Project 的示意图，上面既包括一些传统的公司，也包括中央银

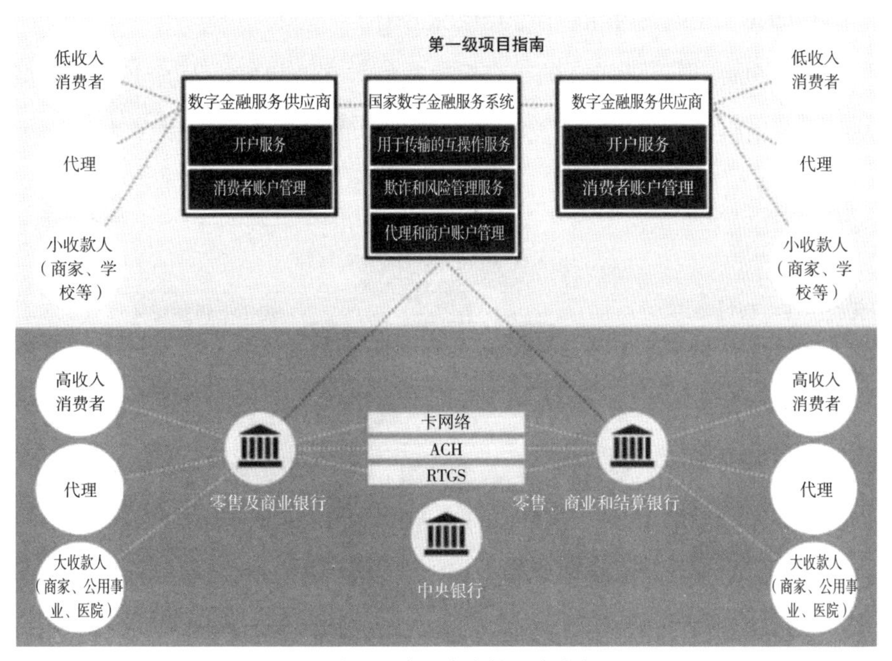

Level-One 项目就是建立一个国家支付系统（来源：Level-One）

行还有各种银行，图片列出了 Level-One Project 的一些参与者和设计者。从图中可以看出其建立了一种全新的金融基础设施，让参与者可以开展支付及其他银行业务。

Level-One Project 的沙盒案例主要是为生态系统中的客户（主要是银行、通信公司和金融科技公司）开发软件，有 3 个移动钱包、1 个交互服务、1 个支付者以及 1 个银行，其 API 可以下载，使用这些服务需要交费。不过理论上它是非盈利的，收费只是将成本收回。

在介绍该项目时，项目团队自己提出了一个重要问题，就是为什么该项目没有使用区块链技术？他们自己回答真正的原因是项目开展的时候，区块链技术还不够红，他们失去了使用区块链技术的机会。如果大家仔细研读会发现，该项目的目的和数字代币的目的非常像，就是在国际体制中建立一个支付系统。

3. 印度 India Stack（indiastack.org）

India Stack 是产业沙盒的一个重要案例，它的初衷是为了让 12 亿印度人参与金融科技创新。它非常庞大，拥有全世界最大的开放式 API 软件，

India Stack 的支付系统（来源：India Stack ）

包括 ID 和 eKYC 等，主要注重数字标准化。它是印度人的骄傲，可以让超过 10 亿的印度人上线，具备身份证、转账和数据准许等功能，这是许多世界大型系统都做不到的。

几年前印度强制让面额 500 卢比和 1000 卢比的纸钞从市场上退出，这些纸钞都变成了废纸，在印度社会中产生了巨大影响。印度为什么能做到呢？因为他们有 India Stack 的支持。India Stack 可以让全印度人都能享受支付和转账的银行业务，它是一个非常积极而且大胆的项目。

India Stack 数据许可系统（来源：India Stack）

India Stack 不只是身份和支付系统，也有数据许可机制，该机制建立在数字身份系统上面，当数据从供应方到使用方的时候，数据拥有者必须提供数字签名才能准许供应方提供数据。几年前 India Stack 就已上线，但非常可惜，因为当时区块链技术没有流行，它没有采用区块链技术，而像身份证、KYC、支付和许可机制等恰恰是区块链的强项。

4. 中国泰山沙盒系统

泰山沙盒系统由中国天民（青岛）国际沙盒出品，于 2017 年开始开发，现已进入第 3 代。泰山沙盒主要为区块链和金融科技服务，可以测试区块链底层协议的能力，例如共识机制、出块机制和加密机制等；另外泰山沙盒也可以测试区块链应用和金融科技应用，如支付、清算和版权等各种应用。

泰山沙盒拥有完备的沙盒准入技术评估指标模型与测试指标分层模型，用于指导沙盒监管测试工作。提供准入与审核平台、自动化测试平台、共识与交易跟踪系统以及安全与渗透测试工具集等测试与监管技术手段。例如泰山沙盒的测试底层共识机制使用追踪方式来收集数据，查验是不是拜占庭将军协议，并且把收集来的数据处理成可视化来检验协议。

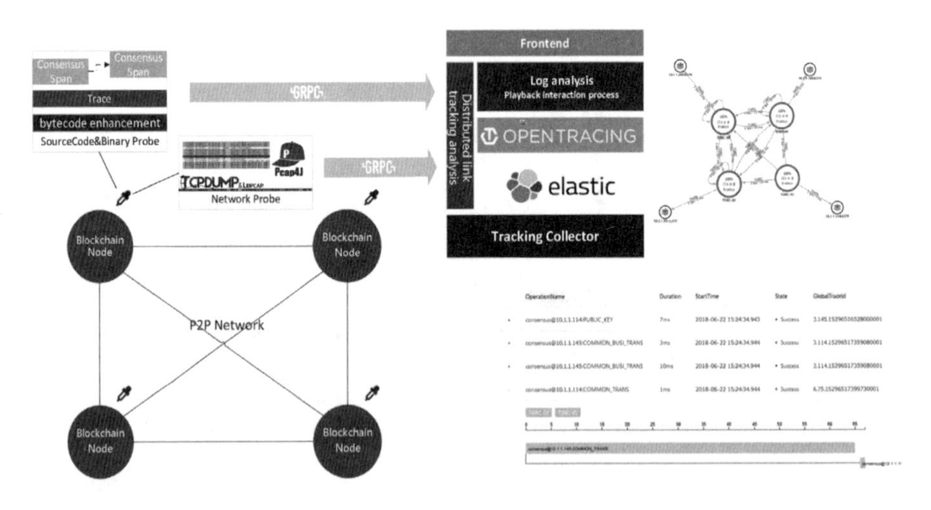

泰山沙盒共识和交易跟踪系统（来源：泰山沙盒）

自动化测试平台设计如下：

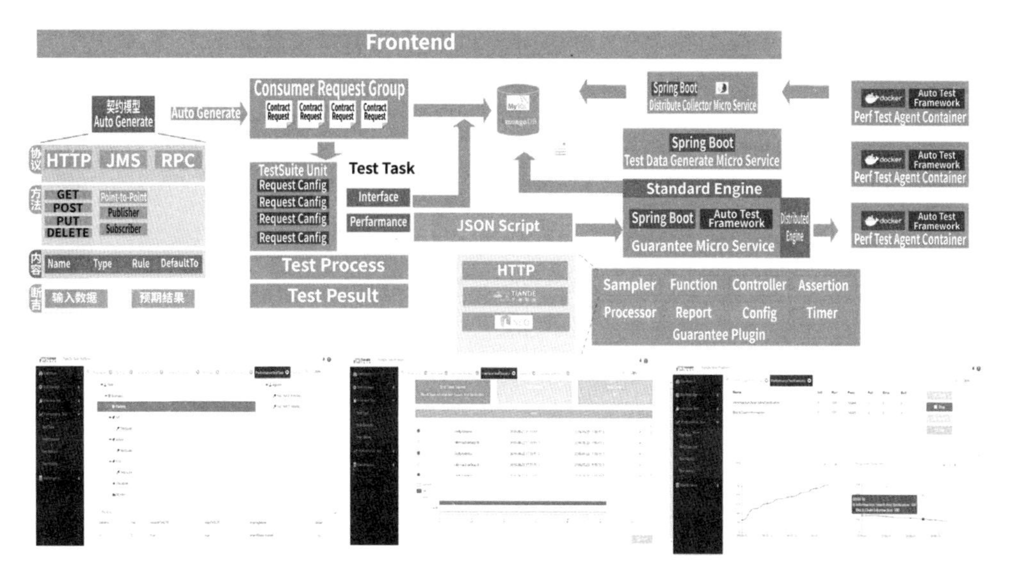

泰山沙盒支持测试不同应用（来源：泰山沙盒）

泰山沙盒不同于前三个产业沙盒系统，可以说是“测试+仿真环境+监测”沙盒。FinTech Sandbox 是“数据+运行环境”沙盒，主要提供环境和数据让初创公司实验用，并不提供测试功能。Level-One 和 India Stack 属于“应用+测试集成”沙盒，而且主要功能是应用，沙盒只是辅助。

5. 联合国国际民航组织沙盒计划

在国外最先采用区块链产业沙盒的是联合国国际民航组织（International Civil Aviation Organization，ICAO），它是联合国专门机构，于1944年设立，总部在加拿大，负责管理《国际民用航空公约》(《芝加哥公约》) 的行政和治理。其宗旨主要为以下几点：

- 保证全世界国际民用航空安全有序地发展；
- 鼓励和平用途的航空器的设计和操作艺术；

● 鼓励国际民用航空应用的航路、机场和航行设施；

● 满足世界人民对安全、正常、有效和经济的航空运输的需要；防止因不合理的竞争而造成的经济上的浪费；

● 保证缔约国的权利充分受到尊重，每一缔约国均有经营国际空运企业的公平的机会；

● 避免缔约国之间的差别待遇；

● 促进国际航行的飞行安全。

作为制定全球航空法规和标准的组织，国际民航组织让所有成员国、航空组织以及业界最重要的企业和其他领导者参与制定全球和行业议程。为更好地服务客户，国际民航组织开启区块链计划，参与的国家和航空公司非常多，并于2018年开启沙盒计划。下面是该组织关于区块链产业沙盒的网站介绍。

Search...

About ICAO | Global Priorities | Meetings and Events | Information Resources | Careers | UnitingAviation | Subscribe

ICAO / About ICAO / ICAO Partnerships / Blockchain Sandbox

About
Express Your Interest
Projects
SmartSky - Civil Aviation Data Intelligence and Information Systems
Safety Information Monitoring System (SIMS)
Blockchain Sandbox

Blockchain Sandbox

Description

Blockchain, as a publicly available and decentralized digital ledger that encrypts data into blocks of records which allows for a reliable and permanent method of storing data, can be used for the various permanent digital records that aviation requires.

These include:

- pilot logbooks
- aircraft maintenance
- passenger records
- financial transactions

国际民航组织的区块链产业沙盒

国际民航组织区块链沙盒运行在云平台上，使不同的合作伙伴能够在同一平台上处理。它是航空行业的区块链基础设施。它使合作伙伴能够在分散的平台上创建和测试服务、系统或产品。该沙盒接口定义如下：

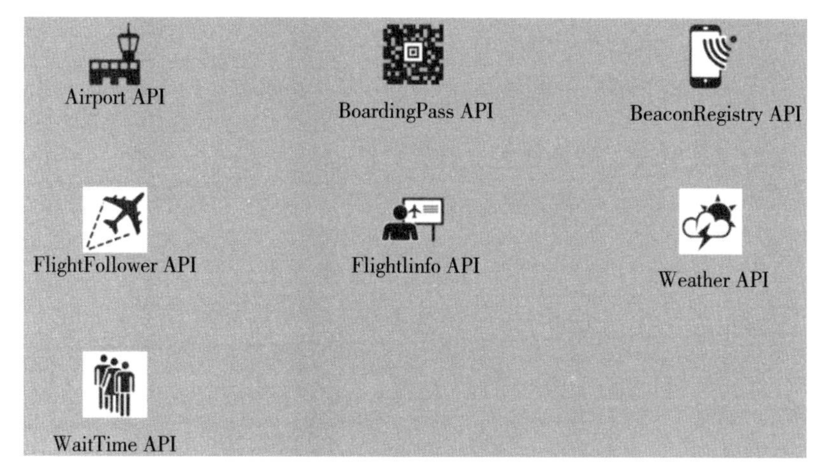

联合国国际民航组织指定的沙盒系统接口

沙盒主要目的为了记录以下四个内容：

- 试点日志 Pilot Logbooks
- 飞机维修 Aircraft Maintenance
- 乘客记录 Passenger Records
- 金融交易 financial Transactions

使用区块链可以消除伪造记录的可能性，并可以实现跨国家记录人员和飞机许可数据的系统。这个项目协助各国和民航组织，更好地了解如何在监管领域使用该技术。

通过该沙盒平台，国际民航组织可以：

- 提供适用、安全、随时可用以及可扩展的体系结构；
- 使用最小的物理空间，为相关企业设置一站式解决方案；

• 在区块链还未部署前，提供一个测试平台来降低部署风险。

2018 年国际民航组织开启区块链产业沙盒，8 月开始，9 月上线，10 月航空公司可以有节点。该沙盒只定义接口、验证算法和架构高层，但没有实现细节。在此标准下，仍然允许行业有创新，标准宽松但是严谨，很难作不同解释，验证更严格。

该沙盒系统是国际民航组织的基础设施，提供 APP 软件模版，使用该平台来治理民航业，另外社区也开放。这也是一个全球通用的应用平台，建立了一套全球标准的民航产业治理方式。

国际民航组织没有启动监管沙盒，直接开启产业沙盒。另外注意一下，该产业沙盒 2018 年 8 月启动，9 月就上线。如果启动监管沙盒，恐怕前 3 个月相关机构都还在申请加入沙盒，然后再过 6—12 个月后才能从沙盒测试通过。

6. 产业沙盒和监管沙盒比较

和监管沙盒相比，产业沙盒有以下特性：

产业沙盒和产业深度结合，鼓励创新

学习美国医药监管和联合国国际民航组织，定义接口和验证算法，鼓励业者在自由发挥创新的空间下开发系统。监管沙盒是通用的，实施时又是针对机构。产业沙盒却是针对产业，成本和影响大不相同。

产业沙盒是全球性的

国际民航组织的沙盒就是全球性的，不是地方性的。

产业沙盒保护政府和基金

监管沙盒只针对单个机构评估，如果以后出现问题，被评估机构和监管机构都会有法律纠纷。但产业沙盒却是全产业性的，可以避免政府和基金上当。例如 2019 年，已有美、英、韩、中国内地、西班牙、加拿大、中国香港等国家和地区或是基金使用泰山沙盒来评估区块链项目，而且很快就能了解项目是否创新、是否真实，这样避免政府（基金）支持（投资）虚假项目。区块链的矛（创新项目）和盾（产业沙盒）需要一起发展，不能只发展矛，否则又会像过去一样“危险无序”，无法达到“安全有序”的发展。

中心化管理，没有“去中心化”

产业沙盒没有采用“去中心化”的方式，而是让参与机构自由提供测试数据，中心机构自己定标准、协议和数据，参与机构需要服从。中心化的组织使用分布式的机制来管理。

产业沙盒和标准绑定，互相支持

产业沙盒和标准是一致的，互相支持。笔者 2019 年提区块链 10 大研究方向时也指出，沙盒和标准应绑在一起。标准没有产业沙盒，只有参考价值，产业沙盒坚持的标准必须是“可行动的”（actionable），即可以自动验证的，这和只能参考的标准有巨大差距。

区块链、沙盒、标准最后都金融化

国际民航组织除推出区块链产业沙盒和标准外，还推出金融产品 NDC。美国 FDA 也一样，除了推出参考架构（标准）、验证算法外，还允许在区块链网上推出金融产品，例如保险和药物的业务。

没有一事一议，没有不同的评估和测试标准。

产业沙盒不需要律师参与评估，只有科学和客观评估，任何机构可进行公开测试。产业沙盒也开放社区一起开发。

传统监管沙盒与新型产业沙盒比较

	传统监管沙盒	新型产业沙盒
一事一议	一事一议，制度松散	标准相同，没有一事一议，制度工具化，工具保证质量
沙盒科技	没有科技含量	大量科技，可以使用测试、仿真、云、监控、区块链、大数据、人工智能和形式化方法等技术
评估和测试人员	评估和测试由参与监管人员决定，不同监管机构人员容易有不同解释	评估和测试由自动化系统完成，尽量减少人为参与，对监管的解释已经代码化，公平又公开
律师参与	一般律师都会参与，还有一些国家或是地区监管沙盒大部分行为和法律相关，以至于大量时间都在探讨相关法律问题	不需要律师参与评估和测试，有法律纠纷的时候才需要律师参与。相关法律问题需要在产业沙盒开始前完成
行业标准和沙盒	比较难产生行业标准	行业标准可以用沙盒实现，来测试区块链应用是否符合产业标准
行业标准定义	没有定标准，不适用	只定义架构、接口和测试算法，其他开放，业主可以创新
金融化	比较难金融化，除非原来就是金融产品	上链后，容易往金融方向发展，即使原来应用和金融没有关系
和监管机构交流	科技公司可以借沙盒和监管机构谈话，但是被强烈批评不公平	科技公司可以和监管机构谈话，内容公开
目的	“学习”新科技，因为监管机构人员不了解新科技	监管机构仍可以学习新科技，但监管为第一目的。产业沙盒不只向监管人员提供好的学习平台和数据，也向大众提供。因为知识已经代码化，知识更加系统化和组织化
适用范围	国家性、地方性，例如英国监管沙盒只在英国实施，日本监管沙盒允许外国机构参与但还是日本国家沙盒，不是全球沙盒	国际性，全球都可以使用，国际民航组织沙盒全球可用，没有国家限制
工具	可以不使用工具，或是使用不同工具评估类似项目	在一个领域内，使用同一工具，保证公平

续表

	传统监管沙盒	新型产业沙盒
走后门的机会	容易有，因为都是以会议决定，连测试都没有统一标准。在中国国情下，容易走后门，讲人情	很难有，测试结果自动记录在区块链上，测试人员和测试软件也存在于区块链上，从事评估和测试人员的行为也记录在案，很难有猫腻行为

四、联合国民航组织产业沙盒分析

1. 哈佛大学模型分析：这是一个产业转型项目

创新性高：该项目是一个旅游产业应用项目，和世界航空公司进行合作。

复杂性高和协调度好：参与的单位非常多，包括航空公司、旅行社、银行等，参与人非常多，全世界旅行的人都可以参与，参与单位多，参与地点多（全世界），参与人员多，参与商品多，活动时间实时，这样的参与规模对协调度要求非常高。参与人员包括监管单位人员、航空公司职员、旅行社职员、旅店职员、飞机场职员等。

根据哈佛大学的评估方法，这是一个高价值转型式的项目，一个改变产业的项目，也是个值得投资的项目。

2. 麦肯锡布局模型评估：联合国民航组织采取了正确路线

分析区块链在一个产业的战略地位：联合国民航局比国家民航局站在更高的位置，有战略高度。

分析区块链在该产业生态会产生什么影响：该项目带动世界民航界开始使用区块链，影响大。

分析如何建立产业标准：全世界机场的服务大同小异，客户需求相似。

分析如何克服监管的困难：联合国民航组织就是一个世界协调组织。

合作—竞争关系必须处理好：这个问题在这个项目中不难，因为由联合国组织带头。

科技进步领导新科技基础设施：这个项目引发两个重要问题，是非常好的投资项目。

联合国民航组织是市场领导者：根据麦肯锡模型，联合国民航组织是市场领导者，所以他们应立即采取行动，以保持自己的市场地位，并抓住机会制定行业标准。

项目价值在于降低成本：短期内，该项目不会降低成本。

资产需要能够数字化：这里的“资产”是客户旅行的服务，例如登机服务，这些可以轻易数字化。

合作—竞争关系必须处理好：参与的航空公司可以合作。

解决产业痛点：这里的产业痛点是众多航空公司参与，每个公司都有自己的标准，而且，地球是圆的，一天 24 小时，一年 365 天，都有飞机在飞。

不需要去中介化：该项目原来的参与单位都还在，没有任何单位被踢出出局。

登记产业：这是旅行业务，但是大部分工作是登记信息，根据麦肯锡模型，这是最好的应用之一。

根据麦肯锡模型，这是一个好的项目。

3. 区块链产业三阶段模型分析：深度融合模型，可以进入转型模型

根据相关章节模型内容，这是一个深度融合模型。直接进入第二阶段，没有先经过第一个阶段。

- 建立产业沙盒：联合国民航组织提供所有航空公司都可以遵守的

API，建立产业沙盒；

- 制定区块链实践制度：由联合国单位带头，可以制定国际制度；
- 使用网站：大量使用网站；
- 开启地方区块链实验：2018 年开始实验；
- 公开讨论：大量的讨论可以在网上读到；
- 制定标准：项目制定了可以行动的标准；
- 国际合作：该项目就是国际合作项目；
- 全球视野：项目一开始就是联合国标准；
- 矛和盾一起发展：项目矛和盾同时发展；
- 权威组织带头：由联合国单位带领；
- 生态合作：在联合国组织领导下，全球航空相关单位可以也会参与；
- 互联网思维，全球竞争：项目一开始就为国际竞争作准备；
- 转型模型：项目可以成为转型项目。

◎ **金融活动：**项目计划以此系统做机票交易。

◎ **建立世界区块链民航标准：**非常容易成为全球标准，掌握话语权。

◎ **建立民航区块链产业帝国。**

本章总结

英国监管机构 FCA 2015 年提出沙盒制度，并且试行监管沙盒，至今已有 5 年，遇到的最大困难是在法理上站不住脚，监管沙盒不是法外之地，英国监管单位不能自己带头从事违法行为，也不能特批参与单位从事违法行为，但是监管沙盒制度就是 FCA 特批参与单位从事法律不许可的商业活动。这使整个监管沙盒制度破产。

其他问题也很严重，例如非专业的人不应该从事专业的工作。明明是金融监管单位，不是科技评估单位，为什么金融监管单位从事科技评估工作，以外行领导内行？

英国央行是这次区块链金融的领头羊，在这个领域有许多创举，有些方面成功，如数字英镑计划。但也有一些项目并不是很成功，例如监管沙盒制度。该制度不科学、不公正、不好用，而且成本高。

综合美国、英国、澳大利亚和欧洲等国家和地区的研究报告，监管沙盒有以下目的（前三个是英国提的），而这些目的都可用更低成本的方式来实现。

监管沙盒的目的	替代方法
宣传监管机构开放态度	政府可以公开发布政策
鼓励创新	政府可以发布政策，开启“集体科技批准”的制度，例如在金融和其他领域使用区块链，打开区块链金融应用大门 建立研究院，专门收集相关创新知识库，跟踪新发展
监管人员学习新科技	监管机构安排培训课程学习新科技，费用更低，时间更短，更有实效，学习成绩成为人员考核标准之一
严格测试	建立产业沙盒，保证科学、客观及自动地进行测试和评估 使用第二项开发的数据库来评估新项目是不是真的创新，泰山沙盒 Compass 已经提供该功能，从网上自动收集公开信息 测试和评估标准公开 第三方独立测试和评估，测试和评估结果放在区块链上，避免作弊 建立软件测试涵盖标准 鼓励大众贡献测试科技

续表

监管沙盒的目的	替代方法
新监管评估制度	建立在不确定环境下，监管机构还能够作出正确判断的监管制度，不能因为监管人员不懂新科技就不敢评估或是判断 监管评估流程记录在区块链上，保证公平，避免猫腻 建立和公开相关知识库，收集资料
监管机构和企业交通	建立公开网站，一旦有新指示，整个产业都可以同时收到同样信息，任何人都可以实名提问，问题和回答公开，保证公平性
消费者意见	建立消费者意见公开网站，消费者实名提建议，监管机构回答都公开放在区块链上

中国是第一个开发区块链产业沙盒的国家，但美国和联合国却率先大量使用产业沙盒；中国 2017 年开始谈监管沙盒。但今天监管沙盒已被多个国家认定存在问题。我们应该当机立断，放弃英式监管沙盒，走向产业沙盒。

产业沙盒可以使中国区块链产业领先世界。毕竟，中国是世界上第一个完成区块链产业沙盒的国家。

参考文献

[1] 蔡维德、姜晓芳:《数字法币战争：英国仁兄大闹联储，哈佛智库模拟战争》，2019 年 12 月 26 日。

[2] 蔡维德、姜晓芳:《不破不立 ——解读习总书记对区块链的指示》，2019 年 12 月 16 日。

[3] 蔡维德:《区块链 10 大研究方向》，2019 年 12 月 8 日。

［4］蔡维德、姜晓芳：《复兴百年英镑的大计划 ——揭开英国央行数字法币计划之谜》，2019 年 10 月 29 日。

［5］蔡维德、姜晓芳：《基于批发的 CBDC 数字货币重建全球金融体系》，2019 年 10 月 1 日。

［6］蔡维德、姜晓芳：《十面埋伏，商业银行真的要四面楚歌？——解读 2019 年 IMF 的“数字货币的兴起”报告》，2019 年 9 月 21 日。

［7］蔡维德、姜晓芳：《基于批发数字法币（W-CBDC）的支付系统架构：Fnality 白皮书解读》（上），2019 年 10 月 6 日。

［8］蔡维德、姜晓芳：《批发数字法币重构金融市场：Fnality 白皮书解读》（下），2019 年 10 月 8 日。

［9］蔡维德：《真伪稳定币！区块链需要可监管性》，2019 年 5 月 28 日。

［10］蔡维德、姜晓芳：《区块链行业崛起，这次真的，但监管预备好没有？》（下），2019 年 4 月 23 日。

［11］蔡维德、姜晓芳：《区块链行业崛起，这次真的，但监管预备好没有？》（下），2019 年 4 月 16 日。

［12］蔡维德：《监管沙盒 2.0 和产业沙盒经济学》，2019 年 1 月 10 日。

［13］蔡维德：《产业沙盒与区块链技术测评》，2018 年 9 月 2 日。

［14］蔡维德：《区块链产业沙盒可成金融创新产业最大推动力》，2018 年 7 月 27 日。

［15］蔡维德、姜晓芳：《英国的新型金融监管科技有何不同》，2018 年 3 月 27 日。

［16］全球公链项目技术评估与分析蓝皮书，见 http：//www.tdchain.cn/tdchain/report201902。

［17］MichellePerry，Taking the next step in sandbox evolution，2019.09.29，https：//www.raconteur.net/finance/fca-sandbox-fintech.

[18] https ：//www.icao.int/about-icao/partnerships/Pages/Blockchain-Sandbox.aspx.

[19] https ：//www.developer.aero/Blockchain/Aviation-Blockchain-Sandbox.

[20] FCA，Regulatory sandbox lessons learned report，2017.10.20 https ：//www.fca.org.uk/publications/research/regulatory-sandbox-lessons-learned-report.

[21] https ：//www.forbes.com/sites/japan/2019/06/26/japans-blockchain-sandbox-is-paving-the-way-for-the-fintech-future/#2d89d7843279.

[22] Innovate Finance (UK)，"Industry Sandbox ：A Development in Open Innovation Industry Sandbox Consultation Report，" 2017.

[23] Quan Dan，A Few Thoughts on Regulatory Sandboxes，https ：//pacscenter.stanford.edu/a-few-thoughts-on-regulatory-sandboxes/.

[24] Ross Buckley，Douglas W. Arner，Robin Verdit，Dirk A. Zetzsche，Building FinTech Ecosystems ：Regulatory Sandboxes，Innovation Hubs and Beyond ，2019.11.5.

[25] Quan Dan，Here's what the CFPB's sandbox should look like，2018.9.13，

https ：//www.americanbanker.com/opinion/heres-what-the-cfpbs-sandbox-should-look-like.

第十八章

区块链监管沙盒模式构建研究

1. 英国在下一代沙盒计划 GFIN 中放弃“监管”，为什么？

2. 沙盒机制不应该是一次性的服务，而是长期的服务，为什么？如何进行长期性的监管与测试活动？

金融科技在这个时代已经成为提升国际竞争力的重要因素之一，如何更好地激励金融科技创新，以在国际竞争中占据一席之地，成为各国面对的新课题。金融科技的本质还是金融，在众多影响金融科技创新的因素中，金融监管无疑非常重要，适当的金融监管会助力金融创新，反之，则会压制金融创新。探求与金融科技相匹配的金融监管方式，完善与变革现有监管模式正成为各国刻不容缓的任务。

2019 年 10 月 24 日之后，中国各地再度掀起区块链研发和部署热潮，包括启动类似英国的监管沙盒计划。一方面，英式监管沙盒在实践过程中出现了问题，对此学术界和监管机构也进行了很多思考和探索；另一方面，中国和英国无论是法律体系还是国情都有诸多不同，显然不能照搬照抄英国的模式，而是应该基于中国的国情有选择、有策略地制定适合中国的监管模式。

一、监管沙盒的问题和解决思路分析

结合对英国监管沙盒的特点分析，以及美国监管机构、学术报告对监管沙盒的批评，我们总结出沙盒存在的问题，并提出针对性的解决思路。

沙盒存在的问题和解决思路

分类	问题	问题提出方	建议解决思路
沙盒环境（法律制度）	沙盒制度违法违规，所有公司都必须遵守已经制定的法律法规，但监管沙盒允许沙盒内的破例	纽约金融服务部，Guan	沙盒不是法外之地，不能破例，包括监管机构都必须守法合规
	沙盒制度违背公平竞争原则，沙盒内比沙盒外拥有更多的信息和优惠，因为沙盒内参与者可与监管机构直接沟通，且沟通内容不公开	Guan，Buckley，Allen	建立公开渠道和所有从业者交流，即使不是沙盒参与者，也可以学习，维持监管公平

续表

分类	问题	问题提出方	建议解决思路
沙盒组织和职责分工	金融监管机构不应该从事科技评估，认为这样以非科技人员对科技进行评估会阻碍科技创新	美国SEC，Guan	监管机构只负责制定发布监管指南、出入盒标准，科技评估可交给多方评估，包括行业协会、科技评估机构或科研院所，评估公开透明
	分业监管，但科技之于金融，是一对多的关系，即一种科技创新可同时应用于多种牌照业务，这时实施沙盒监管的应该是谁?	Guan，Allen	1）沙盒需要由一个金融监管委员会来管理，但一旦决定对某技术给予豁免，其他同样的技术也可以得到豁免，对沙盒的日常监督应该委托给最合适的监管机构 2）类似中国香港将香港金管局与香港证监会、香港保监局的监管沙盒相连接，提供一个跨行业的测试机制、一站式服务窗口，在多个监管沙盒之间建立金融科技连接点
沙盒目的	促进金融创新是沙盒目的，即使这种创新可能影响消费者保护和金融稳定	Guan，Allen	1）沙盒目的应为尝试新的监管方法来应对无法阻挡的金融创新趋势 2）强调消费者保护和金融稳定，任何关于监管沙盒的立法都应明确阐明旨在维护消费者保护和金融稳定的指导原则
	监管沙盒没有考虑消费者利益，沙盒现在主要是让监管人员学习新科技，制度上对被监管者和消费者不公平	美国消费者团体，Guan，Allen	1）沙盒就是评估科技，而不是设计来让监管人员学习新科技 2）监管机构开展问卷调查，咨询消费者需求，得到需求反馈，研究分析制定评估标准，向整个产业公开这些标准

续表

分类	问题	问题提出方	建议解决思路
沙盒内容	沙盒流程没有实质内容，规定非常宽松	Dan Quan，笔者	1）有公开、透明、详细的流程 2）有详尽的评估模板，全方位多维度评估，使评估全面化，不会遗漏重要事项 3）将应用分类（交易、支付、清结算），对应每个类别都有客观评估方法和工具 4）以结果来评估，在这框架下，即使不懂科技原理，只要清楚应得到的结果，也可进行科学、客观的评估
沙盒内容	沙盒只是行政流程，没有科技内涵和手段，没有科学系统化的方法验证，没有客观测试工具	英国 FCA，Quan，笔者	1）监管机构、科技公司和学术机构可推荐沙盒功能和需求，让熟悉科技的科技公司参与其中，运用科技手段来建立系统性的沙盒 2）在系统里，使用软件工程测试技术和标准（如采用 MC/DC 覆盖率），保证测试科学性及测试完整性 3）使用自动化工具保证客观性
	沙盒流程没有客观、量化的评估标准	Quan，Buckley，笔者	1)建立产业标准，经协会讨论后，建立评估通过原则，以及社区 2）通过众智方式贡献测试脚本和案例，对测试脚本和案例验证、分析和排名，这使沙盒测试科学化、系统化 3）学习美国 FinTech Sandbox 公司，通过共享平台让重要企业贡献应用场景和数据，大大提高沙盒的能力
沙盒对象	系统重要性机构被接受，如汇丰银行等，“大而不倒”，无助于市场竞争	Allen	重点鼓励中小机构创新，降低监管进入壁垒

续表

分类	问题	问题提出方	建议解决思路
沙盒结果	沙盒时间有限，系统测试只需6到12个月，通过沙盒就不再测试，沙盒对被监管者指导帮助作用不大，成功案例远少于失败案例	Quan，Buckley，笔者	持续性测试保证软件质量，建立产业沙盒
沙盒手段	沙盒专注于少量不确定性问题，发行弃权书（Waivers）或不采取行动信函（No Action Letters）	Quan	监管机构应根据确定性因素做出决策。沙盒重点应放在消除推出新产品的障碍上，沙盒既不发行弃权书，也不发行“不采取行动信函”，因为这违反法律，沙盒不是法外之地，不能给参与者特批
沙盒制度评估	没有从事任何实验，也没有数据来证实监管沙盒有效	Quan，Allen，Nesta	经过严格实验，积累许多数据分析确定有效后，才大力推广；即使无法获得大量数据，也需长期跟踪案例并详细分析
沙盒规模	沙盒规模很小，沙盒内实体数量通常非常少，功能局限在有限的参与机构，功能扩展性差	Guan，Buckley	采用其他替代方式，如“集体豁免”（Class Waiver），尤其是创新中心，通常会使更多的金融科技公司受益，而不受沙盒的严格限制。沙盒应被整合为创新中心的一部分，为生态系统的发展提供最大的利益
构建金融生态	沙盒耗费资源，需要新的立法和严格的监管风险管理	Guan，Buckley，UNSGSA	不能盲目上马监管沙盒，应针对性选择适合的方式

二、适合金融科技的监管沙盒模式

为解决上述问题，同时借鉴产业沙盒经验，我们提出一种新型的监管沙盒（山海关沙盒），沙盒就像一个平台，监管、技术和法律各方都能参与，各司其职、各尽其责，采用更科学严谨、公开透明且三段式全程覆盖的流程，使用科学手段来测试和评估。其中测试和评估部分可使用产业沙盒，依赖产业沙盒的测试、评估、分析工具，在现有监管沙盒基础上增加了科技内涵。

1. 指导原则

一是尽量自动化甚至智能化，减少人为干预，降低主观性或人为错误；

二是保证信息披露公开、流程科学合理，所有结果数据都上链，保证数据的真实性；

三是各尽其职，监管者制定监管规则，组织评估，技术公司做技术评估，第三方机构公开测试集；

四是集思广益，寻找尽可能多的解决方案。

2. 设计思路

一是物理、制度和科技相结合。监管沙盒又分为三个部分：

（1）物理沙盒，有物理空间，可以考虑以下四个方面：

① 公司注册：这会影响地方税收和产业发展、科技园区管理。不同政策会影响系统在沙盒的实验法规。如自贸区或试验区的特别进出口限制、特别税收、特别人才等政策会影响沙盒实验。

② 人员进驻：相关技术和管理人员等入驻，这会方便人员管理、培训和发展。

③服务器进驻：相关计算机服务器等进驻。2018 年 3 月美国 SEC 曾把一著名区块链公司服务器搬走，因为认为该公司作业不合法。这不能限制公链，但是对联盟链可以产生很大影响。因为中国会采取联盟链应用，而不是公链，会有限制功能。这些都是创新的思想。

④交易所进驻：今天许多问题都出在交易所，因此可让合法合规的交易所入驻物理沙盒以方便管理。客户钱包和账号可以由交易所和监管机构或沙盒园区共同管理，同时关闭不合法的交易所，禁止银行、金融机构和不合法的交易所连接。这是一些国外管理数字代币的制度，例如加拿大 CSE（Canadian Securities Exchange）交易所就是由政府监管机构直接运营的，也是加拿大唯一可以合法交易代币的交易所。这些都是创新的思想。

（2）制度沙盒：

该部分与传统监管沙盒（英国监管沙盒）一致，主要关注法律和制度问题。

（3）技术沙盒，又分四个层次：

① 没有产业沙盒；

② 有产业沙盒，但只可测试区块链底层；

③ 有产业沙盒，可测试区块链底层，也可测试区块链应用；

④ 有产业沙盒，可测试区块链底层，也可测试区块链应用，还可在运行时监测区块链系统。下文的山海关沙盒属于该层次。

3. 沙盒流程

同时，为了克服金融监管机构缺乏科技评估能力、沙盒内测试时间有限、无法持续性测试等局限性，笔者提出多方协作、各负其责的三段式沙盒，命名为山海关沙盒，分别从机构视角和时间视角展示，流程如下：

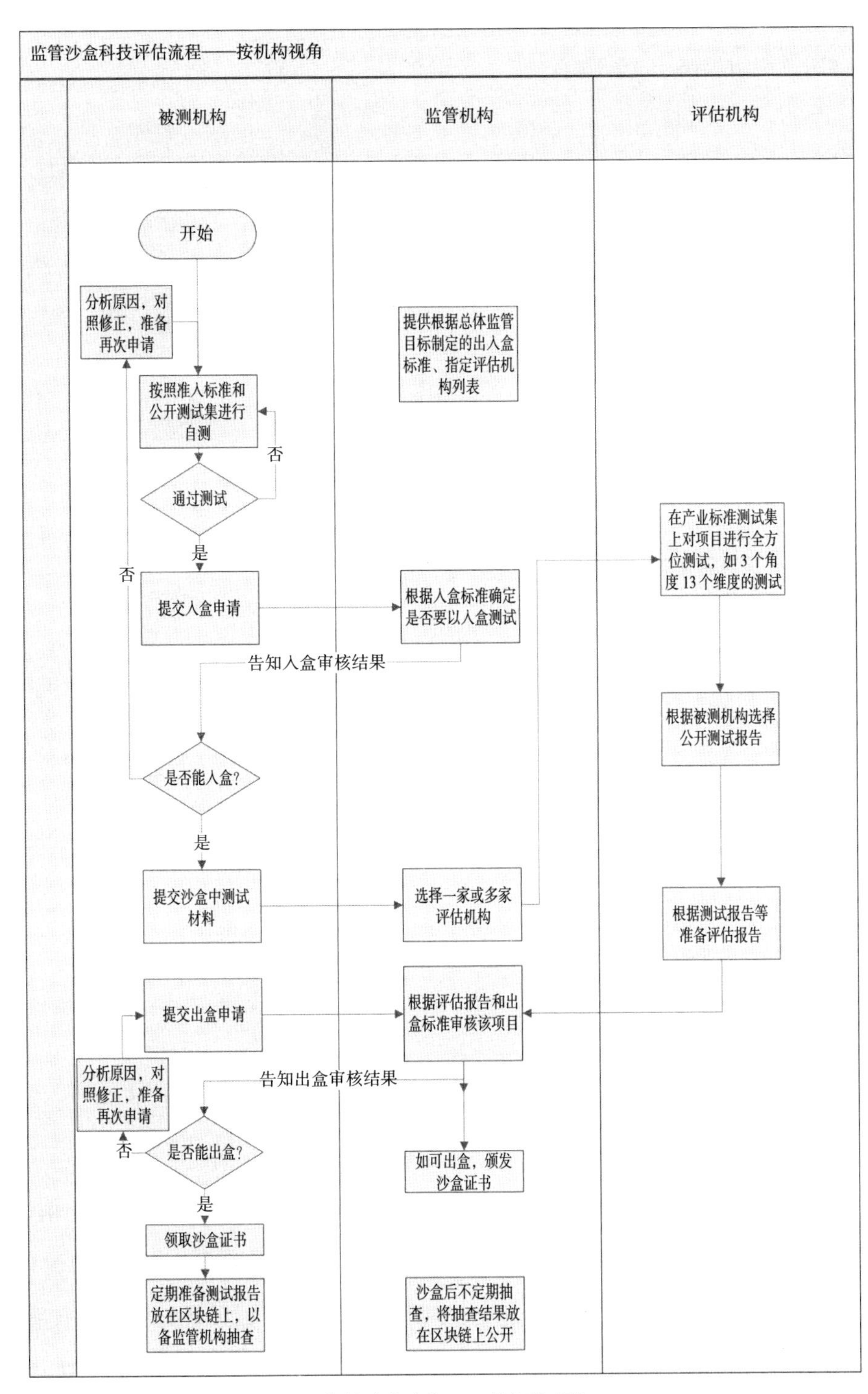

山海关沙盒流程——按机构视角

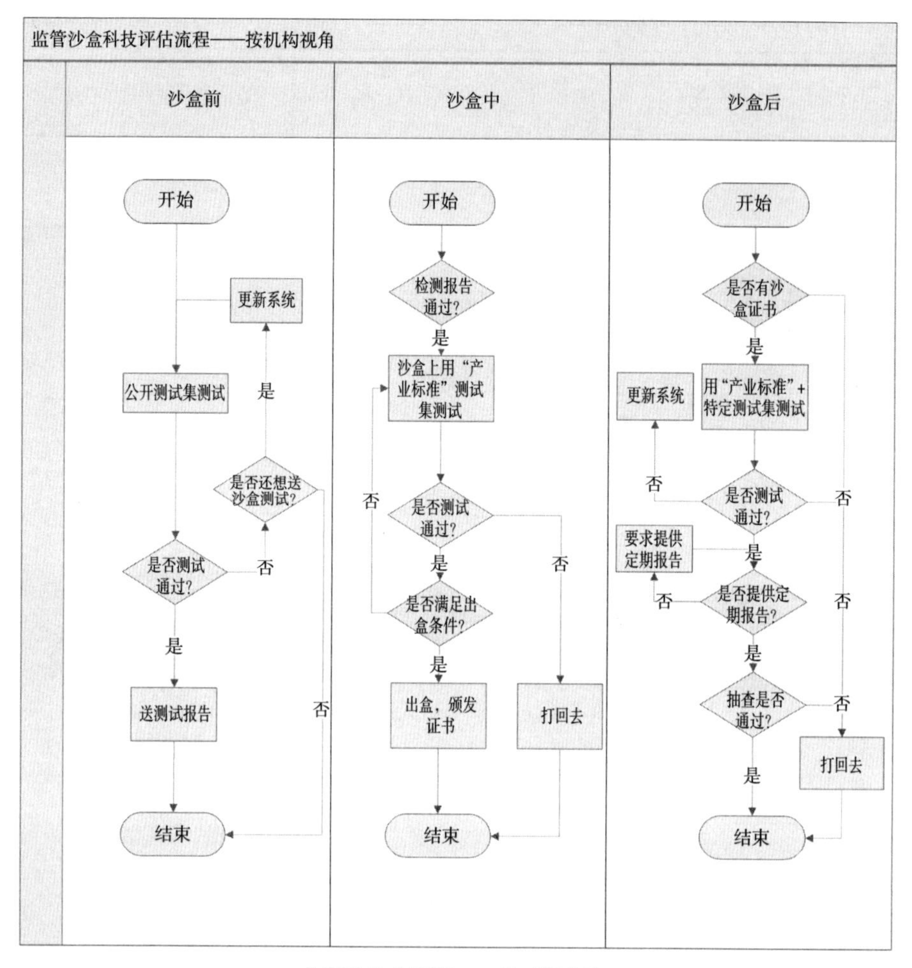

山海关沙盒流程——按时间视角

流程说明：

（1）沙盒前

被测机构采用公开测试集进行测试，测试通过后方能提交入盒申请，附上测试报告等监管机构要求的入盒申请材料，经审核通过才能进沙盒。监管机构可将监管法规译成智能合约或是测试脚本，如果参与机构没有通过法规测试，就不能申请进入沙盒。例如，每一个客户必须经过 KYC 审核后，才能使用金融服务，这是硬性监管规定，没有通过这项测试，不能进入沙盒。如一项新法规出现，就需要提出相应的新测试脚本和案例。测试脚本和案例可分为以下三种，都是动态调整：

- 必须完全通过（100% 通过率）
- 强烈建议通过（如需 90% 通过率）
- 可以部分通过（如 80% 通过率即可）

（2）沙盒中

由监管机构指定一家或多家评估机构，评估机构可从多方面多个维度对技术进行测试和大数据分析，详见下节。当被测机构提交出盒申请时，评估机构提供评估报告，被测机构可以有一段时间（如 3 天）选择是否公开评估报告，如果选择不公开，该项目失败，如果选择公开，监管机构根据评估报告和出盒标准进行审核，并公开审核结果，如果审核通过，颁发沙盒证书。

（3）沙盒后

对拥有沙盒证书的被测机构的产品和服务继续进行测试，定期提供报告，监管机构采用抽查方式对其进行持续性检查，如果抽查未通过，将取消沙盒证书。

各方职责

（1）被测机构：发起入盒和出盒申请，决定是否公开评估报告。

（2）监管机构：根据总体监管目标制定出入盒标准、指定评估机构列表；审核是否可以入盒、是否可以出盒；颁发沙盒证书；对已出盒项目进行抽查；吊销沙盒证书。

（3）评估机构：对项目进行客观、科学、公正的评估，提供评估报告。

测试集由监管机构、科技评估机构和独立测试专家共同制定，因为沙盒允许任何人贡献测试案例和脚本。可由监管机构牵头，联合金融机构、科技公司、科研院所等成立第三方测试协会，测试集由该协会负责。测试案例和脚本需被验证，协会下的专家组负责验证，也可以采取众包方式。数据集会动态调整，如每一季度更新一次。根据 Websrart 原则，对过去测试用例进行排名，根据排名先后采取相应激励措施，如进入前十名给予一定的资金鼓励，该资金由协会支付，协会的资金来源为被测机构支付的测试费用。由于部分数据库会公开，全球专家会进行公评。

山海关沙盒三阶段

比较要素	沙盒前	沙盒中	沙盒后
测试环境	自身测试环境	统一测试环境，如山海关沙盒	统一测试环境，如山海关沙盒
测试案例和脚本	每个产业可以建立产业，测试案例和脚本，可以用众包方式	每个时期，必须固定测试集（案例和脚本），这测试集就是“产业标准”	使用标准测试集 + 特定测试集
测试报告	可以选择性放进区块链里，作大数据分析，入盒前必须提交区块链上测试报告	必须放进区块链里测试，保证测试公平完整，测试集就是产业标准	定期报告必须放在区块链上，或每次新版出来在区块链上更新报告
参与机构	科技公司，潜在客户，山海关沙盒、孵化器，指导员等	科技公司，机构机构，山海关沙盒	科技公司、潜在客户、山海关沙盒、孵化器、指导员等

4. 沙盒科学测试评估

沙盒系统汇集服务器资源，在云环境中存储和分析大型区块链数据共享计算资源。它是市场参与者（包括开发人员、测试人员、监管者和教育工作者）之间的合作平台。例如，监管者推荐测试覆盖率和执行规则；测试人员指定、开发、执行、监控和分析测试；开发人员提供要测试的区块链代码；教育者使用其教授区块链原理、设计，开展科学实验。通过细化规则，形成实用的行业监管体系，可以防范、识别、预警、告警，应对区块链产业应用的风险。

沙盒架构分三层：底层为混合云基础设施层，中间层为测试和监控技术层，上层为服务层，如下图所示：

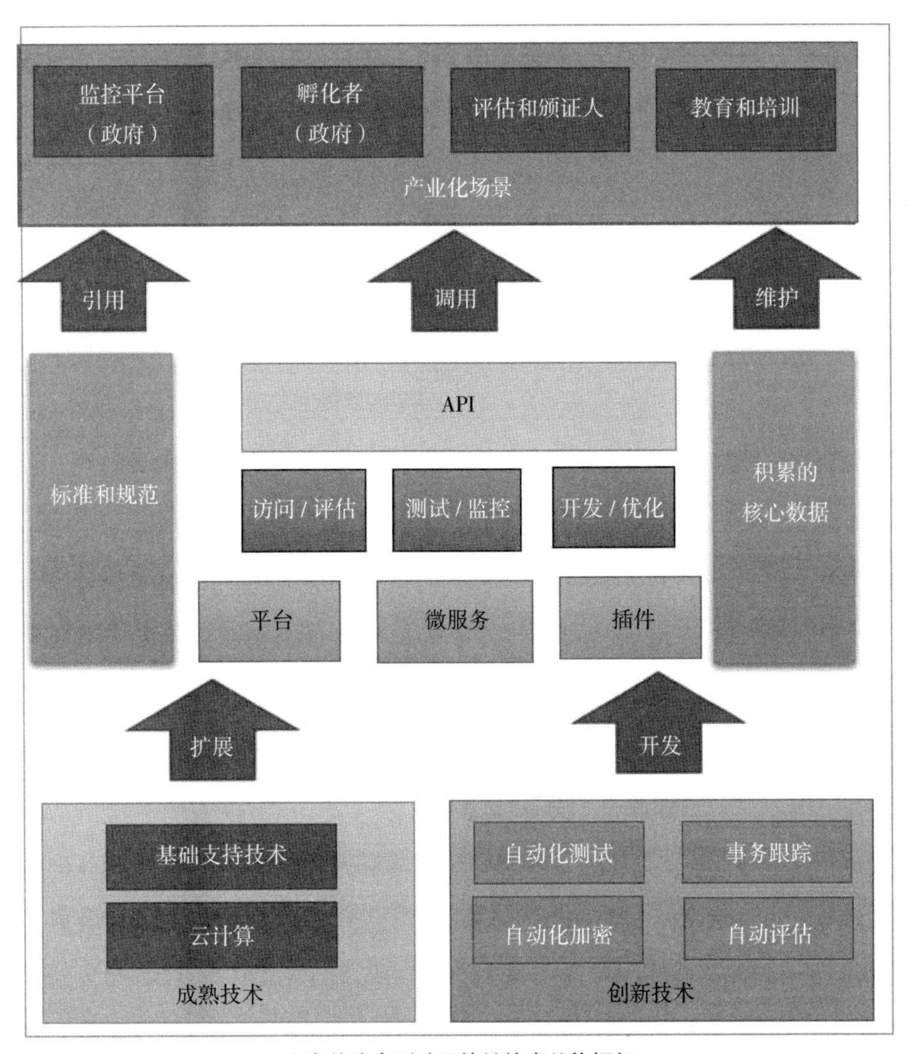

山海关沙盒测试区块链技术总体框架

沙盒主要服务于金融科技，包括区块链在内，可测试区块链底层协议，如共识机制、出块机制、加密机制等；沙盒也可测试区块链应用和金融科技应用，如支付、清算、版权等应用，还可添加其他应用，不同区块链应用采用不同沙盒，区块链应用可以组装，沙盒技术也可相应组装。

以支付沙盒为例，需要包括连续支付机制、流动性节约机制（LSM）、连续退款机制，还必须有了解你的用户（KYC）和反洗钱（AML）机制，需要建立测试案例和脚本数据库，开放平台，鼓励众包贡献，大众可在上面开展实验。

下表列出了支付沙盒具体可测试的场景：

支付沙盒可测试场景

对比项	传统英国监管沙盒	山海关沙盒
相关场景	要求	可能出现问题
参与者身份认证（KYC）	确定是否是本人 确定是否有权限	没有认证，错误认证 认证通过但没有相关权限
客户注册	身份认证	伪造身份，错误认证
支付启动条件	支付双方身份认证 足够资金	错误资金信息，双花问题
支付结束	资金放在正确账户	资金放在错误账户，多重支付
支付过程	简单支付 高速支付 关联支付 重复支付 连续支付 退款 连续退款 重复退款 高速连续退款 同时支付和退款 多种组合的复杂场景	如连续快速点击立即付款，出现多次扣款情况，应只响应一次 余额不足时支付成功 系统不能支持大量交易 系统退款错误 系统不能支持连续退款 系统重复退款 系统无法高速退款 系统同一时间只能提供部分功能 系统仅能支持简单场景 各种情况下失败，用户没有得到清晰明了的提示信息

续表

对比项	传统英国监管沙盒	山海关沙盒
洗钱过程（AML）	发现洗钱特征： 1. 频度：账户资金交易频繁； 2. 金额：交易金额巨大； 3. 模式：资金分散转入，分散转出； 4. 速度：资金快进快出，当日不留或少留； 5. 方式：频繁混合使用多种业务； 6. 地区：个人账户跨地区、跨行交易频繁	无法及时发现洗钱 延迟发现洗钱无法及时阻止 错误判断非洗钱者并阻止 系统无法处理复杂洗钱 系统不能同时处理多件洗钱事件 系统无法处理高速洗钱 系统处理洗钱时无法处理正常业务 系统只能处理从一些地区来的洗钱 系统处理洗钱时，延迟或是错误处理正常业务
LSM	支持交易净额结算，有 LSM	解决不了流动性阻塞（银行初始余额不足，一系列的互相转账交易如果按顺序不能成功完成，但直接通过净额交易却可以解决） 无法保护隐私性 延迟不该延迟的交易，增加金融风险 错误处理造成系统损失
数据提供	提供及时正确数据	没有提供数据或提供过时、错误数据

上述支付沙盒有下列特性：1）测试案例和脚本与实现技术（例如区块链或是其他技术）没有很大关系；2）以结果（功能如 KYC、性能、安全）来评估，而不是根据实现技术来评估，适用于基于任何科技的支付系统；3）评估没有不确定性，测试和评估具有客观性、科学性、系统性；4）可同时评估多个项目，没有空间、时间、国界的限制；5）测试案例来自客户方；6）具有普适性，而不是只能用于某些系统；7）可以扩展，数据库可公开让众人参与贡献；8）有大数据分析，测试案例和脚本可以智能动态排名；9）监管机构可提供新监管法规，测试专家可提供新测试案例和脚本，老师可使用沙盒教学，研究院和学术机构可在沙盒上学习

和实验；10）当数据足够庞大，沙盒可成为产业标准的一部分，因为没有国界限制，可以成为国际标准。类似联合国民航组织的区块链沙盒，上面的测试和应用相关，而和实现技术关系不大，也运行在平台上，没有国界、时间、地区的限制，可被数百家国际民航公司使用。

山海关沙盒拥有完备的沙盒准入技术评估指标模型与测试指标分层模型，用于指导沙盒监管测试工作。提供准入与审核平台、自动化测试平台、共识与交易跟踪系统、安全与渗透测试工具集等测试与监管技术手段。大部分系统功能已经在泰山沙盒里面的 COMPASS 实现 。

区块链共识与交易跟踪系统，监控整个区块链节点网络集群的共识与交易过程，如测试底层共识机制，沙盒使用追踪方式来收集数据，查验是否采用拜占庭将军协议，并且将收集来的数据可视化来检验协议。

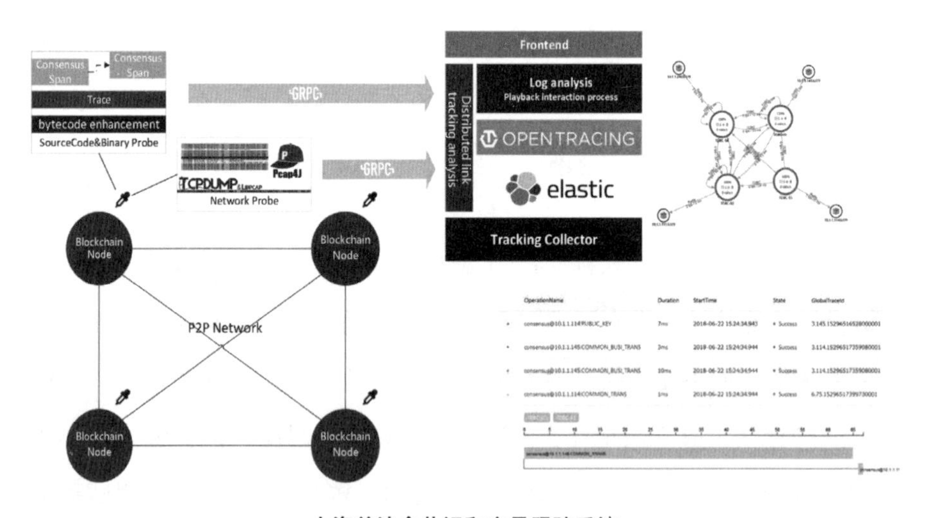

山海关沙盒共识和交易跟踪系统

自动化测试平台可对区块链核心层和 Dapp 实施接口功能、性能和安全性测试。

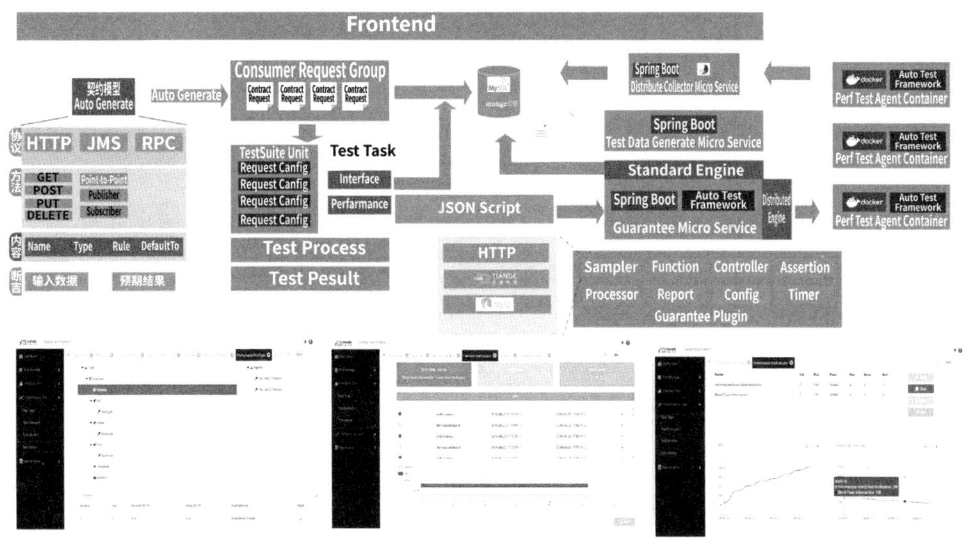

自动化测试平台

通过对相关数据的采集与分析，根据技术评估模型来进行技术评估分析，这种评估分析不是一次性的，而是伴随着系统从开始到结束全过程，从多方面多个维度进行评估分析，以区块链技术为例，可分为 3 个角度 13 个维度：

（1）技术规划与实现：与过程中和最后生产的产品或交付物有关，将检查送检材料包括技术白皮书、路线图及代码质量。送检材料包括：

1）白皮书

2）路线图实现

3）主链仓库评价

4）源代码质量

5）技术披露

（2）开发团队与效能：检查开发团队的人数、技能集以及贡献。这些都与开发人员有关。

6）开发者数量

7）开发者技能

8）开发者贡献度

9）开发者提交代码量

（3）社区健康与态势：检查长期和最近的活动级别，以及错误跟踪历史和性能。因为区块链项目通常是众筹项目，采用社区开发方式，所以特别加上这一点，它与社区活动有关。

10）社区长期活跃度

11）社区近期活跃度

12）发布状态

13）缺陷发布状态

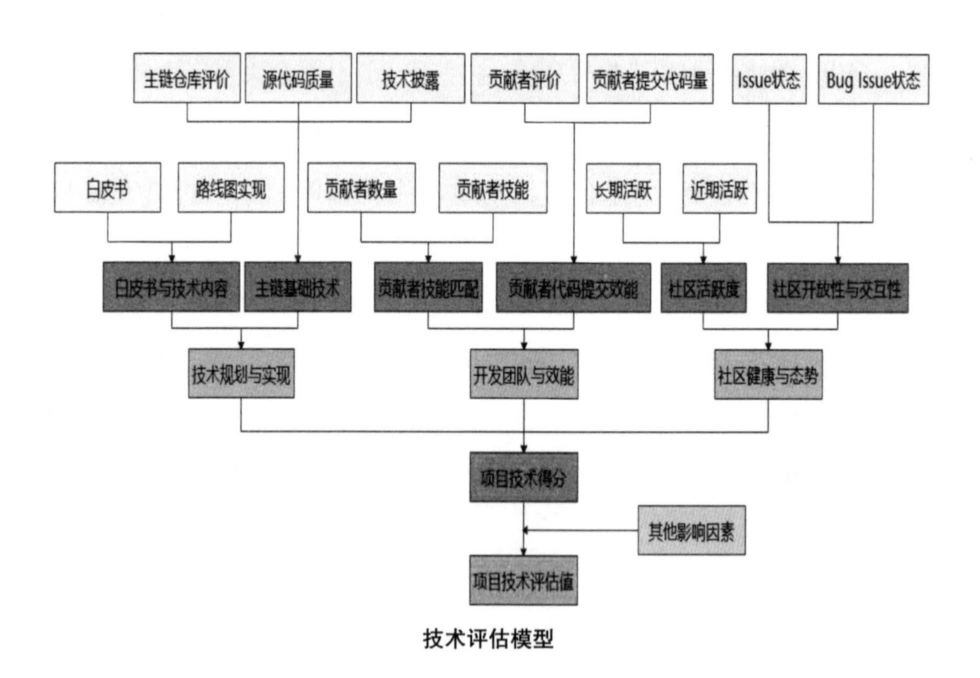

技术评估模型

在数据采集阶段，为保证测试评估全覆盖，同时使测试评估过程标准化、自动化，避免数据异构性造成的自动化分析等问题，笔者根据上述13

个领域制定了完整的技术评估模板，使用该模板来收集有关提交审核项目的各项信息，大部分信息都可通过自动化手段从不同来源获取。模板存储在区块链中，信息提供者必须通过数字签名保证信息的真实性和合法性，一旦发现提供信息有误，将追溯到信息提供者，故意提供错误信息者视其情况严重程度将承担相应责任，如，送检项目声称技术是原创性的，但后来被发现抄袭了其他项目，将自动取消测试资格。具体信息项如下：

（1）技术角度

技术名称、历史上的主要参考文献、技术背景（如PBFT，需列出1999年PBFT）、是否属于原创性技术、原创性的主要特征、项目主网站、专利号、技术论文DOI、区块链的类别（公有链、联盟链、私有链）、附件（白皮书等）。

（2）团队角度

姓名、职务（首席技术官、首席架构师等）、学历学位、工作履历（以前的职位和工作职责、现在的职位和工作职责、兼职工作、以前的公司、现在的公司）、项目经历、名下技术、知识产权、专注领域、是否过去有代币发行相关历史、提交代码库（如GitHub）中的星数和关注者数量。只收集关键人员信息。

（3）社区角度

代码提交次数、提出问题、邮件列表中的邮件数、论坛帖子数。这部分数据主要都是自动收集。如通过代码提交次数评估发布状态和活跃度，通过对提出问题（Tickets Opened）进行分析了解缺陷发布状态或发布状态。通过邮件列表中的邮件数或者论坛帖子数评估社区活跃度。

一旦收集到基本数据，就会使用自动化工具来收集相关信息，并执行进一步的数据分析。例如，一个项目的主网站一旦被知道，就可以获得参与该项目的开发人员信息，然后可搜索关于特定开发人员的信息，包括该开发人员参与的任何其他区块链项目，这样就能揭示两个区块链项目之间的关联关系，甚至尽管它们看起来彼此独立。此外，通过对各个网站的数据进行检索和分析，可以得知每个开发人员的能力水平。

例如，要评估项目的创新性，通过 NLP、代码相似性分析和机器学习，将提交的测试报告数据与同一数据库中的其他数据进行比较分析，以确定其创新性。我们创建了一个黑盒容器来运行代码相似性测试，测试界面和结果见下图。

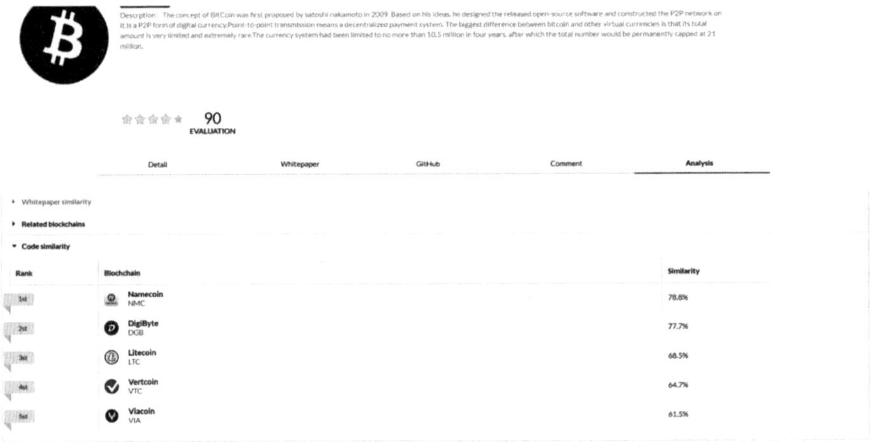

代码相似度分析界面

TABLE IV

THE TOP 10 STATISTICS OF CODE SIMILARITY ANALYSIS

Ranking	Contributor Name	Contributor Homepage
1	bitcoin/bitcoin	namecoin/namecoin-core
2	litecoin-project/litecoin	UnitedBitcoin/UnitedBitcoin
3	litecoin-project/litecoin	qtumproject/qtum
4	viacoin/viacoin	BTCGPU/BTCGPU
5	bitcoin/bitcoin	digibyte/digibyte
6	viacoin/viacoin	vertcoin-project/vertcoin-core
7	vertcoin-project/vertcoin-core	UnitedBitcoin/UnitedBitcoin
8	litecoin-project/litecoin	vertcoin-project/vertcoin-core
9	syscoin/syscoin	dashpay/dash

代码相似度分析结果

5. 对山海关沙盒评估

现对山海关沙盒与传统英国监管沙盒进行对比分析如下：

山海关沙盒和传统英国监管沙盒比较

对比项	传统英国监管沙盒	山海关沙盒
沙盒环境	监管沙盒允许沙盒内的破例（包括特批法律不许可的金融行为）	沙盒不是法外之地，一视同仁，不允许破例，任何机构必须遵守同样的法规
	沙盒内参与者可与监管机构直接沟通，监管机构对参与者可提供特定的指导，且内容不公开，沙盒内比沙盒外拥有更多信息	科技公司可与监管机构交流，但沟通内容公开，放在区块链上防篡改，没有参与沙盒的机构也可得到同样信息，不提供特定指导
沙盒组织和职责分工	评估和测试由金融监管机构决定，缺乏科技评估经验，且不同监管机构人员不同解释	1. 监管机构只负责制定发布监管指南、出入盒标准，对监管规则和标准的解释已经代码化，公平又公开。已经过案例发布，可成为法规解释指南，提供产业信息 2. 科技评估由多个第三方科技评估机构承担，为避免作弊，评估过程得到的任何结果先记录在区块链上，而监管机构在区块链上有节点。可选择多个科技评估机构同时进行测试和评估，互相比较 3. 评估和测试由自动化系统完成，尽量减少人为参与和干预
	没有分业监管	构建市场参与者（包括开发人员、测试人员、监管者和教育工作者）之间的合作平台，多方合作，各尽其责

续表

对比项	传统英国监管沙盒	山海关沙盒
沙盒目的	1. 宣传英国接受新科技的态度 2. 促进金融创新 3. 为监管机构学习新科技 4. 没有考虑消费者	全面（监管机构、科技评估机构、科技创新公司、金融机构、数据平台提供商、消费者，产业专家、科研人员）推动产业发展 保护消费者利益和维护金融稳定： 1. 系统有具体个人金融信息保护机制 2. 金融产品和服务信息披露机制 3. 提供自动化金融产品和服务信息查询机制 4. 提供第三方金融消费者风险等级评估报告 5. 提供金融消费者投诉受理、处理机制 6. 提供金融知识普及和金融消费者教育机制，包括线上和线下活动 7. 提高内部金融消费者权益保护工作考核评价机制 8. 提供金融消费者权益保护工作内部监督和责任追究机制 9. 具有金融消费纠纷重大事件应急机制 10. 问卷调查咨询消费者需求，得到需求反馈，研究分析制定评估标准，向整个产业公开这些标准
沙盒内容	一事一议，制度松散，内容空洞，沙盒问卷主要是为学习新科技而预备	标准统一，制度流程化，流程公开、透明和详细，沙盒只做客观科学的评估 在一个领域内，使用同一种工具，对监管规则的解释代码化，实际操作交给独立第三方，保证公平和质量 测试和评估结果也公开，如果测试失败，参与机构可以要求不公开发表结果，但还是记录在区块链上（信息加密保护隐私），防止作弊
沙盒内容	没有科技含量	大量科技，可使用软件工程测试、仿真、云、监控、区块链、大数据、人工智能、软件工程、形式化方法等，采用 Webstant 软件工程测试算法，通过平台共享测试脚本和案例，使用真实数据和应用场景（由客户方提供）
沙盒内容	没有客观、量化的评估和测试标准，没有第三方测试，没有使用测试工具，测试案例由参与者提供（不科学、不客观），测试评估由金融（而不是科技）专家决定	测试数据集和测试标准由第三方测试协会负责，协会下的科技专家组负责审核；对应不同需求可制定一套测试覆盖率标准

续表

对比项	传统英国监管沙盒	山海关沙盒
沙盒对象	任何机构都可以加入，包括系统重要性机构被接受，如汇丰银行等，“大而不倒”，无助于市场竞争	由监管机构制定统一的入盒标准，一视同仁，但是降低入盒标准，鼓励中小公司参与
沙盒测试结果	通过沙盒就不再测试，沙盒对被监管者指导帮助作用不大，成功案例远少于失败案例	通过三段式可以持续测试，保证软件迭代不产生问题，有测试覆盖率，保证测试完整性、科学性
沙盒手段	专注于少量不确定性问题，因为不了解科技，害怕监管决策错误	不确定性问题少到可以忽略，大部分金融活动都可以结果来决策，而且科技评估交由（多家）第三方科技机构独立评估，科技评估公开化、科学化、系统化、客观化、自动化
沙盒制度评估	英国没有从事实验来评估沙盒，没有数据来证实监管沙盒制度有效，两份沙盒（2017，2019）报告都仅列举参与机构在沙盒内的工作，以及监管机构学习到的新科技	经过大量测试，积累大量数据 采用详尽统一的评估模板，使用该模板收集有关提交审核项目的各项信息，大部分信息都可通过自动化手段从不同来源获取。模板存储在区块链中，信息提供者必须通过数字签名保证信息的真实性和合法性，一旦发现提供信息有误，将追溯到信息提供者
沙盒规模	因为单独指导，沙盒规模很难扩展，通过沙盒的机构数量少	沙盒平台开放，可以让大量实体加入，让金融机构、监管机构、评估机构、高校和用户都可以在其上实验和学习
构建金融生态	由于对每个参与机构单独评估和指导，耗费资源，不能有效构建金融科技生态系统	搭建平台，只定义架构、接口和测试算法，其他开放，使用众智方式，激励大众在其上贡献测试方法、测试工具，评估测试方法、测试案例和脚本，进行大数据分析和排名，沙盒公开，鼓励创新，允许多项机构参与沙盒，没有物理空间限制，没有监管人员不足限制，建立大社区，推进产业发展，有效构建生态
适用范围	地方性，有国家限制，有时间现制，有监管人员不足限制，英国监管沙盒只在英国实施	国际性，没有国家限制，没有地区限制，没有时间限制，全球可用，只要有互联网或者互链网（区块链互联网）就可参与

续表

对比项	传统英国监管沙盒	山海关沙盒
行业标准	难以产生行业标准，即使有也只是可参考的	行业标准可以用沙盒实现，标准是可行动的，来测试区块链应用是否符合产业标准，学习美国医药供应链管理系统和联合国民航组织区块链沙盒系统，制定国际产业标准
人治还是法治	人治，容易走后门	法治，很难走后门，评估结果和评估人员行为等各种信息自动记录在区块链上，提供非真实数据或是企图篡改数据有法律责任

本章总结

一是沙盒应多方合作，各负其责。同时重视法律和技术监管，再辅以行政流程，不能只重视单个方面。监管沙盒和产业沙盒应珠联璧合，成为“监管沙盒 2.0”，将从物理沙盒、制度沙盒和技术沙盒三个层面，实行更加全面、科学和方便的监管。通过细化规则，形成切实可行的产业监管体制，可防范、识别、预警、告警、处置应对区块链产业应用的风险。

二是沙盒应进行全流程的自动化管理。不仅在沙盒中，在沙盒前、沙盒后都有相应的管理。满足软件工程原则，制定完善的模板，进行公开、透明、科学、持续的全面性测试，包括功能测试、可靠性测试、接口测试、安全测试、性能测试。除了做传统测试以外，还可以实时追踪链的行为。无论是真链、伪链，还是弱链、胡链，都可以用沙盒看清楚。同时沙盒前的分布式测试可节省宝贵的沙盒测试资源。

三是沙盒不仅是监管制度和评估机制，也是产业的推动力。当大量系统通过沙盒测试时，会产生大量数据，这是巨大的产业共享数据库和知识库，将会促进整个产业发展。例如，一个地方可能就有两三种重要产业，如果这些重要产业上链，就可发展两三种产业沙盒，相关的区块链应用或技术公司就能在沙盒上做大量工作，推动这些产业的区块链系统快速发展，成为当地区块链产业的推进器。

四是沙盒定义产业标准，和标准绑定，互相支持。沙盒定义接口和验证算法，鼓励从业者有自由发挥的空间，创新开发系统，同时沙盒坚持标准必须是“可行动的”（Actionable），即可以自动验证，这和只能参考的标准有巨大差距。如果沙盒被大量使用，可以推进产业标准。今天虽然许多区块链标准出现，有一定参考价值，但不一定成为产业标准。比如说，40 多年前互联网刚出现时，ISO 标准被认为非常重要，被写进所有教科书，但后来互联网却采用 TCP/IP 这个事实上的标准！所以即使写进教科书，但后来却没有被采用，也不是产业标准，只有被采用的才能真正成为产业标准。通过发展产业沙盒并且推广普及，沙盒上的标准则可能成为产业标准。

五是沙盒是全球性的，不是地方性的，需要强大竞争力。沙盒市场是全球性的，竞争也是全球性的。产业沙盒具有特殊经济属性，是产业转成数字经济的推动力。它能推动地方性产业，带领地方产业成为全球领先产业，成功的产业沙盒必须具备极强竞争力才能在全球竞争中脱颖而出。地方应该发挥自己的比较优势，集中力量发展具有自己特色的产业沙盒，在这个产业上全球领先，从而占据全球市场。这会带领地方区块链技术和应用发展，成为全球相关领域的领头羊，经济价值巨大。这就是沙盒经济学。

参考文献

1. 蔡维德、姜晓芳:《监管沙盒证实实行困难，中国应积极部署产业沙盒》，2020 年 1 月 12 日。

2. 蔡维德、姜晓芳:《不破不立——解读习总书记对区块链的指示》，2019 年 12 月 16 日。

3. 蔡维德:《区块链 10 大研究方向》，2019 年 12 月 8 日。

4. 蔡维德:《真伪稳定币！区块链需要可监管性》，2019 年 5 月 30 日。

5. 蔡维德、姜晓芳:《区块链行业崛起，这次真的，但监管预备好没有？》(下)，2019 年 4 月 24 日。

6. 蔡维德、姜晓芳:《区块链行业崛起，这次真的，但监管预备好没有？》(下)，2019 年 4 月 16 日。

7. 蔡维德:《监管沙盒 2.0 和产业沙盒经济学》，2019 年 1 月 10 日。

8. 蔡维德:《产业沙盒与区块链技术测评》，2018 年 9 月 2 日。

9. 蔡维德:《区块链产业沙盒可成金融创新产业最大推动力》，2018 年 7 月 27 日。

10. 蔡维德、姜晓芳:《英国的新型金融监管科技有何不同》，2018 年 3 月 27 日。

11. 天德科技:《全球公链项目技术评估与分析蓝皮书》，见 http://www.tdchain.cn/tdchain/publicchain.html。

12. 范云朋、赵璇:《澳大利亚金融科技监管沙盒的经验与启示，财会月刊》，2020 年第 1 期。

13. 杨东:《监管科技：金融科技的监管挑战与维度建构》，2019 年 6 月 18 日。

14. 边卫红、单文:《Fintech 发展与监管沙盒——基于主要国家的比较分析》,《金融监管研究》, 2017 年第 7 期，第 85–98 页。

15. Monetary Authority of Singapore (MAS), Fintech Regulatory Sandbox Guidelines, November 2016.

16. Australian Securities and Investment Commission (ASIC), Testing FinTech Products and Services without Holding an AFS or Credit Licence, February 2017.

17. Michelle Perry, Taking the next step in sandbox evolution, September 2019.

https : //www.raconteur.net/finance/fca–sandbox–fintech.

18. https : //www.icao.int/about–icao/partnerships/Pages/Blockchain–Sandbox.aspx.

19. https : //www.developer.aero/Blockchain/Aviation–Blockchain–Sandbox.

20. Financial Conduct Authority (FCA), Regulatory Sandbox, November 2015.

https : //www.fca.org.uk/publication/research/regulatory–sandbox.pdf.

21. Financial Conduct Authority (FCA), Regulatory sandbox lessons learned report, October 2017.

https : //www.fca.org.uk/publications/research/regulatory–sandbox–lessons–learned–report.

22. Innovate Finance (UK), Industry Sandbox : A Development in Open Innovation Industry Sandbox Consultation Report, 2017.

23. FCA, ASIC, MAS… Global Financial Innovation Network (GFIN), August 2018.

24. Quan Dan, A Few Thoughts on Regulatory Sandboxes.

https : //pacscenter.stanford.edu/a–few–thoughts–on–regulatory–sandboxes/.

25. Quan Dan, here's what the CFPB's sandbox should look like, September 2018.

https : //www.americanbanker.com/opinion/heres–what–the–cfpbs–

sandbox-should-look-like.

26. Douglas W. Arner, Jànos N. Barberis, Ross P. Buckley, FinTech, RegTech and the Reconceptualization of Financial Regulation, October 2016.

27. Dirk A. Zetzsche, Ross P. Buckley, Douglas W. Arner, Jànos N. Barberis, Regulating a Revolution: From Regulatory Sandboxes to Smart Regulation, August 2017.

28. Douglas W. Arner, Dirk A. Zetzsche, Ross P. Buckley, and Jànos N. Barberis, FinTech and Regtech: Enabling Innovation While Preserving Financial Stability, 2017.

29. Hilary J. Allen, Regulatory Sandboxes, May 2019.

30. Ross Buckley, Douglas W. Arner, Robin Verdit, and Dirk A. Zetzsche, Building FinTech Ecosystems: Regulatory Sandboxes, Innovation Hubs and Beyond, November 2019.

31. FCA, Applying to the regulatory sandbox,

https://www.fca.org.uk/firms/innovation/regulatory-sandbox-prepare-application.

32. Lian Yu, and Wei-Tek Tsai, Test Case Generation for Boolean Expressions by Cell Covering, 2017.

第五部分

互链网构筑未来蓝图

第十九章
构建数字社会
——实现民富国强

1. 除了传统“共识经济”外，新型区块链定义可以建立信任机制吗?

2. 新型区块链定义需要区块链能够支持交易，在法律、民生、工业应用上也需要“交易”机制吗? 在这些应用上，可能不会有传统定义的“交易”，如何设计这些交易? （提示：这些应用也需要交易机制，而且有互链网后，这些应用会由相关的金融活动出现。）

2015 年 10 月，Gartner 发布了一份报告，预言人类将于 2016 年进入数字社会（Digital Society）。那时，笔者觉得颇为奇怪，因为计算机早已大量使用，很多人甚至认为人工智能的出现已使人类从数字社会进入智能社会。但笔者认为 Gartner 这样重要的机构发布的预言自有其道理，因为人工智能机制已经遍布我们身处的社会，所以数字社会出现在智能社会之后也是理所当然。Gartner 报告提出数字社会里一个重要技术就是区块链。

一、2016 年 6 月笔者参加麻省理工学院媒体实验室召开的 W3C 国际会议

无独有偶，麻省理工学院媒体实验室（MIT Media Lab）也提出了数字社会的概念，根据他们的观点，原先计算机很昂贵，为节约成本形成了现代计算技术，如用现在技术重新设计计算系统和网络，一定会有全新的思路，其中最重要的是安全，而安全当中最关键的就是身份认证。因此 MIT 媒体实验室前几年启动了一些项目，如开放芥子（OMS）（OMS 是一个开源框架，用于开发和部署安全和可信的云计算和移动应用。它提供了一种新的自主部署和自主管理的网络基础设施层，使个人对自己的身份和他们的数据进行控制。OMS 集成技术包括可信的执行环境、区块链 2.0、机器学习、安全的移动和云计算。）Windhover 原则，（Windhover 原则是关于数字身份，信任和数据管理的原则，包括数字身份与个人数据的自我控制主权、基于风险按比例执行的监管、在信任机制和隐私保护方面确保创新、开源协作与持续创新。）还参考了 Respect Trust 框架［“尊重信任”框架包括五个控制身份证和个人数据的原则，概括为“5 个准则（p）”：承诺（promise）、许可（permission）、保护（protection）、可移植性（portability）

和证明（proof）。］在《从比特币到火人节及更远：数字社会中身份与自主的追求》（*From Bitcoin To Burning Man and Beyond：The Quest for Identity and Autonomy in a Digital Society*）一书里提到一个新的以安全为基础的可运行的计算架构，它涉及信任 、声誉、区块链、数据库、机器学习、货币和可执行的法律——智能合约，当时有 20 多家公司投资，虽然后来因为诸多因素项目没有达到预期的结果，但这代表一个新的计算基础（不是计算应用）技术——以安全、身份为主的计算基础。这也是笔者一直认为区块链是一种新的计算基础设施的原因，也是第一个梦里提到的一个新概念。区块链不只是一个应用，也是一个新的计算基础设施。

二、MIT 的书《从比特币到火人节及更远：数字社会中身份与自主的追求》

区块链就像一个新生命出现，与 MIT 的思想有相似之处，但有一个很重要的不同点在于，区块链有很强的群众基础，全球许多机构都在布局区块链，这样才有可能变革基础架构。当年即使像 MIT 这样著名的学校和 20 家公司联合，力量也不足以改变世界。想要改变世界，需要成千上万的公司和学校一起合作，而区块链现在有这样的力量。

下页图是 MIT 提出的新计算框架，与现在计算机的框架差异很大，是计算机历史上的一个重大突破。这可能会是区块链基础架构的未来蓝图，起码是一个重要参考架构。在传统的计算机系统里，身份认证和信任框架大都放在应用上面，底层是操作系统和进程（Processes），底层虽然也有安全机制，但却是计算机里的安全机制，不是应用上的安全机制（像身份认证）。

应用（Applications）
核心服务（Core Services）
信任框架（Trust Framework）
身份管理与认证（ID Management and Authentication）
核心身份证（Core ID）

MIT 提出的新计算框架

与在传统系统上开发相比，在 MIT 的新框架上开发应用差异很大，因为所有应用都基于同一个安全的身份认证机制，而且每个应用都自带安全机制，这可能也是项目难以推广的原因，因为改变太大。

但现在印度的 India Stack 却是一个极好的应用案例，在该系统中，可将每个人身份证都放置其上，把银行账号和养老保险全部打通，全部采用数字化交易，使全国成为一个大生态、大系统、大平台。这是世界上最大的身份认证系统，等于实现了 MIT ID3 最底层的基础设施，表明该底层技术是可行的，也是可扩展的。

1. India Stack 系统花 5 年时间让 10 亿人身份证上网

MIT 媒体实验室的研究和 Gartner 报告都指向了同一个主题：一个人类从未经历过的数字社会即将到来。这让笔者认为区块链找到自己真正的用武之地了，即打造数字社会——全面计算机化、全面智能化、全面网络化、全面区块链化。过去 60 年人类的活动都是使用计算机作为辅助（可以说计算机进入人类社会），但数字社会却是全面走向数字化的社会，衣、食、住、行、教育、医疗和法律等等各个领域全面数字化（可以说人类进入计算机组成的信任社会）。数字社会才是真正的目标，为了达到这一目标，区块链是一个可用的技术（但也可以使用其他技术）。事实上，笔者认为区块链是人类历史上最大的数字化迁徙体系！区块链从来就不仅是为数字资产交易而存在的技术。因此，2015 年 10 月，笔者在北航成立“数字社会与区块链实验室”，那时英国首席科学顾问报告还没有发布，那份报告后来也提出一些“数字社会”的概念。

正如 Gartner 所说，2016 年是数字社会的元年，我们将来可以通过数字化技术创建商业公司和政府机构等等，可以用数字方式提交仲裁、开设银行账户和申请数字公民身份等，整个社会都在数字世界中，将有数字政府、数字法庭、数字社团、数字法律、数字学校等各式各样的数字应用，人类进入数字社会。

根据英国首席科学顾问的相关报告，我们可以看到，区块链不仅可应用在金融上，而且可应用到各行各业，比如说，区块链会给法学带来什么变化呢？2015 年，腾讯和哈佛的律师和笔者谈话时，都表示区块链将会带来一个巨大的变化，将彻底改变整个法学，带来数字法庭、数字证据、数字公检法和数字证书等。

2018 年 9 月 7 日，中国最高人民法院发布规定《关于互联网法院审理案件若干问题的规定》，其中第 11 条提及“当事人提交的电子数据，通过电子签名、可信时间戳、哈希值校验、区块链等证据收集、固定和防篡改的技术手段或者通过电子取证存证平台认证，能够证明其真实性的，互联网法院应当确认”——这是我国首次以司法解释形式对可信时间戳及区块链等固证存证手段进行法律确认。区块链证据的法律约束力首次得到司法解释认可。在这之前，6 月 28 日，地方法院已经采信区块链电子证据。这些表示中国法律界已经开始接受区块链对该领域的重大影响。

如前所述，数字社会就是人类的整个生活环境全部数字化、全部区块链化，那时可能会是“链满天下”—— 一个公司可能会有几千条链，一个城市会有几百万条链。这个概念是 2017 年 2 月笔者在北京演讲时首次公开提出的。

早期欧洲央行提出的概念是“一链通天下”，后来则是多链，根据帕纳斯（Parnas）原则，一条链应该只存一种数据，这样数据处理容易，欧洲央行和日本央行已经开始这样，这就会带来一种新的情况，就是每个领域或者每个应用都有自己的链，就会形成“链满天下”！处处都是链。一方面，这会形成新的基础设施，链上的解密和隐私保护等等都需要一个新的基础设施。

另一方面，链网的可靠性和完备性会成为重要的考虑因素，链网既然是一个价值网络，就必须具有高可靠性。会形成链的评级，由于金融风险的因素，真链形成的链网不会和弱链或是伪链形成的链网交互。每个链和链网都要保证其数据的真实性和可靠性，所以一个拥有真链系统的银行将会拒绝另一个只有伪链的银行的交易请求。根据Biba模型，如果高完备链接收了低完备链的数据，高完备链的数据就会被污染（Contaminate）。当低完备链输送数据到高完备链时，数据必须经过多方检验、查证才可放入高完备链中，并且该数据可能会被归类为不可靠。

三、Biba模型

1. 数字政府

以数字政府为例，英国首席科学顾问出报告认为世界上第一个数字政府不是美国政府，也不是英国政府，而是爱沙尼亚政府。爱沙尼亚是一个人口只有130万人的东北欧小国，曾经是苏联的加盟共和国之一，非常封闭落后，1991年独立时，只有一部电话可以与外界沟通。而独立后，经过27年的经济建设，成为欧盟内经济增长率排名前三的国家，英国巴克莱银行也将爱沙尼亚评为“世界数字发展第一名的国家”。

爱沙尼亚从1994年就开始提出了建立数字化国家的相关构想，1999

年爱沙尼亚推出了名为“e-Estonia”的项目，即“数字爱沙尼亚”计划。这个计划的目标是把整个国家的基础设施和公共服务推倒重建，从我们能够看得到的物理世界提升到数字空间。由于爱沙尼亚地理位置特殊，人口很少，因此较为顺利地推动了这个项目，使得上网权成为爱沙尼亚的基本公民权之一。而随着后续一系列项目的实施，爱沙尼亚已成为世界上第一个全面提供数字公共服务实践的国家。

爱沙尼亚的数字国家计划，有三个支撑性项目：X-Road，数字身份证项目以及区块链系统或是类似链系统项目。所谓 X-Road 项目就是非中心化的公共数据库系统，它与我们常见的电子政务系统的区别在于没有使用集中式的中心化数据平台，而是使用分布在不同公共部门和私营部门的数据平台，通过高速互联网和信息分享的方式进行传递，使得爱沙尼亚本国的公民和数字公民得到了充分透明的数据共享。

数字身份证项目，就是通过加密数字 ID 给到所有爱沙尼亚人（包括数字公民）的身份证，通过多组数字密码对不同场景下的使用进行登记，从而使得每个公民能够享受数字世界的各种服务，并和其他公民进行交流。

最后就是区块链系统项目，世界上最早提出区块链理念的是爱沙尼亚人，远早于中本聪在 2009 年所发表的那篇论文，但那时它不叫区块链，它叫无签名基础设施（KSI），它的理念（分布式的共识、非对称加密）和区块链的理念非常一致。因此，区块链系统是数字政府的重要部分，也是值得我们思考的关于数字治理的重要案例。

从爱沙尼亚的例子我们可以看出，数字政府是一个非常庞大的系统。

2. 数字公司

再说数字公司。现在管理公司需要非常复杂的手续和流程，但如果把公司账放在区块链上，公司做事的权限也放在区块链上，管理公司就会变得非常容易，甚至几个互不熟悉的人都可以众筹开公司，所有人都能看到账目信息，所有的管理章程和做事流程都非常清楚，哪些人能做什么，哪些人不能做什么，不能做的系统就不允许通过，这样就产生了数字公司，不需要提前建立信任，现有公司的很多黑暗面都会消失。

所以 MIT 的研究中提到，如果数字公司能够出现，人们可以自由做生意，经济就会大爆发。因为在这种情况下里德定律（Reed's law，指数型的高速成长）就会出现，这个定律由美国计算机科学家 David Reed 提出，指随着联网人数的增长，网络的价值呈指数级增加。如果人类可以自由加入团体，而这个团体能够赚钱，人类的活动会有巨大的交互，由此产生经济大爆发，原理就在于此。

3. 数字医食住行

因为区块链的可追踪性和防篡改性，它可以应用到医食住行方方面面。下面重点说一下数字医疗、数字食品和数字交通。

4. 数字医疗

现在个人电子病历由集中式的医疗信息系统管理，发生医疗纠纷时，容易被利益相关方篡改，很难证明真伪。而且病人每转一家医疗机构都要重新做一遍检查，浪费钱财和精力。通过将电子病历上链，公正防篡改，同时减少了无谓的重复检查，方便了病人就医。另外对科研机构而言，经过脱敏的病历记录是高价值的大数据池，可以进一步做分析研究，提高医疗水平。

5. 数字食品

民以食为天，国家现在非常重视食品安全，2015 年 4 月 24 日，新修订的《中华人民共和国食品安全法》经第十二届全国人民代表大会常务委员会第十四次会议表决通过，被称为“史上最严”的食品安全法，但食品溯源的行业痛点在于监管重叠和监管真空，通过区块链可以做到跨部门协同，从田间地头一直到餐桌上，可以对食品进行全生命周期的追踪，种子、土壤、施肥、运输和厨房加工情况都将放在区块链上，可证可溯。比如说某个地方的土特产特别出名，就是所谓的品牌作用，可以在区块链上做很多延伸功能。

6. 数字交通

交通工具的制造、融资、服务、维修和使用，都可以使用区块链，包括交通罚单的开具和申诉也可用到区块链。最近滴滴的共享出行方式因为人们的生命财产安全受到威胁遭到极大的质疑，但如果使用区块链的方式完成各类锁与汽车的绑定，安全开展租车业务，在区块链上运行智能合约，由智能合约操控锁的控制权限转移，汽车的拥有者和使用者交易双方通过智能合约的前端应用 DApp 来完成交易，汽车拥有者获得租金和押金，使用者获得使用权；又比如国家现在大力倡导绿色交通，但电动车充电却因为各大运营商各自为阵以及缺乏统一支付体系而成为一个难题，有的需要到网点办理电卡，插卡充电；有的则需要下载 App，扫描桩上二维码缴费。而使用区块链，当需要充电时，从安装的 App 中找到最近可用的充电站，通过智能合约自动付款。

7. 数字娱乐

还有数字娱乐系统，可不要小看它，这是非常大的产业，包括广告、版权、支付和交易等。当某作家宣布要写作一本书时，版权就可被预售，而且版权价格随着时间推移可不断变化，比如说，刚开始版权可能卖 100

万，写到一半时可能成为200万，而写完了，版权又变成400万了。有些人只要看好某些作品或作家，就会投资；而需要资金周转的作家，可以提前把版权卖掉。这会演变成一种新型的交易系统，都属于数字娱乐系统。

8. 数字教育

再说数字教育，我们可以将区块链应用到研究生院、大学、中学、小学、幼儿园以及区块链的人力市场中，把一个人从幼儿园开始的成绩单、学位证书等在内的所有记录都存在区块链上，甚至可以把每天活动的日志，存在数据库中，有相应授权的人员可以查看，在保护个人隐私权的同时保证履历无法作假，可以追踪一个人的教育和职业全过程。

可以看到，从衣食住行乐到医疗和教育等领域都能应用区块链，而且应用之后整个社会经济活力大增。事实上，不管是食品、交通还是教育、医疗，每一个行业都可以有一个区块链互链网，如医疗链、食品链、交通链，在整个社会中分若干层次，通过链条连在一起，整个产业的架构、流程都会有巨大的变化。这会产生一个结果：链满天下，而区块链互链网也将成为中国的基础设施！

9. 中国梦

因为人类开始使用共享式账本，所以今天看到的商业、政务等社会上各种流程和秩序将会发生重大变化，而且金融、法律、基础设施和政府等社会生活的各个方面也将会受到影响，这就是数字社会的原则。

我们说数字社会是中国梦，因为这首先会提升中国民众的医、食、住、行、育、乐环境。

- 医：中国老百姓可以有更好的医疗卫生条件；
- 食：中国老百姓可以吃到更健康营养的食物；

● 住：中国老百姓可以住上更美观舒适的房屋；

● 行：中国老百姓可以有更好的出行工具——安全快捷的飞机、火车或汽车等；

● 育：中国老百姓可以得到更好的教育、更好的就业渠道和更可靠的人力资源；

● 乐：中国老百姓可以公开获取内容健康阳光、适合自己需求的娱乐，包括电影、电视、书籍、音频和视频等。

中国近代，普通老百姓一直吃不上好的食物，住不了好的房子，没有好的出行方式，难以享受良好的医疗和教育，更不要谈好的娱乐，活得始终非常辛苦。解放前中国人的平均寿命才35岁。现在进入社会主义阶段，人民生活水平已经有了很大提高，但教育、医疗和出行仍然是中国社会的痛点，数字社会可以让中国老百姓享受更好的东西，使人民更加安居乐业。

还有一点非常重要，区块链是500年来最大的金融科技创新，政务、国防、医疗、工业和金融都可以使用区块链来维持信任机制，每一个行业都有自己的互链网，每一个互链网都带动整个行业的革命、创新、复兴，才能真正使国家繁荣，这是国家富强梦。

我们期待着这个国家富强、人民幸福的数字社会梦早日实现！

参考文献

[1] 蔡维德、刘琳、姜晓芳：《区块链的中国梦之一：区块链互联网引领中国科技进步》。

[2] UK Government Chief Scientific Adviser, "Distributed Ledger Technology: Beyond Block Chain", Government Office for Science, 2016, https://www.gov.uk/government/uploads/system/uploads/attachment_data/

file/492972/gs-16-1-distributed-ledger-technology.pdf.

[3]蔡维德、姜晓芳:《区块链会带来改变世界的革命吗?》,见 http://opinion.caixin.com/2018-08-30/101320471.html。

[4]蔡维德、李琪:《亲,你的链是什么链?》。

第二十章

助力法律革新
——实现法律自动执行

1. 区块链新定义里面的预言机如何助力法律的自动执行?

2. 为什么使用智能合约后，计算机语言会影响到“法言法语”?

3. 为什么智能合约需要标准化、服务化、自动化?

本章提出一个新的法治和法学的区块链中国梦。区块链和法律息息相关，彼此影响也逐渐显现。区块链的创新和在商业领域的用途不断给现有法律制度和法律框架提出新问题，律师是第一个体验到区块链对法律的影响并积极参与讨论和研究的人群。比如2016年以前美国律协的商法学年度会议，基本没有多少涉及和区块链相关的议题，但2017年，有将近10%的会议议题涉及法律与科技结合，比如：区块链普及、ICO合规、智能合约与UCC filing等，到了2018年，会议中相关议题的讨论已接近30%，并且更加深入。

另外，从一个侧面也可以反映以计算机为基础的科技对法律的影响。美国法学院从2010年到2017年，入学率逐年减少，截至2017年，全美法学院学生已经减少了30%，2020年是美国42年来入学率最低的一年。并且从2010年起，法学院也已经减少了10亿美元的经费，许多法学院不得不减少聘请法学教授。而计算机工程学院的入学率则每年递增，许多学生为了更好的工作机会，改读工程专业，许多分析人士称，大量重复性的法律工作会被计算机所取代，因此未来法学院毕业生就业更加困难。但是科技本身性质中立，并不必然要给法律带来负面影响，法律界人士更应该考虑的是如何利用科技给法学研究、法律制度构建和法律实践带来更为正面和有效的影响。

本章着眼于法律与科技的结合，首先简要介绍二者结合所产生的一个新兴学科——计算法学；其次介绍两个重要技术，认知计算和智能合约与法律交互的现状与未来；重点提出法律自动执行的中国梦；最后预测法律与科技结合会给当代法律研究、法律制度和法律实践带来怎样的变革。

一、计算法学的历史

广义上的计算法学是指通过计算机技术实现法律逻辑；狭义的定义是指通过区块链、大数据以及人工智能等技术在数字社区实现法律逻辑并可以针对案例进行智能分析和判断。计算法学是一个法学的分支学科。像计算机科学的其他学科一样，计算法学关注定量模拟和分析技术，比如，使用计算机法律对法律问题进行计算和建模，这个过程需要用到自然语言处理和大数据的分析。在计算法学的学术领域，学者关注利用有关电子和计算的方法来解决法律的问题。

计算法学在许多年前就开始了，在计算机方面多半以人工智能和逻辑为出发点，以“计算逻辑”为主要工具，例如逻辑编程就是一个重要例子。因为法律重视逻辑，这是法律和计算机结合的一个出发点。 而计算机逻辑编程就是一个重要工作，该工作从20世纪初已经开始，这方面华人学者人才辈出，例如哈佛大学王浩老师和台湾清华大学前校长李家同老师都是计算逻辑领域的重要贡献者。

30年前日本提出第5代计算机计划，并且以计算逻辑为主要计算机语言，因而计算逻辑和逻辑编程大为盛行。许多大学都在研究计算逻辑及其在法学上的应用，可是实际的法律应用比计算逻辑要复杂得多，这些项目远远不到可以实际使用的阶段。

20世纪50年代，法国科学家吕西安·梅尔提出用计算机解决法律问题，这个过程被称为“思维过程机器化”。但是法律和当时计算机技术相差太远，交互不多，因此进展不大。直到20世纪90年代和21世纪初，人工智能和法律的结合使得计算法学有了进展。2005年斯坦福成立专门的计算机科学组织，来研究计算机在法律中的应用。其中一部分的工作是把法规可视化，可以来分析各种法律和决策之间的关系。

英国普通法的网络分析

以前计算机在法律领域的运用集中在分析上，不论是逻辑或是可视化分析，都是在分析法规或是案例，这些使我们更加了解法律，但在实践上帮助不是直接的。用计算机来直接执行法律是直接有用的，但也是最难的技术。一个简单的应用是将金融衍生品、期权和期货等自然语言的表述自动编辑成代码来执行。这在法律上是最容易的工作，因为这些交易法规是易懂的，而且很容易被计算机处理，但是一般性的合同却是不容易了解的，也很难被计算机处理。

近年来计算机对自然语言的处理能力大有进展，许多法律文章都可以被计算机处理。一个基于可扩展标示语言的标准由莱布尼兹·森特提出和开发，并应用在美国和英国政府法律编制上。2013 年，在美国，奥巴马颁布了一项行政命令，即所有的公共政府文件在默认情况下，均可以由机器可读，尽管并没有提到具体的格式 。这表示有一天，计算机可以理解大部分法律文件。

最近因为区块链和智能合约，计算法学再度被重视。这是一个跨学科的重大改变，一向对计算机没有兴趣的法学院，比如许多法学家以前认为这是一群不懂法律的黑客（Hacker）做出来的技术，和法学、法律距离太大而没有实际价值，现在也逐渐开始重视计算机学科在法学领域的融合。 这一现象在国外和国内都一样，国外已有高校成立研究团队开始对计算法学进行研究，2018 年，清华大学也提出要建立“计算法学”的硕士学位。

二、认知计算

最近认知计算（Cognitive Computing）也有非常大的进展，认知计算有自然语言处理能力，在一些领域里面，可以了解该领域的常识，加上里面存有大量的案例，可以根据存在的法规、案例和逻辑思考得到正确的答案。认知计算以 IBM 公司开发出来的 IBM Watson 为代表。

Waston 本质上是 IBM 制造的电脑系统。是“一个集高级自然语言处理、信息检索、知识表示、自动推理和机器学习等开放式问答技术为一体的应用”，并且“基于为假设认知和大规模的证据搜集、分析、评价而开发的 DeepQA（深度问答）技术”。其主体思想与 AlphaGo 的完全采用深度学习技术的人工智能不同，Waston 思路更接近心智社会（Society of Mind）。Waston 在一个电视常识游戏节目上的表现令人惊讶，因为它在常识上打败了人类冠军。而在以前，这被大多数的学者认为是不可能的任务，因为他们认为计算机不可能有常识，就算有常识也不可能打败人类。这都被证实是不正确的。

认知计算的一个应用就是法律，IBM 将法规和案例放进 Watson 系统，并且交给大学（例如多伦多大学）和律师办公室进行实验。以 Watson 技术为基础，ROSS 系统将认知计算运用在了法律检索领域。不像传统的法律检索工具，如 WestLaw，LexisNexis，Bloomberg BNA，通过输入关键字，而后会列出一些相关联的法律条文、案例和文献等，使用人需要花费大量的时间在大量的搜索结果中去寻找合适的信息。而 ROSS，则是可以直接回答法律问题的。比如提问者问“驾照被吊销继续开车在纽约州需要付什么样的法律责任”，ROSS 首先会解析文本问题，生成查询请求，搜索可能的答案。通过解读措辞含糊的问题并通过用知识数据库搜寻答案，ROSS 展现了理解自然语言的能力。并且通过成千上百种算法从不同的维度分析备选假设的证据，并且在相应的维度上计算对备选答案的支持程度，而获得相应答案。

简单地说，ROSS 会通过海量检索，包含在法律条文及案例的信息库中检索，直接给一个法律问题予以回答。Waston 在回答 40%—70% 的问题时，达到了 92% 的平均精度。ROSS 的原理是模仿人的认知过程——观察、学习、组织语言、处理数据、得出结论。而差别就在于 ROSS 的思考分析速度远超人类。

但是，由于现实技术条件限制，ROSS 在法学领域的发展和大范围应用，速度还是较为缓慢，并且其创新和实用性没有超过法律检索领域。

三、智能合约

1. 可执行的法律带来新思想

可执行的法律一直是“计算法学”（computational law or computational legal studies）的一个大梦。麻省理工学院和英国首席科学家都提到这些概念。麻省理工学院媒体实验室在几年前提出可执行的法律，结合移动技术、安全计算和身份认证等技术来创造一个新的数字社会。在不同的地方，不同的法规可以被执行，达到情景感知的计算。

英国首席科学家也认为区块链带来的一个改变世界的革命是“计算机和法律的结合”，而这结合主要从“智能合约”而来。简单地说，智能合约就是把法规用计算机语言（代码）形式表示，在系统运行的时候，相关的法规代码也被执行，代表相关的法规被系统执行了。因为传统上，法规是用自然语音表示，也是不能被计算机执行的，所以智能合约代表一个新时代的来临，就是法规可以被计算机自动执行！

法律的自动执行和移动计算的结合可以用一个例子来说明：在欧洲不同的国家法律不一样，假设 A 国的法律规定 16 岁是合法的喝酒年龄，B 国的法律规定 18 岁是合法的喝酒年龄。如果有一个 16 岁的人拿着酒瓶一边喝酒，一边从 A 国跨越到 B 国，那么有一张罚单就会自动开出，接着就会从该人的账户中自动扣除一定金额的罚款。怎么做到的呢？首先就是将法律条文用本体写到智能合约的法律库里，每个辖区（jurisdiction）都有各自的法律库；每个人出门都会带手机，手机定位可以自动检测到你所在的辖区，当你进入酒店、酒吧，或者手上有酒的时候，手机会自动提醒该辖区的法律，比如告诉你本辖区的喝酒年龄是18岁，不到合法饮酒年龄饮酒要被罚款100欧元。智能合约法律库可以设定if-then的两个执行程序："如果该人未满18岁喝酒，那么交管局就会开出一张违法喝酒的罚单"和"如果一个人被交管局开出一个违法喝酒的罚单，那么其关联账户就会自动被扣除100美金的罚款。"所以当条件成立时，相关法律就会被自动执行!

但是可执行的法律在实际应用上，还是遇到许多困难，甚至两年前还出了重大意外事故，"The DAO"事件。在这事件上，上亿美金项目的钱被黑客偷走。这个事件发生在智能合约技术还不成熟阶段，引起了很大的争议和争论，也被主流媒体（例如《美国银行家》杂志）大力批评，认为拿没有成熟的技术在金融市场上使用是不负责的态度。这些批评是正确的，因为这一技术在当时的确没有成熟，甚至到现在也没有成熟。

但是后来的发展却表示这只是历史过程中的一件不幸事故，此次事件以后，法律和计算机的合作不是停止，而是更加紧密地快速前进。大批的研究团队出现，开始认真研究法律和计算机的结合，并且大都围绕智能合约、数字身份证和监管科技。

2."智能合约"与法律的完美结合

智能合约是"一套以数字形式定义的承诺，包括合约参与方可以在上面执行这些承诺的协议。"在法律领域的应用是法律文本代码化，通过智能合约，部分法律条文可自动执行。这一点使得法律与科技的结合从法律分析，深入到了法律执行的领域。

需要明确的是智能合约不是一个传统的法律合同（并不满足一个合同的形成要件），而是代码的自动执行。IBM 对其的定义更为准确，称为“链上代码”，表示这不是合约。但是智能合约却是一个重要的方向。现在也有团队在研究传统的法律合同如何半自动或是全自动转成智能合约，这种智能合约不但可以执行，而且因为原来有法律合同，所以这种智能合约也具有法律效应。这些在国外都是热门研究课题，由法学家和计算机学者一起合作研究。

为什么说智能合约与法律可以完美结合？主要体现在数据的正确性上。数据的正确性是靠区块链来保证的。一个智能合约在一条链上的执行有以下几个特点：

① 数据来源有保证：数据来自区块链，链保证数据的正确性。

② 运行结果有保证：智能合约使用正确的数据在链上运行后，得到的结果必须达到共识后，才被接受。如果区块链节点上的智能合约得到不同的结果，若结果不能得到共识，就会被拒。

③ 结果存储有保证：形成的结果又会被存储于区块链上，保证该数据不能被更改，该结果可能会被以后的智能合约使用，因为数据没有被更改过，区块链可以保证数据的正确性。

对于多链或互链网（链满天下）来说，因为每条链都保证其链上数据准确，任何结果会通过投票保证共识，结果又会被存储于链上，所以整个区块链互链网就可以由一系列各自独立的链组成，形成了一套具有准确信息的链网络。

这一完美的结合不同于现在的计算机系统，在现在的系统中，不能保证存储在系统的数据没有被更改过，使用被更改过的数据在大部分的情形下会得到不正确的结果，不正确的结果又会被存在系统里面，让以后的使用者也得不到正确的数据。

这一完美的结合带来一个新的区块链中国梦：即使用正确的数据，完成正确的计算得到正确的结果，存储并且保证正确的结果来建立一个诚信社会！

四、科技将带来法律的中国梦

我国现在进入了中国梦——中华民族伟大复兴——的发展阶段。中华民族古代的四大发明是中国科学技术对世界文明和人类发展的卓越贡献。要实现伟大复兴，在现代来看，科学技术依旧是发展的主心骨，而法律制度和法律实践是助力中国梦实现非常重要的根基和保证。科技和法律的结合助力中国梦的体现，在未来几十年，是利用科技实现法律的自动执行，这将会对整个法律制度和法律实践带来重大变革。

1. 法规和案例的计算机语言化、形式化和智能化 ——改变法学基础

法律自动执行的前提需要一个智能合约法律库。将法律条文和案例用一种形式化的本体语言来展现。即法律条文用计算机语言再写一遍，存储在计算机上；案例可以用认知计算（例如本体、代码、逻辑、形式化方法）来表述，但这需要大量的处理。由于中国是大陆法系国家，法律多数是以法典化的形式呈现，和法律以判例形式呈现的英美法系国家相比，中国更容易建立智能合约法律库。在该法律库里，法律条文被代码化，使法律被计算机认可和执行变得可能。

这些计算机语言，许多可以被执行，就算不能执行，也可以被自动分析，例如在大数据平台或是人工智能平台上进行分析。而这些数据可以使

用区块链上的数据，保证数据正确。

这会给法学的基础带来巨大的变化。因为以前法规都是以自然语言表示，但以后还会以计算机语言表示，包括本体、代码、逻辑和形式化语言等。这表明法学专业学生以后要学计算机技术，这将会给法学院带来结构性的变化，因为计算机和相关技术，例如区块链、人工智能和大数据的课程会进入法学院。2018 年清华大学表示要建立计算法学学位就是一个重要的布局。

2. 法律自动执行（智能合约）将会进入实际法律实践和程序

法律的自动执行不仅影响狭义的执法程序，对立法、执法和司法都会带来影响。

首先，在立法层面，立法程序包括四个阶段：①法律议案的提出，②法律议案的审议，③法律议案的表决，④法律的公布。第①和第②点，法律的自动执行可以体现在用本体化的语言呈现法律议案，为投票做准备，但这可能不是最经济有效的方式，现有的人为方式可能更加“智能”，比如议案审议，对需要修改的内容直接在文档上进行修改，而不需要将还未形成法律的草案代码化，费时费力。但是对于第③点和第④点，把智能合约放在议案的表决和公布上则是更有效的方式，因为逻辑可以运用到此，一旦投票人数达到一定数额，那么法律能通过（if–then 逻辑），智能合约可自动查验最终投票的真实性。而后法律会自动公布在链上，代码化后进入到智能合约法律库，为下一步的自动执行做准备。从立法的例子可以看到，法律的自动执行并不是万能的，而是需要将其运用在最适合的地方，方能更经济有效地为人服务。

其次，对司法的影响主要体现在两方面：一是证据制度，二是纠纷的解决。要自动执行，首先司法裁判的证据要被存储在区块链上。区块链因其链上信息不可篡改的特点可以保证证据的真实性。证据有三性，真实性、合法性和关联性，法庭质证围绕三性进行，法官裁判也是依据三性而定。区块链最重要的是保证了证据的原始和真实，这就为司法裁判提供了第一步的保证。

区块链还可以部分简化证据的合法性要求。比如证据要求证据形式符合形式要求，如某份法律文件的有效性要求单位盖章以及法定代表人签名才有效。此举目的是使该文件值得被信任。而区块链的核心思想正是“去信任化”，如一公司通过区块链出台法律文件，并不需要任何单位盖章或送负责人签名，均可以保证该公司出台的文件有效，无须额外签署及盖章流程，即可满足该文件的合法有效性。

最后，在纠纷解决方面，通过法律自动执行对执法领域产生影响。传统的纠纷解决方式有法院裁判、私人调解或者仲裁。现在很多纠纷可以通过网络进行解决，以广州仲裁院为例，仲裁已经发展到线上仲裁，即立案、受理、仲裁过程和出具裁决书均可以通过网络进行。截至 2017 年，广州仲裁院已完成十万余件的网络仲裁。

在此基础上，法律的自动执行有利于纠纷顺利解决，即可以深入到裁决的执行领域。因为区块链的存证性能，对裁决的执行可以部分利用到智能合约，特别是金额在不同账户间的执行，或者所有权归属的移转等，并且执行的结果可以存于链上，保证准确性与可追踪性，这样一来，可以在执行领域减少司法成本。

3. 智能法律带领科技创新

这一系列法律改革需要大量的科技，例如需要区块链互链网和监管网，除此之外，还需要人工智能（包括认知计算、本体）及大数据等。但在公检法上，数据的正确性没有被更改过是非常重要的。因为会有许多的链（链满天下），链不但要和其他链合作，还要检验和查验其他链的行为和评价。一个公检法的链不可能用另外一条弱链或是伪链的数据，因为害怕数据被更改过。伪链因为有中心控制，中心被控制，其他节点可以有共识，但被共识的数据还可能是更改过的，因为数据在中心节点改过，其他节点都会收到一致但是错误的信息，这些信息也会通过共识机制，而且会被放在区块链上面。一条真链如果和伪链交互，后续发现数据不正确，真链会有法律责任，客户会问为什么要使用伪链数据。为了避免这种风险，真链会拒绝和伪链交互和交易。

在区块链互链网的环境下，链的性能、功能和安全性非常重要，链和链交互和交易协议很重要，需要一个新的基础设施，会带动一个新的区块链技术发展，也是中国的一个巨大机会。例如 Oracle 的信息输入机制、身份认证、法规形式化和案例形式化等都会在中国法界带动新科技，这些会带动中国在安全、软件工程、人工智能、大数据以及区块链等领域的发展。

4. 科技将改变法律职业

科技的不断前进给法学界带来的一个忧虑是，法学相关职业——法学家、法官、检察官和律师等是不是会被人工智能取代？

2013 年的一篇文献中，研究者把 702 项职业划分为低度技能、中度技能和重度技能三类。其中，法律助理与货车驾驶员，属于即将消失的工作，失业率高达 94%。2017 年 6 月摩根斯坦利公司运用的合同智能（Contract Intelligence）软件，每年可以省下 36 万个小时的律师服务，还能降低合同的出错率。这就意味着，会被取代的是较为机械性和重复性的法律工作，比如格式合同的撰写与编辑，法律检索，合同管理，案件预测等，大多都可以通过人工智能、大数据和区块链等来完成。而做这些工作的大多是律师助理，他们成了潜在的失业群体，当大部分法律工作可以被机器替代完成时，律师的数量也可能会减少。

但是，不管科技如何进步，法学家、律师、法官和检察官等法律从业者不会完全被取代或者消失。机器毕竟不具有社会智能（Social Intelligence），机器可以做的是将法律从业者从烦琐的事务中解放出来，不再耗时于格式化的服务。从而法律人可以专注于个案在法律适用上的特殊性，尤其涉及价值判断与逻辑说理相结合时，机器很难替代人做到，这恰恰也是法官、律师和法学家等人的价值所在。其次，利用AI和大数据等对案件进行判断，或者说对法律进行分析等，只是手段，不是学术目标，因此无法替代法学研究，法学家也不会失去其应有的价值。最后，法律的目的在于维持社会秩序，并通过社会秩序的构建与维护，实现社会公正。这需要法律人的不懈努力，需要人的同理心、思想和情感，而科技无法直接实现该目标，但是法律人却可以利用科技为手段来促进目标的实现。

因此说，科技的发展不会完全取代所有的法律从业者，但是却会给法律人提出更高的要求。这反过来也会促进法律教育的精英化。未来的法学院毕业生应该是懂得科技并且会熟练运用科技（人工智能、大数据、区块链等）的人才，但不一定都懂编程或者开发软件。就如同社会上有很多人会开车，会坐车，但不是需要每个人都去制造和设计车子。所以说，开发人工智能、区块链和大数据的是一类人，使用和解释这些技术的可以是另外一类人。对于这些高科技，对其的使用和解释也是一门学问。当然该过程可能要几十年，甚至更久，但改变终将到来。

本章总结

诚然，中国梦无法一蹴而就，法律自动执行之梦的实现也需要经历漫漫长路。而该梦实现的前提是要甄别适用性。很多情况适合将法律进行自动执行，一来可以减少成本，增加社会运行效率。也有很多情况需要人的因素来做决定，过度的人工智能反而不适用或者使成本增加。这就要求科技和法律的结合要“因地制宜”，把好钢用在刀刃上才能带来最有效的革新和进步。

法律的自动执行和过去法律和计算机结合的区别是，以前两者的结合只是用于分析及做可视化用途，比如进行法律检索、法律判决以及预测分析等，而法律的自动执行却可以进入到法律执行领域。以前的法律是一个静态的形式，而未来却将法律相对动态化，改变整个法学研究、法律制度构建和法律的实践。梦很大很远，甚至需要几十年的不断探索和尝试，但却是未来最有价值的发展方向。

最后，借用一句康德的名言：“人是目的，不是工具。”若运用好科技这个工具，则可以更好地为人类服务。

参考文献

[1]蔡维德：《区块链助力实现中国梦引领中国科技再进步，金融界》，2018年9月28日。

[2]蔡维德：区块链的中国梦之二：链满天下打造数字社会，2018年9月28日。

[3] Mechanization of Thought Processes : Proceedings of a Symposium Held at the National Physical Laboratory on 24th, 25th, 26th and 27th November 1958. London : Her Majesty's Stationery Office, 1959. Print.

[4] Author Daniel Martin Katz, The Future of Law School Innovation (Conference @ColoradoLaw) Computational Legal StudiesTM (2014), https://computationallegalstudies.com/2014/04/17/the-future-of-law-school-innovation-conference-coloradolaw/ (last visited Sep 27, 2018) .

[5] The White House Office of the Press Secretary,

Executive Order Making Open And Machine Readable The New Default For Governmentinformation.

[6] 清华大学法学院，清华大学首届“计算法学”主题夏令营圆满举行，http://www.tsinghua.edu.cn/publish/law/3566/2018/20180716144310660990896/20180716144310660990896_.html (last visited Sep 27, 2018)。

[7] 李尊：《一张图带你看懂IBM Waston的工作原理 | 雷锋网 (2016)》，见 https://www.leiphone.com/news/201607/FOeUS5Wo5gIFMvwJ.html (last visited Sep27, 2018)。

[8] Andrew Arruda, LegalResearch Reimagined : The New ROSS ROSSIntelligence (2018),

https://rossintelligence.com/legal-research-tool-new-ross/ (last visited Sep27, 2018)。

[9] Christopher D Clack, Vikram A Bakshi & Lee Braine, SmartContract Templates : foundations, design landscape and research directions, 15.

[10] Eliza Mik, Smart contracts : terminology, technicallimitations and real world complexity, LawInnov. Technol. 1-32 (2017) .

[11] Carl Benedikt Frey & Michael A. Osborne, The future ofemployment :

How susceptible are jobs to computerisation?, 114 Technol. Forecast. Soc. Change 254–280 (2017).

[12] JPMorgan Software Does in Seconds What Took Lawyers360, 000 Hours, Bloomberg.com.

[13] 税兵，超越民法的民法解释学(2edition ed. 2018)。

第二十一章

推动监管变革
——实现社会全面监管

1. 现在许多监管机制使用大数据平台加人工智能，但是这些机制比较难进行实时监管，然而数字货币交易又需要实时监管。如何解决这些问题？例如 Libra 2.0 就有净额结算，这会对监管和交易机制有什么影响？

2. 互链网对监管机制会有什么正面作用？

我们的中国梦系列文章旨在推动区块链中国梦的实现，最先谈到的主要是技术，那是第一个梦；第二个梦是针对人们的日常生活，如食品、医疗、交通等；第三个梦则关乎法律，包括法学教育、法律制度和法律实践。这些梦对所有实行这些措施的国家都将产生深远影响，而不仅限于中国。

本文与前述梦都有所不同，将讨论一个通常被回避的领域，即监管。监管通常被看作一个费力不讨好的工作，属于政府支出的范畴，被监管者常常认为监管是加诸于他们的重担，增加了创新的难度。但我们认为，在这个领域应采取积极态度，拥抱监管而非逃避监管，以正面的态度看待监管和监管技术。因为市场并不总是最优的，常常存在失灵的情况，更何况还有很多窥觑他人钱财的故意作恶者，适时恰当的监管介入有益于保护消费者，维护市场的稳定性。事实上，充分了解和接受这一点，将是实现中国梦重要的推动力。

一、监管科技兴起

在第一个中国梦中，我们提到，除了价值网以外，另一个新的链网也将出现，这就是监管网络，大数据平台会出现在监管网络上，这将带动一股新的监管科技（Regulatory Technology，简称 RegTech）潮流。

RegTech 受到重视是在 2008 年经济危机之后，当时许多人认为，如果监管到位，全球经济危机就不会发生。可是到了 2015 年，却出现了一个新现象，银行收入持续下降。以前，只有当银行被打劫或发生经济危机时，银行收入才会下降，但这次并没有发生这些，银行收入却仍然减少，而且还一直持续到今天。这次的问题实际上是科技特别是金融科技造成的。人们发现，科技比炮弹还要有威力，厚厚的银行保护壁垒没有被炮弹打破，反而被科技攻破。科技比炮弹更为厉害，这已成为共识。在此情形下，RegTech 应运而生。

科技攻破了银行的壁垒，人们发现监管不能再用以前的行政流程，只有科技才能胜任。因此 RegTech 成为主流，即采用科技，而不仅靠行政和立法来进行监管。

2015 年，英国金融行为监管局（FCA）发现，许多公司花费大量成本设计以逃避监管的系统。例如比特币曾在英国流行并用以逃避监管，而英国监管单位都不知该如何应对。笔者 2016 年 9 月拜访英国央行时，英国央行甚至表示，随着新科技如移动支付的出现，英国大部分经济活动已不在其监管范围内！这对英国来说问题非常严重，必须尽快予以解决。当时英国央行表明发展数字法币（CBDC）势在必行，并对此提供了许多理由，但一个真正重要的原因就是要把监管权拿回来。英国认为央行数字法币出来后，英国老百姓在支付活动中会大量使用数字法币，这样监管权便回到英国央行。

为解决这些问题，英国 FCA 2015 年提出监管沙盒、产业沙盒和保护伞沙盒三种方案。其中监管沙盒属于行政流程的解决方案，产业沙盒属于科技解决方案。FCA 提出这些后，监管沙盒被 20 多个国家或地区使用，但只有中国做出产业沙盒。之后，英国 FCA 又提出一些新监管概念和思想，包括许多基于科技的监管方案。

2016 年，英国首席科学顾问的报告提到 RegTech 要兴起。RegTech 是指用新技术促进监管，要求落地，一方面监管者使用技术来实施监管，称为监控科技（Supervisory Technology，SupTech）；另一方面被监管者使用技术来满足监管要求，称为合规科技（Compliance Technology，ComTech）。可以认为 RegTech=SupTech（监管端）+ ComTech（被监管端）。SupTech 在金融领域的应用可实现更有效率的风险监管和合规要求，主要有两方面应用：一是数据收集，主要用于监管报告和数据管理，比如通过银行的 IT 系统直接调出数据，自动化数据认证和合并；二是数据分析，主要用于市场监管，分析被监管方是否有违规行为；ComTech 用来进行自动报告交易和相关数据电子化。SupTech 和 ComTech 都可在产业沙盒上做实验：

- 监管方将放进嵌入监管需求的智能合约给所有相关系统使用；
- 被监管方开发自己的智能合约来满足监管方的需求。

RegTech 有四个层次：一是工具层次，RegTech 本身是一种为监管和被监管双方提供服务的工具。二是企业层次，RegTech 是一种第三方企业，和会计师事务所以及律事事务所一样，旨在帮助企业合规，帮助监管者实施监管。三是市场层次，RegTech 是一个市场。目前中国 RegTech 市场有很大空间。四是生态层次，RegTech 也是一个生态。发展 RegTech 是必然的，会形成一个大的生态圈。

RegTech 的出现有多方面原因。

一是从被监管者的角度考虑。合规成本增长。金融机构若要满足监管的要求，每年要花费大量成本，包括第三方成本或内部资金投入；若不能满足监管要求，还要有能力支付罚款。尤其是 2008 年金融危机以后，监管部门对金融机构的数据和披露要求大幅提高，不仅量大而且要求准确及时，造成这方面支出负担越来越重。

二是从监管者的角度考虑。监管负担加重，例如最近提出的 Open Banking 和 GDPR 给金融机构带来许多新工作量，但资源却没有相对增加。监管者要获取被监管者的信息，实施监管，需投入较高成本。对获取信息的内容和获取的效率都有要求，需要监管者努力加强监控能力和效力，这么一来，监管负担越来越重，如果不使用科技，根本满足不了未来监管的需求，靠传统行政流程来完成，事倍功半。减少监管费用是 RegTech 的一个最重要的推动力。

三是从技术发展的角度考虑。传统技术无法跟上现代监管要求，数据科学和技术的发展为提高监管能力提供了可能性。国外监管科技2020年的费用是2018年的2.87倍。这一增长非常惊人，平均一年增长70%。如果10年内都保持这种增长率，2028年监管费用将会是2018年的200倍。

2016年英国首席科学顾问发布报告时，RegTech刚被提出来，可以说是RegTech 1.0，而到了2018年，RegTech成为热点，并进入RegTech 2.0时代，RegTech 2.0和RegTech 1.0最主要的差别在于监管结果是否具有可重复性、可扩展性和可审计性。

RegTech 2.0时代最明显的一个标志是使用区块链。如何将区块链应用到金融市场报告（Reporting）和记录（Recordkeeping）领域呢？因为区块链可以标准化信息收集和监管要求，并进行合规匹配，使监管者可以及时履行程序化的监管职能。这样，未来金融领域的监管报告和记录将大为不同，数据的开放性和市场参与者的融合性会使未来监管更加透明，也要求各方更高效地合作，这不仅对金融科技公司等被监管方有利，也对监管者及其所监管的金融市场有利。2018年5月，Medici发布报告，提出从RegTech到更好的金融科技，将给大众带来更好的生活，让公司更能够赚钱。监管不再只是政府的支出，也以是政府和民间的投资项目，在国外，一个新生的RegTech产业正形成并在高速成长中，每年替国家省下大笔监管费用，避免违规事件发生。

二、国外RegTech进展

1. 英国金融行为监管局（FCA）的RegTech进展

英国近年来成为数字经济的领头国家，经常在思想上全球领先。英国于2015年提出了监管沙盒的概念，其中一个重大创新在于提供了让各相关方对话的平台，如监管方、被监管方和客户一起面对面对话。监管不再只是被监管方听监管方的话，而是双方对话，鼓励创新，不是压抑创新。

2018年2月，英国又一次在RegTech上领先，提出一种新监管报告系统，FCA发布了《关于利用技术实现更加智能的监管报送的意见征询报告》（*Call For Input：Using Technology to Achieve Smarter Regulatory Reporting*），提出创建机器可执行的监管报送方案，使用最新科技例如本体、大数据和AI等，POC证实了可将FCA和PRA手册中的一系列规则转为机器可读语言，从而自动解决监管报送问题。对规则进行实时更改，所报告的数据也能相应自动变更。英国这次提出的RegTech方法技术含量很高。所以说，云计算、大数据和AI等新技术的出现，将会让RegTech大为不同。

2. 美国商品期货交易委员会（CFTC）监管远景

美国RegTech也在不断发展，美国监管者的核心原则是“鼓励创新，保护消费者”。因此监管者的态度是积极拥抱科技，与被监管者形成良性合作，从被监管者处了解他们期待如何被监管。

以美国商品期货委员会（CFTC）为例，2018年4月CFTC公布了一份关于掉期交易（Swap Transaction）监管改革的报告，报告中提出未来的一个发展方向，即通过科技来改善掉期交易数据的收集整理和报告，使报告系统更加可信，更自动化和低成本化。为达到这一目标，CFTC计划采用分布式账本技术，即区块链。通过区块链，使得CFTC和其他监管者在掉期交易被执行时，能够自动实时得到报告方的Swap数据。这一功能可以提高监管获得数据的速度，并保证数据的可靠性，还降低成本。未来，

CFTC 将从外部监管演化成内部监管，CFTC 本身也在链上，会实时得到每个 Swap 交易的更新，使实时监管 Swap 交易市场变得可行，并实现了保护消费者和风险控制的监管职能。

报告的另一个亮点是提出了 LabCFTC 方案，这项金融科技项目通过提供平台，让金融科技创新人员更容易接触到监管方（CFTC），也使得监管方更了解新兴科技的发展，让市场参与者和科技公司可直接和监管方讨论。LabCFTC 未来发展方向是成为一个信息源，为 CFTC 提供金融科技的创新进展，特别是会对监管政策发展产生影响的信息。这也是 CFTC 版本的沙盒，建立起安全的测试环境，使得多方基于所有信息开展测试。

3. Overstock 的股票监管梦想

2017 年年底著名投资家索罗斯，把 Facebook 的股票全部卖掉，买了 Overstock 股票。Overstock 公司 2014 年接受比特币进行支付，2015 年被美国证监会批准用区块链来发行债券和股票。那我们就想，为什么索罗斯要投资这样一家用区块链发行股票的公司呢?

因为华尔街金融系统的不透明导致诸多漏洞出现，由于缺乏有效的监管方法，这些漏洞常常被金融机构用以牟取暴利。其中一个漏洞就是“卖空”投机行为。而在“裸”卖空（Naked Shorts，无担保卖空）交易中，卖家不能及时借到证券并在标准的三个交易日结算期间向买家交货的话，将导致该证券“未交付”。交易方可以利用这些漏洞持续卖空，这种“裸”卖空情况会一直存在。

Overstock 的股票在美国股票交易所被“裸”卖空，导致股价长期低迷，造成公司运营困难。Overstock 公司和华尔街证券公司打官司多年，却因为技术问题官司一直无法解决。OverStock 的首席执行官帕特里克·拜恩

（PaTrick Byrne）对华尔街的黑暗面深恶痛绝，他想成立一个“新华尔街”。拜恩与裸卖空“战斗”的一个关键“武器”就是区块链，用区块链来追踪股票市场，一秒之内可以知道每张股票都在谁手中，“裸”卖空也就不可能发生，如果有人违法“裸”卖空，智能合约可以在几秒内把所有卖空股票自动买回来。这样区块链变成了一个监管利器，除了Overstock公司，全世界还有很多其他公司也在开展类似的探索，国外多家股票交易经营公司，例如交易所和注册公司都在观察这方面的进展。一旦成功，将会给市场带来巨大改变。

Overstock的股票监管是非常好的监管自动执行的例子，股票在区块链上交易，违法违规行为通过智能合约予以修正，大大减少了监管的成本和难度，而且让Overstock这种公司经营受官司影响的情况不再发生。所以说，区块链、法规自动执行、监管自动执行都是监管利器，也是社会正义的维护者。这事实上就是法律以代码形式出现的一个案例，也是第三个区块链中国梦提到的观点，法律法规用代码形式呈现，条件满足时，通过智能合约，相关法规就会自动执行。

三、区块链的监管中国梦

现有的监管机制让监管和被监管双方都倍感无奈，可谓“双输”。一方面，被监管方觉得无奈，因为监管方权力过大，被监管方只能听从。并且监管成本高昂，手续繁杂。被监管方的创新常被监管方以影响金融稳定为由拒绝或者压制，导致创新困难。而且被拒绝时，监管方说了算，不需要任何理由，被拒绝者没有申诉机会，因此缺乏创新动力。另一方面，监管方也很无奈，因为监管方对被监管方的信息和技术缺乏了解，导致监管无效。有时监管方对被监管方的创新感到无所适从，不知从何监管。

可以说，金融科技和监管科技是矛与盾的关系，金融科技是矛，RegTech 就是盾，两者相互促进，共同成长。像区块链这样的金融科技是颠覆型的，RegTech 也必须是革命性的，需要一个全新的监管框架。

1. 新区块链技术推动新的监管科技

与现在相比，未来区块链技术大为不同，根据新的技术发展趋势，我们就监管科技发展提出以下三个创新点：

一是监管网络。从单链转向多链，形成跨国和跨地区的链网，也即区块链互链网。从一链通天下转向链满天下，每个领域都有自己的链。在监管领域，我们提出监管网络和链网并行。它的关键在于数据来源采用判断机的模式。

无论自动化与否，以前的监管都是中心化的，包括上述英国自动化监管报送系统。而现在则是多中心化的监管，链满天下时，多中心化不是靠中心背书，而是由多个系统、多种方式交叉判断，即所谓多个链、多方面的判断机，例如，对用户做身份验证时，不仅需要其身份证，还需要指纹、所发表的言论文字等，通过交叉验证后才能使用。进行资金交易或法律交互（法律不是经济往来，但是违法可能招致牢狱之灾）时，每条链都要负责证据来源，对收集的每条信息都要多方验证，每条链的公信力也都要予以验证，如是否采用拜占庭算法，链究竟是真链，还是弱链或是伪链。两条链之间做交易时，当交易额很大，如上万美元时，要进行多一层的身份验证，由多方链来证明其是否真实。例如，一个真链和一个伪链做交易时，真链上的财产是真实的，而伪链上的是虚假的，假设伪链被黑客攻击了，伪链与真链做完交易后，黑客会取走真链上的真实财产，而将损失留给真链，这是非常危险的。因此我们需要智能的区块链互链网，链与链之间互相交易、互相通信和互相监督，这样分布式治理将会出现，包括链上仲裁、链上身份认证，不止是链，还有链上特殊单位出现，为保证监管，将出现完全不同形式的链上社会，会有数字帝国、数字集团和数字共和国出现。这在数字社会梦中已有详细阐述，在此不再赘述。

二是大数据版区块链。从小数据转向大数据，这是重要的监管思路转变，从用户导向转为数据导向。要使监管者实现数据触达，包括重设数据上报标准，加强各国监管者间的协调、金融企业合作与数据共享，建设新时代的金融基础设施。

2018 年英国 FCA 提出新监管报告系统，但是并没有相关技术来支撑该监管框架，如没有大数据版区块链，监管系统没法处理大量监管数据，而且数据会越来越多。我们已提出用几个关键区块链技术（并申请专利）来支持这一框架，包括 ABC-TBC 双链式架构和大数据版区块链。大数据版区块链可随时提取所需信息，通过区块链技术和哈希值共享相关信息后，同时数据持有方又保留原来数据，数据共享和数据保护并重，同时很容易得知数据来源，将该信息存在很多地方，可随时随地取出，而不需跨链去提取所需信息；通过本体技术把市场个体交易用同一格式统一处理，快速放入区块链并进行大数据分析。通过各链的整合，我们将有并行的监管链：AI+ 分布式大数据的监管网络；有管理的链：改变中国管理的链；有大型链网支持管理链和监管链。

三是产业沙盒。采用产业沙盒来测试组装链和云上链。区块链不能只要测试，还要（在线）监测，不同区块链应用（清结算、支付、保险、交易）需要不同的监管技术，从组装的区块链应用迈向组装的监管技术。基于此我们提出产业沙盒。产业沙盒是行业内许多公司聚在一起形成的一种虚拟测试环境。产业可以决定用某些测试来检验一种新技术。让许多公司在产业内都能够在同一环境下做测试。由于使用的测试环境相同，参与测试的公司可以得出比较客观的结果。产业沙盒可为科技金融、客户、创业孵化、教育科研和基金投资提供服务。

2. 新监管框架

基于上述三点创新，我们提出一种新的监管框架：监管网络收集数据，大数据版的区块链架构在监管网络之上分析信息，最后都集中在产业沙盒上，沙盒适用于各种场景，让监管方、被监管方和研究人员可以在上面做大量实验然后再进行部署。再加上智能合约支持的可执行的监管，这样可在智能合约自动执行的监管平台上开展监管，去除人为偏袒和信息不对称性。在这种新监管环境下，暗箱操作和猫腻就很难发生。

此外，我们看到，区块链可以带来一种新概念：互相监管，互相验证。监管者也需要被监管，因为监管给人的印象是处罚型的或者是高权力的，可是在区块链的世界里，虽然监管方权力较大，但也不能滥用权力欺压被监管方，区块链对被监管方可以提供保护。并且有多个监管单位，它们互相监管，监管者和被监管对象一样，都没有权力更改数据，这是一种全新的扁平的网络，被监管方和监管方一样，可以看到自己的数据，知晓被处罚或被拒绝的原因，虽然监管者仍有比较高的权力。

3. 中国的全面监管网

这是一个可覆盖全国的大型监管网络，比印度的India Stack还要强大。可以保护个人、金融机构和国家，既能保护老百姓，也保护监管相关人员，防止内部更改。通常我们提到监管，常常指金融监管，对于金融监管，无论是股票、债券还是衍生产品等都可以纳入监管网络的范畴，而且这不仅限于金融监管，也包括医疗、食品和教育等各方面的监管，监管也不一定针对犯罪或犯错，也包括隐私的监管，比如哪条链或哪些公司故意泄露信息都可监管到！

这是一种新的构想，监管不仅是禁止性的或处罚性的，也可以是拥抱型或是鼓励型的，可以做到保护隐私，甚至可以成为一个高速成长的高科技产业。区块链技术，既可以带来穿透式监管，也可以做到好的隐私保护。近年来国内虚假商业行为频发，但如果中国有皮包链、服装链、交易链，消费者从电商那里购买的商品如皮包，可以在皮包链上查明真假及来源，如发现是假货，能马上由智能合约自动退货并进行报告。这样，卖假货的商店很快就会消失。

俗话说，“无规矩不成方圆”，有监管不但不是坏事，反而是一件利国利民的大好事。有所限制才能实现更大限度的自由。这也是一举多赢：

- 政府赢，因为既能达到监管目的又可发展新技术、新产业（RegTech 产业）；
- 投资人赢，因为监管不再只是政府的支出，而可成为政府和民间的一个投资，通过监管科技产业可以获得巨大利益；
- 大众赢，因为新监管科技可以保护财富和衣食住行等，也可以实行全民监管；
- 科技公司赢，因为不再需要躲在暗箱里发展黑技术，特别是开发躲避监管的技术；
- 研究机构赢，因为可以在沙盒上创新而没有法律风险，带领中国科技进步；
- 国家赢，整个经济效率可以大幅提升，因为金融流程可以大大简化，许多流程都自动完成，降低成本，提升效率。

本章针对三个领域大数据版的区块链、产业沙盒和监管网络提出重要思想，其他国家均还没有。新型监管这三者缺一不可，没有大数据版区块链，收集数据会是难题；没有产业沙盒，很难做到事先系统性的实验；没有监管网络，无法做到全面监管。

我们基于这三项重要思想提出了全新的监管思路，最后布局中国的全面监管网，达到一举多赢的局面。所以说这是一个中国梦，一个宏大的中国监管梦，这个梦将会使中国成为监管科技行业的领跑者（此处我们建议将 RegTech 译为“保障科技”，因为这名词更加贴近中国依法治国的理念，并且有亲民爱民的含义），区块链既能全球化，又能主权化，智能合约根据中国法律，可以动态改变。

这意味着要建立一套强大有效的监管体系，使监管者和被监管者有“法”可依（有可遵循的规矩，知道什么可做，什么不可做），并知道如何做，各方基于共识开展有效合作，行业提供服务计算，同一接口，同一服务，形成一个生机勃勃的生态系统，推动整个行业的蓬勃发展，最终实现我们的国家强盛、人民富强的中国梦。

参考文献

［1］UK Government Chief Scientific Adviser，“Distributed Ledger Technology：Beyond Block Chain，” Government Office for Sciece，2016，https：//www.gov.uk/government/uploads/system/uploads/attachment_data/file/492972/gs-16-1-distributed-ledger-technology.pdf.

［2］IS BLOCKCHAIN COMPARABLE TO “THE NEW INTERNET”，https://www.blockchain-council.org/blockchain/blockchain-comparable-newinternet/.

[3] Swaps Regulation Version 2.0–An Assessment of the Current Implementation of Reform and Proposals for Next Steps.

https://www.cftc.gov/sites/default/files/2018-05/oce_chairman_swapregversion2whitepaper_042618.pdf.

[4] 蔡维德:《区块链技术重塑商业》。

[5] 蔡维德、姜晓芳、刘琳:区块链教育。

[6] 蔡维德:区块链会逐渐使社会结构产生变化。

http://mvideo.cfbond.com/sptj/55335767.shtml?from=timeline&isappinstalled=0。

[7]贵阳市常务副市长徐昊:区块链是新一代互联网的战略支撑。

https://www.jfq.com/live/people/3756.shtml。

[8] 蔡维德:区块链互联网。

[9] 蔡维德、李琪:亲,你的链是什么链?

[10] 蔡维德、刘琳、姜晓芳:区块链的中国梦之一:区块链互联网引领中国科技进步。http://opinion.jrj.com.cn/2018/08/07123724916752.shtml。

[11] 蔡维德、姜晓芳:区块链的中国梦之二:链满天下打造数字社会。

[12] Medici,"RegTech:三重底线机会(REGTECH:A TRIPLE BOTTOM LINE OPPORTUNITY)",

https://memberships.gomedici.com/research-categories/regtech-a-triple-bottom-line-opportunity。

[13] 京东金融,"Suptech:监管科技在监管端的运用",2018年8月。

[14] 香港金融管理局、阮国恒："FinTech 时代的 RegTech"，2018 年 9 月。

[15] 蔡维德：美国区块链两件大事表明什么？

http://opinion.caixin.com/2018-02-28/101214973.html。

附录 1

批发数字法币（W-CBDC）的支付系统架构：Fnality 白皮书解读

1. 2020 年英国央行出的数字英镑报告以零售数字英镑出现。Fnality 批发数字货币可以和零售数字英镑结合吗？若可以结合，该如何结合？

2. 为什么有人认为英国央行行长 2019 年 8 月 23 日在美国的演讲就是以 Fnality 为依据而计划？他提出以基于一篮子法币的合成数字货币取代美元成为世界储备货币。Fnality 的 USC 计划和英国央行行长提的概念差距在哪里？世界储备数字货币平台需要提供零售数字货币吗？

3. 在世界储备数字货币平台上各国央行各自管理自己的货币（包括发行和交易），如果要成为世界储备货币，该平台上的数字货币可能需要被其他国家监查，避免一个国家超发货币影响到其他国家的货币。如何在建立这样的监查机制的同时各国央行仍然可以控制自己货币的发行和交易？

4. 有没有可能改进 Fnality 的数字货币平台，使其成为世界储备货币的平台？

5. 在 Fnality USC 系统上，如何进行结算？如何进行清算？何时可以认为交易完成，不可以回滚？

6. 为什么在 Fnality 系统上的数字货币像比特币一样没有信用风险？

7. 为什么 Fnality 系统上流动性风险非常低（几乎没有风险）？

8. Fnality 提出 CSD 可以完全被区块链取代掉，如何使用新型区块链定义来设计基于区块链的 CSD？

一、Fnality 的重要性

如果对 Fnality 这家公司不熟悉，可以参考《区块链应用落地不是狼来了而是老虎来了》这篇文章。这家公司预备发行 USC（Utility Settlement Coins），包括数字美元、数字欧元、数字日元、数字英镑、数字加拿大元。

2020 年 3 月，26 家央行（包括美联储、英国央行、欧洲央行等）、几家发行稳定币的商业银行和脸书一起开会，同一时间英国央行发布数字法币报告，该报告只纳入一家私营企业，就是 Fnality 公司。

Fnality 成立的目的是建立基于每种货币的本地独立的分布式金融市场基础设施（DFMIs，Distributed Financial Market Infrastructures），这些基础设施将运营一个私有的许可链，支持 USC 成为链上数字资产，以便为未来的批发银行市场提供链上支付方式。

现在主流的支付模式有一个缺陷：由于它以账户为基础，因此，每一个业务需求，在每个地点，都有一个或多个账户在多个地方持有现金和证券头寸。这不仅分散了流动性，还需要额外的基础设施支持。

Fnality 的重心放在两个领域：一是通过建立每种货币的 USC 能力重建新的基础设施；二是与希望使用此新支付功能的业务应用程序协调。

笔者跟 Fnality 的 CCO Olaf Ransome 谈到了 Fnality 公司的历史、企业精神以及一些设计思想。

1. Fnality 的历史

Fnality 从 2015 年就开始策划此事。2015 年 1 月，《华尔街日报》宣布，对金融系统而言，区块链是 500 年来的一次大改革。2015 年 10 月，《华尔街日报》宣布这一变革是真实的，大量的投资开始涌入这个领域，虽然很多投资后来都以失败告终，可是却有一些项目留了下来，而且确实比以前进步许多，其中包括这家 Fnality 公司的项目。

当时就有一群银行，包括瑞士的 UBS、德国银行、西班牙银行，还有 BMY 和美国 CME 等金融机构，决定开始在金融市场使用区块链。他们认为在金融市场上下列三个方面最重要：资产，交易所，支付。他们决定将力量集中在支付上，所以 2017 年请来了德国银行的交易（Transaction Banking）高手，2018 年成立了一个团队开始进行开发。

到了 2019 年上半年，一切都准备好了，所以 Fnality 就开始了 A 轮融资，现已融到 5400 万英镑，由 15 家国际大银行赞助。

2. Fnality 发行 USC 的设计思想

投资的 15 家银行包括美国、欧洲、英国、日本和加拿大的银行，准备发行一个基于美元、欧元、英镑、日元以及加拿大币的稳定币，名字叫作 USC。

要发行这样的稳定币，需要具备四个重要前提：

一是参与单位的央行（现在是美联储、欧洲央行、英格兰银行、加拿大银行、日本银行）要对他们的做法满意，而这不是一两句话就能解决的，需要有一个长期过程。

二是他们需要做一个脚本的测试，即持续的关联结算（Continuous Linked Settlements，CLS）。这是全球结算外汇交易的标准，CLS 用户必须通过其代理行或往来银行为其空头头寸提供资金。付款需要在特定时间内完成，这就需要“定时支付”。一般来说，相关方根据价值收取这些定时支付。

三是要有实际的应用案例。

四是该计划必须盈利。这一点最重要。他们不可能赚央行的钱，盈利必须来自用户的支付。因为发行稳定币，不能从币的价值得到利润，所以交易费用，包括交易时的融资利息，将会构成公司主要收入。参与单位越多、交易越多，则盈利越高。

他们在设计时极为重视两点：一是能直接访问各国央行的系统，且可借助该平台和其他国家央行进行间接交互；二是稳定币要有能盈利的合理的商业模型。

2008 年金融危机发生时，因为各国央行之间没有直接通道，以至于经济危机从一个国家传到另一个国家。有银行家指出，如果当时央行之间有直接通道，危机就不会成为全球性的。

3. Fnality 技术架构

Fnality 技术架构分三层：

上层（应用层）：可以是数字股票结算支付、贸易金融、抵押管理、跨境支付；

中间层（交互层）：连接上面应用层和下面资金层；

底层（资金存储层）：法币存在央行里。

对支付系统有信心非常重要，支付系统在上层，开放给不同的区块链，底层预备在五家央行里存五种货币。

另外在该系统里面，参与单位可以选择软件工具，因为每个国家都可能有自己的标准和要求，所以系统设计不绑定特殊软件工具。

4. USC 的先进性

USC 的先进性主要体现在速度和安全方面，这也是我们提出的货币竞争的四大要素中的其中两个。因为参与公司拥有 USC 币，虽然可以以数字美元或数字英镑等形式出现，但其实都是 USC 币，因为在央行有 1 比 1 对应的法币，所以支付的时候不需要等央行或是银行开门，而可以用 USC 币直接结算，速度比传统系统快。这符合我们提出的货币竞争第一要素：速度快。

第二要素是安全。所有稳定币都有央行法币对应，事实上等于将部分央行清结算功能拿到 Fnality 平台，但是都受各国央行监管。参与单位在各国央行存有对应法币，使跨界支付能够快速完成，且使用区块链技术。这样，在同一时间，参与单位可以得到同样的信息，共识投票后才进行交易，交易后即时完成结算，这就是笔者提到的共识经济模型。USC 等于是公共资金池，但是每个稳定币有自己的法币身份，就像狭义银行一样，资金由参与央行直接保证，例如 USC 美元由美联储保证，USC 英镑由英国央行保证。

5. 新技术框架解决商业银行彼此不信任问题

今天许多大银行彼此之间都互不信任，2008 年经济危机让一些大银行比如 Lehman Brothers 投资银行都倒闭了，所以他们认为即使银行再大，都有可能倒闭，最后的金融稳定性取决于央行的支持程度，另外他们也不采用部分准备金制度（Fractional Reserve）系统，而是采用全额准备金制度系统，如发行一元稳定币（例如美元），就必须要有相对应的一元法币存在央行（美联储）里，这事实上非常保守。但他们觉得这么做是正确的，因为这是做支付系统，客户对该支付系统的信心至关重要。没有信心，支付系统就不能成功。

这种做法的保守程度超过商业银行在央行存款的现行制度（因为商业银行不需要 100% 法币存在央行），而且不是发行的新法币（所有法币都必须已经发行而且在市场流通），不会影响国家货币政策和供应。这样 Fnality 发行的稳定币比银行存款还要靠谱。

这也说明 Fnality 不会去挑战央行的权力，和过去的币圈不同，动不动就认为比特币等数字代币会改变世界，成为数字黄金，成为世界货币的央行。这也和脸书 Libra 不同，Libra 1.0 被许多人批评，Libra 2.0 做了不少改正。2019 年还有人认为脸书会成为世界央行。Fnality 认为这些都是“不可能的任务”，央行还是央行，Fnality 最多只是央行的助手，这样稳定币 USC 事实上是法币的帮手。

各国央行和商业银行例如美国、德国或者瑞士的银行，对于资产和法规等方面都有自己的特殊要求，关门时间也都不一样，要成立一个基于各国法律的通行稳定币，这些因素都要考虑到。所以要获得 5 个国家央行的同意需要一些时间，但 Fnality 认为他们可以完成这项计划，一旦完成，将直接对现在的金融系统造成威胁。

为了避免各国资产评估不同的问题，Fnality 不采用资产抵押，而完全使用法币作为抵押，发行稳定币来支付。

6. 彻底改变金融世界

Fnality 公司一点也不隐藏，直接表明这是新一代金融系统，现在金融系统必定会被淘汰，该趋势已经非常明显，就像“火车已经离开了车站”（“The Tokenisation Train has Left the Station”），大家只能上车，否则就会被远远抛在后面。过去欧洲央行、日本央行、加拿大央行、新加坡央行、南非央行还有重要金融机构都做了许多实验，结果也一致，就是区块链将改变世界。但过去花费大笔资金建立的金融系统几乎不可能被改变，那么只有一个办法，即在现有系统之外重建一个全新的系统，和过去完全不一样。这就是区块链改变金融的精神。这也和我们提出的数字法币三大原则中的第二原则和第三原则一致。

第二原则是数字法币从小区域应用做起，而不是一开始就是传统大央行系统。

第三原则是数字法币将颠覆现有的金融系统，未来的金融系统不会是在现有金融系统上进行改造，而是重建新系统。

Fnality 白皮书里说道：“‘到 2030 年，数字化将使大多数传统金融公司变得无关紧要。’这是 Gartner 最新调查结果的标题。分布式账本技术（DLT）及其代币化被视为未来技术解决方案的一部分，这会发生在所有行业，尤其是在金融服务领域。”（原文为“Digitalization Will Make Most Heritage Financial Firms Irrelevant by 2030.” This is a headline from recent Gartner findings. DLT and with it, tokenization, are perceived as part of tomorrow's technology solution, in all and any industries and financial services in particular.）

7. USC 和 Libra 两个前沿思想

USC 和 Libra 既有相同之处（例如都是用法币做抵押），也有不同的地方（USC 主要是以央行为托管机构，Libra 是采用独立机构）。Libra 是一种零售客户的数字货币，而 USC 属于银行间的一种支付系统，它重建银行间系统，且有央行支持，与传统的 SWIFT 系统不一样。USC 像狭义银行（Narrow Banking），只在央行（而不在商业银行）存资金以保证价值，但同时又做支付（传统的狭义银行不做支付）。

聪明的读者可以想象，这种方式如果成功，将代表什么？可能可以在本书附录 2 里得到一些启发。如果是这样，将来的金融市场和现在的金融市场将有巨大差异。Fnality 的想法和 IMF 看法类似，但还是有所不同。最主要的差异在于对商业银行的态度。IMF 对商业银行持悲观态度，但 Fnality 却选择和商业银行合作，在新数字经济体系下 Fnality 仍然非常看好商业银行，他们的做法是与商业银行合作开展数字货币业务（这一点和 IMF 有差别），并且把央行加进来（这一点和 IMF 观点一致）。

如果 Fnality 预测正确，参与的商业银行就可以和发行稳定币的科技公司直接对抗。而因为这些商业银行有央行支持，在金融战场上会占优势。但是 IMF 也推荐央行支持科技公司，如果这样，两边（一边是科技公司稳定币联盟，一边是商业银行稳定币联盟）力量差不多。问题是那些没有加入像 Fnality 这样的联盟的商业银行将会如何?

8. USC 和 Libra 面临不同监管问题

Libra 稳定币自从诞生以后，一直备受各国监管机构批评，以至于有人认为 Libra 最后一定会因为过不了监管而被放弃。USC 也遇到同样问题，但是与 Libra 相比要好得多，例如没有一家央行像公开批评 Libra 1.0 一样在媒体上公开批评 USC。

USC 一开始就和 5 家央行协商，而且资金由商业银行提供，这些商业银行本来就是受监管的。商业银行如此精明，为何还会投资该项目呢？而且在这轮融资中，他们的融资额是其他项目在同一时刻融资额的 5 倍（部分原因是由于有 5 种法币参与），这些商业银行对 USC 充满信心。Fnality 估计有几家金融大国央行会先出来支持 USC，若这几个金融大国表态支持 USC，其他国家，包括不在名单上的国家也会纷纷加入这一阵营（2020 年 3 月英国央行公开说 Fnality 有创新的技术）。

二、Fnality 白皮书解读

USC 是英国 Fnality 团队长期跟英国央行、瑞士央行、加拿大央行和新加坡央行等多个央行和银行讨论和研究的产物，是基于多家央行研究的成果。我们对 USC 白皮书进行了翻译，为方便读者理解，我们加了注释。

这份白皮书是由 Fnality 公司发布，给我们提供了许多新的想法。白皮书从英国央行、加拿大央行、新加坡央行在2018年发布的跨境支付研究报告（以下简称“3国央行报告”）中吸收了大量知识。3国央行报告提到了现有金融系统的痛点和造成它们的根本原因（Root Causes），以及这些痛点的解决方案。

该白皮书同样看好区块链，认为区块链是现在金融科技一大创新，但不同于以前一些报告只做宣传，它提出了产业痛点和解决方案，指出这些解决方案能够加速支付交易，节省大量开支，增强政府监管。

本白皮书提出一个跨国的稳定币（USC），但是同时又有各国法币的身份证，建立了一个跨央行的资金池，为央行和央行之间、央行和银行之间提供良性交互机制。这样的交互机制可以在金融危机发生时，阻止一个国家的金融危机传到其他国家；在平时也可以支持货币流通。这点是笔者2016年年初和一位英国银行家拜访中国银行时讨论的一个话题，该银行家说金融危机发生时，他在某国央行里任职，当时央行非常着急，其他央行也很着急，可是当时没有这个机制，以至于他们亲眼看到一国的金融危机，传递给第二个国家，再传给第三个国家……这样一直传到世界各地，而没有办法阻止。

今天这一问题在一些地区仍然存在，所以这样的机制对央行而言非常重要，Fnality能提供这样的机制，而Libra不能提供。

本白皮书提出在交易所使用同一种货币（稳定币），而不是多个货币，使跨境交易速度加快。并且使用共享的资金池，由参与央行支持，相当于建立一个虚拟的跨国交易银行。这样即使一些央行或是银行不在工作日，跨境交易还是可以进行，实时交易，没有休息，而且是在参与国金融监管下进行。Fnality认为这种稳定币符合国际货币基金组织（IMF）提出的央行和民间合作建立的合成央行数字法币（sCBDC）模型，也是多国央行认可的批发数字法币模型，这样的批发数字法币也是和商业银行合作完成的，后续可以开放给非银行机构。

本白皮书大多谈论支付交易设计，实际系统设计没有公开，但是从白皮书简单的叙述中，可以看出 Fnality 系统的设计。这一设计很有智慧，将使得现有支付流程有非常大的改变。就好像以前是马车，现在是汽车，城市交通规划必定会大变。

白皮书没有作者姓名，以公司名义发布。发布时间为 2019 年 6 月。下面的内容为白皮书的原文翻译，翻译中穿插有笔者的解读。

1. 介绍

展望未来，想象一下 2029 年您将负责银行的现金和流动性管理。作为现金和流动性经理，您在该行业已经工作了 25 年或更长时间，经历过金融危机，参与了许多优化项目，理顺公司间结算，合理化往来账户，处理臭名昭著的互换问题。多年来，您一直寄予许多希望、梦想和雄心来改变您所处的复杂世界，创造一个简单高效的运营环境，提供即时的现金和流动性管理信息。

您早上走进来，看到墙上的大屏幕显示了您所操作的每一种货币上的现金余额。除此之外，还显示了以每种货币进行的所有交易和结算的进度。

无论是货币市场交易、长期存款还是证券结算，每种货币只有一个往来账户余额来管理您的全部支付需求。作为现金和流动性经理，您会立即注意到，您需要美元资金来完成今天的所有交易。在您的交易屏幕上，您可以看到隔夜美元交易的一个可接受的价格，在不到一分钟的时间里，这笔交易的近端（Near-leg）已经结算。您的现金流预期和结算实现将接近于零，并消除了您的信用风险。您的屏幕显示您的较高的和较低的结算余额。

笔者解读

如果读者不细心的话，可能没有发现该白皮书一开始就提出一个想法，“每种货币只有一个往来账户余额来管理您的全部支付需求”。这一设计背后的意义惊人，它将使现在的银行交易流程发生改变，也会使得系统设计和传统系统非常不同，应用架构和现在许多区块链也不一样，会对系统性能有所影响，后面我们将具体分析。

展望未来10年需要一点想象力，我们的变革并非一蹴而就。作为未来结算环境的一部分，我们需要的创新已经来了或近在咫尺。代币化已在进行中；USC（一种“公用事业结算币”）的工作原理，充分理解了新数字交易所的潜力。事实上，正如我们所说，USC项目参与了与现有交易所组织就实现这一机会进行的持续讨论。我们有一个非常明确的愿景，希望USC成为数字空间普遍的支付手段。我们知道交易银行或代理银行将如何演变。各国央行和监管机构也可以发挥作用，改变货币流通规则。我们非常清楚需要更广泛的能力，可以持有隔夜USC。

金融服务业对GDP贡献巨大。麻省理工学院的加里·根斯勒（Gary Gensler）最近在Coindesk上发表的一篇文章中指出，如果这一行业占GDP的7.5%，那么它的效率对普通人来说非常重要。

金融平台上的DLT和USC有可能成为金融市场领域的颠覆性技术，重塑端到端流程，带来新的经济协调方式。我们相信这是一次激动人心的重要旅程。

2. 代币化列车已经离开车站

“到2030年，数字化将使大多数传统金融公司变得无关紧要。”这是最近 Gartner 调查报告的一个标题。在所有行业里，分布式账本技术（DLT）和代币化（Tokenisation）被视为未来技术解决方案的一部分，尤其是在金融服务领域。

代币化是新资产和传统资产的新兴标准。ICO 和其支持的初创企业一样多。使用 DLT 或区块链的动力不仅是在零售领域，它也已经进入了机构市场。在现有市场中，一些“严肃”的参与者也宣布了他们在批发市场中建立新企业的意向：

SDX	瑞士证交所和 CSD 公布了数字资产生态系统的高级计划
HQLAX	一家初创企业与德国 Boerse 的合作
欧洲清算银行与合作伙伴	欧洲清算银行、ABN、欧洲 CCP 和纳斯达克之间的合作

所有这些举措都预示着未来流程将更快、更便宜。但所有这些先进思想都缺少一样东西：一种能够“链上”交易结算的支付手段。

笔者解读

“所有这些举措都预示着未来流程将更快、更便宜”，这就是我们提出的新型货币竞争四大要素的第一要素。

在商业零售端，要么接受比特币或以太币等加密货币，要么使用新的开放银行标准（PSD2）并使用 API 从客户在商业银行的账户中借记，这是相当容易的；但没有一项适合机构的业务，使用加密货币有市场风险、波动性大，不受央行支持。

也有许多人努力在分布式账本上创造一个法币的等价物，即有担保的代币，其中份额最大的可能是 Tether。最近，ICE、微软和星巴克宣布将在同一领域合作，IBM 的 World Wire 和 Stellar 也宣布进行合作，还有其他所谓的“稳定币”。

所有这些代币将有助于在 DLT 上进行支付，满足“支付手段”和“账户手段”的需求，这是货币三大特征中的两个。然而，三大特征中有一个特征是缺失的；它们都涉及至少一种，有时是三种形式的信用风险，这取决于中介机构的数量。第一种风险是机构的风险，例如 Tether 不允许审计，从而证明流通中的代币和抵押品之间的关系。第二种风险来自代币背后的银行合伙人。第三种风险是标的资产。例如，Tether 将其美元存放在一家中东银行，该银行将其资金存放在美国的一家商业银行，因此，它们是否是一个可靠的“价值储藏手段”值得怀疑。

这些“稳定币”流动性不好，用户会发现不能立即将一种代币兑换成另一种代币。也许经纪人会帮您把 ICE 换成美元，把 IBM 换成美元，只是也许，而且是收费的，外加一些“峰时价格”（Surge pricing）。

然而，目前还没有令人信服的替代方案，因此，毫无疑问，这些“稳定币”将像野草一样生长，像兔子一样繁殖。

我们的观点

无论我们对 DLT 和 ICOs 有什么看法，都有一种动力促进这种新的通用技术的使用。目前没有适当的机构规模的支付手段，金融机构（FIs）需要迅速解决这一问题。如果进展缓慢，金融机构将不得不与庞大的基数和支离破碎的流动性作斗争。要么颠覆市场，要么被颠覆。

笔者解读

"如果进展缓慢，金融机构将不得不与庞大的基数和支离破碎的流动性作斗争"，这也是我们一直在提的新型货币竞争，要么颠覆市场，要么被市场颠覆，是Fnality发出的强烈信号。

3. 什么是Fnality和USC？

2015年，USC是银行财团的一个研究项目，希望探索DLT和区块链上代币化世界的无限可能性，并了解它们对世界的潜在影响。

自2015年以来，该财团扩展到16家机构：巴克莱银行、美利坚银行、CIBC、德国商业银行、瑞士信贷、德意志银行、汇丰银行、ING、KBC、MUFG、桑坦德、SMBC、道富、瑞银、威尔斯法戈、CME/NEX，其中12家银行都属于G-SBS集团，G-SBS集团由世界上最重要的30家银行组成。

但这只是个开始。2019年5月，USC财团成员进一步对Fnality International（Fnality）进行了投资，其目的是实现发行USC的承诺。

USC的全称是公用事业结算代币（Utility Settlement Coin）。这个想法过去是，现在仍然是，创建一个点对点的数字现金资产，以最终结算代币化价值交易。当然，它必须有多种货币，而且可以跨平台运行。结算资产将是一个数字单位，它代表以央行持有的法定货币形式的抵押品请求权，它将有权利确保在每一个司法管辖区内本地结算被认为是最终的，不能被法院推翻。

财团成员赞助了USC项目，以探索未来的道路。为该项目制定了几项高水平的预期成果或目标，认为这是迈向潜在战略投资的一步。这些目标包括：拥有央行支持、技术可行、银行了解如何与新平台整合。

战略投资回合结束后，Fnality起死回生，继续推动项目工作，并在18

个月内使USC投产。

与此同时，各国央行也在积极行动，提出它们认为在分布式账本技术领域应该采取的措施。

（1）2018年3月，BIS CPMI发布的关于央行数字货币（Central Bank Digital Currency，CBDC）的论文集中于“批发市场”（the Wholesale Markets），文章提到“引入批发数字法币，它与传统的央行准备金相比，成为银行间的支付系统，可以潜在地提高结算效率和风险管理”。

笔者解读

BIS在2018年提出“批发数字法币”（W-CBDC）——一种批发的央行数字货币，这是银行间的一种代币。它和Libra不同，Libra可以说是零售代币。这两种代币方式，需要解决的问题不同，解决的方案也不同。虽然都是稳定币，也都有法币支持，但是路径差异大。在2020年前许多央行包括欧洲央行都表示批发数字法币应该先行。2020年后，央行改变想法，认为批发币是为商家服务的，央行应该注重零售币。读者有没有发觉，许多央行都反对Libra，但是没有央行指责Fnality。这说明Fnality不是央行的敌人，而是央行的朋友。

该“批发”概念注重“银行间支付系统”而不是消费者支付，可以“提高结算效率和风险管理”，这和我们提的速度、安全、监管要素一致。

（2）2018年11月，英格兰银行（译者：英国央行）、新加坡金融管理局和加拿大银行（译者：加拿大央行）发布了一份非常详细的讨论文件：《跨境银行间支付和结算》（*Cross-Border Interbank Payments and Settlements*:

Emerging Opportunities for Digital Transformation）。这为 W-CBDC 的建立提供了多种途径。

笔者解读

三国央行（英国央行、加拿大央行、新加坡央行）根据 BIS 的 W-CBDC 模型，指出现在金融系统的问题，并且提出解决方案。本白皮书受三国央行报告影响最深。但是 Fnality 提出来的解决方案和三国央行报告并不完全一样。Fnality 采用区块链技术，而三国央行报告还没有决定是否采用。

（3）2018 年 12 月，瑞士联邦政府发表了一篇论文：《瑞士分布式账本技术和区块链的法律框架——以金融业为重点的概述》（*Legal Framework For Distributed Ledger Technology and Blockchain - An Overview with a Focus on the Financial Sector*）。该论文提到了 USC（注：该论文有三处提到 USC），并明确指出：

- 支付代币是必要的，创建它将是私营部门的任务；
- 进行券款对付（Delivery vs. Payment，DvP）需要这样的支付代币；
- 他们可以想象央行货币的代币化。

笔者解读

瑞士报告里提出支持在金融市场使用代币，而且表明应该由私人公司，而不是由央行来开展代币事业。瑞士报告提到 USC，表示瑞士已经和 Fnality 团队进行过讨论，这项工作有瑞士银行的参与。

可以清楚看出，Fnality 团队长期与各国央行开展讨论，追踪央行思想，并且用技术解决具体问题，不只是宣传技术多么伟大。

以上三份报告，其中又以三国央行报告最为重要。在后面我们还会提到用在Fnality系统中的一些瑞士股票交易所的技术。

批发CBDC模型说明

根据三国央行报告，几个参与管辖区，通过各自的央行或全球多边机构，同意创建一个“通用批发数字法币”（U-W-CBDC）（U是Universal通用，W是Wholesale批发）。U-W-CBDC将由参与的央行发行的一篮子货币支持，但是各家央行负责自己的数字法币，并将通过专门创建的交易所发行，以允许此类U-W-CBDC的发行和赎回。

将一个管辖区的货币转换为U-W-CBDC将在该货币和U-W-CBDC之间创建一个汇率，参与的央行共同决定如何管理这一问题。

银行可以使用这些U-W-CBDCS与其他银行来解决对等跨境交易。

W-CBDC平台可以被设计为实时操作，并与现有的RTGS平台并行操作，使用U-W-CBDC在同一辖区银行和央行之间以及跨辖区银行之间进行交易。

我们的观点

Fnality international正在推出一个解决方案，该解决方案是按照与结算相关的具体需求而设计的，这些需求是由各家央行和CPMI确定的，甚至各国政府都认为是需要的。

4. Fnality的承诺

今天，在金融机构（FIs）中，可用的流动性就像一个大蛋糕，必须被切成片，每一片实际上都被转移到众多的“现金账户”中，这些都是往来账户（Nostros）和托管人（Custodians）。

通常，银行有太多的往来账户和托管人。在最近一个时期，一个 USC 财团成员仅一个美元账户分支就有 200 个以上的往来账户。

日常现金管理更多的是一门艺术，而不是一门科学，在这方面相当不精确。结算不是 100% 可预测的，因此余额是波动的，这意味着资产负债表上的“银行现金”很高。Oliver Wyman 的最新报告《日内流动性：获得积极管理的好处》（*Intraday Liquidity：Reaping the Benefits of Active Management*）使日内流动性的成本非常清楚：一家大银行典型的 1000 亿流动性储备的 10% 到 30%，需要 100 个基点的成本，也就是 1 年至少要花 1 亿美元。

因此，对于财务主管来说，关注结算基础设施的设计是值得的，因为流动性缓冲金每减少 1%，就将换来 1000 万美元的终生受益。

笔者解读

Fnality 用“一个流动资金池，满足所有支付需求”，同时在后面提出“取消往来账户和托管人的单独账户”。采用 USC 后，流动性从一个必须分片的大蛋糕变成一个小蛋糕（不再分片），降低了流动性成本。“小资金和大资金比较”图中，小蛋糕估计是大蛋糕的 60%（6000 万美元和 1 亿美元的差异），即节省 40%。

这有几个副作用：

首先，流动性池很大，成本可能很高。当需要外部融资时，流动性缓冲的成本在 50 到 150 个基点之间，这取决于长期融资成本和当前回购利率之间的差价。

其次，金融机构严重依赖他们的往来账户，托管人提供日内透支。这些透支可能相当不稳定，即使在每一天结束时，大部分情况下余额接近持平。代理银行和托管业务必须承担提供流动性的成本。

CLS 在外汇结算中的广泛应用确实帮助改善了往来账户的流动性状况。尽管如此，仍有许多外汇需要作为支付结算，CLS 的净融资和融资交易的一方，即所谓的进出口掉期也需要结算。这些交易有助于提高日内透支需求的规模。

笔者解读

持续关联结算（Continuous Linked Settlements，CLS）是全球结算外汇交易的标准，也是业内通过进行同步净额交收以降低外汇结算风险的结算方法。CLS 用户必须通过其代理行或往来银行为其空头头寸提供资金。支付需要在特定时间内完成，这就需要“定时支付”。一般来说，相关方根据价值收取这些定时支付。

以上是传统 CLS 的做法，但是在 Fnality 的环境下，因为参与的稳定币都有对应的法币存在央行里面，只要有稳定币就可以结算。并且因为日内流动性使用的是一个大池（一个法币一个池），流动性问题比以前小得多。

“一个流动资金池，满足所有支付需求”（One pool of liquidity serving all payments needs）。

在 Fnality 平台上，所有可用资金都存放在一个地方，满足所有支付需求。我们预计，结算的艺术性将变得更少，而科学性将更多，这取决于我们如何改变模型。

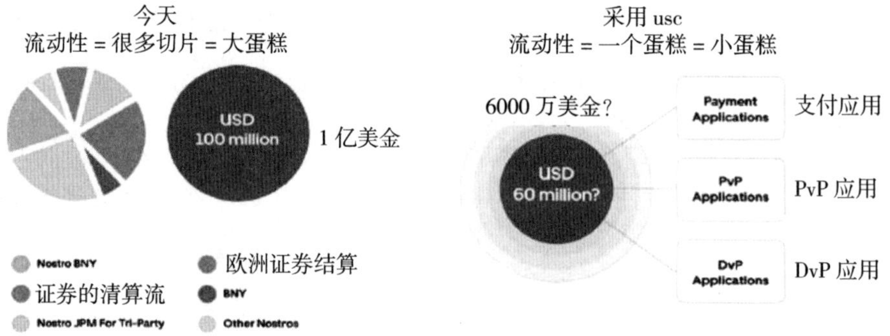

今天
流动性 = 很多切片 = 大蛋糕

USD 100 million 1 亿美金

Nostro BNY
欧洲证券结算
证券的清算流
BNY
Nostro JPM For Tri-Party
Other Nostros

采用 usc
流动性 = 一个蛋糕 = 小蛋糕

6000 万美金？
USD 60 million?
Payment Applications 支付应用
PvP Applications PvP 应用
DvP Applications DvP 应用

小资金池和大资金池比较

这里，关键要素是“结算的原子性”（Atomic Settlement）和“互操作性”（Interoperability）。举例来说：您是 ABC 银行，持有苹果 100 股，必须交付 60 股，获得 12500 美元。这两种要素的结合将使您交易的平台能够保留您想出售的 60 股苹果股票，然后在 Fnality 平台上进行沟通，以确定买家是否有资金支付。如果确定，通信协议完成互操作性的最后一步，并确保支付和资产同时转移，没有结算风险。

这项技术今天已经存在，但运作形式有限；瑞士中央证券保管机构（CSD）与瑞士 RTGS 系统具有互操作性，后者为证券结算 DvP 提供瑞士法郎。欧洲的证券结算平台 TARGET2 Securities（T2S）与此相似，但不完全相同，因为证券结算使用了带有 T2 的分离的账户。

笔者解读

瑞士是本白皮书经常提到的国家。

这里提到的 CSD 和 RTGS 都是国家重要系统，如果系统停顿，国家很大一部分经济活动将会停止。

Fnality 很多引用都是出于央行或政府的报告，说明 Fnality 框架包含央行系统，其中再度提到瑞士央行。

Fnality 框架不是一系列的独立概念，而是很多方面绑在一起（一个共享资金池 + 结算的原子性 + 互操作性 + CLS + 央行支持）才成为 Fnality 框架，其中每一部分都是不可或缺的。但是白皮书没有提供技术细节。

注意这里没有提 USC 稳定币，因为这些只是 Fnality 概念，Fnality+USC 才是完整的概念。

Fnality 将在全球范围（Global Scale）内实现这一目标。随着资产代币化和新市场的发展，USC 的使用将是缩小流动性蛋糕（Liquidity Cake）规模的手段。仅仅 10% 的改善便会对您的流动性和管理现金的难易程度和速度产生巨大的影响。真正的改善需要标准，并且 Fnality 能够提供共同的流动性池。

笔者解读

请注意，白皮书说“将在全球范围内实现这一目标”，说明这会是全球性的项目。“创建只在本地运行的数字货币”将会遭遇全球数字货币的强烈竞争。Libra 就是一个例子，在 Libra 白皮书没有发布之前，很少有人讨论稳定币，许多金融从业者还表示区块链技术一点都不重要，甚至是祸国殃民的技术。但 2019 年 8 月以后，几乎所有人都认为它很重要，也是新型国际货币竞争的开始。联合国 2019 年《数字经济报告》还把区块链列为金融科技中最重要的技术。

减少流动性和管理现金，等于用更少的资金（流动池）完成交易，而其他资金可以用在别的地方，促进经济建设。

稳定币是另一种选择吗？

关于稳定币的讨论已经有很多，也许太多了。IBM 通过 BigBlue，宣布他们的 World Wire 产品具有稳定币的能力，2019 年似乎是考虑银行管道系统将受到何种影响的好时机。

稳定币基本能保持其价值，一般与基础资产如法币现金保持 1:1 的比例，根据实际情况，即使发行人是银行，也存在各种风险。

笔者解读

稳定币应“与基础资产如法币现金保持 1:1 的比例”，说明 Fnality 不采取部分准备金（Fractional Reserve）制度，以减少金融风险。

2018 年 3 月 23 日，Olaf Ransome 在 LinkedIn 的一篇文章“稳定币的风险”中详细讨论了这些局限性，参见：https：//www.linkedin.com/pulse/perils-stablecoins-olaf-ransome/。

我们的观点

Fnality 和 USC 的结合将使金融市场中心化（Centralise），并简化现金管理。取消往来账户和托管人的单独账户提供了操作简单性，总体上需要更少流动性。

笔者解读

请注意，白皮书在这里说“中心化”，一直以来，在区块链世界里，“中心化”一词好像就是魔鬼。但是作者直接说中心化，这点非常重要，应该中心化的地方就公开中心化，例如，央行难道可以不中心化吗？加拿大央行在 2017 年的报告中也持这一观点，而且认为央行理所应当作为货币中心。

以科学眼光来看，中心化的流动性缓冲机制是最有效的。如果一个资金池放在两个账户中，各放 50%，当需要 60% 的资金时，那么这两个账户单独都不足以满足需求，但如果资金池只放在一个账户就可以满足需求。前面提到仅一个机构就有 200 个往来账户，这样流动性大大降低。

分布式或是分权式（decentralization）都不代表没有中心，这是我们 5 年来一直在谈的重要概念，也是区块链世界的一个大误区。

提出“取消往来账户和托管人的单独账户”，不是取消往来账户和托管账户，而是把资金池放在一个大账户里（而不是分散在许多小账户里面），支持更大的流动性。

5. 央行和监管机构的作用

在我们看来，央行起着举足轻重的作用，其不仅是一个简单的监管机构，它们积极地通过其 RTGS 系统使 USC 成为无风险结算资产，确保抵押物、法定货币现金被安全地存储在会员共同持有的专用账户中。现金抵押品随后被代币化并用于链上结算。

为了获得更高的运营效率，无论是在协调性还是在流动性方面，近年来，合理的路径都是合并金融市场基础设施（FMIs），使 FMIs 越来越少，并迫使市场参与者参与一些集中化过程，比如强制交换清算。

这种集中已经引起了监管者的担忧，他们担心目前解决这些问题的办法会面临越来越大的系统性风险，无论是在金融还是在技术方面。有两个机构负责为金融市场基础设施制定标准：巴塞尔支付市场基础设施委员会（Basel Committee on Payments Markets Infrastructure）、CPMI 和 IOSCO（国际证券委员会组织）。金融市场基础设施原则（PFMI）规定了这些标准。

2018 年 5 月，这两个组织发表了一份关于 PFMI 在 CCPs 实施监测的报告。在被调查的19个组织中，风险管理和恢复计划被认为是值得关注的领域。

笔者解读

加拿大央行是世界上第一个使用PFMI评估区块链应用（2017年）的央行，后来欧洲央行和日本央行也使用PFMI，许多著名的区块链系统都不能通过PFMI评估。我们也在中国使用PFMI来评估区块链系统，并且发表文章讨论PFMI对区块链和其应用的影响。

监管机构实施了新规则，旨在减轻金融服务某些领域的风险，但在别处创造了新的风险；中央结算无疑会提高透明度，但代价是将风险集中到“大而不能倒”的机构。有一个著名的案例，一个主要的CCP因为集中风险而停止接受意大利政府债券；“如果出了问题，我们就会拥有意大利”。

随着金融市场基础设施面临越来越大的风险，需要越来越多的资源来确保安全、稳定和弹性，这形成了一种垄断力量。CCP的例子是一个生动的教训，一个古老的行业谚语是，对于风险，您不能摆脱，只能转移；交易后流程没有发生根本性改变，意味着仍然有很多风险存在。

我们的观点

监管为参与交易生命周期的所有主体设定了必要的界限和义务，包括隔离的结算场所和早已建立的结算周期。这需要必要的合规成本（Cost of Compliance）。DLT提供了一种新的市场协调形式，这将可以避免当前约束，不再需要成本。

笔者解读

这里提到区块链的一个中心思想，金融系统不再相互“隔离”，而是相互“连接”，说得更准确一点，是“链接”。隔离造成高合规成本，所以我们提“共识经济”。数字货币有共识机制，有共识机制之后几乎不用对账。有共识机制就有共识经济。共识经济就是双方都同意之后才能放在账本上，详见第七章内容。

6. Fnality 和 USC——成功的要素

DLT 和 USC 结合可以使金融市场的端到端处理发生重大变化。要使这些新工具有效，还需要一个要素：监管支持。

Fnality 平台上将有多种货币业务并存，每种货币都有独立的金融市场基础设施支持。监管机构如何对待 USC，不同司法管辖区之间如何维护一致性，都是需要考虑的重要事情。

如今，结算与国家支付系统和 CSD 的运营时间紧密关联。想象一下，您是一家欧洲银行，拥有欧元余额，有些活动可以采用美元。一旦欧洲金融市场基础设施关闭，如果需要美元，将不得不依靠信贷市场，您的欧元余额不能用来帮您，在最简单的解决方案中，您依赖于您的美元往来账户给您提供信用。这对美国银行来说也是一种信贷风险。

笔者解读

上面这段是三国央行报告里的一个结论，他们发现现在支付系统里存在的一个问题是央行和银行营业时间不同，见下图（原图来自三国央行报告）：

跨境支付服务的可用性有限

- 跨境付款受截止时间限制，降低了付款指令能在同一天被接收和处理以及付款发送到收款人或代理行的可能性
- 在截止时间之后收到的付款指示将在下一个工作日处理
- 跨境付款服务可能在周末不可用。

终端用户（发送者和受益人）

L

- 付款交易完成并存入资金时限制周围的可用性（和感知的灵活性）
- 降低营运资金效率并优化现金流

商业银行

- 必须确保代理银行账户中有足够的流动性，以在截止时间内（如果当天）履行付款义务
- 由于资金占用时间更长，可能限制银行流动性的有效部署
- 服务时间与其他司法管辖区的限制重叠
- 相关运营成本增加（例如资产负债表管理）

中央银行

M

- 可以消除银行之间的结算风险有限的窗口，可能会导致系统中累积风险
- 由于流动性配置效率低下，营运资金效率降低，可能对整体经济活动造成拖累

- **跨不同辖区和时区的RTGS系统和商业银行系统的运行时间不匹配**
- **跨多个辖区的跨境支付和结算依赖多个中介机构（具有相关的成本和复杂性）**

三国央行的问题分析

按照三国央行报告，U-W-CBDC 不依赖于国内 RTGS。但是交易所的平台和参与银行需要实时运营。

用 U-W-CBDCS 实现银行间的对等跨境支付。

- 为了实现这一点，必须有一些机制对客户进行尽职调查或在银行之间进行 KYC 检查以交换对等支付。
- 在这一模式中可以建立一个同步结算机制，将结算风险降到最低。

付款时间也是问题，对此三国央行也有分析，如下图所示：

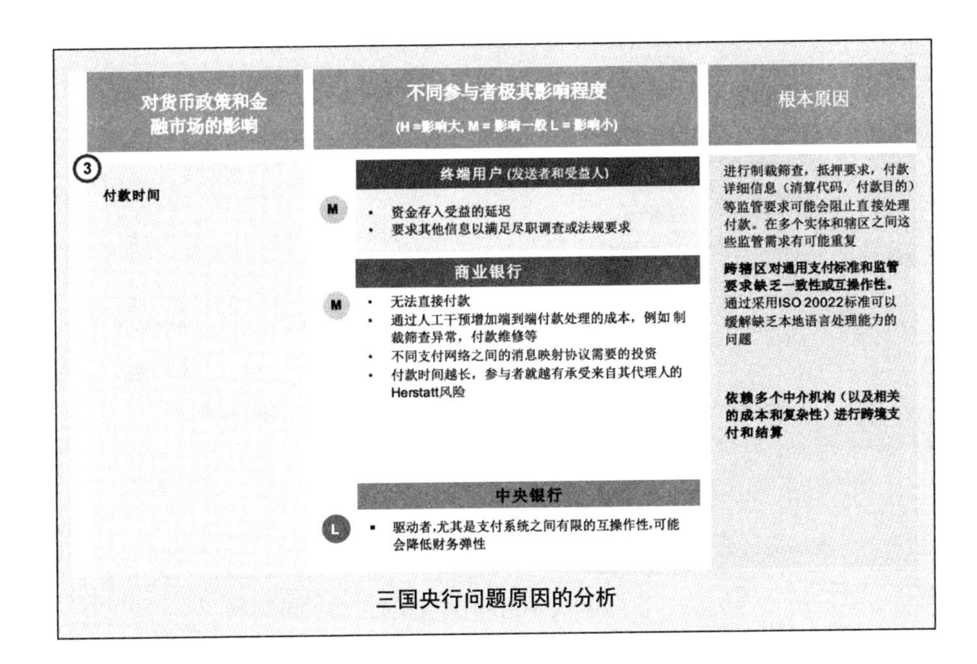

三国央行问题原因的分析

有了Fnality平台，就有可能进行差不多全天候的实时运营，连接市场，使抵押品更加有用，并消除信用风险。想象一下，您是同一家欧洲银行，有USC欧元日内余额，同一天晚些时候，您想用美元结算交易。那么现在您可以用您的USC欧元作抵押来兑换USC美元，并在USC平台进行结算；无论是您或您的交易对手，既没有结算风险，也没有信用风险。

笔者解读

该框架设计由三国央行提出，下图摘自三国央行报告的原文，即批发数字法币（W-CBDC）加上一种通用的稳定币。

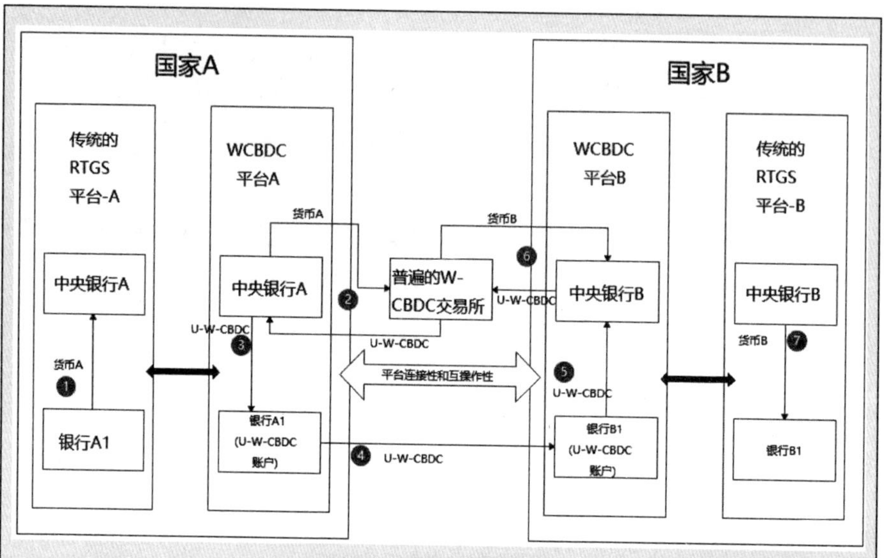

三国央行提出的解决方案

在本白皮书里，稳定币就是USC，架构就是Fnality。我们可以清楚地看出，该设计思想来自央行，“因此这些央行如果审核，等于对自己原来提出的方案进行审核，看是否真的可以实施”，Fnality和USC的主要思想就是源于2018年的三国央行报告。当英国央行（或是加拿大央行）审批Fnality项目的时候，难道不就是审批自己提出的思想？

但是Fnality比三国央行报告还要保守，不用准备金。在三国央行报告中提到，可以使用和传统央行准备金相媲美的批发央行存款准备金。

三国央行报告认为数字法币不仅应用在支付上，如果非银行机构也能直接参与结算，收益会进一步增加，可以促进新技术进行资产转让、认证、记录保存、数据管理和风险管理；也可以在证券交易上使用这一CBDC机制，这样就不需要商业银行或其他服务提供商提供设施，可以帮助降低金融系统中的交易对手信用和流动性风险。

这说明批发数字法币系统可用在很多金融应用上，不只是股票，还可以用在房地产、艺术品、石油交易上，但也说明商业银行的业务会减少，这和2019年7月IMF报告的结果一致，我们在本书附录2中有详细讨论。

三国央行还认为这种机制可以帮助各国央行监控金融活动。这和我们一直提的数字法币可以协助监管的观点是一致的，这也是数字法币的一个要素。

通过Fnality，所有成员都可以在每个货币中拥有一个账户，并拥有在每个货币中持有余额的能力，这种隔夜持有能力需要得到央行的允许。与今天情况相比，这是一个很小的进步，今天结算的不精确性产生了往来账户和托管人的余额；任何没有央行账户的银行最终都与一家商业银行通过该货币结余。这些余额通常要求当地机构拥有资本支持杠杆比率分母要求，同时这些余额通常最终放在央行，从而满足高质量流动性资产（HQLA）的要求。

USC是有关公用事业和结算的，它并不是一种全球的灵丹妙药，允许任何人将商业银行风险转变成央行风险。Fnality也是透明的，也有理由允许非银行机构持有USC币；真实货币的账户，如资产管理经理，甚至影子银行的成员，他们的业务是对冲基金和一些潜在的公司，这些公司也面临着与结算相关的挑战。监管者总是能实时地看到谁持有USC的货币。

如果不允许隔夜余额，那么这将降低结算速度，并给银行带来另一个流动性负担。那些拥有央行本币账户者将不得不为那些没有访问权者扮演服务提供者的角色，并充当流动性提供者，这与他们今天为CLS相关需求所做的类似。这些挑战将类似于三方回购市场中众所周知的问题，解决回购问题给银行带来了巨大压力。

如果允许金融机构隔夜持有USC，即使设有一些上限，也能够加快结算速度，降低当前结构中固有的信贷风险和结算风险。

笔者解读

白皮书里没有系统结构，但 Fnality 公司提供了系统架构图。根据该图，每种法币由本国央行托管，但又允许和其他银行交互，并且通过这些银行和其他央行交互，参与银行可以处理不同法币。按照 Fnality 公司的解释，每种法币都有自己的区块链系统，这样每个跨境支付都是一个跨链交易。这和笔者 2016 年提出的 ABC/TBC 和熊猫模型类似。

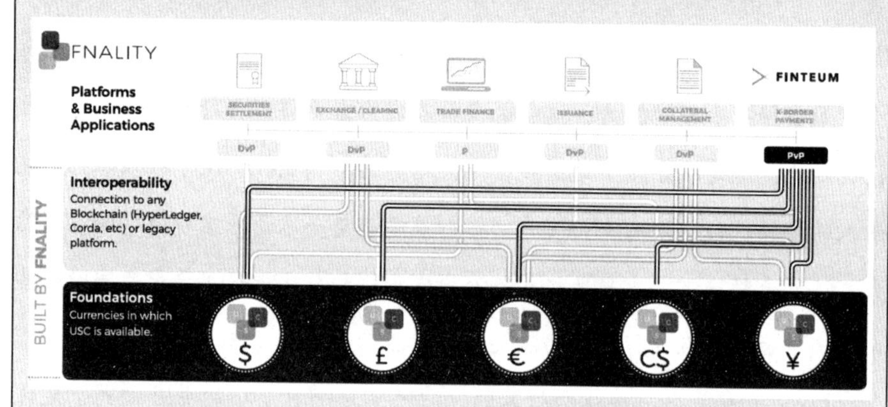

Fnality 系统的架构

但是 Fnality 并没有解释参与银行如何部署。难道商业银行会参与央行的链？如果是这样的话，他们可以要求参与所有央行的链，因为每家商业银行都可以存各种数字法币，这样隐私性就不好，央行可能也不会同意，因为参与银行可能可以看到央行的活动。可以用其他隐私协议来解决这个问题，但是这些隐私协议速度比较慢。

如果银行不参与央行的链，那么每家银行则需要有自己的链，这样的模型就是笔者 2016 年提出的熊猫数字法币模型。

我们的观点

Fnality & USC 有潜力成为结算领域的一支强大力量。为了达到高效，USC 需要成为一种资产，金融机构可以隔夜持有所有 USC 货币。这将使银行资产负债得到显著的缓解，因为如今的资产负债是由推动结算所需的非盈利性存款的副作用所造成的。

笔者解读

在系统设计上，他们跟我们的观点如出一辙，就是一条链只有一个功能，这是软件工程原则（一条链具有两种或两种以上功能会使链的设计复杂，而且效率低下）。他们用一条链来处理一种货币，美金、英镑、日元、欧元、加币都有自己的链。所有交易都是跨链交易，这和笔者提出的 ABC/TBC（账户链、交易链）架构和熊猫数字法币模型类似。

每家央行只处理自己的数字法币，这样既保持各国国家主权，又可以和其他央行和银行交互。这也是三国央行报告里提出的体系。

USC 给跨境支付系统带来的改变。

USC 提出的方法旨在简化结算和交易对手并降低系统风险。

USC 系统运行和传统系统不一样，客户要做跨境支付，必须先把钱给银行 A，根据 USC 计划，寻求跨境交易的银行将所需金额转移到该国央行，该国央行收到后，Fnality 发放同等金额的 USC 给银行 A，银行 A 和跨境银行 B 都使用 USC 币交易，因为使用区块链系统，而且都由各自的央行担保，没有风险，可即时进行交易和结算。交易后银行 A 通知客户交易完成，客户得到换回的当地法币。尽管这个系统可能看起来很复杂，Fnality 首席执行官 Rhomaios-Ram 认为，这个过程几乎是瞬间的。

从客户的角度来看，这是三笔交易：

1. 用法币换 USC 币；

2. 用 USC 币跨境交易；

3. 用 USC 币换回法币。

整个流程中所有法币都存在（本国或是国外）央行，没有风险。而且是银行A将USC币换成法币给客户，银行B都不知道客户的存在。银行A使用区块链来做跨境支付，也用区块链来和客户交易，这样交易次数也增加了。

USC是批发数字法币，数字法币只是到达金融机构（银行）。该原则也在往来账户上出现，“取消往来账户和托管人的单独账户”就是该原则的一个应用，简化了金融应用系统的复杂度。银行用USC完成交易，将会改变系统设计，影响整个系统性能。

如果往来账户有客户账户信息，这些信息也都在区块链上，那么区块链系统必定变得超级庞大。例如，一家银行有4亿客户，另一家银行有1亿客户，两家客户信息都上区块链，该链需要处理至少5亿账户，对现在大部分的区块链系统而言都有极大的压力，除非有大数据版的区块链，如天德大数据版区块链。如果这两家往来账户只有银行账户，则只需要两个账户，这样区块链系统复杂度将大大减低，绝大多数链都可以承受。在Fnality系统里，现在只有15家金融机构，所以多数链可以解决。

前面说到“每种货币只有一个往来账户余额来管理您的全部支付需求”，这表示每种法币只有一条链维护。这会给系统设计带来其他考虑，在银行业，数字每增加一个数量级，系统就需要做相应改变。

在现在的Fnality系统设计下，运行延迟会增加。如果所有账户都在一条链上，一次区块链交易就可以解决，可是现在没有客户信息，所以需要：①银行A和其客户交易；②银行B和其客户交易；③银行A和银行B交易。至少需要3次交易，也可能需要5次交易（银行交易后，再和客户交易），但是交易量可以大大增加，由于有扩展性。

但是整体上看，性能还是大大提高了，因为系统不需要那么大，而系统越大速度越慢，因为共识需要（n^2）信息交换，通信成本非常高。当系统小的时候，性能提高，硬件成本也降低。一个国家所有参与跨境交易的银行都需要往来账户，往来账户数目非常庞大，但是在 Fnality 系统里，只有一个往来账户，一个法币一个账户。成千上万的往来账户减少成一个往来账户，流动性和效率都大大提高。

这份白皮书提供了一个非常好的区块链应用系统工程案例，也是笔者从 2016 年开始一直提的区块链系统工程，就是区块链系统和应用需要系统工程。山不转水转，当系统遇到难题时，问题不会改变，只有改变系统架构来克服困难。央行必须有监管机制，客户多，速度要快，同时还要防范金融风险，则不能坚持原来的系统设计，整体系统都要变。

往来账户限制交易又增加成本，数目当然越少越好，于是设计成一种货币一个往来账户，这种设计能将往来账户数目减少到最小，因为跨境支付应用必须要有往来账户，所以是最优的系统设计。

既然支付方可能有风险，而法币存在央行没有任何风险，因此只接受有对方央行 100% 法币保证的资金，从而可以一劳永逸解决此风险问题。

这两个解决方案很有智慧，在系统工程里将这样的设计方法称为 design-out，即设计一个系统体系，使相关问题永远不再出现。Fnality 白皮书给我们提供了两个 design-out 设计，是好的系统工程范例。

7. dFMI 和早期介入的案例

DLT 技术与 USC 的结合为金融服务业提供了独特的机会。

这个机会的第一个要素是“分布式”。使用DLT是当前环境中的一种替代，这种环境导致了结算活动集中在巨大的金融市场基础设施中，伴随着垄断行为和制度惯性的所有危险。

笔者解读

> 注意一下，Fnality不认为区块链或DLT是“去中心化”。而使用“分布式”这一名词。

第二要素是“账本”。在今天的流程中，整个生命周期涉及大量的交接和协调。虽然在许多情况下，交易都是电子执行的，但交易后流程迫使我们多次重新确认、重新指导和协调。

- 随着新技术的出现，我们有机会设计一个新的生态系统，为解决结算过程中涉及的不同平台之间的互操作性，并为其提供更大的空间。互操作性是指一种基础设施与其他基础设施进行通信的能力；
- 付款交割方式（Payment vs. Payment，PvP）结算、美元系统与英镑系统之间的交易，而不重新引入结算风险；
- 券款对付方式（Delivery vs. Payment，DvP）结算、证券交易部分提取单独的资金池进行支付。

笔者解读

> Fnality第一次提到“生态”这一名词。
>
> Fnality更注重的是PvP。

单一的资金池是未来世界成功的一个主要因素。我们在前面预见到，有一个中央“流动性蛋糕”，其中许多现金需求将不可避免地减少。

所有这些要素都是成分，以构建明天金融市场基础设施的方式来混合它们是一个挑战。那些尽早与 Fnality 接触的人，有机会塑造未来，并同时为未来准备自己的组织。

我们的观点

拥有和建立这个系统会得到一些经济回报。更重要的是，实际使用该系统支持新的交易生命周期将具备巨大的实用价值。金融机构可以通过早期参与使效用最大化。

一次有趣的亲身经历

2016 年笔者参加多国央行会议时，英国央行学者做数字法币学术演讲，演讲题目为“央行数字法币的宏观经济学”（The Macroeconomics of Central Banks Issued Digital Currencies）。英国央行在会前已公开了这篇论文，笔者还没有到英国前就已读过它。它是由英国央行的两位经济学家（John Barrdear 和 Michael Kumhof）合作撰写的，他们都是非常出名的学者，其中一位曾任美国斯坦福大学教授。他们花了不少时间和精力建立了一个经济模型，讨论数字英镑需要何种货币政策，并且英国经济会因为数字英镑而大幅跃升，仅数字英镑就会使英国 GDP 增长 3%。

笔者当时就认为这篇文章将改变历史，因为这是世界上第一篇关于数字法币宏观经济学的学术论文（现在看来，这篇文章的确改变了历史）。作为一名研究者，笔者知道，发表这种文章一定会名留青史。作者将在多国央行会议上作报告，笔者估计当他演讲完全场都会起立热烈鼓掌，与会人员将大声称赞他们太棒了！

但实际情景却完全出人意料。当时加拿大央行人员主持这一会议，当英国央行经济学家讲完后，他们就问：“你这模型非常好，但如何真正实施呢？”加拿大央行人员还接着说，如果不能实施数字英镑计划，这些理论有用吗？极有可能在实施后，由于论文里许多假设都不太可能成立，模型就会改变。这些理论和后来的实际系统和实践效果可能没有任何关系，如果没有办法实施，这些理论就只是理论而已，只能参考罢了。

后来发生的事我们也知道了，2018 年英国央行宣布放弃他们的数字英镑计划。2018 年年初，新型数字法币模型出现，是以批发的形式出现，和 2016 年英国央行所提的模型大为不同。再后来，2018 年年底，英国央行、加拿大央行以及新加坡央行一起发布了一份报告（以下简称“三国央行报告”），讨论基于批发数字法币（wCBDC）的支付系统，其中有非常细节的实施方案，而不再是高高在上难以付诸实践的理论。英国央行进步不小！ 2019 年又出现合成数字法币（sCBDC）模型。而本白皮书里的数字法币模型，相比 2018 年“三国央行”报告中 wCBDC 模型又有提升，增加了更多的细节。

这样看来，英国事实上没有放弃数字法币，只是英国央行不再全面主导数字法币计划。英国央行从主导转为制定政策，推动市场构建生态来完成，但是该生态必须包括央行以及商业银行。

因为这种安排，英国央行不再谈论他们数字法币的进展，而只谈论数字法币的一些政策，例如“三国央行报告”就是一例。英国央行将数字法币开放给私营机构，并和这些稳定币公司保持一定距离，不仅是 Fnality 公司，其他公司也可以进行类似数字法币项目。

而本 Fnality 白皮书就是基于三国央行报告所发展出来的系统，前半部分注重基本理论，后半部分注重生态应用。

8. 交付未来：第一个 Fnality 应用案例

在大多数大型金融机构中，遗留基础设施（Legacy Infrastructure）是一个问题。最近，多个机构一直在探索和研究 DLT 的潜力，以应对这些问题并优化其流程。加入 Fnality，金融机构将有机会塑造代币化的未来，同时优化内外部系统。事实上，USC 提供了两个必要要素来获取代币化带来的好处：单一的流动性以及与其他 DLT 和传统平台轻松互操作的可能性。

2029 年，您的财务经理将能够走进办公室，自由地使用 USC 的“单一流动性池”（single pool of liquidity）来满足他的所有需求：从支付结算简单的“P”，到 DvP 或 PvP 中的“P”。

桥接平台：Fnality 互操作性方法

Fnality 的基因里就具有互操作能力。通过提供灵活的互操作协议，Fnality 将支持多个平台的原子交换操作：从多个 USC 链（例如 USC-EUR 和 USC-GBP 链）到其他 DLT 平台（例如在 USC 和基于超级账本的平台之间或 USC 和以太坊之间），包括与遗留系统之间（例如，在 USC 链和央行的 RTGS 之间）。

笔者解读

在这里，Fnality 过于乐观了，没有看到 CCR 存在严重的系统风险：①超级账本是伪链，以后真链不会和伪链交互，因为未来风险大，需要支付更多的保证金；②以太坊是公链，没有金融机构愿意把高价值的交易放在公链上，而且公链的隐私性非常差。

有助本机链上结算：USC 作为原子代币化 DvP 中的 P 分支

这种灵活性使得 Fnality 能够用于多个用例：从代币化 DvP 到跨 USC 链和其他平台的交换。USC 互操作性方法独立于平台，可以保证“当且仅当”从“另一方”收到无可辩驳的交付证明，例如充当 DvP 中“P”和“D”之间的“分散桥”时，支付才结算。

从前台到后台流程的一个可能的变化是缩短结算周期。为什么过去的流程这么麻烦？在结算周期内，金融机构需要测量和监控交易对手信用风险（Credit and Counterpart Risk，CCR），并提供资产支持。我们查看了 Fnality 财团成员的高级别 CCR 数据。

很显然，年度报告中的 CCR 数字覆盖了整个业务，但即便如此，为代币化世界进行设计极有潜力；CCR 每减少 1%，终生受益将近 3 亿美元。

笔者解读

交易性工具通常仅存在短期价格波动导致的市场风险，但“购买和持有”的衍生品交易组合还存在着由市场风险因子驱动的随机的信用风险，这种风险源于只有期内交易的对手信用状况的变化，CCR 通常是指在最终清算交易现金流前交易对手违约导致的风险。当交易一方违约时，若银行与该交易对手的交易或交易组合具有正的经济价值，银行将遭受经济损失，传统信贷业务的信用风险是单向的，只有贷款银行才有信用风险，借款人不存在信用风险。与此不同，CCR 通常是双向的，对交易双方的任何一方来说，交易合约的市场价值都可能为正值或负值，且在交易存续期内随着基础市场因子的变动而波动，在现金流最终清算前，交易双方均可能遭受交易对手违约而使收益无法实现的风险。

赋能贸易金融（Trade Finance）

多个DLT项目的重点是为贸易金融创造一个新的、代币化的和更有效的环境。例如，ING和HSBC（译者：原文笔误成HBSC）创建了一个基于DLT的信用证（Letter of Credit，L/S）平台。使文书工作数字化，使流程更快、更有效（从原来的7到10天下降为不到1天）。然而，如果没有在区块链上的本地结算手段，DLT的好处是无法全部发挥的，USC将提供在区块链上的本地结算手段。那么，如果您想通过USC进行DvP交易结算，会发生什么？假设您的交易存储在DLT贸易金融平台中：

① 贸易金融DLT平台：将提供一个安全的货物收货证明；

② USC互操作智能合约：记录贸易金融收据并等待兑现的现金交付；

③ 您的财务经理：向USC互操作智能合约提供资金；

④ 最终性：互操作智能合约将现金收据转送给贸易金融平台，然后货物和现金同时释放，并在USC和贸易金融DLT平台上最终完成。该协议确保了操作的原子性，从而消除了过程中的信用风险。

笔者解读

“如果没有在区块链上的本地结算手段，DLT的好处是无法全部发挥的”，这句话是关键。

用USC结算外汇PvP

让我们考虑一下您的财务经理今天经常面对的情况。您必须结算一笔为期一天的英镑/欧元贸易：与银行B用0.88亿英镑兑0.9亿欧元，银行A和银行B预先安排协议，以通过USC（SSI Standard Settlement Instructions指令）对这些支付进行结算。这将如何开展？

① SSI扩充：银行A和银行B将在预先安排好的USC结算协议下，

通过 SSI 信息扩充报文以使用 USC 结算。

② 付款指令：您和银行 B 都将发送 MT300（或 MT202/210）报文到 USC 钱包，这是您的多币种处理接口。

③ 互操作性：USC 钱包将向 USC 英镑和 USC 欧元账本提交转账请求。

④ USC 代币转账：USC 欧元和 GBP 账本将验证转账请求，并在每个账本中同步，原子地将 USC 从银行 A 转到银行 B，反之亦然。

⑤ 结算最终完成或拒绝：您的钱包将通知您结算最终完成（MT910 报文）或结算失败。

关键是，信用风险或赫斯特风险（Herstatt risk）（外汇结算风险又称赫斯特风险）被降低，因为欧元和英镑是即时结算的。作为现金和流动性经理，结算是即时的，您的屏幕将显示您的实时可用余额。

笔者解读

赫斯特风险是指外汇交易因跨越时区造成结算时间差而导致的风险。如欧元与美元的汇兑交易，欧洲市场的时间领先美国，因此必须先支付欧元，在一段时间之后，纽约汇市开盘才能得到相应的美元。这一风险在 Fnality 系统里发生的可能性很低。

有助未清算的衍生品（Derivatives）的改进

在未清算的衍生品世界中，USC 的存在可能有两个方面的影响：USC 将提供接近即时结算的潜力，同时也意味着改变保证金处理方式。双边不清算保证金的标准方法是查看整个投资组合，然后用一种货币计算 VM 支付，这将迫使各方使用抵押到市场的方法（Collateralise-to-Market approach），从而在资产负债表上留下长期风险。然而，如果投资组合被拆分为货币部分，并且资金在同一天被转账，那么银行就可以利用结算到市场的途径（Settleto-Market approach）来减少衍生品的风险敞口。这种差异是指数级的。瑞银2016年第二季度的报告中指出，衍生品风险每降低1%，将终生受益6000万美元。USC可能不是实现这一目标的唯一途径，但它将使之成为可能。

我们的观点

USC将给您的财务经理提供一个单一的流动资金池。Fnality平台的灵活性允许它满足任何的单纯支付、PvP或DvP需求。我们确定的优先用例与更广泛的行业研究中确定的用例完全相同。

笔者解读

Fnality认为几乎所有的金融活动都会以支付结束，而提供高效的支付基础设施是最重要的。

9. 新数字交易所（New Digital Exchange）的潜力

交易所是价值链的起点，这一价值链通过中央证券存管机构（Central Securities Depository，CSD）和中央对手方（Central Counter Party，CCP）继续存在，可能包括RTGS支付系统。今天，一个交易通过这条价值链，要进行很多协调，由于交易日和报价日之间的延迟，在这条链的每个点上都存在操作风险（OpRisk），现在有强制性的程序来消除这一时期的信用风险敞口。

笔者解读

中央证券存管机构（Central Securities Depository，CSD）是指中央登记结算机构以电子化账面系统管理所有进入该系统的证券，包括统一管理投资者证券账户，实行证券托管制度及进行与投资者所存入证券相关的权益分派等等，消除因各种原因造成的实物证券流动。

中央对手方（Central Counter Party，CCP）又称共同对手方或共同交收对手方，指结算过程中介入证券交易买卖双方之间，成为“买方的卖方”和“卖方的买方”的机构。

实时全额支付系统（Real Time Gross Settlement，RTGS）是按照国际标准建立的跨银行电子转账系统，专门处理付款人开户银行主动发起的跨银行转账业务。

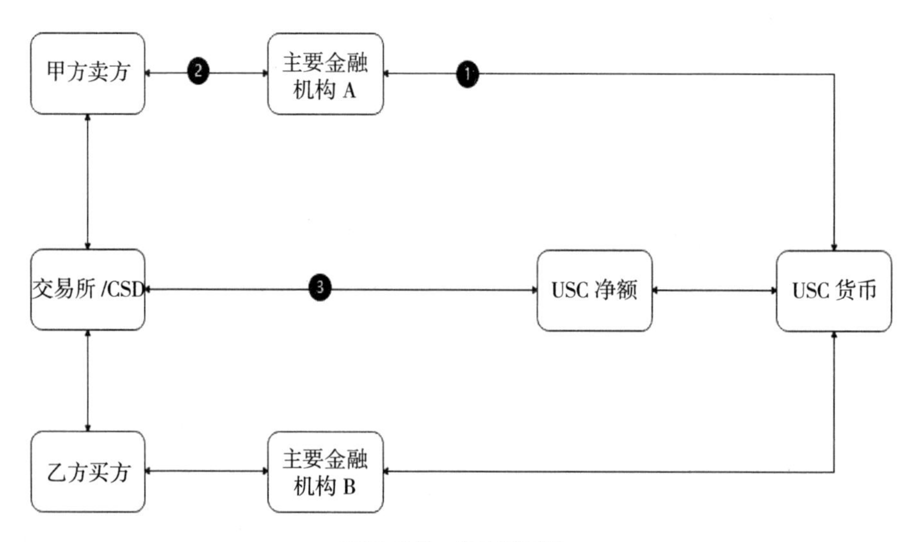

USC 只是一种支付手段

正如交易所想象它们将如何利用 DLT 作为一种新的通用技术那样，我们认为，它们通过对过程增加一些渐进的变更，从而带来一些边际效率。

交易所可能只想将 USC 作为一种支付手段。每一方都指示他们的托管人（就像今天，每个托管人都指示 CSD），CSD 通过 USC 在 DvP 的支付环节互动，这是新的，但并没有大的进步。USC 允许对现在的流程进行改进；USC 充当资金的中心池，一旦许多结算应用使用 USC，就简化了现金管理。采用这种方法，结算方式更好，虽然这种方式不一定更快或更便宜，这一流程在很大程度上与现有的相同。

我们看到，交易所实际上可以有更大的改进空间；将交易所和CSD的角色合二为一，转向T+0结算，或者更准确地说是“T瞬间”（T instant）结算，这样就完全消除了建立CCP的必要性。从OTC衍生品市场的最近变化来看，我们看到有机会从“清算的确定性”（Certainty of Clearing）的标准出发，清算经纪人承诺清算交易。USC当然可以用来确保下订单的买家有可用的资金。在销售方面，卖方可能必须在发出一个卖出订单之前拥有股票，或者用USC来保证正在出售商品的价值。

笔者解读

“将交易所和CSD的角色合二为一，转向T+0结算，或者更准确地说是‘T瞬间’结算，这样就完全消除了建立CCP的必要性。”这一点是非常厉害的！

这也是为什么2016年欧洲央行预测金融系统会因为区块链而发生大的改变的原因。这样的改变不是由于比特币，而是由于出现了Fnality这样高速而没有风险的支付系统。

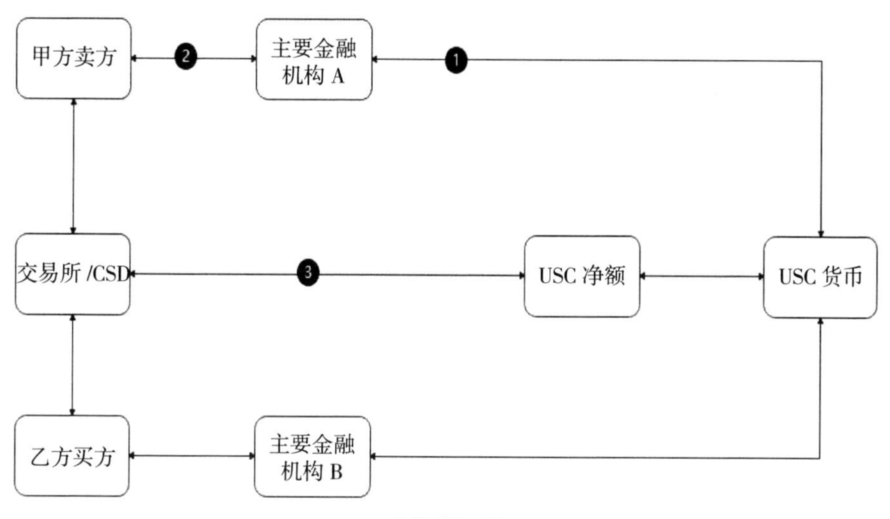

USC 支持的订单提交

链上：

① USC 可供买卖双方使用；

②在提交给交易所时，保留资金是订单的一部分；

③ USC 可以添加一个净额函数来查找那些为零的净额；无法进行 T+0 结算时的罚金。

笔者解读

上面的流程和笔者 2016 年 IEEE 文章（*A System View of Financial Blockchains*）里提出的流程一模一样。这就是熊猫模型的基础，使用 ABC/TBC（账户链和交易链）。“USC 支持的订单提交”图中，交易所就是 TBC，USC 链就是 ABC。

ABC 保证资金存在（资金链）或证券真实性（证券链），TBC 保证交易完整性，三链互相配合，CSD 最重要的功能完成了，因此只需要交易所和支付系统，不需要 CSD。

有读者问，如果交易对方不遵守 ABC/TBC 合约，该怎么办？对此我们的回答是“罚金”，和 Fnality 的答案一样。交易双方必须有保证金，如果不能守约，保证金被智能合约自动没收。因此，在和其他链连接以前，必须评估其他链的完备性。如果其他链是伪链，只有两个选择，一是拒绝连接，二是将对方保证金加大多倍并且增加大量实时防范机制。因为伪链会增加系统风险，特别是在批发数字法币系统上，交易是大额的。在 Fnality 系统里面，只有一个往来账户，交易速度极快，结算又是及时的，资金又是央行担保的，一旦伪链被攻破，发现问题时，巨额资金已经不见了。

其实 CSD 还提供其他许多功能，这些功能还是需要的，这些在后文还有讨论。

在提交订单前，USC 用于为买方提供资金，而证券是由主要金融提供商提供的。命令一旦执行，就试图结算。因为结算是 T+0，不再需要 CCP 角色。“净额结算”将意味着某些订单可能在一段时间内未结算；它们可能是合计的或净额结算的。对未能解决的处罚将需要列入规则手册。支持“做市商”和其他“活跃交易者”进行更多的思考。

这里的主张是，有了 USC 和卖方的同等职能，结算的确定性就得到了保证，因为买方有资金，而卖方要么有证券，要么借入了证券。

支持交易和结算的运营努力将发生巨大变化；交易所头寸的定义是 CSD 头寸。毫无疑问，人们可以用很多“假设”(what if)来对此提出挑战，尽管如此，这个方向和潜力是显而易见的。

笔者解读

其实只需要把区块链放在交易所里就可以应对上面的挑战。因为 CSD 的主要功能就是提供一个可信的证券储藏处，而该功能可被区块链取代。

我们的观点

新的交易所将能够提供点对点交易，并可以使用 USC 推动结算。这将带来一种新的经济协调方式。金融服务公司有机会重新塑造其端到端流程。这是机构技术的重大改进。

笔者解读

英国央行表示金融系统改变是因为支付技术改变。这也是 Fnality 提供的重要信息。

自 2015 年起，CSD 能不能在区块链时代留下来一直是讨论的话题。

事实上，包括 CSD 社区在内现在业内都承认区块链可以提供许多

CSD 功能。所以 Fnality 白皮书基本跟随这一潮流，认为 CSD 可以是交易所的一部分，这样系统可以更加简化。其他与交易所有关的组织和系统，Fnality/USC 也应该和他们链接在一起。

在这种交易所（包括 CSD）和 Fnality/USC 链接的环境下，假设每个交易环节每次使用区块链需要 1 秒，交易预备需要 3 秒，后续处理可能需要 3 到 4 秒，那么整个股票的交易、结算和清算过程可能在 10 秒之内就能全部完成。

这样整个金融世界将被永久地改变！可能大家不知道，在国外 CSD 需要支付给监管单位的验证费用就超过几千万美金。今年还有一家公司因为没有足够资金，必须暂停其新开发的 CSD 验证流程。这样庞大而重要的系统现在被认为可用区块链完成大部分功能，而且结构和流程都发生改变。

下图是 2016 年的一个提案，认为以后 CSD 的大部分功能会被区块链取代。

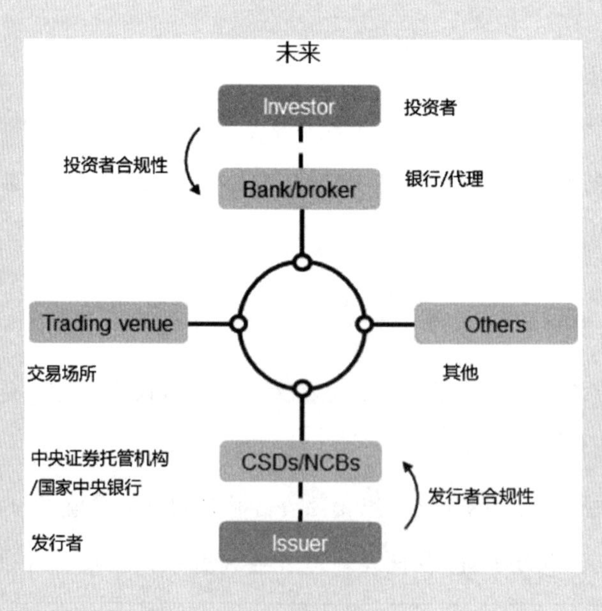

经过4年的讨论和研究，CSD社区改变了他们对DLT（包括区块链）的看法。他们不再认为区块链会威胁他们的存在，而将其视为（潜在的）能促进系统更有效地处理现有服务和提供新服务的推动者。

CSD可以在基于区块链的结算系统中发挥重要作用。作为编码的保管人，CSD可以对相关区块链协议和任何相关智能合约的运作进行监督并承担责任。

一个由欧洲和亚洲30家CSD组成的集团正在研究“携手”开发新的数字资产托管基础设施的可能方式。CSD试图找出将其在保护股票证书方面的经验应用于加密资产的安全解决方案。

① 公证职能：包括资产代币化和私钥保管；

② 证券所有权记录；

③ 治理；

④ 可信的守门人：授权和管理；

⑤ 其他：包括代理投票制度、选择性公司行为、协调和跨境抵押品流通。

10. 中间人的作用

在当今的生态系统中，直接访问支付系统是被限制的。这些系统的广泛使用要求那些没有直接访问权的人使用中介、往来账户或代理银行及托管人。

图9显示了支付的标准流程。从左到右，金融机构已经设计好流程，以便及时发送指令，然后每笔支付通过往来账户的两个关键过程：信用检查和支付队列。

理想情况下，往来账户将避免信用风险，但这是一个复杂的挑战；外部支付系统强加规则，以确保一天的结算顺利进行。这些规则关于交易量和价值的吞吐量，通常以差异化定价作为后盾，可能后期交易的成本是早期结算交易的数倍。

这些规则迫使往来账户提供商向客户提供日内透支，这些透支是决定付款请求从代理银行（图中的B）到外部世界C的速度的因素之一。

经历严重的金融危机（Great Financial Crisis，GFC）之后，监管者把注意力集中在日内流动性上，他们一直关注双边信贷额度的衡量。虽然这些规则都是在国家层面上制定的，但它们在各司法管辖区的情况大致相似；收付的最高日内透支都在推动流动性缓冲，这是《巴塞尔协议III》（*Basel III*）框架下的支柱之一的一部分。

支付系统（图中序号⑤部分）或CSD中的任何优化，正如我们所看到的所有与T2S承诺的合理化一样，是信用过程的下游（图中序号④），不能信贷降低风险，但能提高速度。

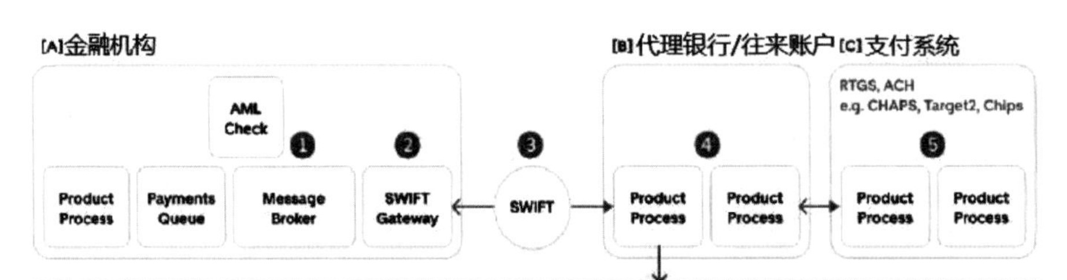

注：银行一般会在FIFO基础上通过信用检查进行处理。因此，如果信贷限额是100，余额是0，一笔80的支付指令到达，它将被批准，即使计息日是在将来。如果下次付款是40英镑，即使计息日是今天，也不会批准。队列是内部的，对何时将什么发布给外部世界有一定的控制权。这是一般规律，10家银行将以15种不同的方式做事。

当前支付流程

今天的方法已经被优化为“即时处理”（just in time processing）。对英国CHAPS系统流量的一些分析表明，到上午8点，所有流量的80%已经被知道。USC团队做了一些模型，看看如果USC在计息日开始后就有了交易，交易会有多快，结果显示，84%的支付指令可以在不需要任何流动性的情况下进行结算，因为它们被抵消为零。

笔者解读

这里 Fnality 的看法是“即时处理”，能做结算时就做结算。英国央行表示金融系统改变是因为支付技术改变。这也是 Fnality 在本白皮书中传递出来的重要信息。

这和天德金融区块链设计原理一样，能够处理时就处理，如建块时在块内做净额结算，减少流通性资金需求。加拿大央行、欧洲央行和日本央行也这样做，但他们在区块链外进行净额结算。

按照相同的逻辑，如果交易是已知的，我们看到有可能提供结算之前的计息日，从而潜在地影响每个银行必须维持盘中的流动性要求。

Fnality 不仅提供简化的支付流程和现金管理，作为规模尺度，它也将创造正确的条件，以实现盘中流动性使用的大规模优化。如果我们能够减少使用流动性资金，那么有理由建议在《巴塞尔协议 III》下降低流动性缓冲资金的需求。

我们的观点

Fnality 平台和 DLT 的结合将使金融市场中心化，简化现金和流动性管理。往来账户和托管人消除了许多单独账户，使操作简单，所需流动性较少。

笔者解读

这里“中心化”一词再度出现，这里提到的技术就是前面说到的单一资金池和单一往来账户。

11. 交易银行（Transaction Banking）业务：廉价品不再存在？

笔者解读

交易银行是指银行为公司客户提供的银行产品与服务的集合。与交易银行对应的是传统的公司银行（Corporation Banking）。传统公司银行以业务及产品为中心，并围绕这两点制定业务战略、规划银行组织结构；而交易银行更多的是"以客户为中心"，并以此为转型焦点，围绕公司客户在全财务流程、贸易流程中的需求而对银行的业务能力进行建设。

交易银行部门通常为企业和金融机构提供商业银行产品和服务，主要分现金管理和贸易金融服务两大部分。从具体的业务角度来说，一般包括现金管理（尤其是支付结算）、贸易金融（尤其是供应链金融）、信托和证券服务等。

间接访问模型带来了往来账户的标准和交易银行对提供的服务进行补偿的标准方式。这个标准，我们可以称之为"交易银行的廉价品"（The Transaction Banker's Bargain），在收入方面包括票务费用、利润相当可观的商业支付，以及借贷利息间的利差。作为回报，交易银行已经批准了大量的日内信用（Intraday Credit），一些隔夜信贷（Overnight Credit），并支持任何客户信贷余额与股本，即使这些余额被认为是非经营性存款（Non-Operating Deposits，NOD）。

笔者解读

以前交易银行可以轻而易举地赚到客户的钱，交易银行以非常廉价的产品获取高额利润，然而三种因素改变了这种情形。

三种因素构筑成的危险铁三角（Unholy Trinity）——低利率环境、新法规的负担和商业支付业务的挑战者导致了"廉价品"的改变。

客户向银行提供的

	银行得到的	2018 年状态
国库支付	一些适中的票据费用	不变
商业支付	一些好的票据费收入	收入下降 TransferWise, Earthport, Revolut 等夺取了市场份额
客户余额	有时余额不平，有利差	收入持平 在低利率环境下是没有报酬的，此外，银行更聪明
增值服务，例如 CCP 保证金、CLS	基于价值的费用，可能是固定账户或服务费用	不变

银行向客户提供的

	银行付出的	2018 年状态
日内信用额度	内部资金成本（资金转移定价 FTP）	更昂贵 《巴塞尔协议 III》第二支柱造成额外成本，从集团国库分配
流动性	内部资金成本（FTP，资金转移定价）	更昂贵 同上
用于支付流动比率分母（LRD）的权益	LRD 所需的任何权益，以支持客户信贷余额，即使这些余额被视为非经营性存款（NOD）	

日内信贷和流动性是关键因素。日内流动性是迄今为止仅在特殊情况下收取的费用；例如，对 CLS 进行定时支付或为清算支付保证金。不过，对于日常支付业务来说，这是一项没有明确收费的业务。

在《巴塞尔协议 III》计算的同时，监管机构还引入了流动性覆盖率（Liquidity Coverage Ratio，LCR）。这就要求银行持有与负债相关的权益。银行从他们的金融机构客户那里得到的余额被认为是“热钱”，也就是非经营性存款（NOD）。为了满足 LCR 的要求，银行几乎被迫将资产留在央行。在一些司法管辖区，LCR 可以要求被豁免。

笔者解读

流动性覆盖率（LCR）是指优质流动性资产储备与未来30日的资金净流出量之比；该比率的标准不低于100%，即高流动性资产至少应该等于估算的资金净流出量，或者说，未来30日的资金净流出量小于0。

引入流动性覆盖率（LCR）作为监管指标，意在衡量在监管当局所设定的流动性严重压力情景下，机构是否能够将变现无障碍且优质的资产保持在一个合理的水平，以满足其30天期限的流动性需求。一般认为，如果足以支撑30天，管理层和监管当局能有足够时间采取适当行动，使这家银行的问题得到有序解决。

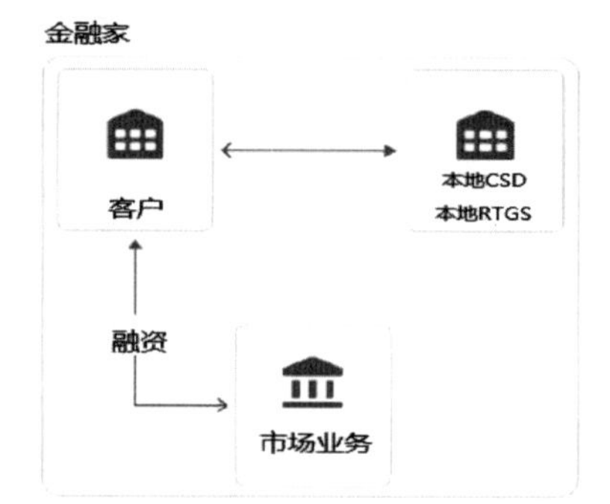

交易银行结构改变

一些交易银行家希望“重新设定廉价品的价格”，并收取流动性费用。他们虽然被束缚住了手脚，但有相当大的先发优势。新的定价可能会触发来自客户的RFP，尽管人们已经了解了改变的成本环境，但更有可能的是，客户仍可找到一个不收取日内费用的供应商。

笔者解读

由于廉价品不再存在，交易银行必须想方设法从其他地方赚钱。但这并不容易，所以可能只有一个办法：减少成本，减少流通性资金需求，这也是Fnality所做的。

我们的观点

交易银行家的廉价品不再存在。当前的市场结构正在阻碍银行为其提供的有价值服务而获得报酬；流动性，从根本上改变这一结构，将允许交易银行转向以市场为基础的角色，这样他们能把重点放在已建立的融资规则上，为流动性价值而非交易得到报酬，后者只按票据费用支付报酬。

结论

金融服务总体上正在发生变化，但变化不是一夜之间发生的。在 DLT 环境中许多举措已经开始了，有些成功，有些失败。然而，所有的举措都缺少一个基本要素：支付环节尚未被代币化。我们的愿景是，USC 成为每家银行需要的支付环节，将法币代币化，并成为“链上”无信用风险结算交易的支付手段。

笔者解读

这里 Fnality 谈到他们的雄心大志。“USC 成为每家银行需要的支付环节”，这个市场非常大。

Fnality 和 USC 将提供运营效率，一个单一的流动性池满足您所有的需要，也减少流动性的需要，连同更灵活的跨货币运营，并推动全行业朝着实时运营的方向发展。

总之，问题不在于这种变化是否会发生，而在于何时发生，与谁一起发生。如今，“颠覆或被颠覆”是所有数字创新的基石。Fnality 提供了一种节省成本、以客户为中心、互操作的对等网络的可能性，可重塑资本和金融市场。

参考文献

［1］蔡维德、何娟:《区块链应用落地不是狼来了而是老虎来了》，2019年6月17日，见 https://mp.weixin.qq.com/s/dFmVzO8hiDT5i_-s3c8PVQ。

［2］蔡维德、姜晓芳:《十面埋伏，商业银行真的要四面楚歌？——解读2019年IMF的〈数字货币的兴起〉报告》，2019年9月21日，见 https://mp.weixin.qq.com/s/KfIyby2fIPg5mF1ZOlP_Ig。

［3］蔡维德:《蔡维德：区块链在金融领域应用的可行性》，见 https://mp.weixin.qq.com/s/hcQQ0uxultYQ5PAjaUYwYQ。

［4］蔡维德:《数字法币3大原则：脸书Libra带来的重要信息》，2019年8月24日，见 https://mp.weixin.qq.com/s/vU7owlZthrt77ehoXbkwkw。

［5］蔡维德、姜晓芳:《英国央行向第三方支付和数字代币宣战——以英国绅士的方式》。

［6］蔡维德、姜晓芳:《新货币竞争来了？没错》，2019年6月21日，见 https://mp.weixin.qq.com/s/xqO0MDZiET4zqsnljAfWTQ。

［7］蔡维德、姜晓芳:《新型货币竞争4大要素解析》，2019年8月17日。

［8］蔡维德等:《区块链互联网系列（1）：TCP端到端设计又旧又多毛病》，见 https://mp.weixin.qq.com/s/AyDG063nq7FKy9MEKZOxfg。

［9］蔡维德等:《区块链互联网系列（2）：区块链互联网需要新协议》。

［10］蔡维德、蔡维刚:《区块链互联网系列（6）：链网设计的基要属性之一：可观察性》，见 https://mp.weixin.qq.com/s/3NrzTxkn7yRMouDOWiZVTA。

［11］蔡维德、蔡维刚:《区块链互联网系列（7）：链网设计的基要属性之二：可控性》。

[12] 蔡维德、蔡维刚:《区块链互联网系列（8）：链网设计的基要属性之三：可结构性》，2019 年 8 月 15 日，见 https://mp.weixin.qq.com/s/h7F9C1_URuIOXccyup1K1w。

[13] 蔡维德、姜晓芳:《基于批发的 CBDC 数字货币重建全球金融体系》，2019 年 10 月 1 日。

[14] 蔡维德、姜晓芳:《基于批发数字法币（W-CBDC）的支付系统架构: Fnality 白皮书解读（上）》，2019 年 10 月 6 日。

[15] 蔡维德:《真伪稳定币！区块链需要可监管性》，2019 年 5 月 28 日。

[16] 蔡维德、姜晓芳、刘璨:《区块链的第四大坑（中）—— 区块链分片技术是扩展性解决方案？》，2018 年 8 月 2 日，见 https://mp.weixin.qq.com/s/mi9sdTCVwW-qMQLgwo_mOQ。

[17] 蔡维德、姜晓芳:《区块链的第五大坑（下）—— 从 PFMI 的角度谈区块链》，2018 年 8 月 16 日，见 https://mp.weixin.qq.com/s/rPFn3T5FfJvib5Y-2PTcIg。

[18] 蔡维德、姜晓芳:《PFMI 系列之二：清算链“设计之道”》，2019 年 1 月 5 日。

[19] 蔡维德等:《熊猫——CBDC 央行数字货币模型》，2016 年 11 月 5 日。

[20] BIS CPMI, Central Bank Digital Currency（CBDC）, Mar, 2018.

[21] The Bank of England, MAS, the Bank of Canada, Cross-Border Interbank Payments and Settlements: Emerging opportunities for digital transformation, Nov, 2018.

[22] The Swiss Federal Government, Legal Framework for distributed ledger technology and blockchain - An overview with a focus on the Financial

sector, Dec, 2018.

[23] https : //www.treasuryxl.com/news-articles/csds-have-a-role-to-play-in-a-blockchain-environment/.

[24] Oxera, "The debate about blockchain: unclear and unsettled ? " Aug., 2016.

[25] Fnality, The catalyst for true peer-to-peer financial market, June, 2019.

[26] Tsai, Wei-Tek, et al. "A system view of financial blockchains." 2016 IEEE Symposium on Service-Oriented System Engineering (SOSE). IEEE, 2016.

[27] 蔡维德、郁莲、王荣等:《基于区块链的应用系统开发方法研究》[J].《软件学报》, 2017, 28(6): 1474-1487.

[28] Tsai, Wei-Tek, et al. "A Multi-Chain Model for CBDC." 2018 5th International Conference on Dependable Systems and Their Applications (DSA). IEEE, 2018.

附录 2

十面埋伏，商业银行真的要四面楚歌?
——解读 2019 年 IMF 的“数字货币的兴起”报告

1. IMF 理论提出尖锐的思想，认为商业银行以后会有深度危机。除了提出监管条例阻止大型科技公司发行数字货币，商业银行如何布局来避免这样的事情发生？脸书 Libra 2.0 已经提出愿意接受各国的监管，在这种情形下，商业银行如何布局？（提示：可以参考德国银行协议在 2019 年的观点或美国哈佛大学提出的布局）

2. 有学者认为，IMF 理论主要考虑了数字货币对金融和银行的冲击，但是没有考虑到各国监管对策和银行的布局对抗，因此得出的结果不一定平衡。普林斯顿大学认为这会使世界不同地区使用不同的数字货币，即数字货币市场分裂。而哈佛大学认为这会是新型数字货币战争。讨论在该新型数字货币战争中，各国（包括央行和商业银行）应该如何布局，例如在支付体系上布局，另外科技公司应该如何布局？

数字货币的兴起（The Raise of Digital Money）是国际货币基金组织（IMF）于2019年7月发布的，作者在2019年9月又发表了一篇博客https：//voxeu.org/article/rise-digital-currency，对这份报告进行了补充并且更正一些错误，包括对数字货币定义错误。文章发表时，Libra 1.0白皮书刚刚发布，世界上许多央行和商业银行都还处于思想震荡中。事实上后来Libra的讨论和其影响远超过作者原来的预期。

这份报告的影响力可以从2019年9月伦敦SIBOS（SWIFT International Banker's Operation Seminar）年会看出来。一位参会的美国银行代表表示，愿意赞助笔者在中国团队20名美国软件工程师从事开发新项目来对抗Libra。另外他还认为文章的第一作者托比亚斯·阿德里安（Tobias Adrian）提出这样的理论十分疯狂，并且认为IMF以前发布的一些观点也是疯狂的。

这报告里面的思想真是疯狂吗？2020年6月，美联储的研究报告《央行数字货币：所有人的央行？》（*Central Bank Digital Currency: Central Banking for All?*）里面的许多思想却是来自这篇IMF报告，结论也一致。看来疯狂的人还真不少。

这份报告传递了一个重要信息，即传统银行业需要改革。在他们面前，只有两种选择，要么主动改革，按自己的布局和计划进行，要么被大型科技公司（BigTech）例如脸书改革，让他们牵着鼻子走。美联储研究报告也流露出同样的信息。

这篇IMF研究报告的目的在于解释2019年6月Libra 1.0可能带来的影响。而2020年4月脸书推出Libra 2.0白皮书，取代原来的Libra 1.0计划。我们认为该项目的影响力经过一年沉淀非但没有减少，而因为更加实际影响力会更大。如果Libra 2.0被批准运营，对世界金融市场的影响不会比IMF报告预测的小，因为这次脸书与监管机构合作，但是影响的方式不同。以前认为 Libra 币在市场上会取代法币，而现在 Libra 2.0 主动作出让步，避免这种情况发生。但是 Libra 2.0 改为平台竞争，这方面商业银行还没有做好准备，而且有可能还不知道这才是真正的战场。这就像第二次世界大战的德国，一直在为联军在法国加莱海峡（Pas de Calais）地区登陆做准备，但是联军却在诺曼底登陆。Libra 2.0 的发布并没有降低这份 IMF 报告的影响力，2020 年 6 月美联储的研究报告证实这份报告的许多观点是正确的。

Libra 2.0 主战场不在数字货币（稳定币或是数字法币），而是数字货币的平台，以及平台上的数字金融。Libra 2.0 不挑战任何国家的法币，以及以后要推出的数字法币，但是 Libra 2.0 可能成为世界最大的数字货币平台，大量相关的开源代码开发者（包括来自中国的自愿者）自愿来开发代码，来自世界各国的电商愿意来合法交易。这个平台会是世界重要贸易（电商）、金融（例如贷款）和科技（智能合约科技）中心，而 Libra 币将会是该平台通用货币。这点欧洲央行于 2020 年 5 月在报告中作了讨论。

作者简介：

托比亚斯·阿德里安是 IMF 金融参赞兼货币和资本市场部主任。他以这一身份领导 IMF 在金融部门监管、货币和宏观审慎政策、债务管理和资本市场等方面的工作。

他还负责监督货币基金组织成员国的能力建设活动。在加入 IMF 之前，他在纽约联邦储备银行担任高级副总裁，并任研究和统计组副理事长。纽约联邦储备银行就是美联储中最重要的银行。

Adrian 先生，麻省理工学院经济学博士，伦敦经济学院理学硕士，曾在普林斯顿大学和纽约大学任教，并在《美国经济评论》《金融杂志》《金融经济学杂志》和《金融研究评论》等经济学和金融期刊上发表过大量文章。

托马索·曼奇尼－格里福利（Tommaso Mancini Griffoli）是IMF货币和资本市场部副司长，专注于货币政策、中央银行和金融科技。他为国家当局提供咨询，并发表了有关非常规货币政策、货币政策和金融稳定、溢出效应、汇率制度和干预、建模和预测、不断发展的货币政策框架，以及金融科技等问题的看法。在加入IMF之前，曼奇尼－格里福利先生是瑞士国家银行研究和货币政策司的高级经济学家，就季度货币政策决策向董事会提供咨询。曼奇尼－格里福利先生前几年在私营部门、高盛、波士顿咨询集团以及硅谷的科技初创公司工作。他拥有日内瓦学院研究生院的博士学位，以及伦敦政治经济学院和斯坦福大学的其他学位。

托比亚斯·阿德里安　托马索·曼奇尼－格里福利

作者认为数字货币具有正面的影响，事实上，从2017年9月开始，作者所在单位IMF就全面接受数字货币。可以说世界大型金融机构里，恐怕没有其他机构比这家机构更前卫。例如IMF在2017年9月已经认为数字货币会“大幅度颠覆”现在的金融和货币市场，数字货币必定会和世界许多国家的法币竞争，要求各国央行发行数字法币来对抗数字代币，还有其他更加激进的思想，如考虑在货币篮子里放数字货币等。作者在本文中也使用“颠覆”这一名词，说明他们认为将来和现在的金融世界将大为不同，认为区块链技术将彻底改变现在的金融和货币市场。

文章结构分为四大部分：

1. 新的数字货币；

2. 数字货币将被快速应用；

3. 稳定币对商业银行的影响；

4. 中央银行与合成的数字法币。

文中提到一些令人印象深刻的概念：

1. 稳定币与商业银行的激烈竞争；

2. 稳定币与央行的合作模型（将使稳定币项目方和商业银行之间的竞争更加激烈，并且对稳定币项目方有利）；

3. 未来商业银行需要做调整。

稳定币和商业银行竞争与合作：文中提到稳定币可为不少商业银行提供服务，稳定币在市场上具备竞争力，会对商业银行构成威胁。作者提了一些建议，例如一些稳定币不发利息（Libra 就是个例子）。作者认为现在传统银行可以支付高利息来维持优势，但稳定币也可以和银行合作，如项目方可以把法币存在银行里。

未来商业银行 3 个可能场景：第一个是共存，稳定币以及银行在一个经济实体下共存。第二个就是互补，这是比较好听的一种说法，事实上就是“取代”。在该场景下，稳定币取代经济实体的部分功能，而商业银行退出这些功能，等于南北分治。第三个是取代，但事实上是“银行被迫改变”成为私募基金负责贷款业务，而稳定币项目方拥有其他功能。商业银行可以分为两种——信贷银行（部分准备金银行）和支付银行（狭义银行），银行现阶段的业务会转向稳定币的项目方。这种改变力度很大，如果照这样发展，传统商业银行会受到冲击。

稳定币项目方和央行合作与竞争：作者提出由央行和稳定币项目方合作，完成合成数字法币，打破传统由央行主导及与商业银行合作的模式，变为由央行和科技公司合作来实现数字法币。这是一个新概念。新的模式将打击到商业银行，因为商业银行原来的一个优势就是有央行支持，一旦稳定币也有央行支持，商业银行在这一方面不再具有优势。稳定币也可能打压法币，特别是打压弱势的法币，形成稳定币和央行的竞争。

作者是指 Tobias Adrian 和 Tommaso Mancini-Griffoli，笔者是指我们，集译者与评论者于一身。笔者的评语都放在表里，和正文区分开。

另外原文作者以“电子货币”来讨论，可是“电子货币”这一名词在中国却是指银行系统里面的货币。由于用词不同，如果按照原文翻译，读者会吃力。这里笔者作了更改，使文章内名词和全书用词一致。电子货币和数字货币的异同列在本附录文末。

原文分为四个部分，最重要的部分是第三部分和第四部分。由于原文用的名词不正确（后来作者发布博客更正），而前面两个部分主要内容为定义和名词解释，原文有许多定义成名词使用上的错误（例如认为脸书 Libra 币不是数字货币，而是其他币种）。笔者最后决定删除第一部分和第二部分内容，只将其中重要而且正确的材料留下来，而第三部分和第四部分则是尽量完整留下，只做了简单调整。

现在的货币可以分为下列几种：

1. 现金：由央行发行央行担保的货币。现金没有信用风险，但是现金如果遗失，价值就会失去。

2. 银行存款：客户存款放在商业银行，由于商业银行有信用风险，因而存款也有信用风险。为了减少该风险，许多国家都有银行存款保险，保障客户存在银行的资金，如果银行倒闭，可以拿回部分资金。例如在美国，每个银行账户都有 10 万美元的保障。如果存款在 10 万以下，全部资金都安全。但是如果超过 10 万，只有部分资金安全。

3. 准备金：商业银行存在央行的资金，由于央行没有信用风险，因而该资金也没有信用风险。

4.（有监管的）稳定币（例如 Libra）：这些数字货币由法币或是资金支持，这些法币通常存在银行或是投管的金融机构，作业流程、组织、数据都被监管。由于监管单位参与，监管单位等于给这些稳定币背书，以后也会有保险（细节还没有出来）。

5. 数字代币（例如比特币）：这些货币没有央行支持，也没有商业银行支持，这些代币的价值可以说是由参与者对该代币的信心，或是这批人对地下经济需求程度所决定。由于没有央行或是银行在后面支持，风险大。以前大部分稳定币，虽然宣称说有对应的法币存在托管机构，但大部分机构都没有公开账本，而且不受政府单位监管，后面到底有多少法币一直都被人怀疑。而且多次被投资人举报这些单位黑箱作业，监守自盗。另外有 DeFi 的“稳定币”，由于设计出问题，造成这平台的“稳定币”价钱不稳定。这些项目都没有保险，说不定哪天项目方突然跑路，客户的资金一夜消失。类似事件在中国已经出现多次，在 2020 年就发生了一次重大跑路事件，许多投资人欲哭无泪。

这里作者讨论集中在第 4 项，就是有监管的稳定币（数字货币）。其他货币形式只有和数字货币相关的内容才讨论。

上面这段是笔者写的，取代原文第一部分和第二部分。从这里开始，就是作者原文。

数字货币的应用会加快

如果一种支付手段（债权或实物）在与用户最相关的计价单位中具有稳定价值，则这种手段更有可能被广泛采用。比如，各方将同意至少在完成交易所需的时间内持有数字货币。此外，他们将更容易就其相对于合同交易价格的价值达成一致，这些价值通常以共同的计价单位表示。因此，稳定币值是可以被广泛用作支付手段的必要条件。目前的问题是如何使币值稳定？数字货币可以和一些以竞争形式存在的货币一样稳定吗？如果没有，那它作为一种便捷的支付手段的优势能够弥补不稳定的劣势并仍然得到广泛采用吗？

数字货币有多稳定？

在不同形式的货币之间，币值稳定性方面的差异实际上非常显著。用户可以根据收益和风险来比较这些货币。除非另有说明，我们一般用名义价值衡量币值，和国内货币相对应。这有助于我们只关注货币自身的设计，而不是宏观经济背景。

到目前为止加密货币风险更大，但它可能提供更高的回报（资本收益）。这尤其适用于其价值以法币计价且可能大幅度波动的公共代币。比特币每日价格变动的标准差大约是 G7 货币的 10 倍以上，甚至略高于委内瑞拉玻利瓦尔对美元的汇率波动。

有管理的代币在设计上表现出较低的价格波动性。然而，这些代币使用简单系统来稳定币值并不总是可靠的，发行人用其他资产在代币价值较低时买入，并在代币价值较高时卖出。虽然公共代币类似于浮动汇率，但托管代币类似于管理汇率。表现优异的股票应该与法定货币的汇率在紧密范围内保持一致，但是，我们非常清楚它们的最终命运。当一个国家的经济衰弱时，中央银行要在市场上购买本国货币，可能会用尽所需的外汇储备。有管理的代币的提供者也可能耗尽资金以支持其代币价格，尤其当他们本身基础就不扎实时，应用决定价值，价值鼓励应用。然而，在技术创新方面永远要保持开放态度。

另一方面，中央银行的货币现金或CBDC作为一种价值储存（名义价值）非常稳定。中央银行的资金不能在中央银行兑换任何东西（如黄金），因为它是账户的单位。当然，技术上，政府债券在现代法定制度中平衡了中央银行对公众的现金负债。结果，政府的偿付能力支撑着货币的价值——但实际上，不幸的是，有很多财政状况不佳的例子，由于外汇冲突或债务的货币融资，国家的货币因恶性通货膨胀而消失。

那么数字货币怎么样？价值的稳定性来自以面值价格赎回的保证。但是，由于数字货币不像银行电子货币一样获得政府背书，其能否始终兑现兑换请求仍是未知。其必须通过私下强有力的资产负债表和特定的法律结构来形成这种保证。否则，数字货币可能会面临运行风险。从本质上讲，数字货币具有固定资产净值（CNAV,Constant Net Asset Value）基金的许多特征，并承诺客户至少会收回其资金。但在雷曼兄弟破产之后我们了解到，当货币市场基金“跌破净值”时就会遇到问题。也就是说，投资者相信这些基金会为每一美元投资回报一美元，但当市场崩溃时，基金的风险资产价值暴跌，他们的回报就会随之减少。

一般而言，除了运营风险（包括网络风险）之外，数字货币还面临四种风险，这四种风险在所有支付方式中都不同程度地存在着。流动性风险、违约风险、市场风险和外汇风险都会破坏按面值赎回的可兑现性。

● 流动性风险意味着在赎回请求可以得到满足前可能存在滞后。流动性风险取决于数字货币发行人所持有的资产的市场流动性。

● 违约风险取决于数字货币发行人违约的情况，将使客户资金面临风险。由于其他业务活动的损失或无法履行债务义务，可能会发生违约。

• 市场风险来自数字货币供应商持有的资产。相对于数字货币供应商的资本而言，大额的损失可能会使赎回面临风险。

• 如果以数字货币形式持有的债权以国内账户以外的货币计价，则存在外汇风险。例如 Libra 1.0 的情况就是这样，其以一篮子货币计价。

区块链的一个特征就是区块链项目，不能自己更改数据，不像传统银行，职员可以随时篡改银行账户数据，这对基于区块链的稳定币而言是很难的事，这些数据在区块链上几乎不可能被篡改，而且监管方在同时间也得到同样数据，因此如果项目方篡改数据，监管单位会立刻发现这一作弊行为。所以项目方违约的风险降低。这是新型货币竞争第二要素。

而不合规的数字代币却不一样，监管方不在链上。而且由于不公开对应的法币账本，后面到底有多少法币支持是不清楚的。2007—2008年数字代币市场经历一大涨势，许多人都指责一些假稳定币超发货币，而造成不正常的牛市。合规的稳定币项目不允许发生这些情况。

为了尽量减少这些风险，从而最大限度地稳定其货币价值，数字货币发行者有多种选择。扩展早期的汇率类比，这相当于把数字货币推到类似货币发行局的水平，并保持透明度。

• 他们可以投资于安全和流动资产，比如短期政府债券。当然，最安全、最流动的资产是中央银行的储备。如果允许的话，它们可以被直接或间接地通过专业银行持有，例如美国或印度的支付银行或持有银行执照的专用机构。

• 为了低于或等于客户端所获的价值它们必须涵盖数字货币的创造，过度发行将削弱满足赎回要求的能力。

稳定币项目方不是一个主权国家，也不是央行或其他银行，不能按照自己的意志或是贷款决定发行的货币量。它的发行受限于对应的法币，如果没有同等价值的法币，不能发行稳定币。这个可以用智能合约来解决，例如，托管的金融机构收到了5000美元，项目方就可以发行5000美元对应的稳定币，每一笔稳定币都记录在案，也可以被监管机构追踪。

这样的模型和医药区块链一样，所有参与方，无论药房、制药商、医院还是物流等都可以看到医药的全流程，这样的区块链一致性模型和传统的区块链一致性模型不一样。这样的追踪模型不是大水库模型（资金进入资金库就失去身份），而是专属盒子模型（每个专属盒子只能存一个物件，每个物件只能存在专属盒子里面，存储时要验证身份）。在这样的强监管之下，稳定币才能真正稳定。这种专属盒子模型就是笔者提出的X光（X-ray）模型。

在熊猫互链网模型中，不论交易还是通信，每个信息都有签名及加密机制，而且监管单位都有同样的信息。所以任何活动都可以被追踪，可以用于反洗钱活动。

- 所持资产不得保留，即作为贷款抵押的部分——理想情况下应与数字货币发行者的资产负债表分开，以便在客户资金破产时保护客户资金。
- 充足的资本将有助于抵消损失，因此确保客户资金能够全部赎回。

虽然这不是一份监管文件，但显然，为保护客户、避免威胁金融稳定的风险，数字货币发行者必须在必要时迅速加强监管。

作者上述看法正确而且直击要害，但他还没有考虑到技术上的问题，假设银行使用伪链或不合格的加密算法，那么风险是非常大的。例如原来的超级账本就有中心节点，中心节点可以控制所有通信信息，如果这个系统是数字法币，整个国家的金融系统就会被外力所控制。这也是笔者过去三年一直在提的，是一个巨大的风险。

数字货币发行者正采取上述一些措施。到目前为止，最受数字货币供应商欢迎的资产是银行存款。债券具有按需按面值赎回的功能，但银行可能违约。由于数字货币发行者是批发债权人，他们的资金通常不受存款保险的保护。为了保护数字货币供应商，使他们的客户免受银行违约的影响，还必须开发其他的系统，这可能与私人投资保护计划类似。

为了将数字货币供应商违约的风险降到最低，客户资金可能被转移到信托公司。信托基金的优势在于将客户资金与数字货币供应商的资产负债表隔离。然而，信托的法律保护并非在所有司法管辖区都是无懈可击的。因此，在法庭上保护客户资金不受侵害不可能总是可行的。如果有的话，法律程序可能会延迟资金的重新拨付，取决于所在国家的具体情况，其他法律结构在保护客户资金方面可能更为有效。

数字货币将得到迅速推广——支付方式的便捷性将推动数字货币迅速普及

因此，如果数字货币不能像银行电子货币或中央银行货币那样稳定地作为一种价值储备手段，它还能成功应用吗？答案是肯定的，因为它作为一种支付手段相对有吸引力。显然，这将取决于各国的情况和银行为提高银行电子货币的便利性而采用的先进技术。在讨论数字货币发展对银行的影响时，我们将回到这一点。但即使在银行电子货币可以自由兑换的地方，数字货币也能带来额外的好处，如下所述。

> 这里作者提出一个概念，对于客户来讲，“便捷性”比其他因素更重要。因为数字货币的支付功能比传统银行有优势，即使数字货币在价值存储上输给商业银行，人们仍然会因为便捷性而选择使用数字货币。数字货币的一个重要特性就是交易速度快，这是新型货币竞争第一要素。新型货币竞争的四要素是速度、安全、监管和货币政策。

例如，在中国和肯尼亚，这个问题是个伪命题，数字货币已经占主导地位。14 岁以上的肯尼亚人中，90% 使用 M-Pesa 支付。在中国，数字货币交易的价值量，比如微信支付和支付宝，超过了 Visa 和万事达在全球价值量的总和。

在其他地方，数字货币的使用也可能会迅速增长，至少有六个原因：

- 便利性：相对于银行电子货币或中央银行货币，数字货币更容易融入我们的数字生活。它通常由那些社交媒体集成的公司发布，这些公司从根本上理解以用户为中心的设计。

- 无处不在：跨境数字货币转账将比现金和银行存款更快、更便宜。不过，也可能会出现其他各种障碍，比如要求国外市场做市商准备提供本币赎回。为了限制本文的研究范围，我们没有进一步探讨使用数字货币进行跨境支付这一丰富而重要的话题。

- 互补性：如果像股票和债券这样的资产转移到区块链，基于区块链的数字货币形式将允许自动交易的无缝支付（假设区块链被设计为可互操作的，即所谓的付款交割），从而有望因避免人工后台环节而大幅提升效率。更普遍地说，数字货币的功能更容易被活跃的开发人员社区所扩展，这些社区可能利用开源代码，而不是支持银行电子货币的专利技术。例如，开发者可以让用户决定数字货币可以购买的商品——这是汇款或慈善捐赠的一个有用功能。

• 交易成本：数字货币转账几乎没有成本，而且是即时的，因此通常比信用卡支付或银行间转账更具吸引力，尤其是跨境转账。因此，人们甚至可能同意以数字货币的形式出售汽车，因为资金将立即出现在他们的账户上，没有任何结算延迟和相应的风险。

• 信任度：在数字货币蓬勃发展的一些国家，用户对电信和社交媒体公司的信任超过了对银行的信任。

• 网络效应：如果商家和同行也使用数字货币，它对潜在用户的价值就会更大。随着新用户的加入，所有参与者的价值（现有的和潜在的）都在增长。

前五个原因可能是点燃数字货币之火的火花；第六个是可助推火势的东风。网络效应助推新服务应用方面的力量不应低估，为什么我们要在这么短的时间内从电子邮件转向短信，从短信转向 WhatsApp 这样的社交短信平台？ WhatsApp 的应用比 Gmail 快了三分之一。如今，WhatsApp 的用户群已超过 Gmail，远远超过了 15 亿用户的大关。相对标准短信解决方案，WhatsApp 的主导地位甚至更加明显。然而，在一开始，所有人都倾向于书面交流。为什么一种形式会占据主导地位呢？它在社交信息应用程序上要简单一些，与照片等其他功能要更兼容一些，更友好一些，更便宜一些……但是，重要的是，它在供货商之间、电话之间、国家之间都是可互操作的，所有的朋友都使用它。我们甚至可以邀请他们群聊。网络效应放大了功能上微小的客观差异。WhatsApp 就是一个很好的例子，它的传播不需要任何营销，只需要口碑，只需要网络效应。

经济学家们要小心了！支付不仅是清偿债务的行为。它们是一种交流，一种人与人之间的互动—— 一种基本的社会体验。如果有两个人使用相同的支付方式，那么就很有可能有第三个人加入。是的，支付可以很有趣，至少数字货币比纸钞更有趣，表情符号、消息、照片或者客户评价，都不能用借记卡支付发送！

这就是全世界大型高科技公司和金融科技初创企业进入的领域。在为广大的客户提供便捷的、有吸引力的、低成本的可信服务上，这些公司是专家。以用户为中心的设计是第二天性，他们了解人们在社交媒体和网络上的行为，他们可以将支付无缝融入其中，他们曾经在社交媒体上做得很好，可以将资金融入数字货币。

作者在这里承认科技改变金融。2018年，美国的重大数字货币的项目，都是科技公司自己启动，或是金融公司联合科技公司启动的。这些项目不和传统银行合作。例如IBM公司在2018年启动稳定币项目，Bakkt公司在2018年和微软公司合作，而不找传统金融机构合作，可见科技公司在数字经济中比传统银行可能更重要。

数字货币给银行业带来的影响

如果数字货币由于其支付方式的吸引力而大受欢迎，并得到拥有庞大用户基础的大型科技公司的支持（或者灵活的金融科技初创企业），那会意味着银行电子货币和其背后的银行的消亡吗？零售银行的存款会大量流向数字货币供应商吗？没那么快。事实上，银行不太可能会消失。本部分考虑了三种可能的情况。然而首先列举了迅速采用数字货币（以完成交易）的其他风险，尽管没有详细说明本文的限定范围。

“零售银行的存款会大量流向数字货币供应商吗？”作者开始怀疑商业银行的前途，虽然认为商业银行还是会存留下来。下面作者讨论银行的一些风险。这些风险好像“十面埋伏”一样。如果商业银行没有转型成功，有可能会遇到大障碍。

数字货币迅速应用的风险

除了脱媒（disintermediation）（指在进行交易时跳过所有中间人而直接在供需双方间进行）风险以外，其他风险也可能存在，需要深入理解并审慎衡量。监管框架通常用来应对这些风险，但也可能需要进行修订与加强。例如，大型科技公司提供的金融服务可能被认为具有全球系统性重要地位，并受到监管。一项指导性原则是，监管应与提供的服务类型和相应风险相称。提供银行服务的金融科技公司将像银行一样受到监管，而提供类似投资基金或经纪商服务的公司也将受到监管。

之前，我们谈到了具有 CNAV 基金特点的数字货币在运行中给消费者安全和金融稳定性带来的风险。此外，如果在跨境资金流动中此类重要数据丢失，可能会对隐私、货币政策传导、货币需求下降之后的铸币税、市场可竞争性、金融完整性以及总体政策制定带来风险。

> “如果在跨境资金流动中此类重要数据丢失”，这种风险在使用真链的时候是很难存在的。但是如果使用伪链，该风险的可能性就大大增加。其他风险包括“隐私、货币政策传导、货币需求下降之后的铸币税、市场可竞争性、金融完整性以及总体政策制定”也会跟着降低。

市场竞争性的风险，即阻碍新公司加入并抽取租金的大型垄断企业的出现，可能很难应对。由于强大的网络效应刺激了数字货币的运用，数字货币供应商自然而然形成垄断（尽管最终会导致垄断势力的产生并有利于先行者）。还有建立大规模经营所需的巨额固定成本，以及能获得数据所带来的指数型红利，都会造成垄断。的确，正是大型数据集基于一系列掌握丰富特征的近随机事例以及同行在交易过程中得到的信息推断出用户行为。除此之外，企业可以利用相同的数据集，将其垄断地位扩展到相关服务。举个例子，如果货币的新形式得到广泛运用，体系薄弱和通货膨胀率高的国家因为货币替代物会出现货币政策传导带来的风险。随着国外数字货币的使用增多，国内计价单位可能会转为数字货币计价单位。例如，经营者和家庭可能都乐于持有数字美元，而不是通过汇款把数字美元换为本国货币。久而久之，经营者会用美元给商品定价。因此，中央银行会失去货币政策的控制权。

"市场竞争性的风险"，作者所列的风险在脸书的Libra项目都有：脸书有强大的网络客户群，又是先行者。还有大规模资金，并且可以获得数据。欧洲央行在2020年5月估计Libra基金会有3万亿美元的资产，成为欧洲最大的货币基金。

"随着国外数字货币的使用增多，国内计价单位可能会转为数字货币计价单位。例如，经营者和家庭可能都乐于持有数字美元，而不是通过汇款把数字美元换为本国货币。久而久之，经营者会用美元给商品定价。因此，中央银行会失去货币政策的控制权。"这里作者指出这些稳定币会和法币竞争，也即稳定币项目方和央行竞争。

这是新型货币竞争。稳定币会作为后面法币的先行者抢占其他国家的市场，使弱国的央行失去货币政策的控制权。而且稳定币是法币的先锋，能到达法币不能到达的地方；同样的，稳定币也是法币的护城河，可以保护法币。这种新型货币竞争和传统货币竞争不同。这也是现在许多国家反对Libra 1.0币的原因。而Libra 2.0不再挑战任何国家的铸币权，但是却预备成为世界最大的数字货币交易平台，包括任何国家的央行数字货币交易平台。

相对于金融完整性而言，技术的分布式尤其带来了新的挑战。基于区块链的货币发行者及其合作伙伴涉及客户登记和交易核查，将继续履行反洗钱和反恐融资（AML/CFT）的义务。这些包括确定客户身份、监控交易、向主管当局报告可疑交易，以及尊重联合国或某些国家的制裁名单要求。然而，当交易确认是分布式，且涉及的实体（如加密数字货币交易所、治理组织、钱包供应商、客户基金管理机构和做市商）非常多，且分布于各个公司、行业和国家时，履行 AML /CFT 义务就变得困难。总之，国际合作将变得更加重要，以避免监管套利和监管稀释。

作者这里提到“分布式”带来的新挑战，是不是指以后 SWIFT（中心化处理）不再像以前那样中心化垄断跨境支付？ SWIFT 时代要慢慢过去了，SWIFT 遇到的困难有可能比商业银行遇到的困难还大。2019 年 11 月美国承认 SWIFT 的地位会一直下降，因为数字货币多不经过 SWIFT。

“履行 AML/CFT 义务就变得困难”，因为一条链不可能为全世界提供服务。以前的数字代币系统，例如以太坊，认为可以成为网络操作系统。这是不切实际的。一条链功能就算超级强大，由于法规的限制，也不可能一链可以通天下，而需要多条链合作完成，这就是互链网的概念。

但是在互链网环境下，高质量的链只会和高质量的链交互。如果一条链没有对其客户进行 AML /CFT，其他链会拒绝与其交易。像银行有评级一样，链也会有评级，高质量链只会和高质量链交互，链的评级也需要是动态决定的。这些是互链网的原则。

场景 1：共存（Coexistence）

让我们回到脱媒风险，最开始也是最可能出现的场景是数字货币和银行电子货币共存；竞争会继续下去。银行占据有利地位。他们有固定的用户（尽管潜在的用户基数比大型科技公司要小得多）和强大的分销网络。它们可以向客户交叉销售其他金融服务，包括通过提供透支保护或信贷额度来克服预付现金的限制。

强大的分销网络可以使数字货币和银行电子货币共存；竞争会继续下去，这是新型货币竞争，数字货币和银行存款货币竞争，也是稳定币项目方和商业银行的竞争。

此外，数字货币供应商可能会将其客户资金以存单或其他形式的短期资金的形式回收到银行。显然，从银行的角度来看，结果并不理想。首先，它们将把低成本而稳定的散户资金，换成昂贵且会转走的批发型资金。其次，他们可能被切断与客户的关系。第三，他们可能无法获得有关客户交易的宝贵数据。此外，来自数字货币供应商的资金可能集中在几家大银行（尽管最终会流向其他银行）。因此，规模较小的银行可能会感到更大的资金压力，或至少会经历资金规模更大的波动。

“它们将把低成本而稳定的散户资金，换成昂贵且会转走的批发型资金。其次，他们可能被切断与客户的关系。第三，他们可能无法获得有关客户交易的宝贵数据。”银行代价不小。“规模较小的银行可能会感到更大的资金压力，或至少会经历资金规模更大的波动。”稳定币之间也会有竞争，人们会从一种稳定币换成其他稳定币。

无论如何，银行可以通过三种方式作出反应：提供更高的利息，改善服务留住存款（包括收购有前途的初创企业），或寻找其他融资来源。银行有提高存款利息的空间。由于银行从期限转换中获利（持有的资产期限长于存款负债），它们可能会提供比数字货币供应商更高的利息，甚至比保守的数字货币供应商更高（注意，Libra 已经宣布不会向用户支付任何利息）。数字货币供应商必须持有流动性很强的资产，因此可以提供近似隔夜货币市场的利率。更高的存款利率可以带来更高的运营效率，更低的利润，以及可能略高的贷款利率。Andolfatto（2018 年）认为，如果银行从市场优势地位出发，有提高存款利率的空间，而不会产生重大的宏观经济影响。Drechsler、Savov 和 Schnabl（2018 年）指出，银行的市场地位是它们倾向于为各国存款支付低而稳定的利率的主要原因。然而，银行必须承担不同的成本，如存款保险费、监管成本和网点网络。

银行也可以与数字货币支付服务的质量相媲美，至少在国内是这样，虽然跨境不是。事实上，银行电子货币已经变得越来越方便，这要归功于支付创新，比如无触控卡和手机应用程序，这些应用程序为借记卡支付提供便利，比如 Venmo、Zelle 或美国的 Apple Pay Cash，更根本的变化也可能通过中央银行在许多国家推出的“快速支付”系统实现（欧元区 TIPS-TARGET 即时支付结算），允许银行以几乎可以忽略不计的成本实时结算零售交易。他们大多由银行财团发展而来，瑞典 Swish 就是一个相关的例子。JPM Coin 是银行进入数字货币领域进行反击的一个突出例子。

但银行能适应得足够快吗？它们能像大型科技公司那样，在网上满足客户需求，并在以用户为中心的设计以及与社交媒体的融合中生存和呼吸吗？它们是否足够敏捷以更改其业务模型？毫无疑问，有些银行会被甩在后面，有些银行将会不断发展，但必须迅速行动。在过渡时期，中央银行可以提供帮助，如果银行存款损失过快，它们可以临时增强其流动性。但同时它们的资产负债表可能会增长，因此各国中央银行将不会愿意长期提供这种帮助，它们也可能会陷入艰难的放贷决策中。除此之外，银行还可以通过发行长期债券或股票获得替代性资金。

> “有些银行会被甩在后面，有些银行将会不断发展，但必须迅速行动。”作者提醒商业银行必须马上行动。商业银行必须像科技公司一样迅速转型，否则有可能被时代的车轮远远抛下。

场景 2：互补（Complementarity）

在第二种情景下，数字货币供应商可以作为商业银行的补充，这一情况在一些低收入和新兴市场经济体已经是显而易见的了。数字货币可以吸引贫困家庭和小企业进入正规经济，使他们熟悉新技术，并鼓励他们从支付转向寻求信贷或者更复杂的储蓄工具、会计服务和商业银行提供的金融建议。例如，在肯尼亚，数字货币在 2008 年之后被广泛应用，连续几年其信贷规模稳步增长。

但即使在发达经济体，合作也是可以实现的。数字货币供应商可以利用其数据来评估客户的信用价值，并将分析结果卖给银行或帮助银行，以更有效地发放信贷。此外，一些规模较大的数字货币供应商很有可能最终转向银行业务，这得益于它们积累的数据和规模，以及他们被转型可能带来的利润所吸引。因此，尽管如今有些银行品牌可能会消失，但银行业模式不太可能消失。

场景 3：取代（Takeover）

第三种情景是银行模式的根本性转变，即银行主要依赖融资，并且市场越来越多地充当信贷中介。尽管我们认为这是最不可能发生的情况，但这种可能性值得考虑，以便更好地为未来做好准备，并且努力塑造未来。

商业银行吸收存款和贷款功能可以拆分。我们为支付目的而持有的存款可以转移到数字货币中，进而可以在国外持有政府债券或中央银行货币。我们所持有的储蓄可以流向共同基金、对冲基金和资本市场，用于分配信贷，或者，这些储蓄可以继续留在银行，但银行本身主要依赖的是批发融资。

未来将出现完全不同的世界和完全不同的银行模型，这将极大地限制部分准备金银行制度。部分准备金银行吸收存款，但只持有其中一小部分的流动资产，如中央银行准备金和政府债券；剩下的部分贷款留给家庭和企业，从而促进经济增长。

> 该结论也是2020年6月美联储研究报告的结论。这将是一个不同的世界，不同的银行模型。在这种场景下，未来金融市场和现在的金融市场差异很大。

这会是一个理想的世界吗？这取决于我们认为部分准备金银行模式是历史的偶然事件，还是一种有效的社会解决方案，以及技术创新是否改变了它们的相对效率。

然而，这一领域虽然很重要，但缺乏经验。有多少流动资金将被锁定在数字货币中，不再能向私营部门提供贷款？目前，银行能够向我们提供流动性缓冲资金，以应对不时之需，诸如看牙或修车等，这个前提是我们不会同时遇到意外事件。只有这些缓冲资金还是会有更多资金流向数字货币呢？未被保险的存款会流向数字货币吗？货币政策能抵消这种影响吗？由于共同基金和对冲基金在发放贷款前必须获得资金，那么企业和家庭的信贷会受到限制，还是成本会变得更高？尽管银行能够在账面上同时创造贷款和存款，但它们在实践中难道不需要遵守同样的审慎规则吗？是否会发展专门基金来提供和持有非标准和非流动性贷款，如抵押贷款？这些措施是否能够长期锁定资金，即使在经济困难时期也能支持信贷？这些贷款的哪些部分可以证券化和共同化？银行提供的监控功能能否被基金、参与其中的专业机构或者仅仅是人工智能和大数据分析等技术所取代？那么影子银行业呢？我们通常认为，影子银行业存在风险，并且监管不足。资金会从影子银行流向数字货币供应商吗？这是否能够增加福利？无论这些问题的答案是什么，这种转变都可能会很艰难。

我们迫切需要寻求这些问题的答案。有了这些，我们将能够更好地评估拥有更多数字货币所需的成本和带来的风险。只有到那时，我们才能为政策制定方针，决定是否支持或反对这个新模式。

中央银行和合成 CBDC 的作用

未来我们将使用什么作为支付和价值储存的手段：是数字货币，还是商业银行存款？数字货币会蚕食我们今天所知的部分准备金银行吗？政策制定者将无法继续袖手旁观，尤其是各国中央银行可能在塑造这一未来图景上发挥关键作用。

今天的世界

迄今为止，各国中央银行一直青睐部分准备金银行模式。如前所述，中央银行和其他监管机构会监管银行并在必要时提供流动性，以确保我们存款的安全。

重要的是，中央银行也结算银行间的支付，否则，银行间支付成本将会很高，且速度缓慢，并可能引发争议。事实上，由于缺乏现金或黄金的交换，银行不得不互相提供信贷，以便在自己和客户之间进行结算。这就是中央银行的作用。

所有的银行都在中央银行有账户，从一个账户到另一个账户的支付是通过将完全安全的资金（称为中央银行准备金）从一个账户转移到另一个账户来完成结算的。这不仅消除了银行间交易的信用风险，还确保了支付是可以跨银行互操作的。因此，网络规模再大的银行，在允许更多客户进行支付方面也不具有优势。跨行互操作性对于银行间的公平竞争至关重要。

明天的世界：数字货币供应商拥有中央银行准备金会如何?

如果提供一个公平的竞争环境，也意味着向数字货币供应商提供结算服务，那会怎么样？如果这些公司也能像大型银行一样持有中央银行的准备金，它们满足某些标准并且接受监管，情况会怎样?

> “向数字货币供应商提供结算服务”，代表央行承认稳定币项目方和商业银行几乎有同等的地位，需要保护和支持。稳定币事实上需要两种结算功能，一是稳定币交易结算，二是稳定币项目方持有的法币（或是其他稳定币）结算。
>
> 稳定币交易结算现在由稳定币单位执行，这等于把传统以法币做交易媒介的银行业务从银行转到稳定币相关单位，对银行不利。而银行的另外一个优势就是有央行支持，但是如果稳定币项目方也有央行支持，商业银行几乎没有优势。

这个建议并不新鲜。事实上，印度储备银行（Reserve Bank of India）、中国的香港金融管理局（Hong Kong Monetary Authority）和瑞士中央银行（Swiss National Bank）等一些中央银行已经发放了特殊用途许可证，允许非银行金融科技公司持有储备余额，但要经过审批程序。英格兰银行正在讨论这样的前景。与此同时，中国走得更远。中国央行要求国内大型支付服务提供商支付宝（Alipay）和微信支付在中央银行以准备金的形式持有客户资金。尽管这已经有些例子，但允许数字货币供应商动用中央银行储备的提议还有许多细节有待制定。

持有中央银行准备金的能力，将使数字货币供应商能够克服市场和流动性风险，从而扬帆起航，并将这些机构转变为狭义银行。狭义银行（与部分准备金银行相反）是指用中央银行准备金支付全部债务、不向私营部门放贷的金融机构。它们只是为支付提供便利。

部分准备金银行将感受到更大的压力。其一，如前所述，它们将不再受益于数字货币供应商的批发融资。尽管如此，银行应该仍然能够通过提供更具吸引力的服务来进行反击（如场景 1 所示），一些数字货币供应商可能会坚持为银行提供资金，以寻求更高的回报（如果有这个选项的话），或者自身发展成银行（如场景 2 所示）。

> 作者再度给商业银行提醒，“部分准备金银行将感受到更大的压力”，然后作者用“反击”来形容银行的反应，表明竞争激烈。

虽然银行在正常时期应该能够坚守阵地，但在危机时期却出现一个很显著的问题。在危机时期，会有大量资金从银行存款流向数字货币吗？如果支持数字货币的客户资金作为银行的批发资金被持有，随着客户寻求银行存款保险的保护，这种资金的转向可能会逆转，变成从数字货币到银行货币。但如果客户资金作为储备存放在中央银行，那么资金从银行存款流向数字货币的风险就不可忽视。当然，没有保险的存款可能会从银行转移到数字货币供应商。

然而，有几点削弱了这种明显的威胁：第一，在许多国家，系统性银行挤兑与外汇挤兑有关，因此无论是否考虑数字货币，挤兑都会发生。第二，许多国家已经有了安全且流动性好的资产，比如只投资美国国债的基金，但在全球金融危机期间，并没有看到大量资金流入。第三，尽管银行挤兑可能导致不稳定，只要受到的影响是暂时的，中央银行是可以通过向银行提供贷款进行保护的。在这种情况下，向银行放贷将平衡流入中央银行储备的资金。无论如何，银行部门迅速去中介化的风险应该得到认真对待。

潜在的优势

向数字货币供应商提供获得中央银行准备金的渠道，或潜在地要求数字货币供应商这样做，也有更重要的好处值得考虑。

第一，是确保数字货币的稳定性。如前所述，违约、市场、流动性和外汇风险，以及相对于客户基金的潜在超额发行，都可能动摇人们对数字货币的信任。所有这些都可能导致代价高昂的挤兑和货币贬值，破坏人们对支付体系的信心，摧毁巨额财富，最终将金融稳定置于风险之中。中央银行储备支持的数字货币可以消除流动性和市场风险，从而降低违约风险。当客户资金分散在许多银行时，它还将促进发行监管。假设通过适当的法律结构和潜在的监管改革消除了违约风险，那么数字货币就可以以本币的面值兑换成可信的本国货币。

> “违约、市场、流动性和外汇风险，以及相对于客户基金的潜在超额发行，都可能动摇人们对数字货币的信任。所有这些都可能导致代价高昂的挤兑和货币贬值，破坏人们对支付体系的信心，摧毁巨额财富，最终将金融稳定置于风险之中。”现在一些不合规的稳定币，就有这样的风险。过去就存在不合规的稳定币超发现象。在2017—2018年ICO疯狂时期，不合规的稳定币被怀疑大量超发，使市场产生反常的情形。
>
> 但是违约事件在共识经济下比较难发生，如果稳定币提供商使用区块链，而且监管单位也在链上，这样超发的情形就不会出现，而且可以将这种限制直接写在系统智能合约里面，这样服务商想要超发数字货币几乎是不可能。在这种情形下，“数字货币就可以以本币的面值兑换成可信的本国货币”。

第二，中央银行可以确保支付的互操作性，从而保护消费者不会受到数字货币垄断不断增长的影响。数字货币形式的支付必须伴随着资金从一个数字货币提供商的信托账户转到另一个提供商的信托账户。只有到那时，新持有的数字货币才会完全被支持，可以赎回。如果在中央银行的账目上进行此类客户资金的同步转移，将十分顺畅。此外，中央银行可能会要求有权访问其账户的数字货币供应商采用技术标准，允许数字货币钱包彼此兼容，从而增强这一功能的互操作性，并促进竞争。

“上面表示央行系统会和稳定币系统交互，将会是庞大的系统。这和中国熊猫模型是一致的，就是央行在每个金融机构区块链系统上都有节点。这些节点是用来监管和交互的。

“数字货币形式的支付必须伴随着资金从一个数字货币提供商的信托账户转到另一个提供商的信托账户。只有到那时，新持有的数字货币才会完全被支持，可以赎回。”这表示以后区块链系统必须是“互链网”（因为链需要互通）。这样“如果在中央银行的账目上进行此类客户资金的同步转移，将十分顺畅。此外，中央银行可能会要求有权访问其账户的数字货币供应商采用技术标准，允许数字货币钱包彼此兼容，从而增强这一功能的互操作性，并促进竞争。”

第三，中央银行和监管机构可能无法遏制大型数字货币垄断企业的发展。考虑到网络效应的重要性、数据访问的租金和进入所需的沉没成本，这些公司可能是以近乎自然垄断的方式运营的大型国际公司。在这种情况下，中央银行可能希望优先考虑在其直接监管下的国内数字货币供应商，并向它们提供发行完全安全、流动性强的货币，相比海外机构发行更具吸引力。这还将允许各国中央银行保留铸币税收入，不需要为数字货币供应商持有的储备金支付利息。

> “中央银行和监管机构可能无法遏制大型数字货币垄断企业的发展。考虑到网络效应的重要性、数据访问的租金和进入所需的沉没成本，这些公司可能是以近乎自然垄断的方式运营的大型国际公司。”这是不是指脸书的 Libra？
>
> “中央银行可能希望优先考虑在其直接监管下的国内数字货币供应商，通过向它们提供发行完全安全、流动性强的货币，相比海外机构发行更具吸引力。”作者提的这些建议 2020 年国家都在实践。
>
> “相比海外机构发行更具吸引力。”这是国与国的竞争，各国央行都只会支持自己的货币，包括基于自己法币的稳定币，各国央行自己发行数字法币来对抗第三方支付系统或是其他国家发行的数字货币。

第四，货币政策传导可能更有效，原因有二：第一个来自上述观点。通过以国内货币提供有吸引力的支付方式，由全球性数字货币提供商发行的货币产生的替代（“美元化”）可能性较小。第二，中央银行可以向数字货币供应商持有的准备金支付利息。这样做能更直接地将货币政策利率传导给消费者，正如之前所说的，这将给银行施加更大的压力，要求银行为存款提供接近政策利率，以避免存款流失。

对数字货币甚至还可实施负利率。如果有的话，这将缓解对有效利率下限的约束。相反，零收益的数字货币将使家庭和企业更容易获得贷款，避免银行存款负利率。

货币政策是新型货币竞争第四要素。“货币政策传导可能更有效，原因有二：第一个来自上述观点。通过以国内货币提供有吸引力的支付方式，由全球性数字货币供应商发行的货币产生的替代（‘美元化’）可能性较小。”每个国家都必须开发自己的稳定币、数字法币，以抵抗外来的货币。

“中央银行可以向数字货币提供商持有的准备金支付利息。这样做能更直接地将货币政策利率传导给消费者，正如之前所说的，这将给银行施加更大的压力，要求银行为存款提供接近政策的利率，以避免存款流失。”对于商业银行来说，这又是一个竞争方式。

第五，中央银行可以制定向数字货币供应商发放牌照的明确条件，包括严格监督和中央银行或其他机构的监督。例如，选定的供应商将根据“了解你的客户”（KYC）和反洗钱（AML）法规，以及钱包和客户数据的安全性，进行适当的客户筛选、交易监控和报告。例如，控制谁可以接收和持有数字货币，也可能有助于限制数字货币跨国蔓延。

“中央银行可以制定向数字货币供应商发放牌照的明确条件，包括严格监督和中央银行或其他机构的监督。例如，选定的供应商将根据‘了解你的客户’（KYC）和反洗钱（AML）法规，以及钱包和客户数据的安全性，进行适当的客户筛选、交易监控和报告。例如，控制谁可以接收和持有数字货币，也可能有助于限制数字货币跨国蔓延”。这是该报告的一个关键，稳定币项目方可以享受银行的待遇，也可以拿到银行牌照，但是需要接受更严格的监管。数字货币速度快，因此监管应该更严。

请注意，让数字货币供应商使用中央银行准备金的几个优势可以通过其他方式实现。然而，许多措施仍不完善，而且可能效果更差。例如，数字货币供应商仍是监管较少的影子银行模式。各国可能会发现，很难实施适当的监管，比如要求披露对客户的风险、充足的资本和流动性缓冲。正如我们在雷曼兄弟（Lehman Brothers）破产后的 CNAV 基金中发现的，即便能对风险进行全面披露，客户也未必能很好地理解。另一个例子是，托管账户或银行存款中的客户资金可能在数字货币从一个供应商销售到另一个供应商后不会立即转移，从而限制了互操作性。

合成中央银行数字货币

允许数字货币供应商持有中央银行储备金将会是一项重大政策抉择，其具有各种优势和风险，也伴随着潜在的深远影响，比如激发创新，推动基于区块链的资产交易以及促进跨境支付，这是作者 2019 年研究的一个主题。

> 合成 CBDC 是这篇报告的一个重要贡献，CBDC 项目将由央行主导，变成央行指导以及监管，由商家（主要是科技公司）执行的一个货币项目。央行学者多半是经济学者，不是计算机专家，由央行主导数字货币项目不是央行的强项。数字货币项目应该让专业的人做专业的事，这是美国监管单位一直坚持的。美国监管单位认为他们应该监管金融活动，而他们不是科技公司不应该发展科技或是评估科技。发展科技和评估科技的工作应该交给科技公司。

更直接的结果显而易见：创造出中央银行发行的数字货币！毕竟，如果数字货币供应商能持有中央银行储备金，并以中央银行储备金交易，当其破产时，可以保护其他债权人，若采取与储备金一对一的比例发行数字货币，那么这些数字货币持有者也能够持有中央银行负债，并以中央银行负债进行交易。没错！这就是 CBDC 的本质。

但是这种形式的 CBDC 并非是政策制定者详细讨论过的成熟模型。在这种形式中，中央银行是 CBDC 的主要运营方，负责以下许多环节：对客户尽职调查，提供或审查钱包，开发或选择支撑技术，提供结算平台，管理客户数据，监控交易，响应客户请求、投诉和疑惑。这些都会增加故障以及网络攻击的风险，带来巨额成本，并使得中央银行的声誉面临风险。

我们提倡一种不同的方式，一种公私合作的伙伴关系，并称之为“合成 CBDC”或简称“sCBDC”（synthetic CBDC）。毕竟，中央银行仅为数字货币供应商提供结算服务，包括获得中央银行储备金。正如上文所述，所有其他功能将由私营的数字货币供应商负责，受到相关机构的监管。当然这假设公众能够理解中央银行的有限责任，并不认为 sCBDC 完全是中央银行的产品。否则就会出现中央银行声誉风险，成为公众关注的焦点。然而，就像今天的商业银行一样，欺诈或与个人借记卡相关的技术故障不应归咎于中央银行，尽管商业银行可以获得央行储备金。

因此，相对于成熟的 CBDC 模型，sCBDC 对于中央银行来说是一种成本更低、风险更小的 CBDC 模型。同时，它不仅保留了私营部门在创新及客户沟通方面的相对优势，也保留了中央银行在提供信任及效率方面的相对优势。

> 注意一下，作者说成本更低，风险更小。这解释了人们经常有的一个认识误区：许多人认为数字法币会增加金融风险，但作者认为数字法币会减少金融风险。若所有交易都可以在区块链追踪到，记录也没有方法可以改，在这样的环境下，金融风险会提高还是降低？

这是好还是坏呢？取决于各国能否看到CBDC的优势。如果可以的话，我们认为，sCBDC或将是一个更有效的方式。但是讨论CBDC的利弊已经超出了本文的范围。Mancini-Griffoli等人2018年深入研究了相关因素，包括普惠金融和成本效率，以及支付系统的安全性和消费者保护，如果现金消失了，而结算服务将逐渐由大型私营企业来提供。

最近常常会发现工业界实践领先于学术理论。以前，理论出来后才实践。而现在在计算机领域里，常常是先有实践，之后才开始研究相关理论基础。例如先有云系统，后来才有云计算理论。这样的风潮，现在已经来到金融界。稳定币在前几年早已出现，连政府支持的稳定币项目也宣布一年多了，可是稳定币的学术论文和理论最近才开始慢慢出来，而且成果都是早期的。

脸书发布Libra白皮书后，2019年国外召开国际央行学术会议，主要讨论Libra稳定币对世界的影响。结果发现大部分参会的央行学者都不知道什么是稳定币，例如这系统如何设计，如何运行，如何做跨境支付，而且不需要经过SWIFT，都不清楚。该国际学术会议变成稳定币培训班。这就像2019年8月23日，英国央行行长在美国演讲，当时多家美国媒体都报道英国央行行长建议使用比特币取代美元（这当然是误解）。一直到2019年11月后，美国才有合理的反应。

sCBDC会成为未来的中央银行货币吗？它将可能与银行电子货币相媲美吗？这更多掌握在中央银行、监管机构和企业家手中，并仍有待观察。但可以确定的是：正如我们所知的，创新和变革可能会改变银行业和货币领域的格局。

全文综合讨论

区块链上的监管科技

区块链上的监管科技比传统监管科技需要更加强大的技术。区块链监管科技除了传统大数据分析外，还可以有链上实时监控，监管单位可以有很全面的数据，并且所有参与方可以经过拜占庭协议和签名技术彼此实时监督（每一块建立时就彼此监督查验，而现在金融系统一秒内就可能建立一块）。现在基于区块链的金融系统花75%以上的时间进行查验和检验，90%的算力用在加解密计算上，只有10%的算力从事其他业务。要破解一个密码，可能需要超级计算机100年的算力才够，而区块链每一秒可能要进行几万到几十万次加解密来验证系统参与者的身份。

IMF报告的假设

IMF报告作者只看到数字货币的网络化，便认为这将颠覆世界货币市场。但是这假设是否成立还有待讨论。在IMF报告中假设市场有成熟的区块链技术，或是每种区块链技术都差不多，这是个误区。不同区块链系统差别很大，使用不同区块链技术将会产生不同的数字法币或是稳定币的模型。加拿大央行就表示一些大家都认为是区块链强项的区块链技术，在真实央行系统里面却是弱项，因为这些区块链系统没有满足央行的需求，而只是考虑传统区块链系统的特性（例如比特币或是以太坊系统的特性）。文中提到了一些金融风险，但是没有提到因为技术不足而带来的金融风险。

一著名链被发现是伪链，连美国摩根大通银行在2019年也出文认为这不是区块链系统。如果在数字法币或是稳定币系统内使用这样的伪链，可能发生危险的“系统性风险”（Systemic Risk）。今天还有金融机构使用伪链，因为他们还不明白，伪链的特征是一旦其中心被控制，整条链就会被控制。所以破坏者只要攻击一个节点就可以。一旦这节点被攻破，整个系统就会被外力控制。数字法币使用者多，参与的金融机构也数量众多，一旦系统被控制，一个国家很大部分的支付功能就被控制，这就成为系统性风险，国家或是区域经济危机可能就会来临。

数字货币需要考虑区块链运行模型

现在许多人都在谈论数字法币模型，但是大部分数字法币模型都是经济模型，基于区块链的数字法币运行模型少，没有考虑下面的运行模型：（1）英国央行 2016 年提出 RSCoin 模型；（2）中国 2016 年提出熊猫模型；（3）美国麻省理工学院的 MIT 模型；（4）Libra 2.0 模型。央行和银行作业和监管在前面三种区块链模型下运行差异会非常大，只有中国熊猫模型直接支持央行—商业银行的架构，而且使央行可以获取实时并且完整的数据，可以使用智能合约来自动监控。

RSCoin 是英国央行采用的比特币数据结构，监管基于这种数据结构的系统比较困难，不建议在大型金融系统里使用。文后对 RSCoin 模型和熊猫模型进行了对比。

MIT 提出的模型只注重网络框架，还采取 40 年前旧的端到端网络协议。这种端到端的协议使系统通信慢，特别使区块链共识机制慢，严重影响数字法币的发行、流通、交易和监管。这样的协议应该被淘汰掉。

新型稳定币可以让监管机构实时监控，例如 Libra 系统，在这种环境下，IMF 报告中提到的部分风险并不存在。国际清算银行提出在这些稳定币系统加进嵌入式监管机制来监管稳定币运行，这样监管机制就是在协议层作业，每一笔交易都能得到有效监管。

商业银行已经四面楚歌?

虽然商业银行已经十面埋伏，但是银行优势还很明显，原因如下：

（1）国家政策保护商业银行：现在的国家无论强弱，都会出台政策阻拦国外稳定币的侵入，缓解稳定币带来的挑战。

（2）经济学和计算机技术还没有融合：许多学者假设区块链技术已经成熟，可以解决很多问题，如清结算、支付、贷款和监管等。许多白皮书也给我们不准确的信息，让学者认为这些现在就可以做到。但事实上世界上只有几个基于区块链的清算实验成功，而现在建立的稳定币系统都没有这些技术，离成功还有距离。

（3）银行可以收购科技公司：商业银行资产非常大，客户多，有雄厚的基础。等稳定币成熟到能真正挑战商业银行，恐怕还需要时间，商业银行还有窗口期，可以进行调整或者收购，这就是作者提到的改善服务包括收购科技公司，但是银行不能坐以待毙。商业银行和中央银行向来以保守谨慎著称，而现在要应对稳定币的挑战，需要积极拥抱颠覆性的技术。

电子货币与数字货币的异同

	电子货币	数字货币
相同	1. 支付，包括实时支付 2. 支持交易例如股票、房地产、期货交易 3. 结算，包括实时结算 4. 如果法律许可，可以成立“自金融”银行 5. 清算 6. 可以连接现在的银行、央行、金融机构 7. 可以支持 AML、KYC 以及其他监管机制 8. 银行或是央行系统内可以使用	
不同	1. 没有 token（代币式系统） 2. 中心化管理系统，数据可以存在分布式系统 3. 必须相信中心业者 4. 数据可以更改，最可怕的事是内部人更改数据，非常难发现 5. 没有共识机制 6. 跨境支付需要当地银行或是金融机构合作 7. 使用大水库模型，追踪较难	1. 可以有 token，也可以没有（账本式系统） 2. 分布式系统 3. 可以不相信参与单位 4. 数据不能更改，内部人不能更改数据 5. 有共识机制 6. 跨境支付使用同样 token，流程大大简化，或是使用传统做法 7. 交易记录完全在链上，追踪较容易，可以用大水库模型或是 x-ray 模型

RSCoin 与熊猫 - CBDC 的对比分析

	RSCoin	熊猫 –BDC
交易和分布式账簿	支持交易，每个 mintettes 保存一部分账本，这些账本不是链结构，央行保存所有账本，是链结构	支持交易，每个 ABC 保存账户，TBC 执行交易，都是完整的区块链
吞吐量	随着 mintettes 增多，吞吐量线性增加，原始系统吞吐量约 2000 交易每秒	地方交易地方处理，跨地域交易需要高速网络上传到 TBC，这样可以增加吞吐量
低延迟	延迟较高，因为每次交易需要 4 个阶段，每个阶段都需要通信，延迟较大	地方交易地方处理，延迟较小，跨地区交易上传账户的通信消耗较大，延迟较大
低能源	不使用挖矿技术，能源消耗较少	不使用挖矿技术，能源消耗较少
安全	安全性与参与验证的 mintettes 数量有关，使用少数服从多数原则	安全性与 ABC 和 TBC 节点数量有关，使用拜占庭将军问题算法
隐私性	mintettes 处理的交易是动态分配的，这样交易可能会被不同 mintettes 收到，有一定不确定性，但是 mintettes 不会保存所有交易	因为 ABC 包含自己机构的消息，不与别人分享，而 ABC 只分享必要的消息给 TBC，TBC 做完交易后，消息也被贴上标签“过时”，让留在 TBC 的消息失去时效性，所以隐私性强
合规性	央行可以审计所有交易，但是所有信息都是完全来自 mintettes	1. 央行可以审计所有交易 2. 央行在 ABC 和 TBC 中设有节点，可以参与投票
即时性	较高，处理交易后会即时收到处理结果	较高，处理交易后会即时收到处理结果
可扩展性	使用授权的 mintettes，增加 mintettes 就增加交易速度	使用系统工程以及云计算技术来扩展： 1. 分 ABC 和 TBC（每类区块链只做一件事情） 2. 负载均衡

引用：

Adrian，Tobias.“稳定货币，中央银行数字货币和跨境支付：国际货币体系的新视角”IMF－瑞士国家银行会议上的演讲，苏黎世，2019年5月，见https:// www.imf.org/en/ News/ Articles/ 2019/ 05/ 13/ sp051419-stablecoins-central-bank-digital-currencies-and-cross-border-payments。

Andolfatto，David，《中央银行数字货币对私有银行的影响评估》圣路易斯联邦储备银行工作文件2018-026C，2018年。

Auer，Raphael. 2019，《加密电子货币中超越“工作证明”的世界末日经济学》国际清算工作银行文件编号765，2019年1月。

Bech，Morten L，Rodney Garratt，《中央银行加密数字货币》国际清算工作银行季度回顾，2017年9月。

Calomiris，Charles，and Charles Kahn，《可要求债务在构建最优银行安排中的作用》，《美国经济评论》1991年第81期、第3期，第497-513页。

Cuthell，Katrina，《许多消费者比起银行更信赖科技公司》贝恩咨询公司，2019年1月，见https:// www.bain.com/ insights/ many-consumers-trust-technology-companies-more-than-banks-snap-chart/。

Diamond，Douglas，Raghuram Rajan，《流动性风险、流动性创造和金融脆弱性：银行理论》，《政治经济学杂志》2001年109（2）：287-327。

Drechsler，Itamar，Alexi Savov，and Philipp Schnabl，《存款银行：无利率风险的期限转换》，美国国家经济研究局工作论文24582，2018年。

Duffie，Darrell，《数字货币和快速支付系统》mimeo，斯坦福大学，2019年。

Edwards，Sebastian，and I. Igal Magendzo，《美元化，通货膨胀和增长》，美国国家经济研究局工作论文8671，2001年。

Greenwood, Robin, Samuel G. Hanson, and Jeremy C. Stein.,《美联储资产负债表作为金融稳定工具》, 2016 年经济政策研讨会论文集, Jackson Hole: 堪萨斯城联邦储备银行。

He, Dong, Karl F. Habermeier, Ross B. Leckow, Vikram Haksar, Yasmin Almeida, Mikari Kashima, Nadim Kyriakos-Saad, Hiroko Oura, Tahsin Saadi Sedik, Natalia Stetsenko, Concha Verdugo Yepesn. 2016.《虚拟货币等；初步考虑》, IMF 工作人员的讨论笔记 16/3，2016 年。

Kahn, C., and W. Roberds,《为何支付？支付经济学导论》,《金融中介学报》2019 年 18（1）: 1–23。

Kashyap, Anil, Raghuram Rajan, and Jeremy C. Stein,《"银行作为流动资金提供者：借贷与存款共存的解释》,《金融期刊》81（2）: 232–51, 2002 年 8 月。

Mancini-Griffoli, Tommaso, Maria Soledad Martinez Peria, ItaiAgur, Anil Ari, John Kiff, Adina Popescu, and Celine Rochon,《使中央银行数字货币更易理解》, IMF 工作人员的讨论笔记，2018 年 11 月。

Milne, Alistair,《错误类比的论证：比特币作为代币的错误分类》, SSRN 电子期刊 2018 年，见 https:// ssrn .com/ abstract = 3290325。

Price Waterhouse and Cooper, and Loopring,《价值稳定的金属货币的出现和法令支持的版本的信托框架》, 2019 年 1 月，见 https:// loopring. org/ resources/ pwc-loopring-stablecoin-paper.pdf。

Sapienza, Paola, and Luigi Zingales,《信任危机》,《国际金融评论》12（2）: 123–31，2012 年 1 月。

Tobin, James,《保留监管差异的理由》, Challenge 30（5），1987 年。

Weber, Warren,《稳定金属货币条约》，于 Medium 网站发布，2019 年，见 https:// medium .com/@ wew _8484/ stablecoin –protocols –9f9e5a9ea71b。

参考文献

［1］蔡维德、何娟：《区块链应用落地不是狼来了而是老虎来了》，2019 年 6 月 17 日，见 https://mp.weixin.qq.com/s/dFmVzO8hiDT5i_-s3c8PVQ。

［2］蔡维德：《蔡维德教授展望未来公链格局，公链发展首先要破解误区 | 区块链最前线 10 期（上）》，2018 年 10 月 9 日，区块链最前线。

［3］蔡维德：《区块链是“分权式”不是“去中心化”》，2019 年 1 月 28 日，天德信链。

［4］蔡维德等：《区块链互联网》，2019 年 6 月 3 日，天德信链。

［5］蔡维德、姜晓芳：《新货币竞争来了？没错！》，2019 年 6 月 21 日，见 https://mp.weixin.qq.com/s/xqO0MDZiET4zqsnljAfWTQ。

［6］蔡维德、姜晓芳：《英国央行向第三方支付和数字代币宣战——以英国绅士的方式》，2019 年 6 月 26 日，见 https://mp.weixin.qq.com/s/4yaLNsZuMuO2t-SChRAezA。

［7］蔡维德、姜嘉莹：《宏观世界新经济的三大要素：科技、货币、法律（只有数字黄金可以对抗数字美元）》，天德信链。

［8］蔡维德、姜晓芳：《Facebook 掀起大风波，怎么办》，2019 年 7 月 12 日，见 https://mp.weixin.qq.com/s/69W6eb5CGwf1gYmLgTKYbg。

［9］蔡维德：《泰山沙盒告诉你：脸书稳定币技术将来可能成为区块链主流》，2019 年 7 月 8 日，见 https://mp.weixin.qq.com/s/NS6f0yuTwfRDl4pcSQ75fA。

［10］蔡维德、姜晓芳：《新型货币竞争 4 大要素解析》，2019 年 8 月 17 日，见 https://mp.weixin.qq.com/s/XrnaHZS_2fVIsz53W4uqbg。

［11］蔡维德：《数字法币 3 大原则：脸书 Libra 带来的重要信息》，2019 年 8 月 24 日，见 https://mp.weixin.qq.com/s/vU7owlZthrt77ehoXbkwkw。

[12] 天德信链,《区块链互联网：网络基础设施的“中国网”机遇》，2018 年 5 月 9 日，见 https://mp.weixin.qq.com/s/yIIkSJ3MsNxY9c8U0QPidQ。

[13] Alex Lipton，Thomas Hardjono，Alex Pentland，“Digital Trade Coin (DTC)：Towards a more Stable Digital Currency”，MIT Connection Science，June 2018.

[14] 蔡维德:《熊猫 - CBDC 央行数字货币模型》，2016 年 11 月 5 日，见 https://mp.weixin.qq.com/s/VMF1R9q2D61-2R3neo6lGg。

[15] FX168 专访,《北航国家“千人计划”特聘教授蔡维德谈数字货币技术在英国央行的应用及展望》，2016 年 9 月 28 日，见 https://news.fx168.com/bank/boe/1609/1989634_app.shtml?from=timeline&isappinstalled=0。

[16] 蔡维德、赵梓皓、张驰、郁莲:《英国央行数字货币 RSCoin 探讨》，2016 年，见 https://wenku.baidu.com/view/a86b666982c4bb4cf7ec4afe04a1b0717ed5b371.html。

致 谢

感谢陈清泉院士，和我们就互链网概念进行多次讨论，并且探讨如何将互链网应用在能源网上；感谢倪建中秘书长在多次演讲中支持互链网建设；感谢朱波博士也给予我们的诸多鼓励。

感谢中国银联股份有限公司董事、电子商务与电子支付国家工程实验室理事长柴洪峰院士，国防科技大学王怀民院士，合肥工业大学杨善林院士，现中央财经大学副校长马海涛教授，原中国建材集团有限公司党委书记宋志平，新东方教育集团董事长俞敏洪，用友网络科技股份有限公司董事长王文京，《总裁读书会》电视访谈节目出品人刘世英等强力推荐。

感谢本书的编委会成员：北航数字社会与区块链实验室研究人员杨冬、马圣程、姜晓芳、邓恩艳，他们在本书的编写过程中提供了大量的帮助。

在本书的编写过程中，国外许多专家给了我很多启发。前英国财政部前高管和汇丰银行贸易金融主任罗伯特·布勒（Robert Blower）从2015年开始就和我们多次探讨数字经济和科技问题；伦敦大学学院区块链研究中心主任保罗·塔斯卡（Paolo Tasca）亦给了我们许多帮助；前伦敦股票交易所前市场总监兼AIM主席马丁·格雷厄姆（Martin Graham），多次来中国和我们讨论数字经济和相关技术问题；英国Fnality公司前CCO奥拉夫·兰索姆（Olaf Ransome）也给予了许多指导；以太坊创始人维塔利克·布特林（Vitalik Buterin）2015年到北京航空航天大学和我们多次进行讨论；新加坡前大华银行（UOB）高管Bill Chua也给予了我们极大的支持。

科技部项目课题带领人北京科技大学朱岩老师，就相关问题和我们进行多次讨论；北京航空航天大学胡凯老师从2015年开始参与区块链和智能合约项目，专注于智能合约研究；北京航空航天大学张辉老师多次提供帮助；天德科技COO张柯锋提供许多法务指导；中国人民大学梁循老师给我们提供了许多建议；北京理工大学喻佑斌老师长时间提供了很多新思想；北京大学郁莲老师、齐鲁工业大学（山东省科学院）徐如志和赵华伟老师长期与我们合作；科技部现代服务重大项目参与者和我们进行多次讨论并提出建议。感谢他们给我们提供的帮助和启发。我们的项目团队包括北京航空航天大学、北京大学、清华大学、北京邮电大学、北京科技大学、西安交通大学、北京物质学院、赛迪（青岛）区块链研究院、京东、中化能源、交通运输部科学研究院、德法智诚、北京植德律师事务所、北京华讯律师事务所、天民（青岛）国际沙盒研究院、北京金融安全产业园等。

感谢北京金融局书记霍学文长期鼓励和支持，也感谢北京金融安全产业园的支持。产业园正筹备建立金融安全大数据中心，采用互链网核心技术使传统数据中心成为数链中心。

感谢东方出版社许剑秋先生的不断鼓励和支持，陈丽娜和吴俊编辑助力，使得本书顺利成稿付印。

感谢北京航空航天大学前校长李未院士、中国科学技术协会党组书记怀进鹏院士、贵阳市副市长徐昊、工信部卢山、工信部金健、北京航空航天大学王蕴红书记和吕卫锋院长一直鼓励和支持我们。

本书的写作还获得国家自然科学基金项目（61672075、61690202）、科技部重大项目（2018YFB1402700）、2018年山东省重点研发计划（重大科技创新工程2018CXGC0703）的支持，也获得了青岛崂山区区政府领导和招商部门的相关同志，贵阳市双龙管委会的韩勇、杨力立等领导以及北京金融安全产业园马小兰等领导的支持。